JN415711

최신

동물해부생리학

김 상 균 편저

도서출판 유한문화사

머 리 말

오늘날의 학문은 하루가 다르게 빨리 발전 향상되고 있다. 수의축산 분야도 예외일 수는 없다. 동물해부생리학은 수의축산 분야에서 가장 기초가 되는 학문이라 할 수 있다.

해부학과 생리학은 개별적으로 취급되고 있지만, 실제로 분리해서 연구한다는 것은 여러 가지 어려운 점이 있다 할 수 있겠다. 즉 세포조직 기관 등의 형태학 지식을 이해함으로써 기능과 작용을 보다 쉽게 추구할 수 있을 것이고, 해부학에 대한 지식이 없이 기능을 이해한다는 것은 곤란한 점이 수반될 것이다.

물론 과학의 발달과 세분화로 인해 다양한 과제로 나뉘어져 있지만, 전체적인 동물자원을 축산분야에서 총괄적으로 다룬다는 차원에서 해부학과 생리학을 연계하여 동물 간의 특이한 구조 형태와 기능을 비교 추구하면은 보다 쉽게 이해될 수 있을 것이라 생각하여 나름대로 편성하였다.

필자는 오랫동안 수의축산 분야에서 연구하고 강단에서의 경륜을 바탕으로 해서 신간 R. D. Frandson의 가축해부생리학을 기초로 하고, 기타 여러 해부학과 생리학 교재와 문헌을 참고로 하여 나름대로 내용의 충실성을 기하려 노력하였다.

대학이나 전문대학에서 축산분야의 학문을 전공하는 학생들을 위한 교재로서 편찬하였으며, 아울러 수의학과 생물학을 공부하는 학생들과 수의축산 분야에 종사하고 있는 많은 전문인들에게도 참고서적이 되었으면 하는 바람이다.

독자 제현의 충고와 비판을 바라며 미진한 부분은 지속적으로 계속 보완하고 수정해 나갈 것을 다짐한다. 끝으로 본 서적이 엮어지기까지 원고정리에 수고하여 준 제자 여러분과 유한문화사 임직원 여러분께 심심한 감사의 인사를 드린다.

편자 씀

차 례

제 1 장 서 론 / 21

제 2 장 세포의 구조 / 45

제 3 장 신경계의 해부 / 65

제 4 장 신경계의 생리 / 79

제 5 장 감각기관 / 85

제 6 장 골격계의 해부 / 91

제 7 장 뼈의 미세구조와 생리 / 105

제 8 장 근육계의 해부 / 111

제 9 장 근육의 미세구조와 생리 / 117

제 10 장 혈액과 체액 / 133

제 11 장 순환기의 해부 / 157

제 12 장 순환생리 / 177

제 13 장 호흡기의 해부 / 195

제 14 장 호흡기의 생리 / 205

제 15 장 소화기의 해부 / 213

제16장 소화기의 생리 / 235

제 17 장 사료 및 기본화학 / 251

제 18 장 비뇨기의 해부 / 275

제 19 장 자성생식기의 해부 / 291

제 20 장 자성 생식생리 / 301

제21장 웅성생식기의 해부 / 325

제 22 장 웅성생식기의 생리 / 339

제 23 장 피부와 부속기 / 353

제 24 장 유선의 해부 / 361

제 25 장 비유의 생리 / 369

제 26 장 내분비선과 호르몬 / 381

제 1 장

서 론

자연계에는 생물과 무생물이 존재한다. 해부학과 생리학은 동물을 대상으로 하는 자연과학으로서 해부학에는 구조를 다루고, 생리학에서는 그 기능을 다루고 있다. 해부학을 'anatomy'라고 하는 라틴어로서 ana는 "up"을, tome은 "cutting"의 뜻을 가지고 있어 dissection과 같은 뜻이다. 생리학은 라틴어로 physiologia라고 부르는데, physis는 nature, logos는 discourese라는 뜻이다. 다시 말하면 해부학과 생리학은 서로 떼어놓고 생각할 수 없는 것이다.

생물은 무생물과 다른 특징을 지니고 있다. 생물은 성장발육 증식하며, 자극에 반응하고, 환경에 적응하며, 생명을 유지하려는 노력이 있고, 체내에서는 끊임없이 물질대사가 이루어져서 잠시도 정지하는 일이 없다. 대사에 필요한 물질은 외계(外界)에서 섭취하고, 불필요한 물질은 체외로 배출한다. 물질대사의 결과로 생기는 energy를 이용하여 생명활동이 영위된다. 또한 끊임없이 물질대사를 계속하여 개체는 정상상태를 유지, 독립된 하나의 생물로서 일정기간 생명을 유지한다. 마침내 생명을 잃고 무생물로 화(化)한다.

가장 원시적인 미생물을 제외하고 생물은 모두 세포(細胞, cell)를 단위로 하여 이루어지고 있다. 하등동물에 있어서는 하나의 세포가 곧 독립된 하나의 개체로 될 수 있으며, 고등동물에 있어서는 많은 세포가 모여서 하나의 개체를 이룬다. 전자를 단세포동물(單細胞動物) 또는 원생동물(原生動物), 후자를 다세포동물(多細胞動物)이라 한다.

해부학과 생리학에 대한 자세한 연구방법은 상당한 차이가 있다. 육안적 해부학에 대한 실습은 dissection에 기초하여 방부처치, 맥관기로의 색소를 주입하여 육안적으로 체의 구조에 대한 관계・위치・조직・형태의 개념을 학생들에게 주지시키고, 육안적으로 볼 수 없는 미세한 구조는 광학현미경을 이용하여 불 수 있게 한다. 생리학

실습은 생물의 정상적인 기능과 환경(내부 및 외부)의 변환에 대한 영향을 이해하는 데 목적을 두고 있다.

해부학과 생리학을 연구하는 데 있어서는 특히 화학과 물리학이 필요하며, 세포와 조직을 관찰하기 위하여 현미경을 사용할 때 물리학의 원리를 이용하고, 여러 종류의 세포와 조직을 염색할 때 화학지식을 응용하기도 한다. 화학과 현미경적 해부학이 결합된 학문을 **조직화학**(組織化學, histochemistry)이라고 한다.

생리학자들은 실험동물의 환경을 변화시키는 데 화학원리가 많이 응용되고, 실험결과에 대한 동물의 반응을 관찰하는 데 물리학과 전기공학의 원리를 이용한 전자장치가 많이 응용되고 있다. 구조의 대한 철저한 지식은 기능에 관한 많은 정보를 알게 되지만, 기능의 기술 없는 단순한 구조의 기술은 무의미하고, 반대로 구조에 대한 기초지식 없이 자세한 기능을 이해한다는 것은 불가능한 것이다.

오늘날의 해부학은 많은 전문화된 분야로 분류될 정도로 광범위하여 Dorland's 의학사전에 의하면 30개의 분야로 세분하고 있다. 그러나 여기에는 가급적 육안적 해부학에 대하여 기술하기로 하고, 비교해부학(comparative anatomy)은 분류하는 데 도움이 되는 특징을 특히 강조하여 여러 종류의 동물에 대하여 연구하는 것이다.

발생학(embryology)은 수태에서 출산까지의 발생과정 기간에 대하여 연구하는 것이다. 조직학(histology)은 세포와 조직을 현미경을 이용하여 연구하는 학문으로, 일명 현미경적 해부학(microscopic anatomy)라고도 한다.

표 1-1. 계통해부학의 명명

계 통	학 문 명	주요기관(조직)
골격계(骨格系, skeletal system)	골학(osteology)	골
관절계(關節系, articular system)	관절학(arthrology)	관절
근육계(筋肉系, muscular system)	근학(myology)	근육
소화기계(消化器系, digestive system)	내장학(splanchnology)	위, 장(腸)
호흡기계(呼吸器系, respiratory system)	내장학(splanchnology)	폐, 기도(氣道)
비뇨기계(泌尿器系, urinary system)	내장학(splanchnology)	신장, 방광
생식기계(生殖器系, reproductive system)	내장학(splanchnology)	난소, 정소
내분비계(內分泌系, endocrine system)	내분비학(endocrinology)	무도관선(無導管腺)
신경계(神經系, nervous system)	신경학(neurology)	뇌, 척수, 신경
순환기계(循環器系, circulatory system)	맥관학(angiology)	심장, 혈관
피부계(皮膚系, integumentary system)	피부학(dermatology)	피부
감각기계(感覺器系, sensory system)	감각기학(esthesiology)	눈, 귀

한외구조적 세포학(限外構造的細胞學 : ultrastructural cytology)은 해부학에 있어서 가장 최근에 발달된 학문으로서 전자현미경을 이용하여 세포와 조직의 미세구조를 연구하는 학문이다.

계통해부학(systemic anatomy)은 조직 및 기관을 계통별로 연구하는 학문으로 표 1-1에서 계통의 분류와 계통에 포함되는 주요한 기관들을 열거하였다.

아울러 생리학도 해부학과 같이 분야별로 세분되며, 계통에 근거하여 세포생리학, 신경생리학, 위장생리학, 맥관생리학, 신장생리학, 호흡생리학, 내분비생리학, 번식생리학으로 전문화되어 있다.

1. 해부학에서 사용되는 기술용어

지역적인 위치를 표시할 때는 위도와 경도의 자오선(meridian)이라 하는 임의의 용어를 이용하지만, 동물은 지상에 있는 방향을 정확하게 제시하기 곤란하기 때문에 동물 자체에 관계되고, 동물의 위치나 방향에 관계 없이 적용될 수 있는 참고의 구도가 필요하다. 이 구도를 맞추기 위하여 동물체의 어떤 주어진 부분의 위치를 표시하는 데는 다음과 같은 용어가 이용된다.

① 두측(頭側, cranial)과 전측(前側, anterior) : 머리(頭部, head)가 있는 쪽의 방향적 용어로서 어깨(肩部, shoulder)는 엉덩이(臀部, hip)의 앞쪽에 있고, 어깨는 엉덩이 보다 머리쪽에 가깝게 위치해 있다.

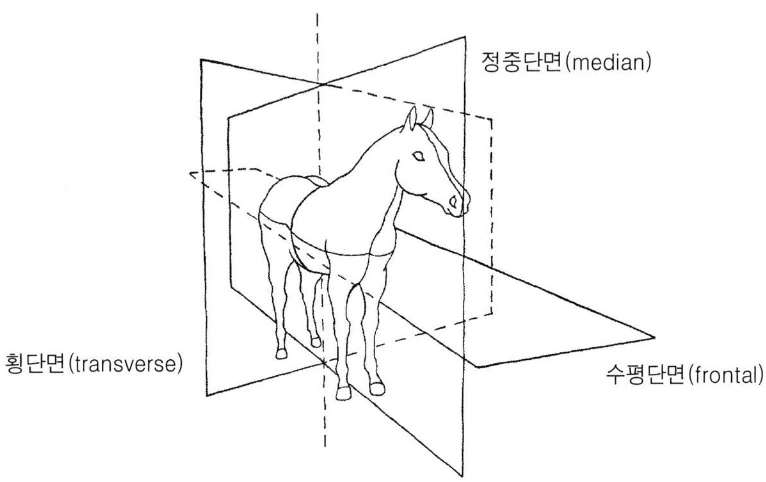

그림 1-1. 가상적인 단면

② 미측(尾側, caudal)과 후측(後側, posterior) : 꼬리(尾部, tail)가 있는 쪽을 의미하며, 엉덩이(尻部, rump)는 허리(腰部, loin)의 뒤쪽에 위치해 있다.

③ 정중단면(正中斷面, median plane) : 체(體)의 전후를 통하는 가상적인 단면이며, 체를 좌우의 반으로 똑같게 나누며, 도체(屠體, beef carcass)는 정중단면에서 반분된다.

④ 시상단면(矢狀斷面, sagittal plane) : 정중단면에 평행단면이고, 정중단면을 정중시상단면(midsagittal plane)이라고도 한다.

⑤ 횡단면(横斷面, transverse plane) : 정중단면에 직각인 단면이며, 체(體)를 전후의 분절로 나눈다.

⑥ 수평단면(水平斷面, frontal plane) : 정중단면 또는 횡단면에 직각이 되는 단면이며, 체를 배측[背側, dorsal(上, upper)]과 복측[腹側, ventral(下, lower)]의 분절(segment)로 나눈다.

어떤 부위를 기술하는 데 단면 이외에 다른 술어가 이용된다. 즉,

① 내측(內側, medial) : 정중단면에 가까운 부분을 의미하는 형용어이며, 심장은 폐장의 내측이며, 심장은 폐장보다 정중단면에 가깝게 위치하고 있다.

② 외측(外側, lateral) : 내측에 반대측을 의미하며, 정중다면에서 멀리 떨어져 있는 쪽이고, 늑골(肋骨)은 폐의 외측이며, 정중단면으로부터 멀리 떨어져 있다.

③ 배측(背側, dorsal) : 등뼈[back bone(背柱, vertebral column)] 쪽을 의미하는 용어이며, 신장은 장의 배측에 있고, 척주(脊柱)에 보다 가깝게 위치해 있다.

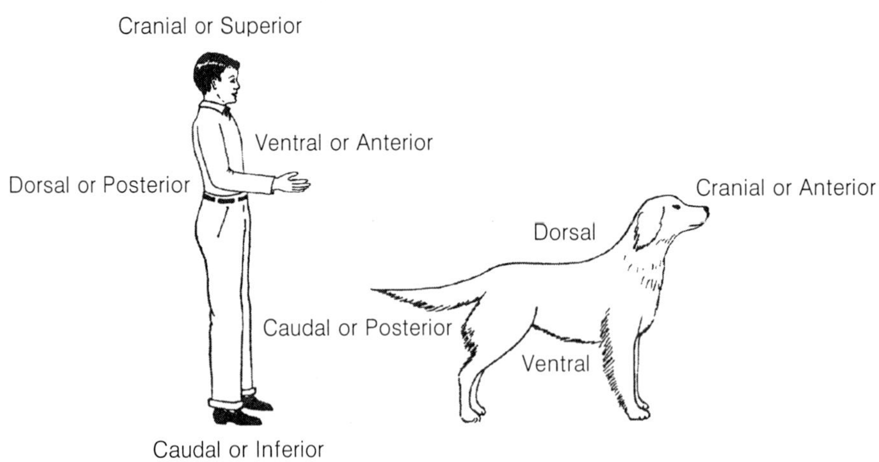

그림 1-2. 사지동물(四肢動物)과 사람의 용어 비교

④ 복측(腹側, ventral) : 중복벽(中腹壁, mid-abdominal well) 또는 척주에서 멀리 떨어져 있는 쪽을 의미하며, 소의 유방은 우체(牛體)의 복부 쪽에 위치해 있으며, 척주에서 가장 멀리 떨어진 체부(體部)에 해당한다.

⑤ 심(深, deep)과 내(內, internal) : 양단의 중앙을 의미하고, 상완골(上腕骨, humerus, arm bone)은 심부에 위치하고 있다.

⑥ 표(表, superficial)와 외(外, external) : 피부에 가까운 부위나 체표를 지칭하며, 모(毛, hair)는 표면에 부착되어 있다.

⑦ 근위(近位, proximal) : 어떤 주어진 부위 대개 척주, 체부 또는 중량의 중심부에서 비교적 가깝다는 것을 의미하며, 근위의 용어는 사지(四肢)나 체단부(體端部)를 언급하는 데 응용되고 있다. 무릎(前膝, knee)은 발(足, foot)에 대해 근위이다.

⑧ 원위(遠位, distal) : 척주에서 비교적 먼 거리를 나타내며, 발굽(蹄, hoof)은 무릎 또는 완골(腕骨, carpus)의 원위이다.

⑨ 수장(手掌, palmar)은 팔금치(주, elbow) 아래 전지원근(前肢遠近)의 후부나 혹은 굴곡부를 지칭하고, 배면(背面)은 전지(前肢)를 언급할 때 반대측(cranial)을 지칭한다.

⑩ 족저(足底, plantar)는 뒷금치(飛節, hock) 아래 후지(後肢)의 측면을 지칭하며, 배측(背側)은 정반대측(cranial)을 지칭한다.

⑪ 복와(腹臥, prone)는 체(體)의 등이나 배면의 위치가 최상부로 위치해 있을 때 지칭하며, 내전(內轉, pronation)은 복와 위치로 향해 돌아가는 행동을 말한다.

⑫ 앙와(仰臥, supine)는 체의 복면(腹面)이나 혹은 사지간의 장측(掌側) 혹은 족저측이 체상부로 위치해 있음을 의미하고, 회외운동(回外運動, supination)은 앙와위(仰臥位) 위치로 돌아 움직이는 행동을 의미한다.

※ 어미(語尾) ad는 어떤 방향으로 움직임을 암시하는 데 사용된다. 즉 배측 방향으로(dorsad), 복측으로(ventrad), 미측으로(caudad), 두측(craniad)으로 움직임을 표현하고 있다.

2. 동물의 세포와 조직

식물과 동물의 생물체는 세포라고 하는 작은 단위로 구성되어 있다. Ameba와 같이 가장 간단한 동물은 생명과 관계되는 모든 기능을 수행할 수 있는 단일세포로 구

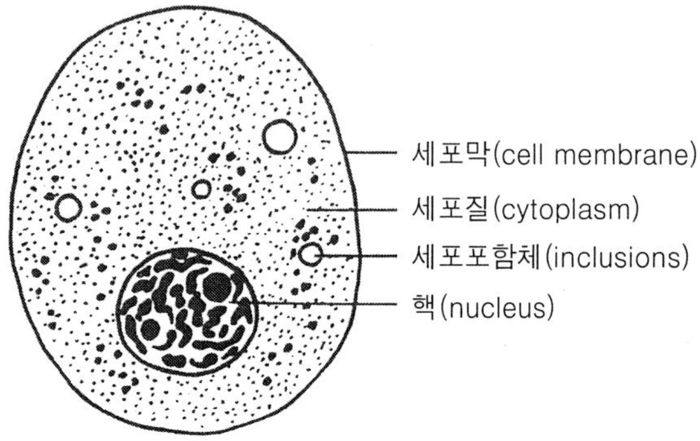

그림 1-3. 세 포

성되어 있으며, 이들의 기능은 성장, 대사, 자극에 대한 반응, 수축 및 생식 등이다.

전형적인 세포는 세포질(cytoplasm), 핵(nucleus) 및 세포막(cell membrane)의 주요한 3부분으로 구성되어 있다.

동물체에 있어서 세포의 수가 증가될 때 세포는 여러 기능을 수행할 수 있도록 분화되며, 분화된 세포가 집단을 이루고 있는 것을 **조직**(組織, tissues)이라고 한다. 예를 들면 자극을 전도하도록 분화된 세포는 신경조직을 이루고, 조직을 지지하도록 분화된 세포는 결합조직을 이룬다. 여러 조직이 기능적인 집단으로 연관되어 있는 것을 기관(器官, organs)이라고 하며, 위(stomach)는 음식물을 소화하고 기능을 수행하는 하나의 기관이다.

기관의 집단은 계통(系統, system)을 이루고 위(胃), 간(肝), 췌(膵) 및 장(腸) 등은 대부분의 소화기계이다. 조직의 주요한 형태는 다음과 같다.

① 상피조직(上皮組織, epithelial tissues) : 체표를 덮고 체강을 피복하며, 선체(腺體)의 활동부를 이룬다.

② 결합조직(結合組織, connective tissues) : 다른 조직을 지지(골・연골)하고 연결(건・인대)하며, 골수에 있어서 혈액의 유형성분은 이 조직에서 유래한다.

③ 근육조직(筋肉組織, muscle tissues) : 수축능력이 있고, 골격을 움직이게 하며, 혈액을 흐르게 하고, 소화관에서 음식물을 이동시키는 등, 주로 운동을 담당한다.

④ 신경조직(神經組織, nervous tissues) : 신체의 한 부분에서 다른 부위로 자극을 전도한다.

1) 상피조직

일반적으로 상피조직은 단층상피와 중층상피로 분류되고, 이들 상피는 세포의 형태에 따라서 더욱 세분된다.

(1) 단층상피(simple epithelium)

단층상피에는 편평세포, 입방세포, 원주세포 및 가성중층원주세포 등이 있다.

가) 단층편평상피(simple squamous epithelium)

얇은 판과 같은 세포들로 구성되어 있으며, 마찰을 줄이는 평골면에 분포되어 있다.

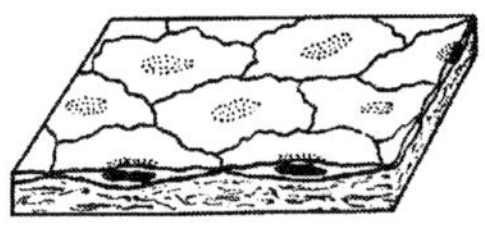

(A) 단층편평상피(單層扁平上皮)

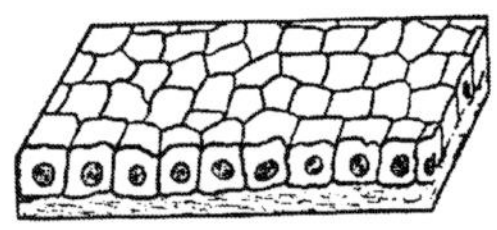

(B) 단층입방상피(單層立方上皮)

(C) 관상배열의 단층편평상피

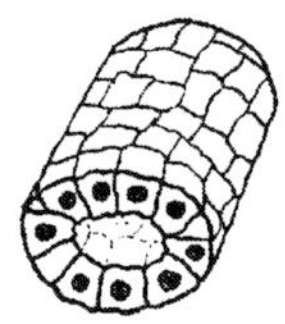

(D) 소관을 이루는 단층입방상피

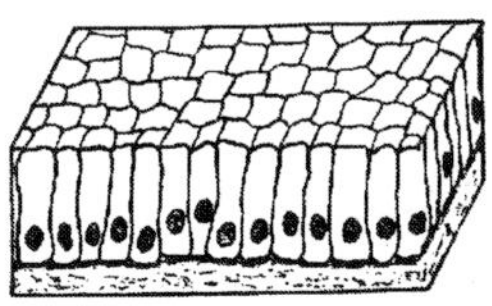

(E) 단층원주상피(單層圓柱上皮)

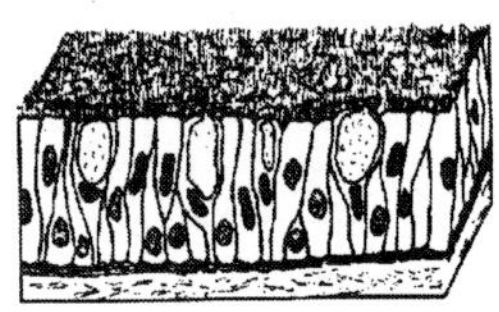

(F) 섬모로 된 가성중층원주상피

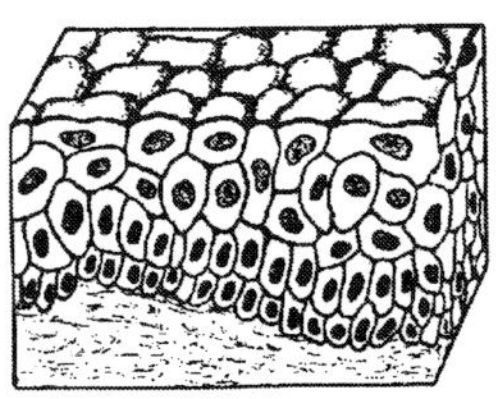

(G) 이행상피(移行上皮)

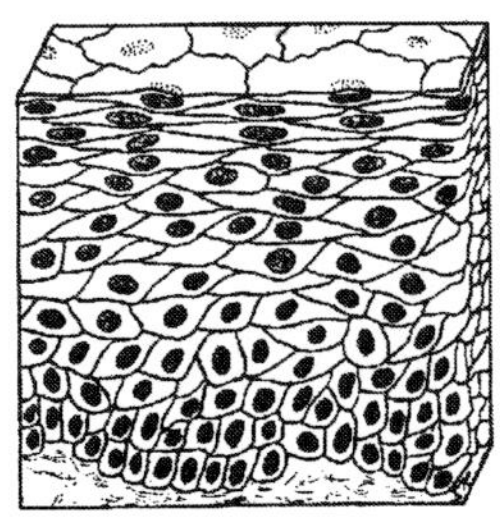

(H) 중층편평상피(中層扁平上皮)

그림 1-4. 상피조직의 형태

소재 : 내장의 피복, 체강과 혈관의 내층

나) 입방상피세포(cuboidal epithelial cells)

세포의 높이와 폭이 같은 크기의 세포로 구성되어 있다.
소재 : 신장의 도관, 갑상선

다) 원주상피세포(columnar epithelial cells)

세포의 형태가 원주상이며, 어떤 원주세포는 유리단(游離端)에 섬모(cillia)를 가지고 있는 것도 있다.
소재 : 기관지의 내벽을 이루는 세포

라) 가성중층원주상피(pseudostratified columnar epithelium)

길이가 일정하지 않은 원주세포로 구성되어 있으며, 일층 이상의 모양을 나타내며, 표층세포에는 섬모가 덮여 있다.
소재 : 상부기도점막상피

(2) 중층상피(stratified epithelium)

1층 이상의 상피세포로 구성되어 있으며, 중층편평상피, 중층원주상피 및 이행상피 등이 있다.

가) 중층편평상피(stratified squamous epithelium)

여러 층의 세포로 구성되어 있고, 표층의 세포의 모양이 편평하기 때문에 붙여진 명칭이며, 피부의 외층(표피)과 위까지의 소화관의 내층을 이루고 있다. 반추동물에서의 중층편평상피는 전위(제1, 2, 3위)의 내층을 피복하고 있다.

나) 중층원주상피(stratified columnar epithelium)

1층 이상의 원주상피로 구성되어 있고, 인두(pharynx)와 타액관(salivary ducts)의 내층부에 분포되어 있다.

다) 이행상피(transitional epithelium)

이완・확장이 자주 일어나는 비뇨기(방광・요관)의 내층을 이루고 있고, 방광이 수축될 때 여러 층으로 겹쳐 보이며, 요로 충만되어 확창될 때는 1층으로 신전된다.

라) 선상피(glandular epithelium)

입방이나 원주세포로 되어 있으며, 분비물을 분비하는 능력을 가지고 있다. 점액을 분비하는 단순한 배세포(goblet cells)로 배열되어 있거나 대부분의 선조직과 같이 많은 선세포의 집합체로 구성되어 있다.

2) 결합조직

결합조직은 체내의 여러 구조물에 널리 분포되어 있으면서 빈 공간을 메우거나 조직과 기관을 연결시키기도 하며, 지렛대의 역할을 한다. 결합조직에는 탄성조직, 교원조직, 세망조직, 지방조직, 연골 및 골의 여섯 가지 중요한 형태가 있다.

(1) 탄성조직

탄성력이 매우 강해 신전된 후 원형으로 복귀하는 특성을 가지고 있다. 소나 말에 있어서 머리의 지지를 돕는 목덜미의 인대(項靭帶)를 이루며, 또한 복막층(abdominal tunic), 탄력성 동맥(elastic artery)에 분포되어 있기도 하다.

(2) 교원조직

체 전반에 걸쳐 여러 형태로 존재하고, 고유세포인 섬유아세포(fibroblasts)는 탄력이 강한 긴 교원섬유를 만드는 특성이 있다.

가) 치밀규칙성 결합조직

그림 1-5에 있어서 섬유는 규칙적으로 배열되어 있고, 매우 강도가 높은 색상(索狀, cords)이나 대상(帶狀, bands)으로 다발(束, bundle)을 이룬다. 여기에는 건(ten-

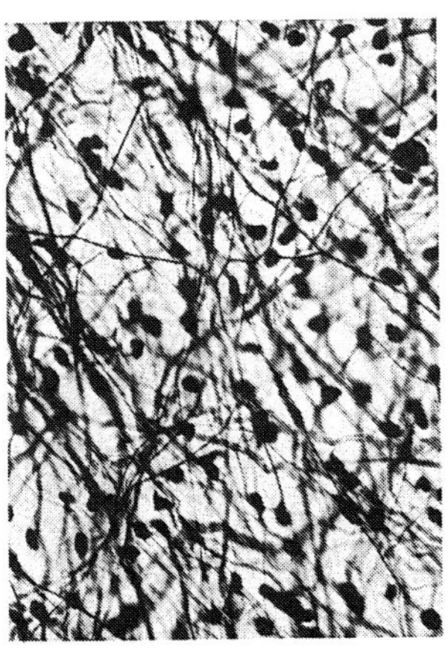

그림 1-5. 소성결합조직

dons)과 인대(ligaments)가 있으며, 힘줄(腱)은 근육과 뼈를 연결하며, 인대는 뼈와 뼈를 연결해 주기도 한다.

나) 치밀불규칙성 결합조직

두꺼운 매트식으로 배열되어 있으며, 진피(dermis)는 치밀불규칙성 결합조직으로 구성되어 있다.

(3) 소성결합조직(疎性結合組織, areolar connective tissue)

그림 1-5는 충격에 대하여 체를 보호하고 유연성이 요구되는 곳에 분포되어 있다. 예를 들면, 혈관은 혈관을 보호하고 움직이게 하는 소성결합조직성 초(鞘, sheath)로 둘러싸여 있다. 피부와 근육층을 연결하는 결합조직을 혈관, 신경 주위, 근섬유속 사이에서도 볼 수 있다.

(4) 세망결합조직

세망결합조직은 미세한 섬유와 세포들이 그물망으로 얽혀 있고, 내분비선, 림프조직, 비장 및 골수의 구재조직을 이루고 있다.

(5) 지방조직

결합조직 세포들의 세포질 내에 지방이 봉입물 형태로 저장될 때 지방조직을 형성하고, 보다 많은 지방구가 축척이 되면 세포의 핵은 측면으로 밀려서 세포의 형태는 구형으로 된다.

대부분의 동물에 있어서 지방의 색은 백색이다. 그러나 말이나 젖소의 어떤 품종은 carotene(provitamin A)의 존재로 인해서 황색을 띠는 지방도 있다. 그리고 동면하는

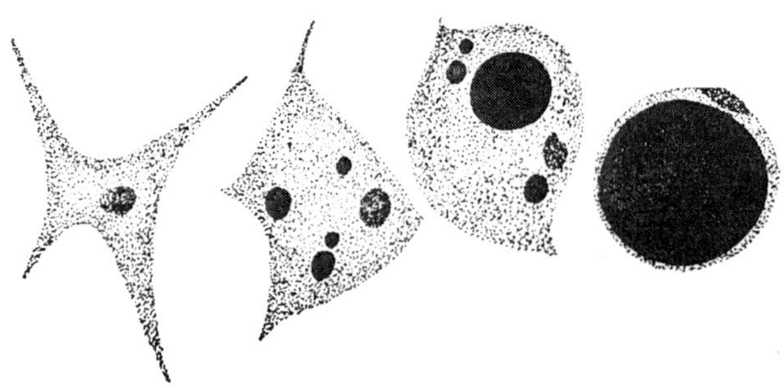

그림 1-6. 지방구를 형성한 전형적인 지방세포

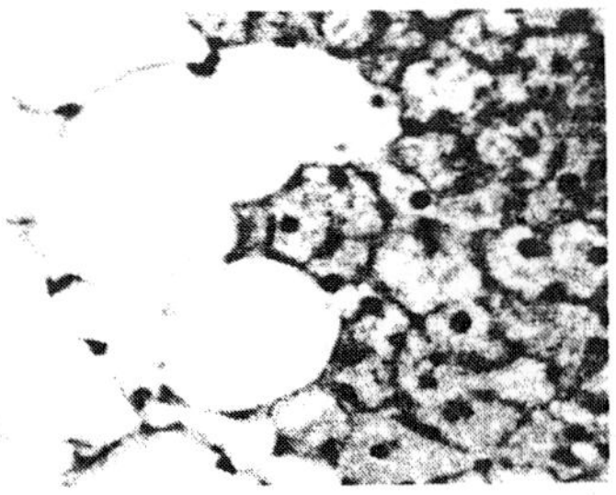

그림 1-7. 백색 및 갈색 지방조직

동물, 설치류, 어린아이들의 지방은 갈색을 띠는데 액와부(腋窩部), 경부(頸部)의 흉동맥 주변과 종격막과 장간막의 대동맥과 대정맥을 따라 분포하고 있다.

(6) 연골

특수형태의 결합조직으로서 섬유조직보다는 단단하지만 골조직처럼 단단하지는 못하다. 연골은 연골세포(chondrocytes), 섬유 및 기질로 구성되어 있다. 연골에는 초자성 연골(hyaline cartilage), 탄성 연골(elastic cartilage), 섬유성 연골(fibro cartilage) 등 3가지가 있다. 이 중에서 초자성 연골이 보편적인 형이다.

가) 초자성 연골

초자성 연골은 육안으로 보아서 백색 투명한 초자와 같은 형태를 이루고 있고, 장골의 관절면(articular sarface), 기관(trachea), 후두(larynx) 및 기관지(bronchi) 등에 존재하고 있다. 이 연골은 연골소강(軟骨小腔, lacunae) 내에 있는 연골세포 섬유 및 기질로 구성되어 있다.

나) 탄성 연골

연골질과 탄력섬유의 혼합으로 구성되어 있고, 외이(外耳, external ear), 회염연골(會厭軟骨, epiglottis) 및 이관(耳管, auditory canal)에서 볼 수 있다.

다) 섬유성 연골

연골과 교원조직(膠原組織)의 혼합으로 이루어져 있고, 건과 골의 부착점과 추간반(intervertebral discs)과 같이 강력한 장력을 요하는 부위에 분포되어 있다.

(7) 골

골(bones)은 골아세포(osteoblasts)라 하는 골형성세포(bone-forming cells)에 의하

여 형성되며, 이 골아세포는 후에 골화하여 뼈가 되는 골기질, 즉 골조직(osteoid tissues)을 만든다.

골은 연골과는 달리 골세포에 영양을 공급하여 주는 도관을 지니고 있다. 골아세포는 골소강(骨小腔, lacuna) 속에 있으며, 골소강에는 골세관(canaliculi)들이 연결되어 다른 골소강과 교통하고 있다. 골에는 해면골(spongy bone)과 치밀골(compact bone)이 있다.

가) 해면골

침상형태의 골조직이 세망을 형성하여 해면과 같은 세망을 형성하여 편평한 판과 같이 배열되어 있어 해면골이라고 한다. 장골의 골단(epiphyses)과 두개골(skull)의 양 치밀골 사이에 존재한다.

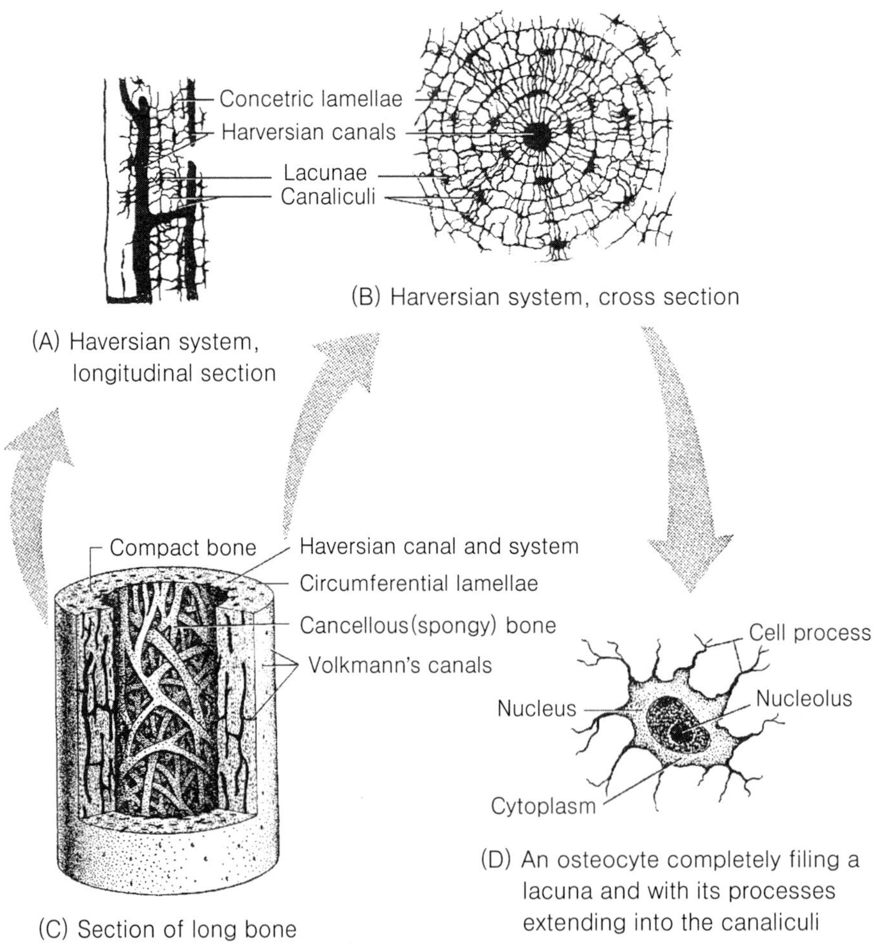

그림 1-8. 골조직

나) 치밀골

치밀골은 하버씨관(Haversian system)이라고 하는 많은 층판(laminated tubes)으로 이루어져 있으며, 장골의 골단과 같은 곳에서 존재하고, 하버씨층관계의 중심부에는 중심관이 존재하여 신경이 유도된다.

뼈가 형성된 후 골질 내에 포매되어 있는 골아세포는 골세포로 되고, 결국 골세포는 골형성 능력을 상실하게 되고, 골세포가 존재하였던 곳을 골소강(骨小腔, lacunae)이라 부른다. 일반적으로 haversian system은 골간(骨幹, bone shaft) 말초부에 존재, 뼈의 직경을 증가시킨다. 혈관은 골막으로부터 Volkman's관이라 부르는 공(孔)을 통해서 haversian canals로 들어가고, Volkman's canals은 haversian canals과 직각 방향으로 위치하여 있다.

(8) 혈액

혈액(blood)은 혈장이라고 하는 간질액, 혈구세포, 단백질, 단당류, 지방분해산물, 영양소와 각종 노폐물, 산염기의 평형을 위한 전해질과 세포대사의 화학적 매개물 등으로 조성되어 있다.

혈액 구성성분을 만드는 발생간(幹)이 결합조직 중에 포함되어 있기 때문에 때로는 결합조직에 포함시키기도 한다.

가) 적혈구

적혈구세포(red blood cells)를 적혈구(erythrocytes)라고 하며, 대부분의 포유동물의 적혈구는 핵이 없으나 조류·파충류 등의 적혈구는 핵을 지니고 있다. 적혈구의 형태는 원판상으로 양면이 함몰되어 있고, 혈색소(hemoglobin)을 지니고 있다.

적혈구의 주기능은 혈색소에 의해서 이루어지는데, 폐로부터 O_2를 모든 조직으로 운반하고 세포조직에서 생성된 CO_2를 폐로 수송하는 역할을 한다. **빈혈**(anemia)이란 적혈구의 상실, 불충분한 함량의 Hb합성, 엽산(folic acid, vitamin B_{12})의 결핍, 적혈구의 미성숙, 조숙퇴화 등으로 인해서 일어난다.

나) 백혈구

백혈구(white cells, leukocytes)는 감염에 대한 제1 방어선 역할을 하며, 백혈구에는 무과립성 백혈구(agranulocytes)와 과립성 백혈구(granulocytes)로 구별되는데, 무과립성 백혈구에는 단핵구(monocytes)와 림프구(lymphocytes) 등이 있고, 이들 세포는 만성질병시에 증가하는 특성이 있다.

과립성 백혈구에는 염색액의 친화성에 따라서 호중성 백혈구(neutrophils), 호산성

제 1 도 동물의 백혈구(×1,800)

1. 소의 성숙한 호중구, 적혈구의 비정상 두루마리 형성과 염증성 질병에 대한 반응
2. 소의 림프구(둥근 핵을 지닌 세포)와 단핵구
3. 자색의 세포질 과립을 지닌 소의 단핵구와 림프구
4. 소의 호산구(붉은 과립을 지닌 것)와 단핵구
5. 소의 호염구
6. 고양이의 호산구(1개)와 호염구(2개), 호산구는 붉은 간상의 과립을 지니고 있고, 반면에 호염구는 희미하게 염색된 둥근 과립을 지닌 소견
7. 말의 호산구와 호염구
8. 말의 성숙한 호중구(3개)와 좌측에 띠모양의 핵을 지닌 호중구(1개)
9. 개의 성숙한 호중구와 단핵구(다수의 적색과립을 지닌 것)
10. 개의 단핵구(3개)
11. 인도 코끼리 단핵구(2개)
12. 인도 코끼리의 백혈구(peroxidase 염색을 한 소견), 단핵구와 호중구

PLATE I

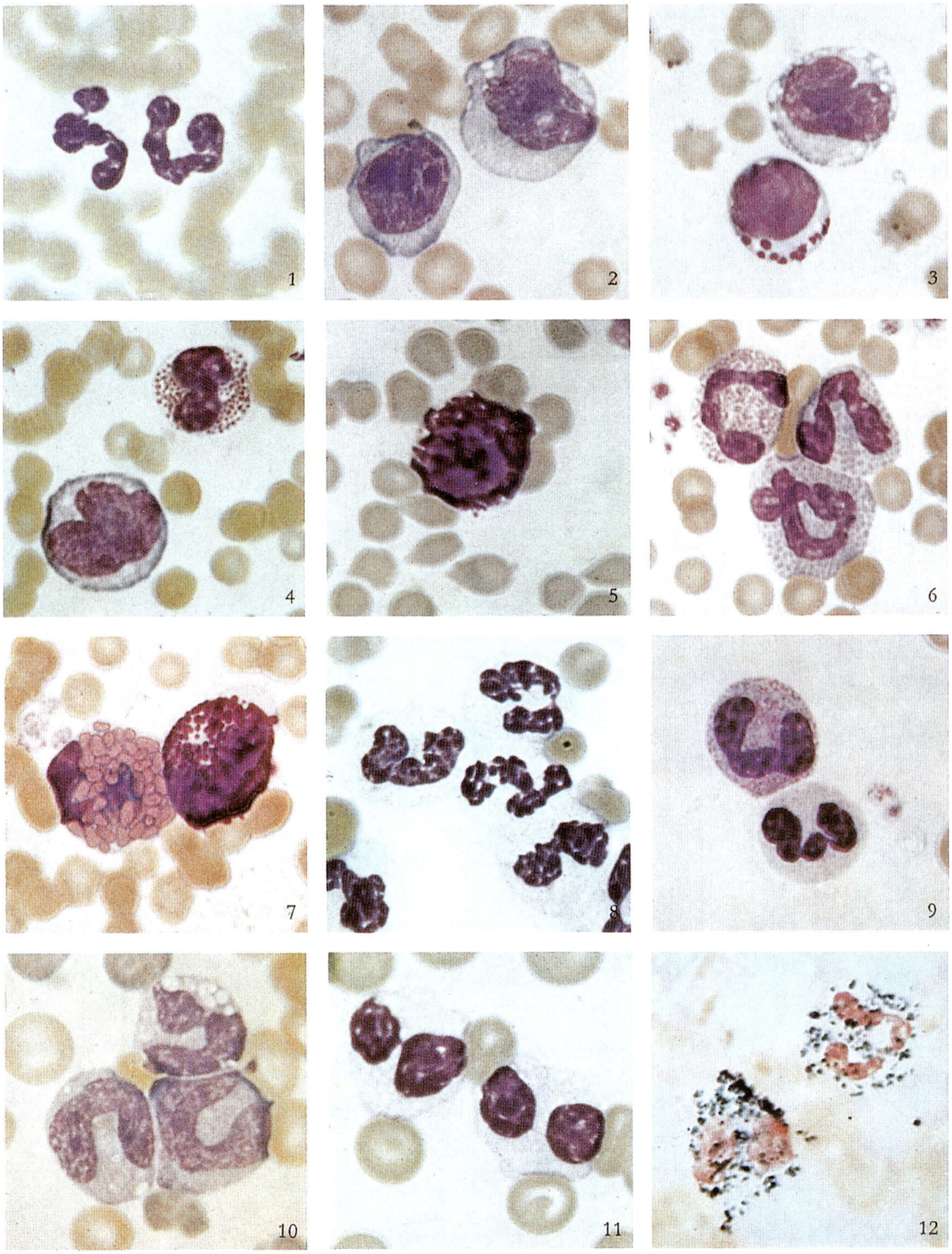

PLATE II

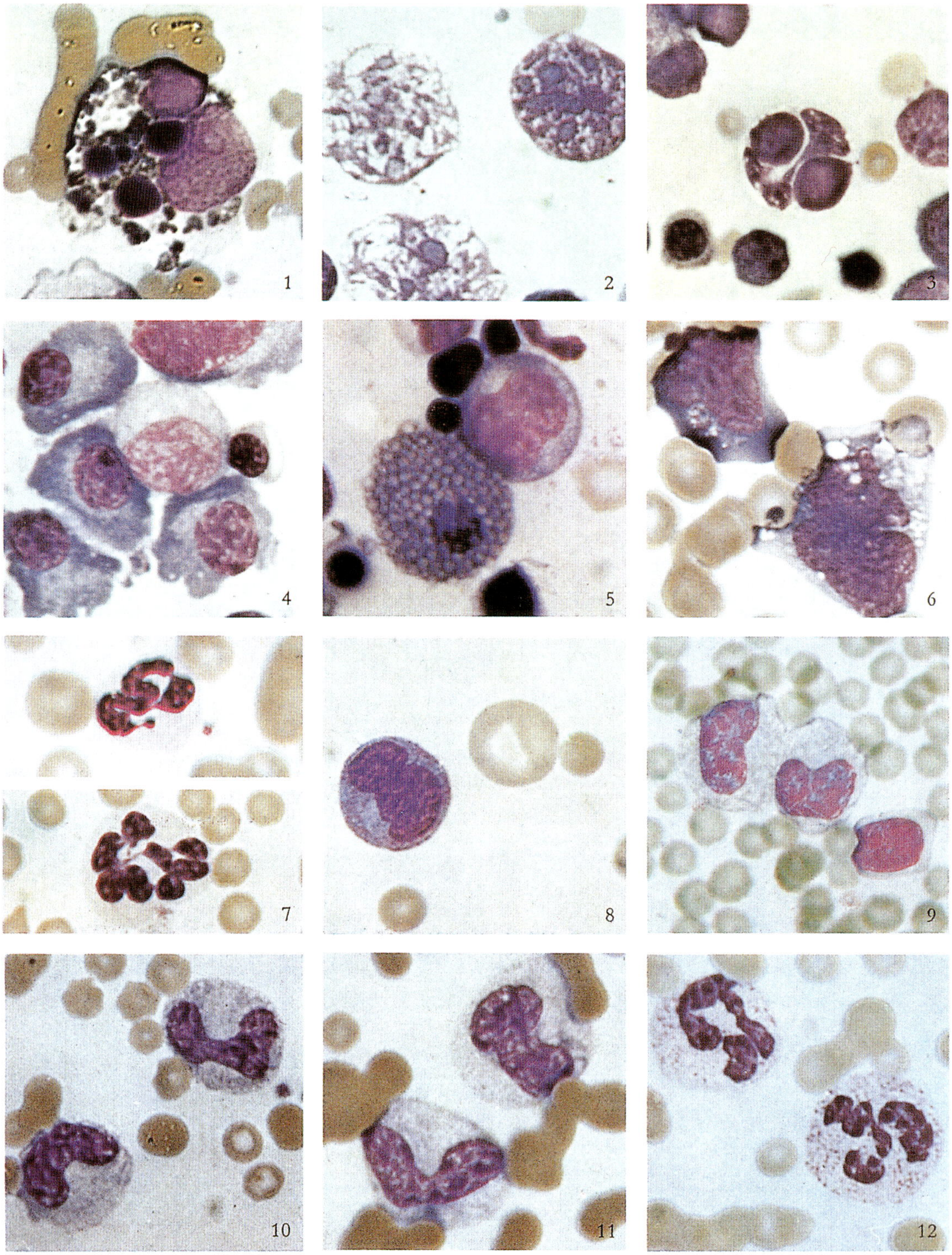

제 2 도 혈액과 골수의 정상세포와 비정상세포(×1,800)

1. 빈혈을 일으킨 말의 골수의 파괴된 적혈구와 철분을 탐식한 다식세포
2. 개의 골수에 유입된 망상내피계의 유리핵, 아세포(牙細胞)의 핵처럼 보이는 구조 내에는 청색으로 염색된 핵소체를 지니고 있고, 핵은 부서져 그물과 같은 모습을 이루어 농세포로 된 모습
3. 고양이의 골수증식성 질병을 일으킨 골수 내에 무정형 핵을 식균한 호중구
4. 개의 골수 내에 형질세포(4개), 호중구성 골수세포(1개), 다염성 정적아구(正赤芽球, 1개)
5. Russell 소체라 불리우는 낭(囊)으로 채워진 형질세포와 호중구성 골수세포(개의 골수)
6. Salmon 중독에 걸린 개의 말초혈액 내의 단핵성 세포
7. 개의 말초혈액 내에 female sex chromatin or drumstick(상부세포)를 지닌 호중구와 고양이의 말초혈액의 많은 분절을 가진(하부세포) 호중구(비타민 B_{12}-folate deficiency)
8. 개의 azurophilic성 세포질 과립을 지닌 단핵구와 대형 적혈구(비타민 B_{12}-folate deficiency)
9. 소의 급성 간균성 유방염을 일으킨 소의 말초혈액 내의 포말성 염기성 세포질을 지닌 독성 후골수세포(2개)와 정상의 작은 림프구(1개)
10. 흉강의 empyema(흉농)을 일으킨 고양이의 말초혈액 내에 독성 band형의 호중구
11. Salmonellasis를 일으킨 망아지의 혈액 내에 중독성 호중구
12. 급성간염을 일으킨 말의 혈액의 독성 과립을 지닌 호중구

백혈구(eosinophils) 및 호염성 백혈구(basophils) 등의 3가지 형의 세포로 구분되는데, 호중성 백혈구는 과립이 적자색, 호산성 백혈구는 과립이 적색, 호염성 백혈구는 과립이 청색으로 염색된다.

다) 혈소판

혈소판(blood platelets)은 일명 혈전세포라고도 하며, 혈액응고와 관계되는 작고 불규칙한 형태의 미립자를 지니고 있다.

라) 혈장

혈장(plasma)은 응고되지 않은 혈액의 액체를 말하며, 혈장 중의 단백질은 혈액과 같은 삼투압을 지니고 있기 때문에 수혈시 혈액 대용으로 이용될 수 있으며, 혈장은 염류용액(salt solution)이 혈관을 쉽사리 통과하지 못하는 것과 같이 통과하지 못한다.

마) 혈청

혈청(serum)은 혈액이 응고하여 수축될 때 나오는 황색의 부유액으로서 대부분의 응고 인자가 없는 것 이외에는 혈장과 같다. 혈청은 항체(antibody)를 지니고 있어 질병의 예방과 치료에 이용되고 있다.

3) 근육조직(muscle tissue)

근육조직은 횡문근(striated voluntary muscle), 평활근(smooth muscle) 및 심근(cardiac muscle)의 3가지 형태가 있다.

(1) 횡문근

횡문근 세포를 현미경 하에서 확대 관찰하면 횡문(cross striation), 근초(세포막, sarcolemma) 및 근초하에 많은 수의 핵 등을 지니고 있는 합포체성 섬유세포들로 이루어져 있다.

각개의 횡문근 섬유세포에는 수축운동에 필요한 신경이 분포되어 자극을 받을 때 모든 섬유는 수축을 하는데, 이를 근수축의 실무율(悉無律, all-or-none law)이라고 한다. 그러나 근육의 수축력은 근육이 피로하였거나 흥분되었거나 칼슘의 공급이 부족하거나 신전되었거나 등 순간적인 상황에 따라 다르다. 약간의 결합조직으로 결합되어 있는 횡문근이 고기를 생산하는 동물의 주근육이다.

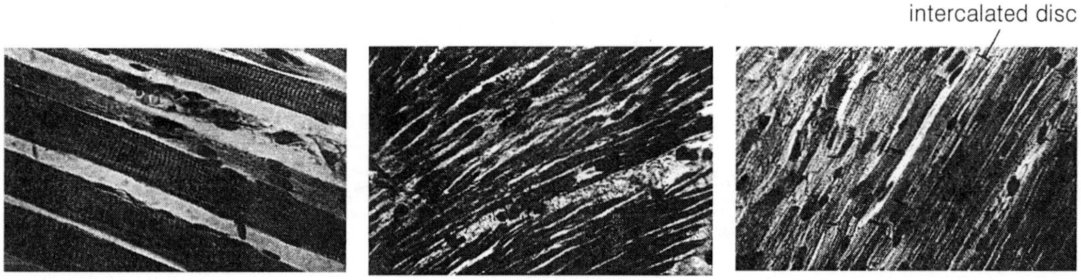

(A) 평활근 (B) 횡문근 (C) 심근

1-9. 근육조직의 형태

(2) 평활근

평활근세포는 방추상세포(spindle-shaped cells)이며, 세포의 중앙에 하나의 핵이 있고, 주로 소화관벽, 혈관벽 및 비요기 및 생식기의 벽에 분포되어 있으며, 자극에 대하여 횡문근보다 완만하게 작용하는 특징이 있다.

(3) 심근

심근은 불수의횡문근(不隨意橫紋筋, involuntary striated muscle)으로 무늬가 있고, 핵은 중앙부에 위치하고 있다. 섬유는 불규칙하게 배열되어 있으며, Purkinje's fiber는 심근이 변형된 것으로 심장내막하에 분포하여 자극전달계의 역할을 한다.

4) 신경조직(nervous tissue)

신경조직을 이루는 주세포는 뉴런(neuron; 신경원)이며, neuron은 신경세포체(nerve cell body)와 2개 또는 그 이상의 신경돌기[nerve processes(신경섬유, nerve fiber)]로 구성되어 있다.

자극을 세포체로부터 멀리 전달하는 돌기를 **축삭돌기**(軸索突起, axon)라 하고, 돌기(섬유)가 세포체내로 자극을 받아들이는 돌기를 **수지상돌기**(樹枝狀突起, dendrites)라고 한다(그림 1-10).

축삭돌기는 신경세포체로부터 원거리까지 뻗혀 있고, 수지상돌기는 세포체 주변의 짧은 거리에서 끝난다.

신경섬유는 수초(髓鞘, myelin), 신경초(神經鞘, neurilemma)에 의하여 피복되어 있고, 신경계의 고유의 특수결합조직을 신경교(神經膠, neuroglia)라고 하며, 중추신

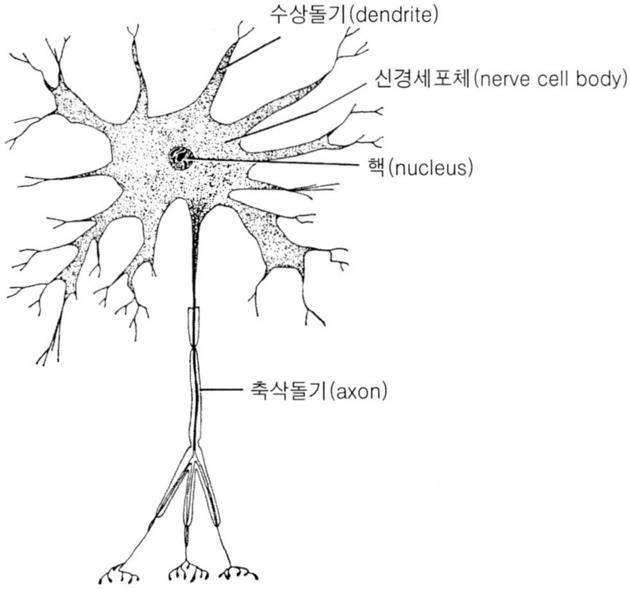

그림 1-10. 뉴런

경계에서만 볼 수 있다. 중추신경계 외측에 Schwann cells 외에 일반 백색 섬유조직은 신경과 신경섬유속을 보호 피복하는 역할을 한다.

3. 동물체의 구성

모든 가축은 척주를 가지고 있어 척추동물로 분류되며, 동물체는 몇몇 내장기관을 제외하고는 양측으로 대칭을 이루고, 좌우의 비슷한 구조물이 쌍을 이루고 있다. 쌍을 이루지 않는 구조물은 대부분 정중단면에 위치하고 있으며, 이에는 설(舌), 기관, 척주 및 심장 등이 있고 늑골(肋骨), 사지(四肢), 안(眼) 및 대부분의 근육은 동물체에서 쌍을 이루고 있는 구조물들이다.

동물체의 내부에는 2개의 강소(腔所), 즉 뇌와 척수를 가지고 있는 배강(背腔, dorsal cavity)과 대부분의 내장이 소장되어 있는 복강(腹腔, ventral cavity)이 있다. 복강은 횡격막에 의하여 앞쪽에는 흉강(胸腔, thoracic cavity), 뒷쪽에는 복골반강(腹骨盤腔, 복강과 골반강)으로 나뉘어진다. 흉강에는 심장을 싸고 있는 심낭(心囊, pericardial sac)과 폐장을 둘러싸고 있는 2개의 흉막낭(胸膜囊, pleural sacs)이 존재하며, 이들 낭들은 장막(漿膜, serous membranes)으로 형성되어 있다.

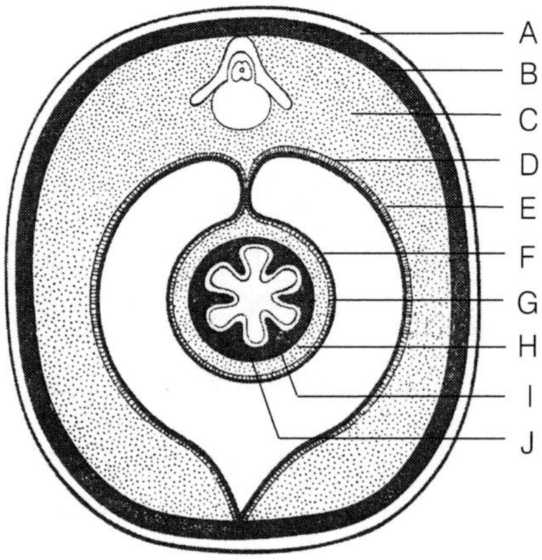

그림 1-11. 체벽과 소화관의 횡단면

A. 피부(skin), B. 근막(fascia), C. 횡문근(striated muscle),
D. 복강후강 근막(retroperitoneal fascia), E. 벽측복막(parietal peritoneum),
F. 장측복막(visceral peritoneum), G. 장막하 결합조직(subserous connective tissue),
H. 평활근(smooth muscle), I. 점막하 결합조직(submcous connective tissue),
J. 점막(mucous membrane)

복강(腹腔, abdominal cavity) 내에는 신장, 여러 소화기관, 암수동물의 각각의 내부생식기관들이 존재하고 있다. 골반강(骨盤腔, pelvic cavity)에는 소화기의 말단부인 직장과 복강 내에 없는 비뇨생식기 등이 들어있다. 복부내장과 골반부내장을 둘러싸는 장막을 **복막**(腹膜, peritoneum)이라고 한다.

체벽층과 소화관벽층은 비슷한 종류의 조직으로 교직되어 있으나 역순으로 배열되어 있다. 체벽(體壁)을 이루는 층은 외부로부터 ① 상피(피부), ② 결합조직(소성결합조직 및 근막), ③ 근육(횡문근), ④ 결합조직(후복막의 근막), ⑤ 장막(벽측복막) 등의 순으로 구성되어 있으며, 장벽(腸壁)을 이루는 층은 외부에서부터 ① 장막(장측복막), ② 결합조직(장막하 결합조직), ③ 근육(평활근), ④ 결합조직(점막하 결합조직), ⑤ 상피조직(점막) 등의 순으로 되어 있다.

이미 앞에서 기술된 장막(심낭, 늑막 및 복막)은 태아의 체강 내막에서 기원되었으며, 각 장막은 연속된 낭(囊)으로 윤활제로서 작용하는 소량의 장액이 들어있는 곳 이외에는 비어 있다. 장기(臟器)를 덮고 있는 장막의 부분을 장측장막(臟側漿膜, visceral serous membrane : 장측심낭, 장측늑막 및 장측복막)이라고 하며, 체강의 내층을 이루는 장막은 벽측장막(壁側漿膜, parietal serous membrane : 벽측늑막 및 벽측복막)이라고 한다.

4. 선(腺)의 구조

선상피세포(腺上皮細胞, glandular epithelium cells)는 분화되어 분비나 배설을 한다. 분비(secretion)는 세포에 의해서 합성되어진 물질을 선세포로부터 방출하는 것이고, 배설(excretion)은 동물체 내에서 쓸모없는 노폐물을 방출하는 것이다.

선(腺, glands)에는 **내분비선**(endocrine gland : 분비산물을 직접 혈류로 보내는 도관이 없는 선)과 **외분비선**(exocrine gland : 분비산물을 도관을 통해서 밖으로 내보내는 선) 등이 있다.

내분비선은 체의 조절기구로서 중요하며, 이 선은 hormones이라고 하는 특수한 화학물질을 만드는 능력이 있다. 혈액에 의하여 전신으로 운반되어지는 hormones은 체액성 조절성분이다.

체액성 조절(humoral control)과 신경성 조절(nervous control)은 생체항상성(homeokinesis)을 유지하는 두 가지 기구로서 동적평형(homeostasis)이라고 한다. 내부와 외부환경에서 오는 자극에 대한 체액성 반응은 신경계를 따라서 오는 반응보다 느리며 지속적이다.

내분비선은 내분비계를 이루어 내분비학(endocrinology)이라는 학문에서 보다 심도있게 다루게 된다. 외분비선은 많은 계통에 산재해 있으며, 특히 소화기계·비뇨기계·호흡기계 등을 다룰 때 보다 자세하게 설명하게 될 것이다.

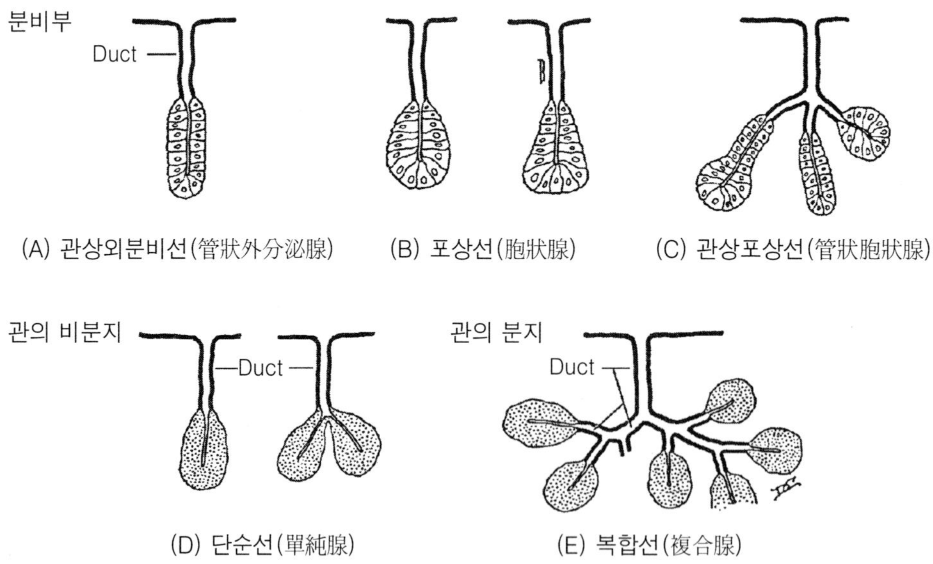

그림 1-12. 외분비선의 형태

형태학적 분류에 따라서 도관(導管)이 분지되지 않으면 단순선(單純腺, simple gland)이고, 도관이 분지되어 있는 형태이면 복합선(複合腺, compound gland)이다.

또한 분비부가 관과 같은 구조(tube-like structure)를 이루고 있으면 관상선(管狀腺, tubular gland)이라고 하고, 분비부가 포도알이나 빈공의 형태와 비슷하면 포상선(胞狀腺, alveolar gland)이라 하며, 관상과 포상의 구조로 혼합되어 있는 선(腺)은 관상포상선(管狀胞狀腺, tubulo-alveolar gland)이라 한다. 복합선은 엽(葉, lobes)으로 분지되며, 작은 소엽(lobules)으로 더 분지된다.

선(腺)의 또 다른 분류방법은 분비물을 정제하는 방법과 분비방법에 따라서 다음과 같이 분류할 수 있다.

① 부분분비선(merocrine gland) : 세포질과 세포막에 현저한 손상없이 분비물을 분비하는 선(腺)
   예 : 한선(汗腺, sweat gland), 뇌하수체전엽, 타액선의 장액분비세포선

② 이출분비선(apocrine gland) : 선세포 내에서 만들어진 분비물이 세포의 유리단(遊離端)에 축적되어 세포질 성분과 세포 밖으로 분비하게 되고, 이때 세포막도 탈락되어 나간다.
   예 : 유선(乳腺), 액와부의 한선(汗腺), 이구선(耳垢腺, ceruminous gland)

③ 전분비선(holocrine gland) : 선세포 전체가 분비물로서 배출되는 분비형태이다.
   예 : 피지선, 고환과 난소의 생식세포

제 2 장

세포의 구조

1. 세포의 구조

세포는 1665년 영국의 Robert hooke가 처음으로 식물조직에서 발견하였다. 세포는 다세포 생물체에서 제일 작은 단위로서 세포들의 형태, 구조 및 크기는 그들의 특수기능 및 세포의 종류에 따라 다르다. 세포의 형태는 구형, 난원형, 원주형, 입방형 및 편평형, 방추형 및 성상 등이 있다.

세포들의 크기도 난자와 같이 육안으로 볼 수 있는 것으로부터 가장 작은 신경교세포(神經膠細胞)와 같이 광학현미경으로 볼 수 있는 것에 이르기까지 다양한 세포가 있다.

1) 세포의 크기

대부분의 세포는 직경이 약 10～100μ(micron) 범위이지만 증식(분열)하고 있는 세포들은 직경이 약 20～30μ의 범위이다. 단일세포라고 하는 조류의 난의 난황을 제외하고는 직경이 50μ 이상되는 세포는 거의 없다.

세포가 기능을 충실히 수행하려면 원형질의 모든 부분들이 영양분의 섭취수단이나 노폐물 배출로가 비교적 가깝게 위치해 있어야 한다. 세포가 너무 크면 세포의 중앙부로의 영양분이나 혹은 노폐물을 처리 수용할 수 없기 때문에 세포의 크기는 자동으로 제한된다.

일반적으로 세포들 중에는 일정한 크기로 성장하면 수명을 다할 때까지 더 이상 크지 않거나 분열하지 않는 세포류들이 있는데, 그 예로서는 중추신경계에 분포되어 있는 신경세포와 적혈구 등이 있다.

세포막(cell membrane)의 두께는 약 70～100Å 정도이다.

2) 세포의 일반적 구조

전형적인 세포는 광학현미경으로 관찰하면 핵과 세포막에 의하여 둘러싸인 세포질(cytoplasm)로 구성되어 있다. 핵은 핵소체(nucleolus)와 세포 분열시에 염색체를 형성하는 염색질(chromatin material)로 되어 있다.

세포질에는 내형질세포(endoplaomic reticulum), 골지장치(Golgi apparatus), 사립체(mitochondria), 특수 표본제작과 염색법에 의해서 증명할 수 있는 세포포함체(inclusion) 등을 함유하고 있다.

(1) 원형질막

원형질막(plasma membrane)은 세포 내외로 출입하는 물질들을 선택적으로 조절하는 능력이 있다. 원형질막의 전자현미경 소견에 의하면 3개의 가시층으로 되어 있으며, 표층과 심층은 단백질 성분으로 구성되어 있고, 중간층은 주로 인지질로 구성되어 있다.

원형질막 내의 소공(小孔, pores)은 모세혈관 투과성에 관계되는 생리학적 실험에 의해서 증명되었다.

(2) 핵

핵(nucleus)은 세포의 유전물질, 즉 분열하지 않고 있는 세포에서는 염색질, 분열시에는 염색체로 된 물질을 지니고 있다.

체세포(somatic cells)의 핵은 새로운 세포의 형태와 구조를 결정하는 데 필요한 유전정보를 지니고 있으며, 성세포(sex cells)의 핵은 개체의 형질을 결정하는 데 필요한 유전정보를 지니고 있다.

핵막(nuclear envelope)은 약 200Å 간격에 의해서 분해된 2개의 뚜렷한 2중막으로 되어 있으며, 외막은 내형질세망과 연결되어 있고, 핵막에는 소공(小孔)들이 있는데, 이 공은 핵의 핵형질과 핵 밖의 세포질 사이에 연속되어 있다.

핵 내에 존재하는 핵소체(nucleolus)는 RNA과립 덩어리로 되어 있는데, 전자현미경 소견에 의하면 이 과립들은 치밀한 구조로 보이고, 핵 내에 있는 DNA는 덜 치밀한 모양으로 나타난다.

(3) 세포질

핵 외측의 세포질에 있는 세포소기관(organelles)은 내형질세망, 사립체, 골지장치, 중심체(centrioles), 유리 ribosomes, 지방구를 지니는 여러 형태의 공포(空胞, vesicles), 분해효소체(lysosome) 및 peroxisomes(microsomes) 등이 함유되어 있다.

가) 내형질세망

내형질세망(endoplasmic reticulum)은 관계(管系)나 편평한 낭으로 되어 있으며, 외핵막은 내형질세망과 연결되어 있다. 내형질세망은 표면에 ribosoms이라고 하는 구형의 소과립으로 덮여져 있는데, 이러한 형태를 rough endoplasmic reticulum(RER, alpha cytomembrane and ergastoplasm)이라고 하며, RNA는 단백질을 합성하는 기능이 있어 세포 내에서 단백질이 합성되는 양은 RER의 양과 기능을 암시할 수 있다.

Smooth endoplasmic reticulum(SER, beta cytomembrane)은 막 표면에 ribosomes을 가지고 있지 않으며, SER은 세포 내에서 glycogen, lipid 및 steroids의 합성에 관여한다고 한다.

나) 사립체

사립체(絲粒體, mitochondria)는 대개 타원형의 형태로서 크기는 0.2 μ(폭)×8 μ(길이) 정도이다. 사립체는 내・외의 2중막을 지니고 있고, 내막은 추벽성 돌기를 지니고 있다. 사립체는 citric acid cycle에서 일어나는 산화에 관계되는 효소를 지니고 있고, ADP에서 ATP로의 변화시에 필요한 energy 발생과 관계가 있다. 대사가 활발하게 진행되는 세포 내에는 많은 수의 사립체를 지니고 있다.

다) 골지장치

골지장치(Golgi apparatus)는 핵 주변에 편평한 막낭(膜囊)의 모양으로 존재하고, SER와 아주 비슷한 형태로서 매우 밀접한 관계가 있는 듯하다.

라) 분해효소체

분해효소체(lysosomes)는 최근에 발견된 세포 소기관으로서 직경이 0.1～0.8 μm의 구형 치밀소체이며, 가수분해효소를 지니고 있어 단백질・탄수화물・지방 등을 파괴, 용해할 수 있다.

마) Peroxisomes(microsomes)

과산화수소의 생성과 파괴작용에 필요한 효소를 함유하는 특수한 용해효소이다. 이 구조물은 주로 간장과 신장내의 실질세포에서 발견되나 때로는 갈색지방조직 내에서도 발견된다.

바) 중심소체

중심소체(centrosome, centrioles)는 휴지기 세포의 핵 주변에 두 개의 구(球)과립을 가지면서 존재한다. 중심소체는 세포의 유사분열 시에 미소관(微小管, microtubules)의 형태인 방추사를 발생시키는 기능을 가지고 있다.

사) 세포의 기타 구성성분

세포의 여러 막의 표면에는 과립이 보이는데, 대부분 RNA로 되어 있는 ribosomes으로서 부착되어 있지 않는 과립을 유리 ribosomes이라고 한다. 이외에 일정한 형태를 지니지 않는 구조물로서는 공막(空膜)·lipid·glycogen·분비물·효소 등이 존재한다.

2. 세포의 생리

세포의 생리학은 세포의 모든 기능을 다루는 분야로서 아울러 세포의 정상 기능시에 나타나는 물리화학 변화도 다룬다. 그러나 오늘날에 있어서 과학이 발전함에 따라 보다 진전된 기법 및 과학기기의 이용, 즉 electron microscope, the phasecontrast microscope, the ordinory microscope, X-ray diffraction, histochemistry, isotope studies, 기타의 지식과 기법, 기기 등이 널리 활용되고 있다.

생명의 만족스러운 정의를 내린다는 것은 그리 어렵지 않지만 아직도 어려운 점이 있다고 볼 수 있다. 세포는 모든 동물생활의 기능상의 단위로서 모든 조직, 기관, 계통 더 나아가 전신을 구성하는 기본단위이다.

세포의 특성에는 성장·생식·호흡·대사·배설·분비·자극성·전도성·수축성 등이 있다. 그러나 전도성이나 수축성은 모든 세포의 포괄적으로 적용되는 것이 아니고 주로 신경세포나 근육세포의 특성이라고 할 수 있다.

① 성장(growth) : 성장이란 세포의 원형질의 양이 증가되어 세포의 크기가 증가되는 것을 말하며, 세포나 기관이 정상 이상으로 크기가 증가하는 것을 비대(hypertrophy)라고 한다. 크기가 정상보다 감소되는 것을 위축(atrophy)이라 한다. 조직이나 기관이 발육부전된 상태를 형성부전(形成不全, aplasia)이라 하고, 조직이나 기관이 불완전발육이나 혹은 발육 결손된 상태를 감형성증(減形成症, hypoplasia)이라 한다.

② 생식(reproduction) : 세포나 생물체의 생식은 원조(original)와 같은 보다 많은 세포나 생물체를 생산하는 능력을 의미하고 있으며, 세포의 수가 증가되어 구조

물의 크기가 증가하는 것을 증식(hyperplasia)이라고 한다.

③ 흡수(absorption) : 분해된 물질을 세포질 내로 섭취하는 과정을 흡수라고 한다.

㉠ 확산과 삼투력(osmosis)에 의한 수동적 과정

㉡ ATP에서 에너지의 소비가 요구되는 능동적 과정이나 전기화학적 이온력에 의하거나,

㉢ 에너지의 소비가 직접 요구되지 않는 친화성(affinities)에 의하여 일어날 수 있으며, 상기 세 과정은 동일한 막을 통하여 동시에 일어날 수도 있다.

세포 밖의 물질을 세포내로 유도하는 다른 2가지 방법에는 식균작용과 세포흡수작용이 있다.

▸ 식균작용(phagocytosis) : 세포의 ameba와 같은 작용으로 물질을 탐식하면 이 과정은 식균작용이라고 하며, 이러한 능력을 가지고 있는 세포를 식세포(phagocytes)이라고 한다. 이러한 기능을 하는 세포에는 주로 백혈구(white blood cells)가 있고, 조직편, 변성 백혈구 또는 세균 등 이물질을 탐식한다.

▸ 세포흡수작용(pinocytosis) : 세포흡수작용은 액체를 흡수하고 분자가 너무 커서 능동적 운반에 운반될 수 없는 분자, 특히 작은 분자의 단백질을 섭취하는 과정이다. 세포흡수작용은 세포막의 표면장력이나 전기적 성질이 변화하여 세포에 함입되어 물질과 세포외액을 받아들인다. 이 기능을 하면서 세포는 장관 상피나 근위곡세뇨관의 내피에 부속되어 있는 microvilli에 의해서 이루어진다.

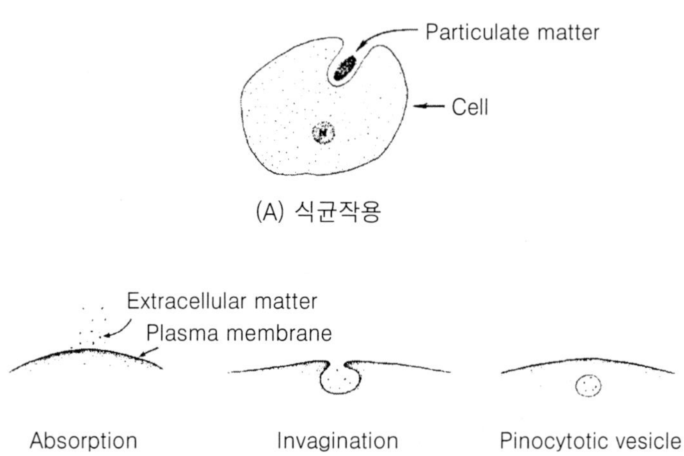

(A) 식균작용

(B) 세포흡수작용

그림 2-1. 식균작용과 세포흡수작용

④ 대사(내호흡) : 대사는 세포에 의해서 영양소와 O_2로 이용되어 탄소화합물이 에너지의 방출과 더불어 CO_2와 H_2O로 산화되는 작용이다. 산화작용은 O_2의 첨가뿐 아니라 또한 수소의 제거나 electrons의 제거를 말한다. 대사작용은 각개의 세포, 전신에 나타나는 총체적인 생화학적 반응을 의미한다. 에너지 형성을 통해서 체를 구축하고 유지하는 반응을 동화작용(anabolism)이라 하고, 영양소 이용으로 에너지를 방출하는 반응을 이화작용(catabolism)이라 한다.

⑤ 배설(excretion)과 분비(secretion) : 세포로부터 물질이 배출되는 것을 말하며, 노폐물이 배출되면 이 과정을 배설이라고 하고, 유용한 산물이 방출되면 그 과정을 분비라고 한다.

⑥ 자극성(irritability) : 자극성은 자극에 반응하는 성질이며, 전도나 수축할 수 있는 원형질의 특성이 필요하다.

⑦ 전도성(conductivity) : 세포의 한 점으로부터 다른 부위로 충격을 전파하는 성질이며, 신경세포와 근세포는 전도성과 자극성의 기능을 수행하도록 분화되어 있다.

⑧ 수축성(contractility) : 수축성이란 한 방향으로 단축되는 성질이며, 근세포는 수축할 수 있도록 분화가 되어 있다.

1) 세포의 화학적 조성

세포의 여러 부분의 화학적 조성분은 세포기능의 주요 역할을 한다. 원형질은 물 85%, 단백질 10%, 지방 2%, 무기질 1.5% 및 탄수화물을 포함한 기타 물 1.5%의 비율로 조성되어 있다.

(1) 수분

수분은 원형질의 대부분을 차지하고 가장 중요한 역할을 하며, 세포의 무정형 부분으로 교질용액을 이룬다.

수분은 또한 무기질에 대한 용매로서 작용하기도 하고, 세포내에 나타나는 여러 가지 반응에 의해서 교류된다. 세포내의 물은 유리수분(free water)과 결속수분(bound water)으로 구분되는데, 유리수분은 대사활동 시 이용되고, 결속수분은 단백질과 다른 분자의 표면에서 흡수된다. 조직과 체액의 수분은 세포의 내외, 맥관계와 조직 사이를 통과할 수 있는 물은 대부분 유리수분이다.

동물체의 수분 함유량은 체중의 55~67%를 차지하고, 이 중 약 40%의 수분은 체세포내에 존재하고, 체중의 15%는 간질액(interstitial)으로, 5%는 혈장(blood plasma)

내에 존재한다.

(2) 단백질

수분 다음으로 원형질 내에 가장 많은 구성성분은 단백질이다. 단백질은 많은 기능에 관여하고 있으며, 세포 내에서 삼투압 유지, 털, 뿔, 발굽, 결합조직의 collagen 등 구조상의 조성분으로 역할을 하고, 효소・호르몬・근미사(筋微絲)・항체・유전자 등을 이루는 주체가 되기도 한다.

(3) 지방

지방(lipid, fatty substances)은 원형질 내에 소량 존재하고 있으며, 주로 형질막, 세포의 기타 막을 형성하는 데 관여하고 있다. 또한 지방은 비타민(A, D, E ,K)과 hormones 성분에 혼재하여 있다.

(4) 탄수화물

탄수화물(carbohydrates)은 대부분의 세포내에 1% 미만 함유되어 있지만 동물사료에는 많은 양이 함유되어 있다. 세포내의 탄수화물은 대사 중에 높은 비율로 energy에 이용된다.

단순한 당인 glucose는 세포 내에서 에너지로 전환되고, glucose는 중합되어 glycogen을 형성하는 데 잠재적인 저장 energy로 존재한다. 이러한 glycogen은 물로 간세포와 수의횡문근(隨意橫紋筋) 세포에 저장된다.

(5) 무기질

뼈는 약 65%(용적비)의 무기질(inorganic material)을 함유하고 있고, 대부분의 무기질은 수산화인회석[hydroxyapatite crystals($Ca_2(PO_4)_6(OH)_2$)] 형태로 존재하고, 이외에 Na, Mg 및 Fe가 무기질 성분에 혼합되어 있다.

원형질 내에 있어서 무기질은 NaCl과 같이 ion염으로서 존재하거나 단백질, 지방, 탄수화물과 결합되어 있다. Iodine은 thyroxine hormone의 필수부분을 차지하고 있고, iron은 혈색소 형성에 필요하고, phosphorus는 adenosine과 결합하여 ADP(adenosine diphosphate)나 ATP(adenosine triphosphate)를 형성하고 에너지 발생에 중요한 역할을 한다.

무기염과 ion은 일정한 pH를 유지하고 삼투압을 조절하는 데 조력하고 있고, 전해질은 신경과 근육기능에 중요한 역할을 한다.

2) 세포 구성성분의 물리적 형태

세포 내에는 세포소기관(organelles) 이외에 물리적 형태를 이루는 물질도 존재한다. 대부분 교질용액을 이루는데, 교질용액에는 당이나 염과 같은 정질(晶質)의 분자보다도 더 큰 입자를 지니고 있다. 교질분자는 원형질의 활동에 중요한 역할을 하고, 분자의 직경이 1 내지 500 mμ로서 투과막을 마음대로 통과하지 못하지만 정질분자는 자유롭게 통과할 수 있다. 크기가 다른 분자들의 운동상의 차이는 각 분자의 막에 대한 투과성에 따라서 다른데, 이러한 방법으로 교질과 정질이 분리되는 과정을 투석(透析, dialysis)이라 한다. 교질용액의 점도도는 정질용액의 점도도 보다 강하고, 교질입자는 정질입자보다 용액에서 서서히 확산된다.

어떤 교질용액에서 분자는 상호 강한 결합을 이루어 굳어지는데, 이러한 상태를 **겔**(gel)이라고 하며, 액체인 sol의 형태와 대조를 이룬다.

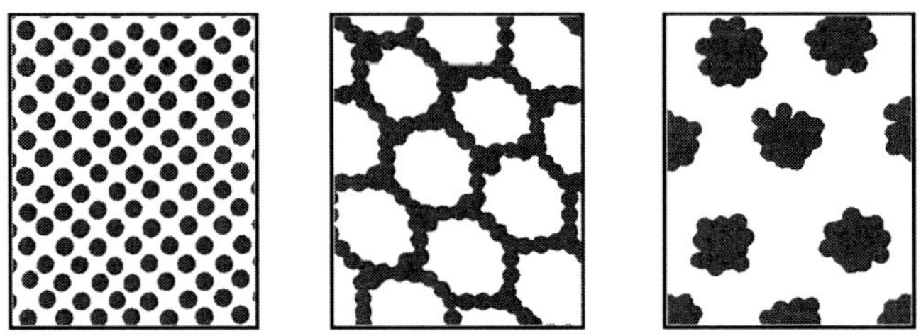

그림 2-2. 교질상태

3. 세포의 기능

1) 원형질막

원형질막은 세포 내에서 항상성(homeokinesis, homeostasis)을 조절하는 데 중요한 역할을 한다. 이러한 항상성(동물평형)은 대부분의 동물에 있어서 세포내의 동적교환을 통하여 비교적 일정한 내부환경을 유지하기 위한 현상이다.

형질막과 세포내 세포소기관의 막은 물질이 세포나 세포소기관을 출입하는 중요한 공(孔)을 지니고 있다.

세포 내외로 물질을 운반하는 방법에는 확산, 단순확산, 삼투작용, 능동운반, 흡수작용, 식균작용 등이 있다.

(1) 확산 및 단순확산

확산은 수동기전(passive mechanism)으로서 물질이 매체 전반에 걸쳐 균등하게 농축될 정도로 용매(대개 물) 내로 단순하게 분산되는 상태이다. 확산은 모든 분자와 ions들이 kinetic energy를 갖기 때문에 이루어진다. O_2, CO_2 및 alcohol과 같은 몇 개의 물질들은 kinetic energy 단독으로 형질막을 통해 확산할 수 있다.

세포막은 선택적인 투과성이 있다. 막을 통해서 이루어지는 정미 확산율은 ① 특수 분자 혹은 ions에 대한 막의 투과성, ② 막의 양측의 농도의 차이, ③ electrical charge 시에 차이, ④ 막의 양측에 미치는 kinetic energy 혹은 압의 차이 등에 의한다. 단순확산은 simple 또는 free diffusion과 같은 수동적으로 농도와 electrochemical gradients가 낮은 곳으로 이동한다.

막내에는 확산을 촉진시키는 'carrier system'이 있으며, 능동운반시에 나타나는 ATP의 energy를 필요로 하지는 않는다. Facilitated diffusion에 의해 세포내로 들어가는 glucose는 세포막의 지질 양측에 도달하면 운반물질과 결합하게 된다. 이 운반자(carrier) 그리고 막을 통과하는 glucose-carrier complex는 세포막의 내측으로 glucose concentration gradient가 하강된다.

이 곳에서 'carrier'는 glucose를 세포내로 들어가도록 방면하고, 반면에 carrier는 또 다른 운반자로 역할을 하기 위하여 그곳에 잔류한다. Glucose 외에 amino acid와 같은 물질로 'facilitated diffusion'에 의하여 세포막을 통과한다.

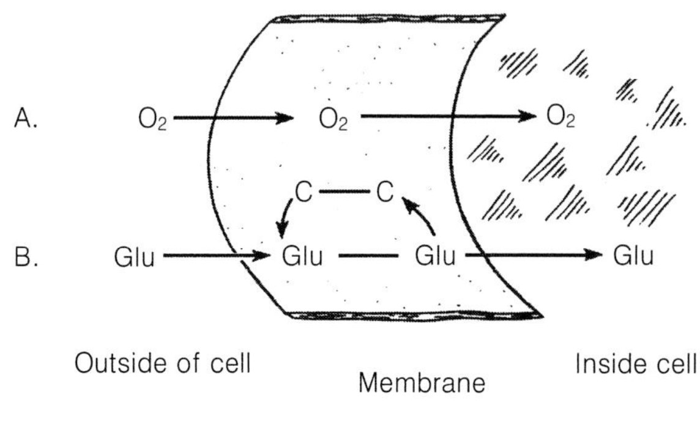

그림 2-3. 유리확산과 단순확산

A : O_2의 유리확산, B : Glucose의 단순확산

Glu = glucose C = carrier

(2) 삼투작용(osmosis)

삼투작용은 물이 세포막을 지나 이동하는 것을 의미하며, 막은 선택적인 투과성이 있기 때문에 단백질과 같은 solute particles(용질입자)는 통과를 하지 못한다. 만일 일개의 세포가 주변에 세포간 액체보다 보다 높은 온도의 용질을 가지고 있다면 주변의 수분은 양측막간에 압이 같아질 때까지 간질액으로부터 세포내로 이동해갈 것이다.

수분이 세포내로 들어가면 세포내의 용적이 증가하여 다시 압이 증가할 것이다. 이와 같이 삼투작용에 의해 물이 이동하여 생기는 압이기 때문에 **삼투압**(osmotic pressure)이라 한다. 이와 같은 현상은 농도가 낮은 용질을 지닌 막측으로부터 농도가 높은 용질을 지닌 막측으로 용액이 밀려들어간다.

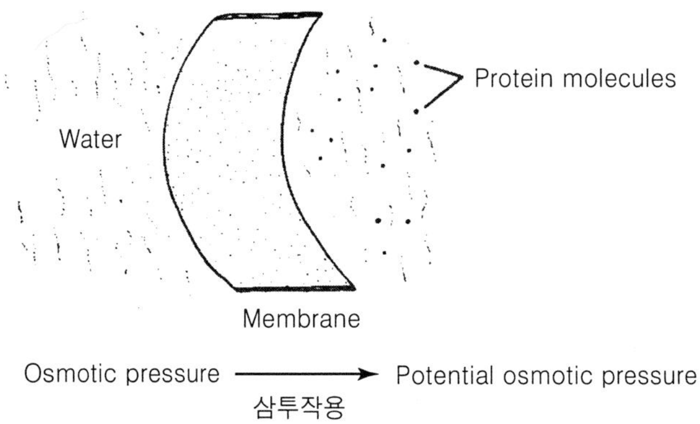

그림 2-4. 형질막과 관계된 삼투압

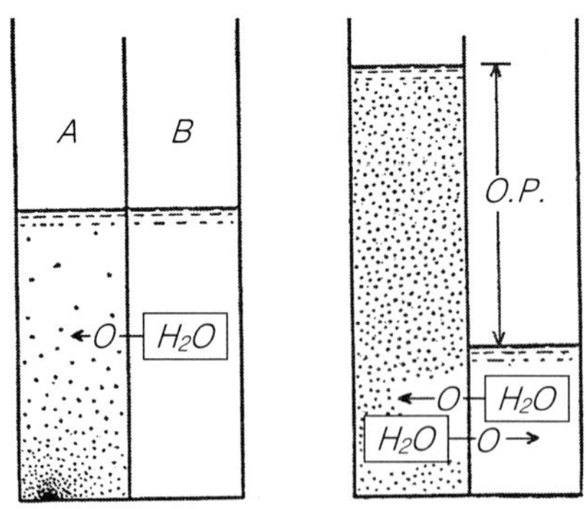

그림 2-5. 삼투작용

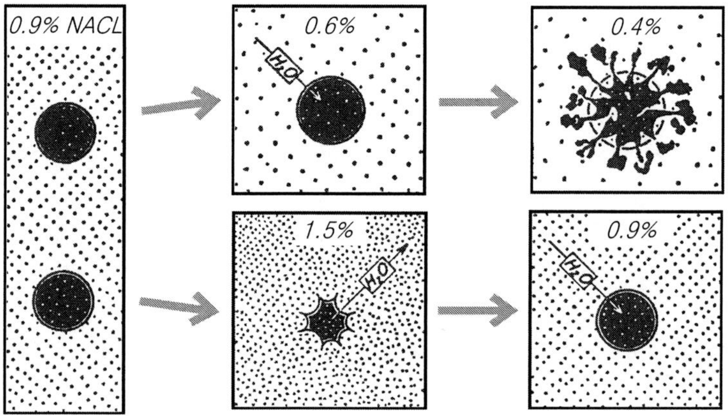

그림 2-6. 적혈구의 삼투효과와 용혈

삼투압은 삼투압계(osmometer)로 측정한다. 삼투압은 세포를 출입하는 수분의 양을 결정함으로써 생체항상성(homeokinesis, homeostasis)을 유지하는 데 중요한 기전이다. 막의 주변에 있는 용액의 농도가 혈액세포에서 볼 수 있는 바와 같이 동일하다면 세포와 관련해서 그 액을 등장성(等張性, isotonic)이라고 하는데, 이는 막 양측의 삼투압이 동일하다는 것을 의미한다. 0.85%의 NaCl 용액은 포유류의 적혈구에 등장성(isotonic)이며, 이 용액을 생리적 식염수(physiological saline solution, P.S.S)라고 한다.

세포보다 삼투압이 낮은 수액을 저장성(低張性, hypotonic) 용액이라고 하며, 수분은 세포막을 통하여 세포내로 들어간다. 저장성의 혈장 내에 있는 적혈구에서 보면 적혈구 세포내로 들어간 물은 세포를 팽창시켜 결국 파열하게 되는데, 이러한 상태를 적혈구의 **용혈**(hemolysis)이라 한다.

이와는 반대로 세포질보다도 더 높은 농도인 고장성(高張性, hypertonic)에 있는 적혈구는 혈장 내로 수분이 나아가게 되어 쪼그라들게 되는데, 적혈구의 주변부가 수축해서 요철(凹凸)을 나타내는 상태를 둔거치(鈍鋸齒, crenation) 형성이라고 한다.

포유류의 세포와 관련하여 NaCl의 농도가 0.85%보다 낮은 농도의 용액을 저장성(低張性), 보다 높은 용액은 고장성(高張性)이라고 하며, 0.85%는 등장성(等張性)이다.

(3) 능동성 운반

다양한 물질의 분자들은 삼투압, 정수압, 농도의 경사도, 전기화학적 경사도에 역행하여 통과할 수 있는데, 이 역행현상은 물질들의 확산 시에 나타나는 이동과는 반대 방향으로 움직인다는 것을 의미한다. 또한 이 현상은 오르는 경사로 'uphill gradient' 라고도 언급하고 있으며, 형질막을 통하여 움직이는 데 세포에서 생산되는 에너지를 이용하여 운반된다. 이를 능동성 운반(active transport)이라 한다.

Diffusion과 facilitated diffusion은 보다 농도가 짙은 부위로부터 막이 보다 농도가 낮은 부위로 막을 통해서 이동시킬 수 있다.

Active transport는 에너지와 carrier molecules의 도움으로서 물질을 농도경사도, 전기경사도, 압경사도에 역행하여 'uphill'로 운반할 수 있다. Glucose와 amino acid의 sodium Co-transport를 secondry active transport라고 부른다.

2차 능동성 운반은 장의 상피와 신관상피(腎管上皮)에서 나타나고, sodium은 장관이나 혹은 신관으로부터 상피세포 내로 diffusion gradient를 이루어 상피세포로부터 모세혈관으로 활발하게 수송한다. 다음 sodium은 sodium gradient의 아래로, 그리고 glucose gradient를 위로 동시에 운반될 수 있는 glucose와 결합된다. Sodium은 대개 세포 외측에 보다 농도가 낮은 곳에서, 그리고 potassium은 세포내의 보다 농도가 짙은 곳에서 발견되는 것은 적어도 sodium ion의 active transport로 암시할 수 있다. 이러한 기전을 'sodium pump'라고 한다. 원리는 동물의 신경, 근육, 호르몬 기능에 있어 매우 중요하다.

2) 세포소기관

(1) 골지장치

골지장치는 조직세포의 종류에 따라 크기와 위치에 차이가 있다. 세포의 분비산물 합성의 최종기관으로서 기능을 하고, 생산된 산물은 막으로 둘러싸여 소포를 형성하여 일시적으로 저장되거나 형질막으로 운반되어 분비물의 형태로 세포외액 내로 방면된다. Mucopolysaccharides가 Golgi 장치에서 형성되어지고, glycoproteins은 smooth와 rough endoplasmic reticulum에 의해서 Golgi 장치로 운반되어온 탄수화물과 단백질을 결합물로 합성시킨다.

(2) 내형질세망과 ribosomes

내형질세망(ER)은 세포 전반에 걸쳐서 볼 수 있는 막성세망(膜性細網)이며, 세포 내의 가장 깊숙이 있는 원형질 내까지 산재해 있고 외핵막과 연속되어 있다. 내형질세망은 관상이나 판상의 형태이며, 소조(小槽)라고 하는 낭(囊)이나 공포(空胞)를 지니고 있다.

Ribosome 과립이 막에 부착되어 있지 않은 세망을 평활내형질세망(smooth endoplasmic reticulum, SER)이라 하고, ribosome 과립이 부착되어 있는 세망을 조송내형질세망(rough endoplasmic reticulum, RER)이라 한다.

SER에서는 glycogen, lipid 및 steroid가 합성되고, ER은 근세포에서 자극을 전도하고 근수축을 일으키는 데 필요한 Ca-ion을 운반하는 데 매개체로서 작용한다. RER에서는 ribosomal activity에 의해 단백질이 합성되어 내형질세망의 관에 의해서 멀리 운반되어진다. Ribosomes은 RER에 부착되어 있거나 혹은 세포질 내에 유리되어 있는 작은 구형의 세포소기관이다.

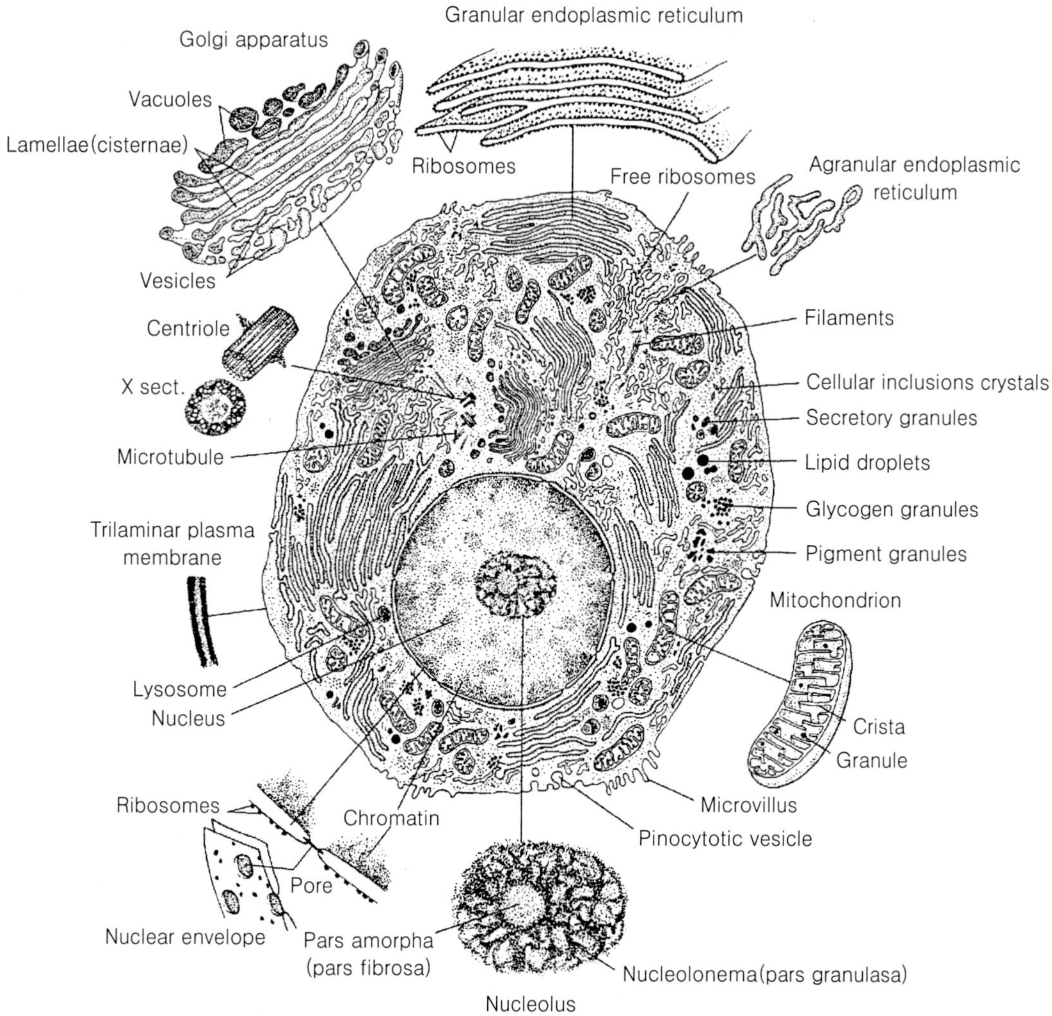

그림 2-7. 세포소기관과 세포포함체의 미세구조

Ribosome의 약 2/3는 RNA(ribonucleic acid)와 1/3의 protein으로 구성되어 있다. Ribosome은 단백질 합성에 관여하고 있다. Rough ER의 ribosome은 세포로부터 분비되는 단백질을 합성하고, free ribosome은 구조상의 단백질과 세포 자체에서 대사에 이용되는 효소를 생산한다.

(3) 사립체

사립체(絲粒體)는 핵의 비중 다음으로 무거운 비중을 지니고 있는데, 침사나 혹은 원심처리된 세포 균질화에서 증명할 수 있다. 사립체는 이중막으로 되어 있고, 막으로부터 선(줄, 체)이 내부로 돌출되어 있으며, 효소 부착의 넓은 면을 이룬다.

사립체에는 효소가 부착되어 있어 영양소를 산화시켜 CO_2, ATP 및 물을 생성시키는 모든 효소는 사립체에서 발견되며, 그리고 tricarboxylic acid cycle(krebs cycle, citric acid cycle)에 관계되는 대부분의 enzyme와 coenzymes는 대개 사립체 내에 위치하여 있다.

Krebs cycle 동안 산화의 결과로 CO_2와 H_2를 방출한다. H_2는 reduction reaction을 일으키는 mitochondrial electron transport system을 갖추어 수분의 형성과 ATP 내에서 만들어진 energy의 저장이 최고에 달하게 된다.

ATP는 ADP의 oxidative phosphorylation에 의해 형성되는데, 1개의 inorganic phosphate molecule이 ADP에 추가되어 보다 높은 energy compound ATP를 만들게 되는 것이다. 다음 ATP로 잠재된 energy는 단백질 합성, 근수축, 능동운반 등과 같이 energy가 요구되는 cellular activity에 이용된다.

사립체는 자체의 증식에 필요한 DNA와 RNA를 지니고 있다. 사립체는 부분적으로 합성된 단백질과 지질을 운반하고 자체의 ribosomes을 지니고 있다.

(4) 분해효소체

분해효소체(分解酵素體, lysosomes)는 ribosomes보다는 크지만 사립체보다는 작으며, 직경이 0.25～0.75μ이다. 분해효소체는 내형질세망과 Golgi 장치에서 생성되며, 분해효소체는 막으로 둘러싸인 소화효소의 소체이다. 죽은 세포의 분해효소체는 파괴가 되어 효소가 방출, 무용한 세포를 융해시킨다. 그러므로 분해효소체는 체세포의 정상적인 교체에 참여한다고 볼 수 있다.

효소체는 분해효소체내나 혹은 세포질내로 방출되어 활동한다. 분해효소체를 지니고 있지 않은 유일한 포유동물세포는 적혈구이다. Lysosome enzymes는 단백질・탄수화물・핵산 등을 분해시킬 수 있어 세포의 소화기관이라고도 한다. 백혈구는 청소세포(scavenger cells)로서 많은 분해효소체를 지니고 있어 탐식된 세균・괴사조직・

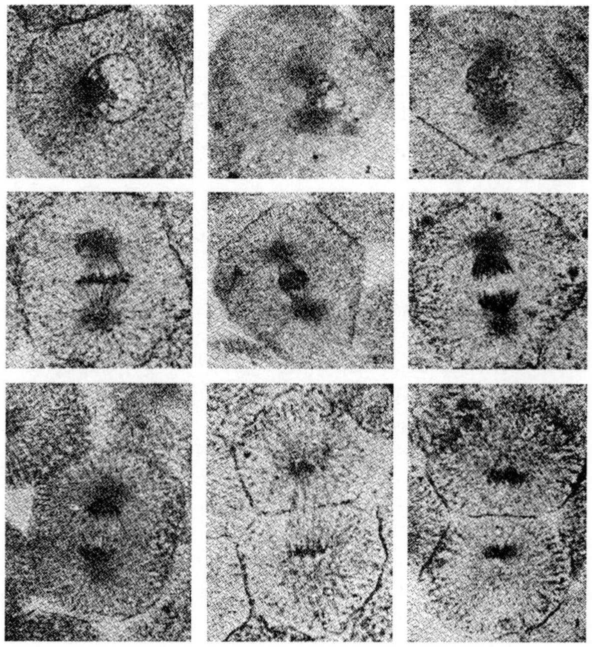

그림 2-8. 물고기 포세세포의 유사 분열상

세포조각편 등을 처리한다.

세포가 부활분해효소체를 지니고 있을 때 질병을 유발하게 된다. 예를 들면 pompe's disease는 세포내의 glycogen이 lysosomes에 의해서 소화되지 못할 때 생긴다.

반면에 sunburn에 의해서 생긴 변화는 피부세포에 있는 분해효소체가 자외선에 의하여 파괴될 때 나타난다.

(5) 기타 구조물

① Peroxisomes(microbodies) : Lysosome보다 작고, 어떤 세포 내에서는 lysosome의 수보다 많이 함유되어 있다. Peroxisome은 H_2O_2(hydrogen peroxide)를 만들 수 있는 oxidase enzymes를 지니고 있고, 이 효소 중 약 40%는 catalase(과산화물을 파괴하는 효소)로서 과산화수소를 분해한다.

$$(2H_2O_2 \rightarrow O_2 + 2H_2O)$$

② Microtubules : 가늘고 간상의 관이 세포질 전반에 산재하여 골격요소 같이 세

포를 지지세포의 구조상의 형태를 이루게 한다. 미세관(microtubules)은 세포분열시 방추사(spindle fibers), 섬모(cillia)의 수축 구조물, 섬모운동을 일으키는 섬유소원(fibrils)으로서 역할을 한다. 또한 신경원(nerve cells)의 축삭(軸索)과 같이 어떤 세포 내에서 분자들의 수송에 조력하고 있기도 하다.

③ Microfilaments : Microtubules 보다 가늘은 rod-like organelles이다. 수축작용과 관련이 있고, 상피세포의 연상에 부속된 microvilli를 건전하게 유지할 수 있도록 지지하여 주며, 소장으로부터 만들어진 영양소의 흡수를 잘 할 수 있도록 도와 주고 있다. 심장 내에 섬유와 세포의 운동, 모든 근육세포의 수축작용, 축삭의 성장, 혈괴(血塊)의 퇴축(退縮) 등에 조력하고 있다.

④ Centriole(중심소체) : Cilium의 기저부에서 볼 수 있는 것과 같은 short cylinder로서 9쌍의 filaments가 주변에 배열되어 있다. 중심소체는 세포의 핵 근처에 위치하고 있고, 두 개의 중심구가 있는데, 일명 centrosome이라고도 한다. Centrosome은 세포분열시 spindle의 양극을 형성하여 성상(星狀)으로 방사될 수 있도록 기능을 발휘한다.

3) 핵

실험에 의하면 세포의 기능적인 활동이나 생명까지도 핵의 존재와 기능에 달려 있다. 핵을 제거한 세포는 활동이 끝나고 결국 죽게 된다. 그러나 동일종의 ameba나 아주 유사한 종의 세포질에 핵을 이식하게 되면 핵이 이식된 아메바의 기능은 회복될 것이며, 핵을 분리하게 되면 곧 죽게 된다.

핵의 주요 기능은 ① 세포 내에서 단백질 합성을 조절, 즉 생화학활동을 조절한다. ② 유전물질을 지니고 있다(염색체와 유전인자).

핵의 구성성분은 화학분석법에 의해서 증명되고 구성성분의 위치도 조직화학 기법에 의해서 결정되는데, 염색이나 조직표본에서 인정할 수 있다. 모든 세포의 핵은 DNA(deoxyribonucleic acid), RNA(ribonucleic acid), 단백질, 지질 및 무기질을 지니고 있다. 대부분의 RNA, 소량의 DNA와 효소를 위시하여 약간의 단백질이 핵소체 내에 존재한다. 핵소체는 RNA를 합성하는 기능과 저장하는 기능을 가지고 있다.

4. 세포분열

핵은 오래 전부터 세포의 중요한 부분으로 인식되어 왔으며, 세포분열 시나 유전형질의 전달에 있어서 핵의 기능에 대해서는 잘 알려져 왔다. 또한 핵은 세포의 구조와 대사작용을 위시해서 세포질의 기능을 간접적으로 조절한다.

세포분열은 한 개의 세포가 두 개의 낭세포(娘細胞)를 생성하는 과정이며, 두 개의 낭세포들이 모세포와 똑같은 성질과 기능을 수행해야 한다.

1) 유사분열

체세포의 분열인 유사분열(有絲分裂, mitosis)은 수년 동안 잘 기술되어 왔다. 활동적인 세포분열이 완성된 후 다음 분열이 시작되기 전의 기간을 **휴지기**(interphase)라 한다.

유사분열 시간은 30분~3시간으로 비교적 짧은 시간에 이루어지고 5기로 구분된다. ① 전기, ② 전중기, ③ 중기, ④ 후기 및 ⑤ 종기 등으로 구분되고, 계속 이어지는 과정임을 염두에 두어야 한다.

(1) 전기(prophose)

전기에 들어서자마자 분열세포는 굴절성, 팽창성 및 표면장력이 증가되며, 세포질은 점성이 높아지고, 핵은 반대로 점성이 낮아진다. 가장 뚜렷한 변형으로 염색체가 형성 나선상으로 되고 짧아지는 것이다.

이 낭염색체들은 중심절(重心節, centromere)에 부착되어 더욱 선명하게 나타난다. 핵막과 핵소체로 살아지고, 두 개의 중심구는 세포의 반대 극으로 이동되어 간다. 이 사이에 미소관(microtubules)이 발생되어 방추사(紡錘絲, spindle fibers)를 형성한다.

(2) 전중기(prometaphase)

전중기에는 세포 중심부에 운동성이 증가하여 염색체들이 적도판(赤道板, equatorial plate)으로 움직이기 시작하고, 핵막은 완전히 소실하게 된다.

(3) 중기(metaphase)

적도판에 도달한 염색체는 농축되어 뚜렷하게 볼 수 있고 머리핀과 같은 형태가 되며, 방추미소관(spindle microtubules)은 낭염색체(chromatids)의 중심절에 부착하게 된다.

(4) 후기(anaphase)

후기로 돌입하면 각 염색체의 중심절은 분리되고, 낭염색체들은 그들이 모인 세포의 반대 극으로 끌려간다.

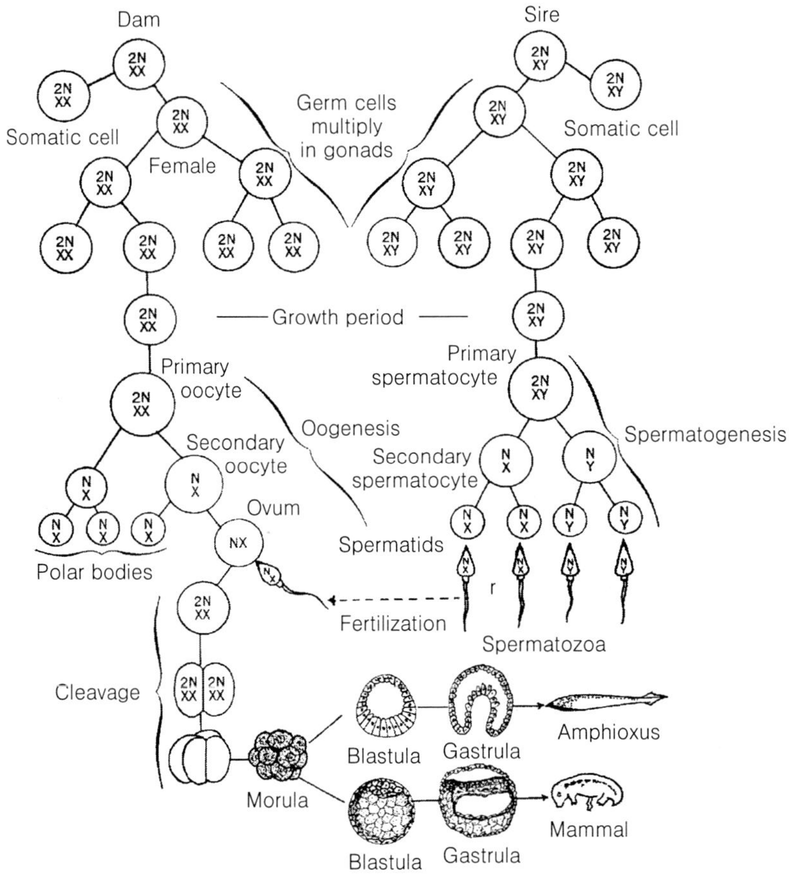

그림 2-9. 생식세포 형성의 모형도

(5) 말기(telophase)

종기(終期)가 되면 염색체가 길어지고, 조였던 염색체가 풀리고, 각 낭핵(娘核, daughter nucleus)으로 분화되기 시작하여 핵막, 핵소체 및 핵형질(karyoplasm)이 다시 나타난다. 나아가 세포질은 분리가 시작되는데, 이를 세포질 분열(cytokinesis)이라고 한다. 또한 세포질내의 세포소기관도 동일하게 분열된다.

각 낭세포(daughter cell)들이 한 쌍의 모세포로 되면 유사분열은 완성되는 것이다.

2) 성숙분열

성숙분열(meiosis, reduction division) 분열방식이 유사분열과는 다르며, 성숙분열은 자성(雌性)에서 난자가 형성되고, 웅성(雄性)에서 정자가 발생되는 생식세포형성

(gametogenesis)이 이루어질 때 생긴다.

생식세포인 정자와 난자가 각각 체세포와 같이 완전한 염색체 수를 가지고 있다면 그 두 세포의 융합은 염색체 수를 배로 증가시키게 된다. 그러므로 생식세포들은 분열시 염색체 수가 반으로 감소되는 특수한 분열을 하게 되는데, 이를 **성숙분열**이라 한다.

성숙분열은 체세포의 염색체수 2배체를 1배체의 수로 반감(½)하고, 승환(乘換, crossing over)이라고 하는 과정으로 자축(仔畜)의 유전적 변이성을 증가시키기도 한다.

제 1차 성세포에서 상동염색체(相同染色體)는 쌍을 이룬다. 상동염색체는 암컷의 염색체와 수컷에서의 염색체가 쌍을 이루고 있는 상동염색체는 1단(一端), 중부 또는 양단과 같은 부위로 교환하여 2개의 새로운 염색체로 되는데, 두 모염색체와는 다르다. 이때 승환은 2번의 감수분열에 수반되어 일어난다. 제 1 회 분열에 있어서는 각 쌍으로 된 상동염색체에서 새로운 염색체는 낭세포가 되고, 제 2 회 분열에 있어서 각 염색체의 반수의 염색체는 나중에는 새로운 4개의 생식세포(성세포)라고 하는 새로운 낭세포로 되는데, 각 세포는 다른 3개의 세포와는 다르다.

3) 무사핵분열

무사핵분열(無絲核分裂) 혹은 직접분열은 핵이 반드시 양분되나, 세포질은 나누어지지 않는 경우가 있다.

무사핵분열은 염색체의 출현 없이 핵이 직접 양분되어 이루어지는 분열방식이기 때문에 일명 직접분열이라고도 한다. 예를 들면 횡문근세포, 간세포, 부신 및 자율신경 계통의 세포 등에서 볼 수 있는 분열방식이다.

제 3 장

신경계의 해부

신경계는 동물체 내외로부터 일어나는 자극을 받아들이고 반응을 일으키는 데 관련된 계통이다. Hydra와 같은 다세포동물의 신경계는 뇌나 특수한 조절중추가 없는

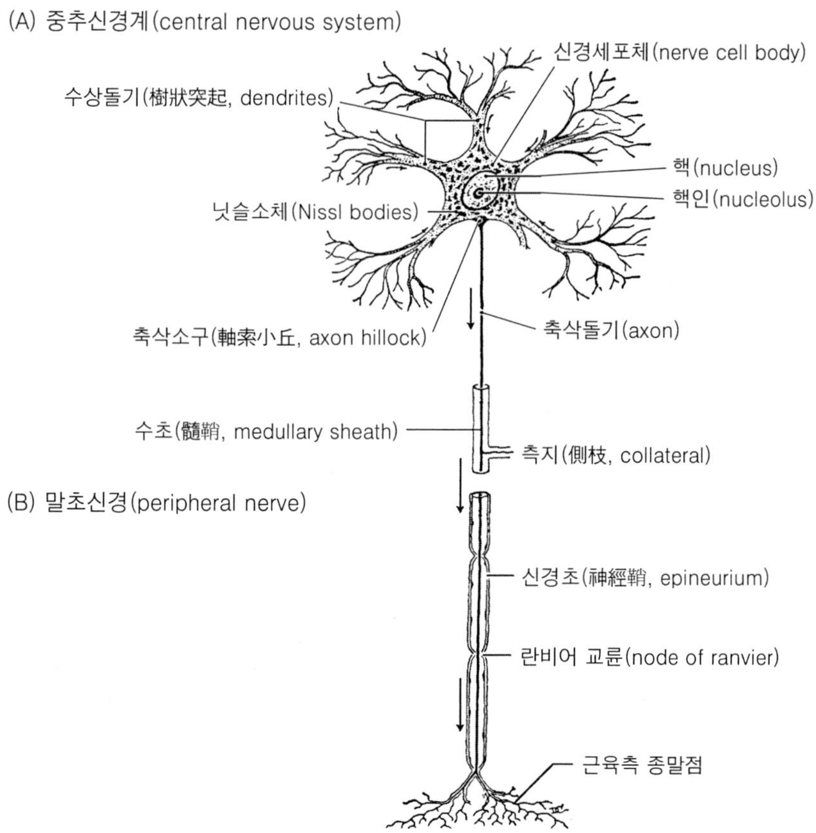

그림 3-1. 신경원

신경세포의 망으로 이루어져 있다. 생물체는 더욱 복잡하여짐에 따라서 신경세포의 분화는 증가되어 결합기구가 형성되어 자극에 대한 조절작용을 하게 되는데, 주로 신경원(神經元)이 담당한다.

신경원(神經元, nervous system)이란 체의 조절기구로서 다음과 같이 3가지로 대별한다.

① 중추신경계(central nervous system) : 뇌(brain)와 척수(spinal cord)
② 말초신경계(peripheral nervous system)
③ 자율신경계(autonomic nervous system)

1. 신경계의 해부

1) 신경조직의 구조

신경조직은 신경세포(nerve cell, 神經元)와 이 조직의 영양과 지주를 담당하는 지주세포[supporting tissue(神經膠, neuroglia)]로 구성되어 있다.

(1) 신경세포와 신경의 구성

신경세포는 신경체(nerve cell body)와 다수의 신경돌기(nerve processes)로 구성되어 있다. 즉, 축삭돌기(軸索突起, axon)와 수상돌기(樹狀突起, dendrite)로 구성되어 있다. 자극을 세포체내로 전달하면 수지상돌기라 하고, 신경체포로부터 멀리 전달하면 축삭돌기라 한다.

한 개의 신경원 축삭돌기가 다른 신경원과 연결되면 신경연접(神經連接, synapse)이라 한다. Synapse는 기능상으로 관계가 있는 신경원 간에 접착점을 의미한다. 이 접착은 한 신경원의 축삭과 다른 신경원의 세포체가 되거나, 혹은 한 신경원의 축삭이나 다른 신경원의 수지상돌기의 접착부가 될 것이다. 뇌나 척수 내의 신경세포군을 핵(nuclei)이라 하고, 뇌와 척수 외측에 있는 신경세포군은 신경절(ganglia)이라 한다. 또한 뇌나 척수 내에는 신경돌기속(路)[tract(fasciculi)]이라 하고, 중추신경계 외측의 돌기속을 신경이라 부른다.

신경계통을 종합된 단위로서 다음과 같이 분류할 수 있다.

가) 중추신경계(Central nervous system, CNS)

① 뇌(brain) : 두개골(頭蓋骨)로 둘러싸여 있음.
② 척수(spinal cord) : 척수관(脊髓管)에 의해 둘러싸여 있음.

나) 말초신경계(Peripheral nervous system, PNS)

① 뇌신경(cranial nerves) : 두개공(頭蓋孔)으로부터 나옴.

② 척수신경(spinal nerves) : 척추간공(脊椎間孔)으로부터 나옴.

다) 자율신경계(Autonomatic nervous system, ANS)

① 교감신경계(sympathetic nervous system) : 흉요부(胸腰部, thoralumbar portion)

② 부교감신경계(parasymphathetic nervous system) : 두개천골부(頭蓋薦骨部, craniosacral partion)

(2) 조직학

신경조직은 신경원과 지주조직으로 되어 있다. 중추신경계통에 있어서는 지주조직은 신경교(神經膠, neuroglia)라 하고, 대부분의 말초신경계의 지주조직은 대개 백색결합조직으로 되어 있다.

(3) 신경세포의 구조

신경세포체(nerve cell body)와 신경세포돌기(processes of nerve cell)로 구성되어

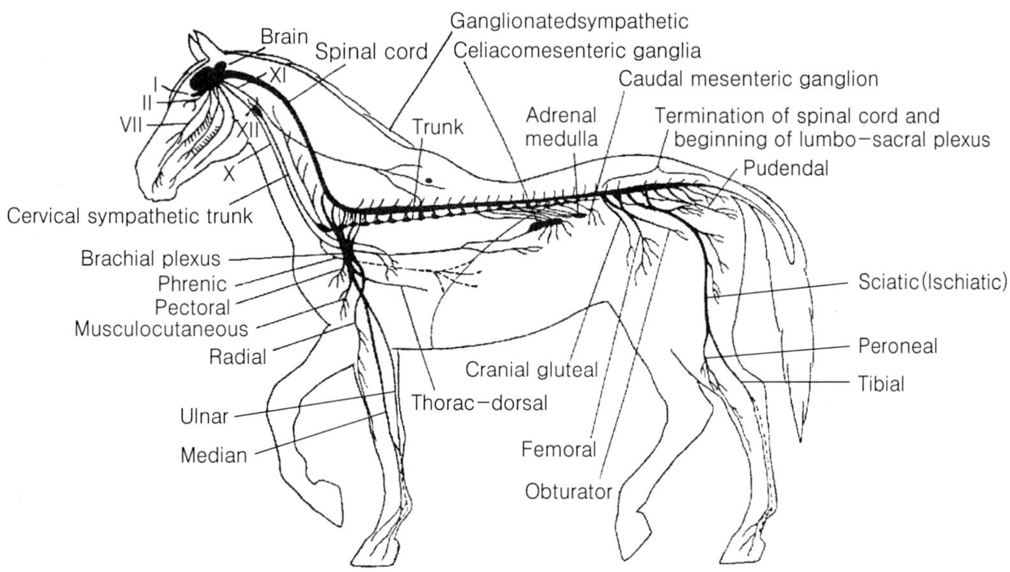

그림 3-2. 말의 신경계

있고, 세포체 내에는 비교적 많은 양의 세포질, 핵, 다수의 핵소체 등이 함유되어 있다.

신경세포의 세포질을 신경세포형질(neuroplasm)이라 부른다. 세포질 내에서 가장 중요한 것은 세포소기관으로서 사립체, 섬유소원, Golgi 망, 중심소체(centrosome)이다. 신경세포질에서 가장 눈에 뜨이는 봉입물은 nissl bodies 혹은 호반소체(虎班小體, tigroid bodies)로서 rough endoplasmic reticulum의 dark-stainging granules로 구성되어 있다. 기타 봉입물로서는 지방과 색소로서, 색소에는 yellow-brown lipochrome pigment와 black melanin pigment 등의 색소이다.

또한 신경세포를 신경돌기의 수에 따라 분류하면,

① 단극신경원(unipolar nervous)은 1개의 돌기를 지니고 있다.
② 양극신경원(bipolar nervous)은 1개의 수지상돌기와 1개의 축삭돌기를 지니고 있다.
③ 다극신경원(multipolar nervous)은 하나의 축삭돌기와 여러 개의 수지상돌기를 지니고 있다.

세포체내의 세포질은 수지상돌기와 축삭돌기 내부까지 뻗쳐 있으며, 축삭돌기의 기시를 **축삭구**(軸索丘, axon hillock)라 한다.

축삭돌기가 세포체를 벗어나면서 측지를 내고 다소 많은 종말분지를 이루워 끝난다. 운동신경의 종말분지는 각개의 신경섬유에 분포되어 끝나는데, 운동신경 종말지와 신경 종말지가 종말하는 근섬유를 합하여 **운동단위**(motor unit)라 한다.

신경섬유에는 유수신경섬유(myelinated nerve fiber)와 무수신경섬유(unmyelinated nerve fiber)가 있고, myelinated fibers는 백색 지방질초에 의해 둘러싸여 있다. 수초(髓鞘, myelin sheath)는 다수의 schwann cell(lemmocyte)로 된 세포막으로 구성되어 있다.

무수신경섬유는 일층의 schwann cell로 된 세포막으로 둘러싸여 있기 때문에 모든 신경세포는 일층의 세포막으로 피복되어졌다고 할 수 있다. 유일한 예외로 눈의 각막에 위치해 있는 감각신경종말은 피막이 피개되어 있지 않다.

2) 중추신경계

중추신경계(central nervous system)는 유도탄이나 로켓트와 같은 전자조절장치의 조정역할을 한다고 할 수 있겠다. 이러한 기계장치는 정보의 수집과 처리에 한계가 있으나 중추신경은 무한하다고 하겠다.

예를 들면, 대서양을 횡단하는 해저선 cable(직경 2½ inch) 속에는 왕복 2,100회

선을 포함하고 있으나, 사람의 뇌의 하수체경(pituitary stalk) 1/2 inch 속에는 무려 50,000개의 신경섬유(nerve fibers)가 들어 있다.

(1) 뇌

뇌(brain)는 보통 대뇌(大腦, cerebrum), 소뇌(小腦, cerebellum), 연수(延髓, medulla oblongata) 또는 뇌간(腦幹, brain stem)으로 나누워진다.

해부학적으로는 전뇌(前腦, proencephalon), 중뇌(中腦, mesencephalon), 능뇌(菱腦, rhombencephalon) 등의 3부분으로 나눈다. 2차적으로 전뇌는 종뇌(終腦, telencephalon)와 간뇌(間腦, diencephalon), 중뇌(中腦, midbrain 또는 mesencephalon), 능뇌에는 후뇌(後腦, metencephalon)와 수뇌(髓腦, myelencephalon) 등 5부분으로 나눌 수 있다.

가) 종뇌(終腦)

종뇌는 좌우의 대뇌반구(hemisphere of cerebrum)로서 표면은 대뇌피질(cerebral cortex)이고, 측뇌실(lateral ventricle)을 지닌다. 대뇌의 표면은 다수의 주름이 있어 불룩한 대뇌회(大腦回, gyri cerebri)를 형성하며, 대뇌피질은 몇 개의 대뇌구(大腦溝, fissure 혹은 sulci)로 나누어진다.

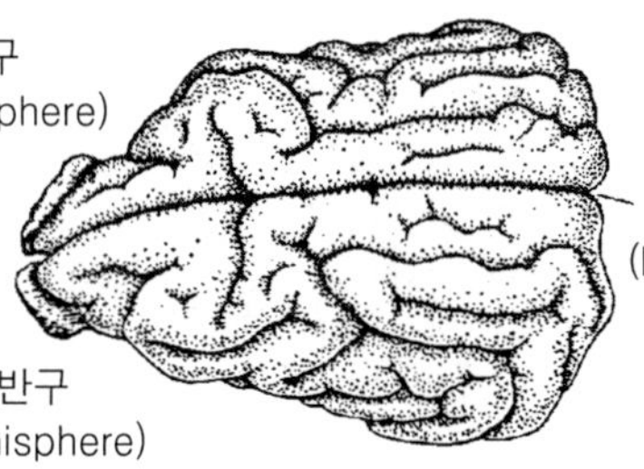

(A) 대뇌(大腦, cerebrum)

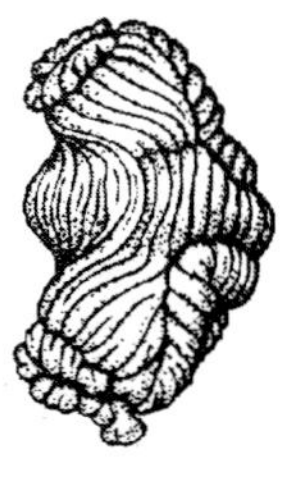

(B) 소뇌(小腦, cerebellum)

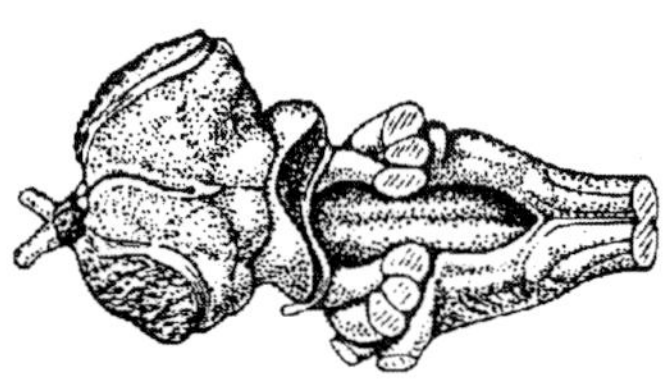

(C) 연수(延髓, brain stem)

그림 3-3. 뇌의 구조

가축도 사람과 같이 대뇌피질은 분획되어 각 구는 특수한 감각중추와 운동중추를 가지고 있다. 후뇌(嗅腦, olfactory brain 또는 rhinencephalon)는 후뇌중추로서 종뇌의 일부이며, 모든 가축에서 잘 발달되어 있다.

나) 간뇌(間腦)

간뇌는 종뇌와 같이 전뇌의 일부분으로 시상부(thalamus), 시상상부(epithalamus), 시상하부(hypothalamus) 및 제 3뇌실(third ventricle)의 대부분을 구성한다. 시상부는 대뇌반구, 연수 및 척수를 연결하는 중심부라고 할 수 있고, 시상상부는 뉴핵(紐核, habenular nuclei)과 내분비선인 송과체(松果體, pineal body)가 포함되어 있다. 또한 시상하부는 내분비선인 뇌하수체(pituitary gland)와 그 주변 조직으로 되어 있다.

다) 중뇌(中腦)

중뇌는 전뇌와 능뇌 사이에 위치한다. 대뇌각(大腦脚, cerebral peducle 또는 crura cerebri)과 사구체(四丘體, quadrigeminal body 또는 corpora quadrigemina)로 구성

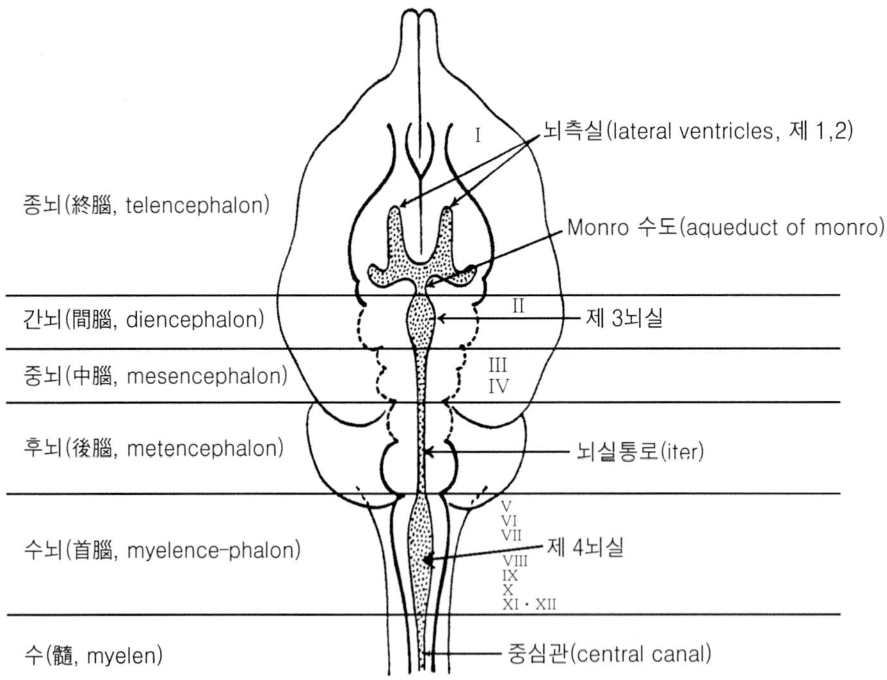

그림 3-4. 뇌의 복면(I～XII 뇌신경)

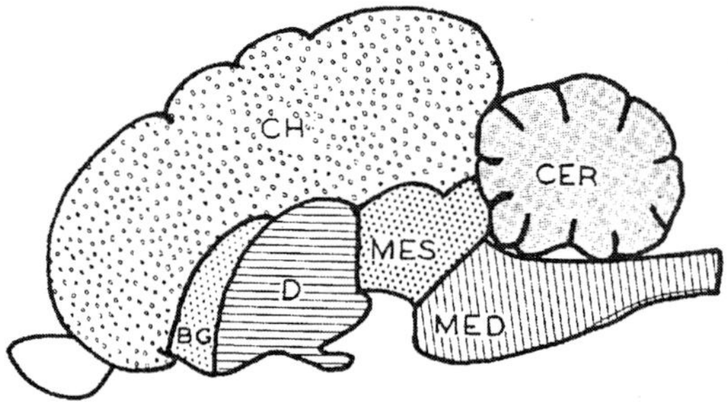

그림 3-5. 뇌의 측면

CH : 대뇌반구(大腦半球, cerebral hemisphere), BG : 대뇌핵(大腦核, basal ganalion)
D : 간뇌(間腦, diencephalon), MES : 중뇌(中腦, mesencephalon)
CER : 소뇌(小腦, cerebellum), MED : 연수(延髓, medulla oblongata)

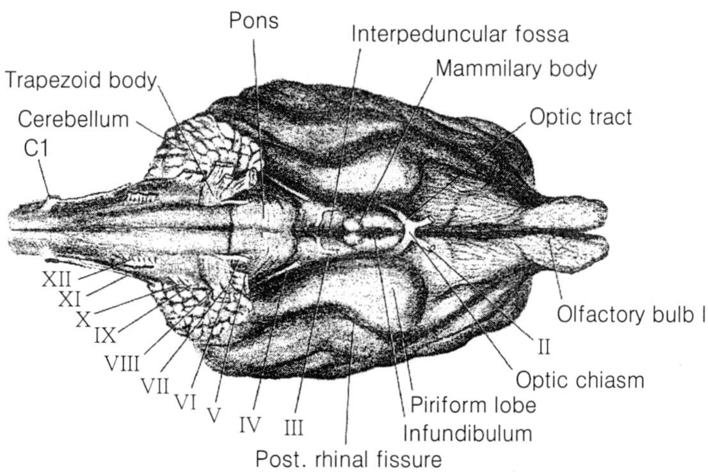

그림 3-6. 뇌신경의 복면

I～XII 신경의 설명은 표 4-1 뇌신경의 종류와 분포(p.76) 참조

되며, 그 사이에 중뇌수도(中腦水道, cerebral aquduct)가 달린다. 사구체 중 전구는 시각에 관계하고, 후구는 청각에 관계한다.

라) 후뇌(後腦)

후뇌는 소뇌(cerebellum)와 교(僑, pons)로 구성되며, 소뇌는 연수(延髓, medulla

oblongata)의 위쪽에서 두개강의 후위를 차지한다. 제 4뇌실에 의해서 교(僑)와 연수(延髓)로 분리되어 있다. 소뇌의 표면은 심하게 주름이 잡혀 있으며, 피질부는 회백질이고, 중심부는 백질(白質)이다. 교는 소뇌의 밑부분을 차지하고, 연수와 교의 윗쪽에 위치한다.

마) 수뇌(髓腦)

수뇌는 연수(medulla oblongata)로 이루워져 있다. 연수는 척수의 머리부분으로 척수로부터 많은 신경섬유관과 제 5, 6, 7, 9, 10, 11, 12 뇌신경(cranial nerve)의 핵이 위치하고 있다. 호흡과 순환을 조절하는 반사중추(reflex centers)가 존재하고 있다.

(2) 뇌실

뇌실(ventricle)은 배(胚)의 시기에 태아신경관에서 기원되었고, 편의상 제 1, 2, 3, 4 뇌실로 나누며, 제 1, 2뇌실과 제 3뇌실은 Monro 공(孔)을 통하여 연결되며, 제 3뇌실과 제 4뇌실과의 연결은 Sylvius 수로(水路)를 통하여 연결된다. 다음은 제 4뇌실에서 Magendiae와 Luschka 공(孔)을 통하여 지망막하강(蜘網膜下腔, subarachnoid space)으로 연결된다. 뇌척수액(cerebrospinal fluid)이 뇌실 내에 존재하여 뇌척수액

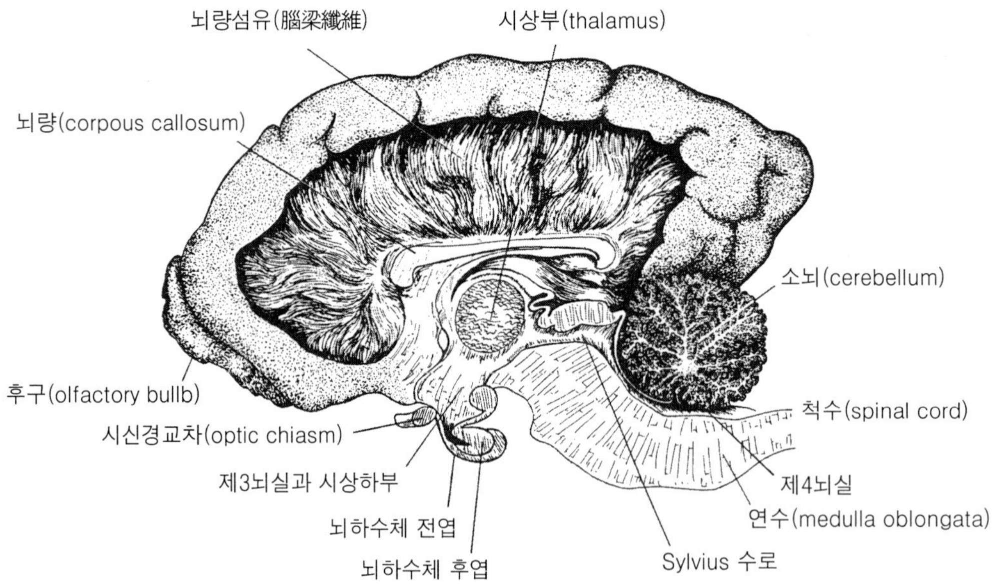

그림 3-7. 뇌의 시상단면

이 원활하게 흐르지 못할 때에는 뇌압이 상승하여 심한 뇌손상이 발생할 수 있다.

(3) 수막

수막(髓膜, meninges)은 뇌와 척수를 싸고 있는 막으로서 뇌를 싸고 있는 것은 뇌막, 척수를 싸는 것은 척수막이라고 한다.

수막은 3개의 종류로 나눌 수 있다.

① 경막(硬膜, dura matter) : 중추신경계에 두껍고 질긴 섬유소성 조직으로 되어 있다.

② 지망막(蜘網膜, arachnoidea) : 경막하에 위치하고, 거미줄 모양으로 교직되어 있는 막이다.

③ 연막(軟膜, pia matter) : 뇌와 척수의 실질을 직접 둘러싸는 치밀한 막이다.

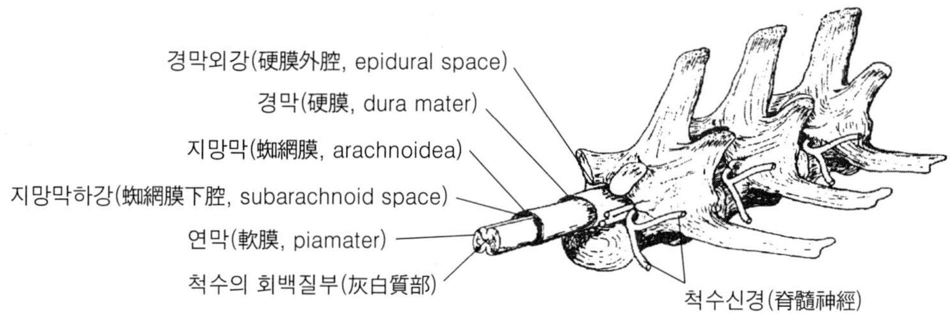

그림 3-8. 수막과 척수

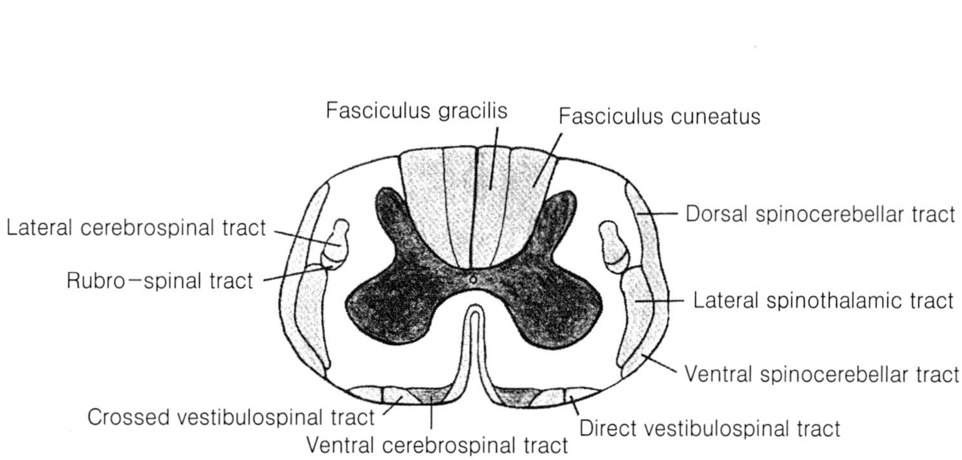

그림 3-9. 척수의 횡단면(백질부와 회백질의 위치 표시)

(4) 척수

척수(脊髓, spinal cord)는 연수에서 계속되는 긴 줄기로 추골의 수와 같은 분절(segment)로 구분되며, 각 분절은 한 쌍의 척수신경(spinal nerves)을 분지한다.

감각(수입, afferent) 신경섬유는 척수신경의 배근(背根, dorsal roots)을 통하여 척수로 들어가고, 운동(수출, efferent) 신경섬유는 복근(腹根, ventral roots)을 통하여 척수로부터 나온다. 척수 내에 백질과 회백질의 배열은 뇌에서의 배열과는 반대로 회백질 부위가 중심부이고, 백질은 외측을 차지한다.

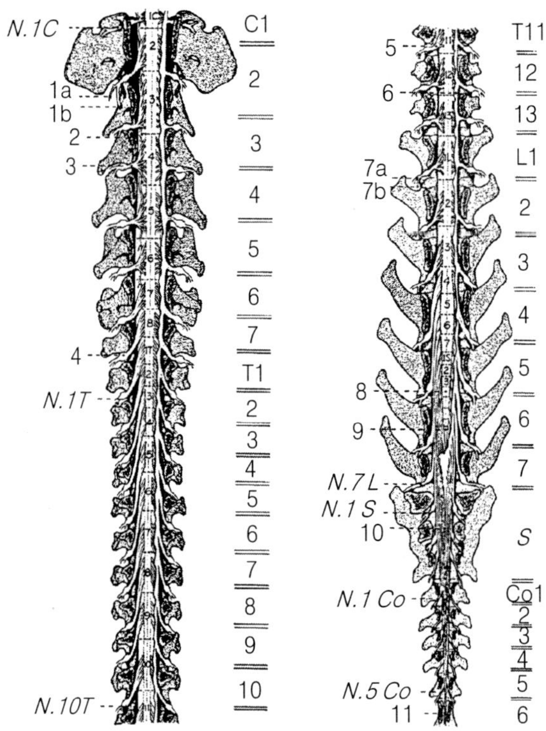

(A) 제 1경추부터 11흉추　　(B) 제 11흉추부터 5미추

그림 3-10. 척수의 형태

C: Cervical, T: Thoracic, L: Lumbar, S: Sacral, C: Coccygeal

1a. 제 2경추 복지(腹枝), 1b. 제 2경추 배지(背枝), 2. 부신경, 3. 제 4경추 배지(背枝)

4. 제 8경추 신경배지절, 5. 제 11흉신경 배지, 6. 경막(硬膜, dura mater)

7a. 제 1요추 복지(腹枝), 7b. 제 1요추 배지, 8. 제 1미추절, 9. 제 5미추절

10. 마미(馬尾, cauda equine), 11. 미인대(尾靭帶, coccygeal ligament)

3) 말초신경계

말초신경계(peripheral nervous system)는 내・외 환경으로부터 자극을 중추신경계로 전달하고, 중추신경계로부터 자극을 신체의 여러 부위에 전달하는 작용을 한다. 편의상 뇌와 척수를 제외한 모든 신경을 말초신경이라고 한다.

말초신경계에는 말초신경절, 척수신경, 뇌신경, 자율신경이 포함된다.

(1) 척수신경

경부신경과 미추신경을 제외하고는 척수신경(spinal nerve)은 척추골의 후부에서

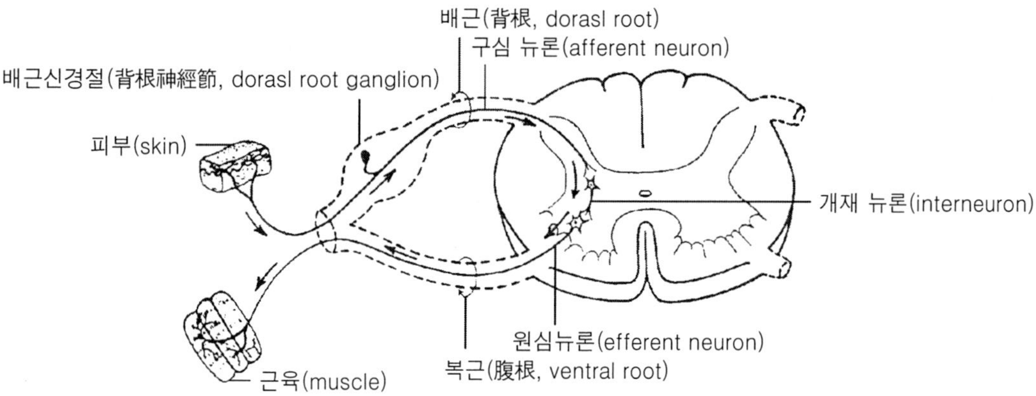

그림 3-11. 척 수

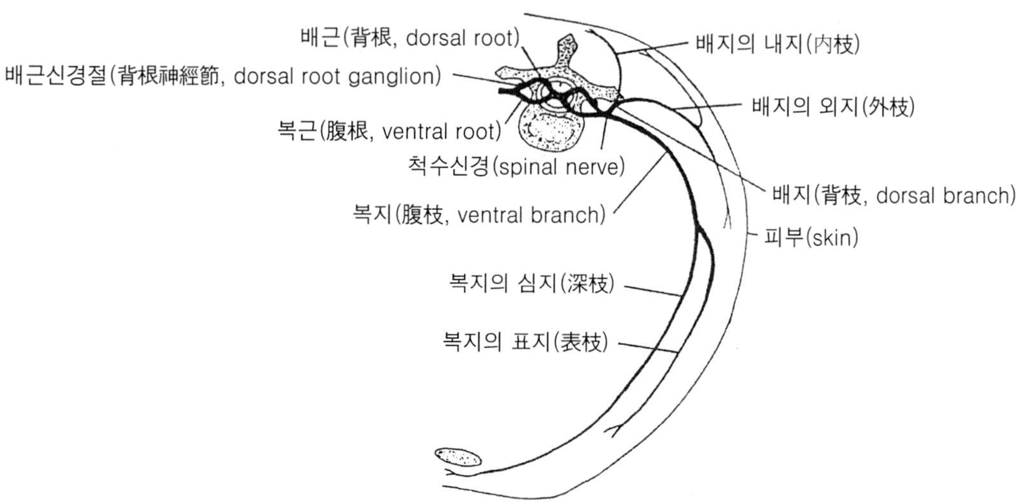

그림 3-12. 척수신경

모두 한 쌍씩 분지한다. 예를 들면, 제1흉신경은 제1흉추와 제2흉추 사이에서 분지되며, 최후흉신경은 최후 흉추와 제1요추 사이에서 분지된다. 보통 미신경(尾神經)의 수는 미추(尾椎)보다 적다. 척수의 종말부는 마치 말꼬리와 같아서 마미(馬尾, cauda equina)라 부른다. 전형적인 척수신경은 뿌리(고유신경) 많은 분지를 가진 나무와 비유할 수 있다.

(2) 완신경총

완신경총(腕神經叢, brachial plexus)은 제6~8경신경의 복지(腹枝) 및 제1흉신경의 복지로서 구성되어 있고 전지(前肢)를 지배한다. 완신경총 부근의 척수는 방추상으로 굵어져 경팽대(頸膨大, cervical enlargement)라 한다.

(3) 요천신경

완신경총이 전지에 분포하는 신경들의 모지(母枝)인 것처럼 요천신경총(腰薦神經叢, lumbo sacral plexus)은 후지를 지배하는 신경의 모지이다. 요천신경총은 제5, 6요신경(반추류) 또는 제5~7 요신경(돼지)과 제1~3 천신경의 복지에서 분지한다.

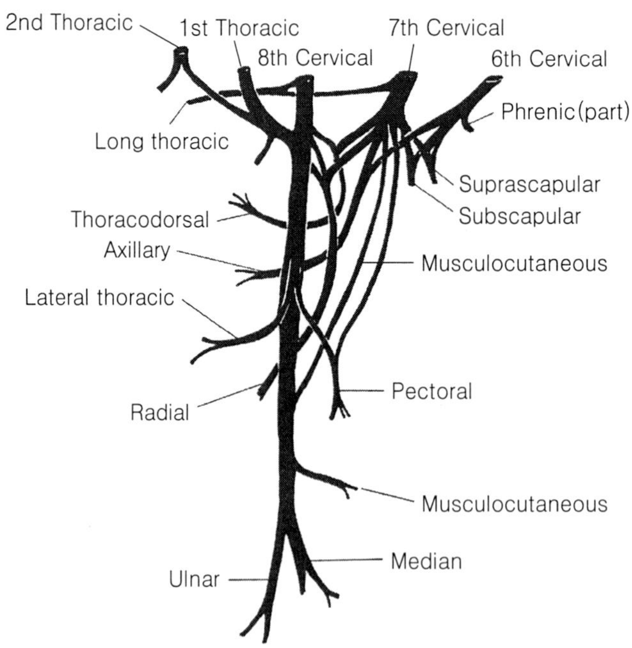

그림 3-13. 소의 상완신경(上腕神經) 총하부(叢下部)의 신경명

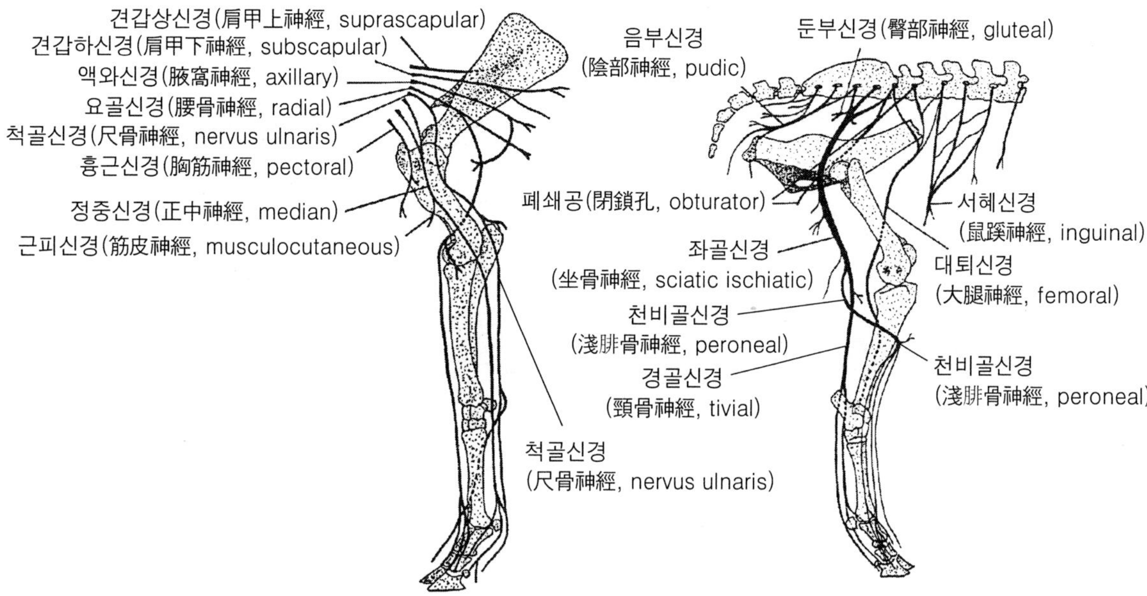

그림 3-14. (A) 전지신경 (B) 후지신경

(4) 뇌신경

뇌신경(cranial nerves)과 척수신경과의 차이점은 뇌신경에서는 복지(腹枝)나 배지(背枝)가 없고, 두개골의 여러 공(孔)으로부터 나온다는 것 이외에 척수신경과 같다. 뇌신경은 12쌍이며, 감각신경과 운동신경이 대부분 분지되어 있으나 혼합되어 있는 신경도 있다.

4) 자율신경계

자율신경계(autonomic nervous system)는 평활근, 심근, 선(腺, gland)에 분포하는 신경으로서 주로 내부기관에 작용하는 말초신경이라 할 수 있으며, 교감신경(symphathetic nervous system)과 부교감신경(parasympathetic nervous system)으로 나눈다.

교감신경을 아드레날린성 신경(adrenergic nerve)이라고도 하고, 부교감신경을 콜린성신경(cholinergic nerve)이라고 한다.

이는 신경자극 전달물질인 화학물질의 차이점에 의한다. 자율신경은 주행중 자율신경절(ganglion)에서 신경원을 교체한다. 신경절과 척수신경 사이의 신경섬유를 절전신경섬유(節前神經纖維, preganglionic fiber)라고 하고, 신경절과 말초까지의 섬유를 절후신경섬유(節後神經纖維, postganglionic fiber)라고 한다.

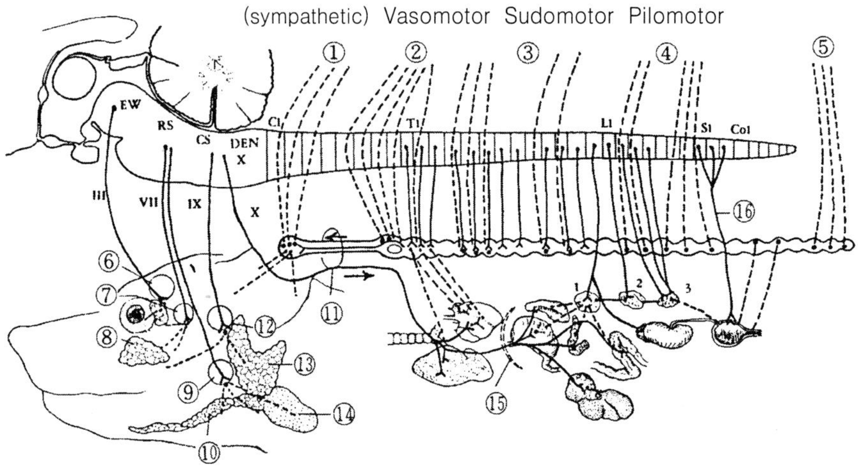

그림 3-15. 자율신경계

실선→ 교감신경, 파선→ 부교감신경, 점선→ 절전섬유(節前纖維), 파선 및 점선→ 절후섬유
EW: Edinger-westphal nucleus, RS: rostral salibatory nucleus, CS : caudal salivatory nucleus
DEN X: dorsal efferent nucleus of X, C1: cervical 1 level, T1: thoracic 1 level,
L1: lumbar 1 level, S1: sacral 1 level, Co1: coccygeal 1 level
Ⅲ: 동안신경(動眼神經, oculomotor nerve), Ⅳ: 안면신경(顔面神經, facial nerve)
IX: 설인신경(舌咽神經, glossopharyngeal), X: 미주신경(迷走神經, vagus nerve)
1. 복신경절(腹神經節, celiac ganglion), 2. 전장간막 신경절(cranial mesenteric ganglion)
3. 후장간막 신경절(caudal mesenteric ganglion)
① 목, ② 전지(前肢), ③ 체벽(體壁), ④ 후지(後肢), ⑤ 복막(腹膜)
⑥ 모양체 신경절(毛樣體神經節, ciliary ganglion), ⑦ 익구개신경절(翼口蓋神經節, pterygopalatine ganglion), ⑧ 협선(頰腺, zygomatic gland), ⑨ 하악절(下顎節, mandibular ganglion), ⑩ 설하선(舌下腺, sublingual gland), ⑪ 맥관교감 신경간(脈管交感神經幹, vagosympathetic trunk), ⑫ 이신경절(耳神經節, otic ganglion)
⑬ 이하선(耳下腺, parotid gland), ⑭ 악하선(顎下腺, mandibular gland)
⑮ 횡격막(横隔膜, diaphragm), ⑯ 골반신경(骨盤神經, pelvic nerve)

제 4 장

신경계의 생리

Ameba와 같은 단일세포의 생물체는 생활과 관계되는 두 가지의 성질, 즉 자극성과 전도성을 지니고 있다. 외부환경의 변화를 조정하기 위해서 단일세포는 빛, 온도, 삼투압, pH 및 촉감과 같은 자극을 수용하며, 이러한 자극을 세포로 전도한다. 이러한 특징을 **전도성**(conductivity)이라 한다.

생물체가 더욱 복잡한 형태로 진화함에 따라서 이들 자극성과 전도성은 신경원에 의하여 수행되며, 이들 신경세포는 환경의 변화가 가장 현저한 동물의 체표가 수축하거나 분비하는 근육세포나 선세포와 같이 심부의 세포(實行器, effector)와 접촉하고 있어야 한다. 어떤 상피세포는 이러한 신경활동을 용이하게 하기 위하여 돌기(突起, elongated processes)를 낸다. 고등동물의 신경계는 외배엽(外胚葉, ectoderm)에서 기원된다.

외부환경과 내부환경의 변화를 감지하고 기능과 이를 환경에 적응하는 능력은 근본적으로 동물의 심경계를 구성하고 있는 개개의 신경원(신경세포)에 달려 있다.

1. 신경자극의 생리

신경계는 전화교환기와 같은 통신기구에 비유할 수 있으나 통신기구는 외부의 전원이 있어야 하고, 전류의 변화를 수동적으로 전달하지만 신경섬유는 자극의 강도변화에 관계없이 능동적으로 자극을 전달한다.

자극(stimulus)이란 신경주변 환경의 변화를 말하며, 자극이 신경섬유를 따라서 진행하는 상태변화를 흥분파(impulse)라고 한다. 이 흥분파는 신경섬유막의 전기변화에 의한 것이다. 흥분파를 일으키는 데 필요한 최초의 자극을 역치자극(閾值刺戟, threshold stimulus)이라고 한다.

표 4-1. 뇌신경의 종류와 분포

No.	신 경 면	형	분 포
I	후신경(嗅神經, olfactory)	감각	비점막
II	시신경(視神經, optic)	감각	망막
III	동안신경(動眼神經, oculomotor)	운동	안구
IV	활차신경(滑車信經, trochlear)	운동	안구의 배사근
V	삼차신경(三叉神經, trigeminal)	혼합	감각 - 안구와 안면, 운동 - 저작근
VI	외전신경(外轉神經, abducens)	운동	안구의 외직근, 후인근
VII	안면신경(顔面神經, facial)	혼합	감각 - 귀와 혀, 운동 - 안면
VIII	내이신경(內耳神經, vestibulocochlear)	감각	내이
IX	설인신경(舌咽神經, glossopharyngeal)	혼합	감각 - 인두와 혀, 운동 - 후두근
X	미주신경(迷走神經, vagus)	혼합	감각 - 인두와 후두, 운동 - 후두근
XI	부신경(副神經, accessory)	운동	어깨와 목의 근육
XII	설하신경(舌下神經, hypoglossal)	운동	혀의 근육

자극은 물리적 또는 화학적인 것으로 중력, 압력, 온도, 광선, 공기의 조성, 삼투압의 변동 등 다양하다. 흥분파는 신경의 양방향으로 전달되지만 synapse는 한 방향으로만 전달하게 한다. 운동신경의 synapse는 흥분파가 원심성으로 진행하게 하며, 지각신경에서는 구심성으로 진행하게 한다. Synapse는 약물(nicotine, strychnine, caffeine, morphine 등)에 감수성이 높다. 신경원의 흥분성과 전도성은 신경의 신경형질(neuroplasm)을 싸고 있는 막의 양측 ion 분포에 기인한다. 신경막의 외측은 Na^+와 Cl^-이 풍부하며, 내측은 K^+이 고농도로서 막의 내측은 －로 하전되어 있으며, 외측은 ＋로 하전되어 있다.

휴식 또는 정지시 신경세포막은 Na^+에 대해서 불투과막이나 자극에 의해서 순간적으로 Na^+이 투과가 가능하게 되어 막 내가 －에서 ＋하전으로 전환된다.

이 전위의 전환으로 국소회로가 생기고, 이 국소회로는 인접부위를 탈분극시켜 활동전위가 막을 따라 전달된다. 이것이 흥분파이며, 탈분극 후 재분극이 일정한 시간 간격으로 진행되며, 정지시로 돌아간다. 이와 같은 활동전위는 1 millisecond(1/1000초) 정도밖에 지속되지 않는다.

횡문근 섬유와 같이 신경도 실무율(all-or-none law)에 따라 활동한다. 즉, 역치 이하의 자극에서는 활동하지 않는다. 또 흥분은 흥분을 일으킨 자극의 특성에 관계없이 똑같은 강도로 전달된다.

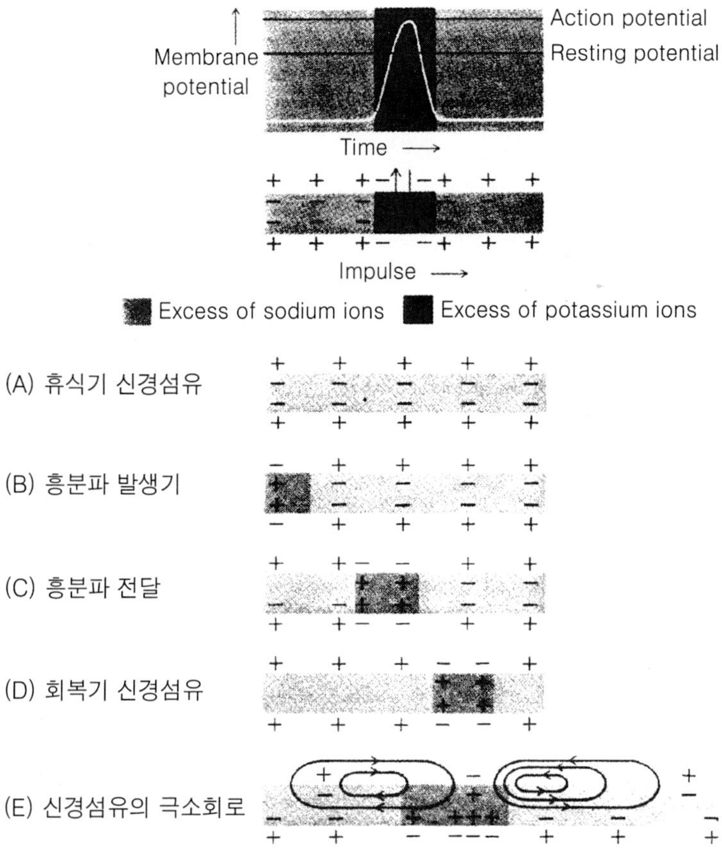

그림 4-1. 신경 자극시 Na^{+}, K^{+}의 변화와 활동전압의 전파

2. 반사활동

반사활동(reflex action)은 적당한 자극에 대한 효과기(effector organ, 근육 또는 선)의 자율적 또는 무의식적인 반응이며, 이 활동은 반사궁(reflex arc)으로 구성된 2개의 신경원이 포함된다. 반사에 있어서 필수적인 두 개의 neuron은 구심뉴런(afferent neuron, 감각, 수용기)과 원심뉴런(efferent neuron, 운동, 효과기)이며, 개재뉴런(inter neuron)이 효과기 뉴런과 수용기 뉴런 사이에 개재되어 있다.

반사는 뇌의 여러 부분과 자율신경계에 관여되어 있지만, 가장 단순한 반사는 척추반사(spinal reflex)이며, 전형적인 척추반사는 신전반사(stretch reflex)이고, 슬개골의 인대를 두드리게 되면 무의식중에 무릎이 신전된다.

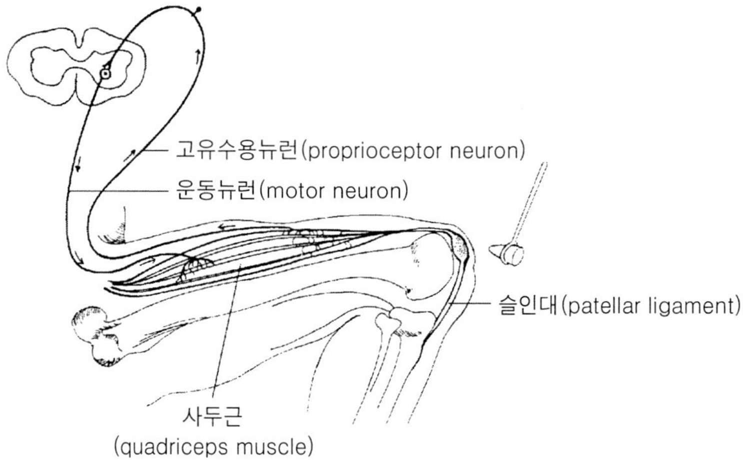

그림 4-2. 신경반사

이러한 반사활동은 척수신경의 배근(背根)을 경유하여 척수에 전달되어 척수의 복회백각(腹灰白角, ventral gray horn)에 있는 운동뉴런에 직접 전해지며, 이 충격은 넙적다리의 대퇴사두근(大腿四頭筋, quadriceps femoris muscle)의 근섬유에 운반되어 수축을 일으키게 된다. 이러한 형의 신전반사는 입자세를 유지하는 것을 돕기 때문에 자세반사(postural reflex)라고도 알려지고 있다. 같은 반사가 사람에 있어서 무릎 바로 밑에 충격을 가할 때 같은 반사작용이 나타난다.

반사활동은 의식적인 조절을 요구하지 않는다는 사실로 보아 척수를 절단하여 뇌를 척수에서 분리한 개구리와 같은 동물에서 증명되었으며, 척수를 가진 동물은 **척추동물**(spinal animal)이라고 한다. 특히 개구리는 척수반사를 증명하는 데 중요하게 이용된다. 반사는 효과기가 횡문근으로 되어 있어서 체성(體性, somatic nature)일지 모르나 내장의 기능을 조절하는 중요한 반사는 자율신경계에 의하여 중개되는데, 효과기는 평활근・심근・선조직이다.

내장반사(visceral reflex)의 전형적인 예는 개에 사료를 보여 주었을 때 위액과 타액을 분비하게 되는 것이다. 반사중추(reflex center)는 중추신경계의 회백질에 존재하며, 더욱 복잡한 반사는 뇌의 반사중추를 통하여 중개되는데, 연수(medulla oblongata)는 심장활동, 혈관의 크기, 호흡, 연하, 구토, 기침 및 재채기를 조절하는 반사중추를 가지고 있고, 소뇌(cerebellum)는 운동과 자세의 관계가 있는 반사중추를 지니고 있다.

간뇌(diencephalon)의 시상하부(hypothalamus)는 온도조절과 수분평형의 반사중추를 지니고 있어서 떨림, 말초혈관의 맥관운동 작용, 땀의 분비 및 오줌의 배설과 같은 기능을 조절하여 털이나 깃털을 세우는 기능도 하고 있다.

대뇌(cerebrum)는 빛이 망막에 자극을 줄 때 동공수축을 일으키는 동공반사(pupillary reflex), 소요에 대한 놀램의 반응, 공포에 대한 반사에 관한 중추가 있다.

3. 자율신경계의 생리

자율신경계의 가장 중요한 역할은 신체의 항상성(homeostasis), 즉 체내의 비교적 안정된 환경을 유지하여 주는 것이다. 자율신경은 주로 심근, 평활근, 선(腺)의 활동을 조절하는 작용이 있다. 모든 내장기관을 지배하기 때문에 체 전반에 걸쳐 분포되어 있다고 할 수 있다. 체내의 대부분의 기관은 서로 길항적으로 작용하는 교감신경과 부교감신경의 지배를 받고 있다.

교감신경섬유는 norepinephrine(혹은 noradrenalin)을 방출하는데, 이 norepinephrine은 부신의 수질에서 분비되는 adrenalin과 비슷한 성분이다. 즉, 교감신경이 흥분하면 norepinephrine방출되는데, 이 물질은 O-methyl transferase라는 효소에 의하여 분해되고, 약간은 분해되지 않은 채 흡수된다. 부교감신경에서는 acethylcholine이 방출되며, 방출된 acethylcholine은 cholinesterase에 의해서 파괴되나, 역시 소량은 파괴되지 않고 흡수된다.

따라서 교감신경과 부교감신경은 각각 신경섬유 연접부에서 방출되는 norepineph-

표 4-2. 자율신경의 작용

기 관	교감신경	부교감신경
한선(汗腺)	분비 촉진	−
타액선	점액분비 촉진	장액분비 촉진
소화선	분비 억제	분비 촉진
모포근(毛布筋)	수축	−
소화관의 근육	연동운동 억제, 괄약근 수축	연동운동 촉진, 괄약근 이완
기관지근육	이완(기관지 확장)	수축(기관지 수축)
방광근육	괄약근 수축	괄약근 이완
자궁근육	수축	수축 억제
혈관근육	혈관 수축	혈관 확장
안구근육, 홍체	동공 확대	동공 수축
수정체	이완(원거리 관측)	수축(근거리 관측)

rine과 acethylcholine의 작용에 의해서 기능이 발휘되며, 이러한 화학물질들의 방출과 방출억제 또는 방출 후 활성화와 불활성화에 따라서 지배되는 기관의 작용이 좌우된다.

제 5 장

감각기관

동물은 외부 환경의 변화를 감지하여 재빨리 반응하는 특수 감각기관이 있다. 이와 같이 기능을 하는 구조물을 감각수용기 또는 수용기(receptor)라고 한다.

① 특수감각(special senses) : 미각・시각・후각・청각・평형 감각

② 내장감각(visceral senses) : 기아・갈증・뇨의(尿意) 감각

③ 피부감각(skin senses) : 촉각・압각・온각・냉각・통각 감각

그러나 감각의 종류야 어떻든 감각이란 말단의 감각수용기에서 받은 자극이 대뇌피질(cerebral centex)에 전달됨으로써 얻어지는 것이다. 여기에서 가축의 특수감각에 대해서 설명하고자 한다.

1. 미 각

혀의 미뢰유두(味雷乳頭)에 있는 미뢰(味雷, taste buds)는 방추사로서 미세포(味細胞, qustatory cell)와 지주세포로 구성되어 있고, 수용성 물질에 대한 미각수용기이다.

사람에 있어서는 단맛(sweet)・신맛(sour)・짠맛(salt)・쓴맛(bitter) 등 4종의 특수한 미각을 지니고 있다.

혀(舌)의 기저에는 쓴맛, 양 측면에는 신맛과 짠맛, 첨부(尖部)에는 4종의 맛을 느낄 수 있지만, 특히 단맛과 짠맛에 더 감수성이 있다.

동물의 설미세포(舌味細胞)는 체내의 부족된 영양소를 선택해 보충할 수 있도록 발달되어 있다. 예를 들면, 비타민이 부족한 쥐는 비타민이 많이 함유된 사료를 택해 섭취한다. 부신(副腎)을 제거한 쥐에서는 순수한 물보다 saline solution을 더 좋아하고, 부갑상선을 제거한 경우에는 kalium을 함유한 액체를 더 선호한다.

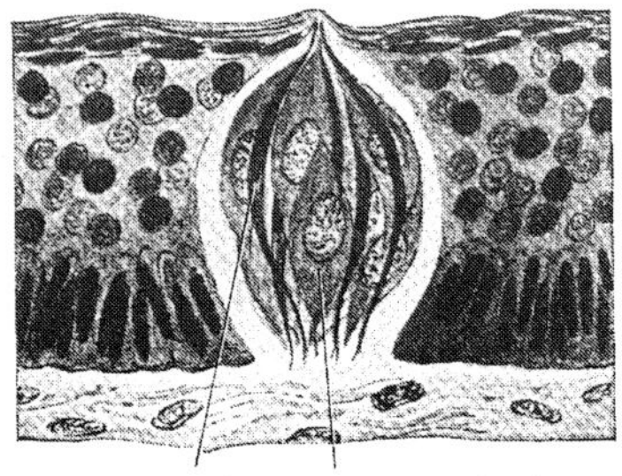

그림 5-1. 미 뢰

2. 후 각

후각계(olfactory system)는 냄새와 관련이 있는 감각계통이고, 후각감각은 후각신경(olfactory nerve, 제1뇌신경)에 의해 지배를 받고 있다.

후각신경세포(olfactory nerve cells)는 비강(鼻腔)의 배후방부(背後方部)의 비강점막 전반에 걸쳐 피개되어 있는 원주지지세포(圓柱支持細胞) 간에 산재하여 있다.

후각은 공기 중에 기체로 확산되어 있는 작은 입자의 자극에 의해서 감각되고, 후세포(嗅細胞)에는 많은 선세포(腺細胞)가 있어 항상 습윤하다. 후각계통의 발달은 동물의 종류에 따라서 매우 차이가 있으며, 개에 있어서는 매우 발달되어 있고, 사람의 후각은 그 발달이 빈약하다.

3. 청각과 평형감각

이(耳, ear)는 외이(外耳)・내이(內耳)・중이(中耳)의 3부분으로 나눈다.

① 외이(外耳, external ear) : 이개(耳介)로부터 고막(tympanic membrane)까지이다.

② 중이(中耳, middle ear) : 고실(鼓室, tympanic cavity)과 이관(耳管, eustachian tube)으로 구성되어 있고, 공기로 차여져 있다.

③ 내이(內耳, inner ear) : 막미로(膜迷路, membraneous labrinth)와 골미로(骨迷路, osseous labrinth)로 구성되어 있고, 액체로 충만되어 있다.

이개(耳介, pinna)는 깔때기 모양의 연골로 되어 있으며, 소리에 포촉이 용이하게 되어 있다.

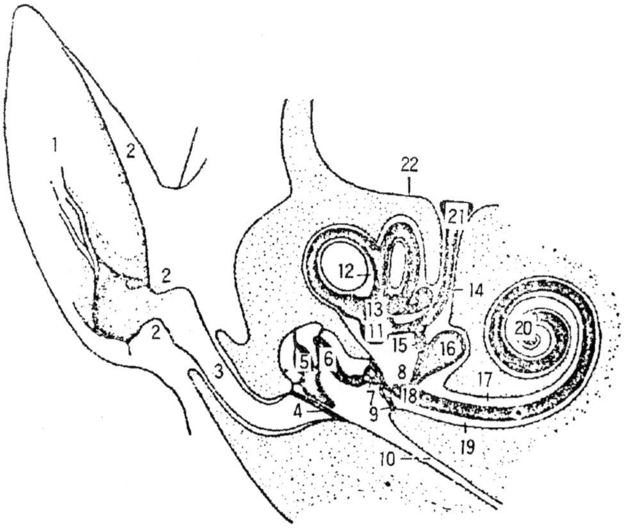

그림 5-2. 귀의 구조

외이(外耳, external ear): 1. 이개(耳介, pinna), 2. 이개연골(耳介軟骨, auricular cartilage), 3. 외이도(外耳道, external acoustic meatus), 4. 고막(鼓膜, tympanic membrane), 중이(中耳, middle ear), 5. 추골(鎚骨, milleus), 6. 침골(砧骨, incus), 7. 등골(鐙骨, stapes), 8. 난원창(卵圓窓, fenestra ovalis), 9. 정원창(正圓窓, fenestra rotundum), 10. 이관(耳管, eustachian tube), 내이(內耳, inner ear), 11. 난형낭(卵形囊, utricle), 12. 반규관(半規管, semicircular canals), 13. 내림프관 난형낭분지, 14. 내림프관(內淋巴管, endolymphatic duct), 15. 내림프관 오운분지, 16. 구형낭(球形囊, saccule), 17. 전정계(前庭階, scala vestibuli), 18. 와우관(蝸牛管, heilcotrema), 21. 내림프관낭(內淋巴管囊, endolymphatic sac), 22. 경막(硬膜, dura mater)

내이(內耳)의 막미로(膜迷路) 전정(vestibula)은 체위 평형감각에 관계하고, 골미로(骨迷路)의 와우(蝸牛, cochlea)는 청각에 관계한다. 소리가 외이에서 중이로, 다시 액체로 충만되어 있는 내이로 전달되는 과정은 잘 알려져 있지만, 뇌에서 일어나는 청각반응은 아직 확실히 알려져 있지 않다.

음파가 고막을 진동시키고, 이 진동은 와우관(蝸牛管)을 통하여 기저막을 진동함으로써 청각을 일으킨다는 것은 잘 알려져 있지만, 소리의 강도식별은 여러 가지 학설이 있다.

① 주파수설(frequency theory 혹은 telephone theory) : 진동에 의한 흥분파가 대뇌피질에 전달됨으로써 소리의 고저가 식별된다는 설

② 공명설(resonance theory) : 기저막의 다른 부위가 상응한 흥분파를 발생하여 소리의 고저를 식별한다는 설

③ 부위설(place theory) : 기저막에서 직접 식별한다는 설

4. 시 각

1) 시각의 구조

안구는 구상구조로 골성안와(骨性眼窩, body orbit) 내에 존재하며, 전방(前房)과 후방(後房)으로 나누어 설명할 수 있다. 전방보다 후방이 훨씬 크고 공막(鞏膜, sclera)이 바깥층을 싸고 있으며, 외관상을 볼 때 백색부위에 해당된다. 공막 다음으로 맥락막(脈絡膜, choroid), 모양체(毛樣體, ciliary body)와 홍채(虹彩, iris)가 있다.

제일 내층에는 망막(retina)이 자리 잡고 있으며, 망막은 시신경의 기시점이고 간상체(稈狀體, rod)와 추상체(錐狀體, cone)로 구성되어 있다.

안구의 후방에는 gelatin 모양의 초자체(vitreous body)가 들어 있다. 초자체 전방

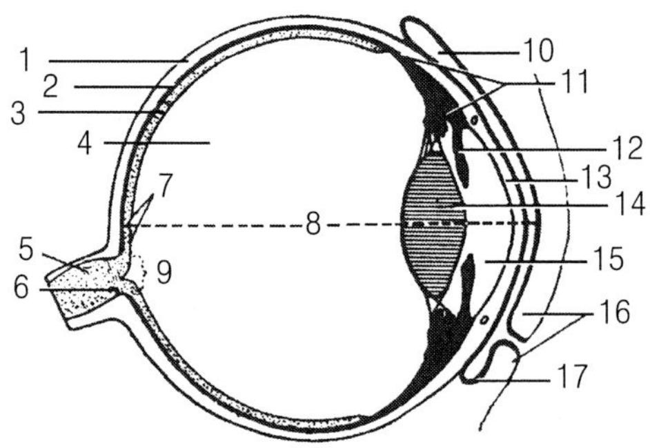

그림 5-3. 안구(시상단면)

1. 공막(鞏膜, sclera), 2. 맥락막(脈絡膜, choroid), 3. 망막(網膜, retina), 4. 초자체(硝子體, vitreous body), 5. 시신경(視神經, optic nerve), 6. 공막사판(鞏膜篩板, lamina cribrosa of sclera), 7. 흑반(黑斑, macula), 8. 시축(視軸, visual axis), 9. 시신경유두(視神經乳頭, optic disc), 10. 결막낭(結膜囊, conjunctival sac), 11. 모양체(毛樣體, ciliary body), 12. 홍채(虹彩, iris), 13. 각막(角膜, cornea), 14. 수정체(水晶體, lens), 15. 방수(房水, aqueous humor), 16. 안검(眼瞼, eyelids), 17. 결막(結膜, conjunctiva)

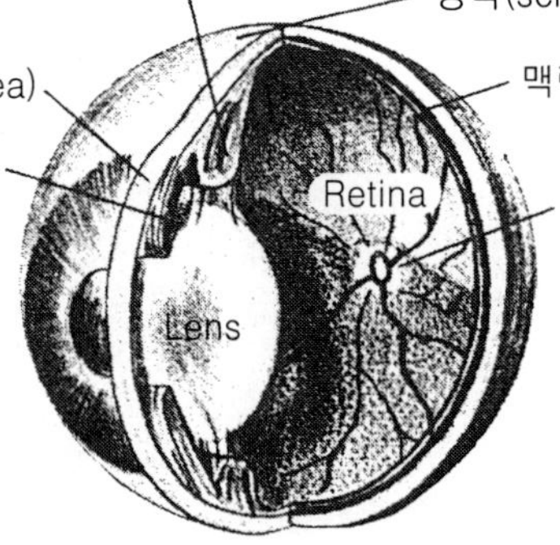

그림 5-4. 안구(부분절개)

에는 수정체(lens)가 위치하고, 이 주변을 모양체가 감싸고 있다. 초점을 맞추어 조절작용은 모양체의 근육에 의해서 이루어진다. 안구에서 색소가 침착된 곳은 홍채로서, 홍채는 눈으로 들어오는 광선이 양을 조절하는 curtain과 같은 역할을 한다.

수정체와 각막(cornea) 사이에는 방수(房水, aqueous humor)를 채워져 있으며, 각막과 홍채 사이를 전안방(前眼房, anterior chamber)이라 하고, 홍채와 수정체 사이를 후안방(後眼房, posterior)이라 부른다.

2) 시각의 생리

볼록렌즈가 광선을 굴절하여 후면의 한 점에 초점이 맞게 하는 것과 같이 각막과 수정체의 전후면은 광선을 굴절시켜서 망막의 한 점에 초점이 모아지도록 한다.

안구에 초점이 모아질 수 있는 영상의 폭은 동물의 종류에 따라 차이가 있으나 보통 20피트 정도로 알려졌다. 망막의 중심부에는 추상체(cone)가 자리하고 있으며, 변연부(邊緣部)에는 간상체(rod)가 분포되어 있다. 추상체는 밝은 조도에서 작용하여 물체의 식별을 확실히 할 수 있는 것이고, 간상체는 낮은 조도에서 작용한다. 간상체는 색감이 없다. 시자홍(視紫紅, rhodopsin, visual purple)은 간상체의 색화학적 변화에 관계하는 색소로서 광선강도를 시각으로 전환하는 것이다. 시자홍은 광선이 없을 때 황색의 carotinoid에 속하는 색소(retinene)와 단백질이 결합하여 형성된다.

시자홍은 광선이 있을 경우에는 퇴색하여 비타민 A로 변하고, 망막이 암순응을 하면 비타민 A로부터 시자홍이 재생된다. 이러한 현상을 시자홍 주기라고 하며, 다음과 같이 표시할 수 있다.

시자홍(rhodopsin, visual purple) $\underset{\text{암(dark)}}{\overset{\text{명(light)}}{\rightleftarrows}}$ nene + protein (visual yellow) $\underset{\text{암(dark)}}{\overset{\text{명(light)}}{\rightleftarrows}}$ vit. A + protain (visual white)

3) 결막(結膜)

안검의 내막으로서 안구를 덮고 있는 것을 결막(conjunctiva)이라 하고, 많은 혈관이 분포되어 있다. 이 혈관은 신체의 가장 표면에 존재하여 쉽게 확인할 수 있어 혈액순환의 이상 유무와 건강을 측정하는 데 응용되고 있다.

4) 누기(淚器)

누기(lacrimal apparatus)는 눈물을 만드는 누선(淚腺, lacrimal gland)과 이를 결막으로 운반하는 배출로로 구성된다.

눈물은 눈에 들어온 이물을 제거하고, 안구와 안검을 윤활하게 한다. 특히 각막은 광선의 굴절이나 정상적인 상태를 유지하기 위해서는 항시 눈물로 습윤되어 있어야 한다. 분비된 눈물은 비루관(鼻淚管, nasolacrimal duct)을 통하여 비강으로 빠져 나간다.

5) 안검(眼瞼)

가축의 안검(eyelids)은 상・하 및 제 3안검으로 구분된다. 상・하 안검의 주변에는 피지선이 분포되어 wax 모양의 물질을 분비하며, 이 분비물은 눈물이 밖으로 흐르는 것을 차단한다. 제 3안검에는 아주 엷은 연골이 들어 있으며, 근육이 없기 때문에 수동적인 운동밖에 할 수 없다. 닭과 같은 조류에서는 제 3안검이 가축보다는 잘 발달되어 있다.

제 6 장

골격계의 해부

1. 골격계

동물체의 골격(skeleton)을 이루는 뼈에 대하여 연구하는 것을 골학(骨學, osteology)이라 한다. 살아 있는 동물의 골격은 살아 있는 뼈로 이루어져 있고 혈관, 림프관 및 신경을 가지고 있어 질병에 걸리면 자체 치유가 되기도 하고, 외부의 충격에 대한 변화를 조정하기도 한다.

뼈 무게의 약 1/3은 섬유조직이나 세포와 같은 유기질로 구성되어 있으며, 주 구성 성분은 collagen과 polysaccharides이다. 유기질은 뼈의 저항성이나 탄력성을 나타낸다. 나머지 뼈의 약 2/3 무게는 유기질에 축적되어 있는 무기염류, 주로 칼슘(Ca), 인(P)으로 조성되어 있으며, 뼈에 견고성이나 강성을 부여해 준다.

뼈를 희석산에 담그어 두게 되면 염류가 제거되고, 뼈는 탈회되어 원래의 모양을 지니게 되나 유연하게 되며, 뼈를 불에 태워서 유기질이 제거되고 무기염류만 남아 있으면 부서지기 쉽다.

〈골에 대한 용어〉

뼈, 특히 장골에 연관되어 사용되는 술어는 다음과 같다.

① 치밀골(compact bone) : 뼈의 단단한 층을 말하고, 장골의 대부분은 치밀골로 덮여 있고, 장골의 거의 모든 골체를 형성한다.

② 해면골(spongy bone) : 판(침상체)으로 구성되어 있고, 구멍이 뚫린 세망을 형성하여 배열되어 있으며, 수강(髓腔)은 골수로 채워져 있다.

③ 피질(cortex) : 장골의 골간을 이루는 치밀골을 말한다.

④ 수강(髓腔, medullary cavity) : 장골의 피질로 둘러싸인 공간이며, 자축은 적

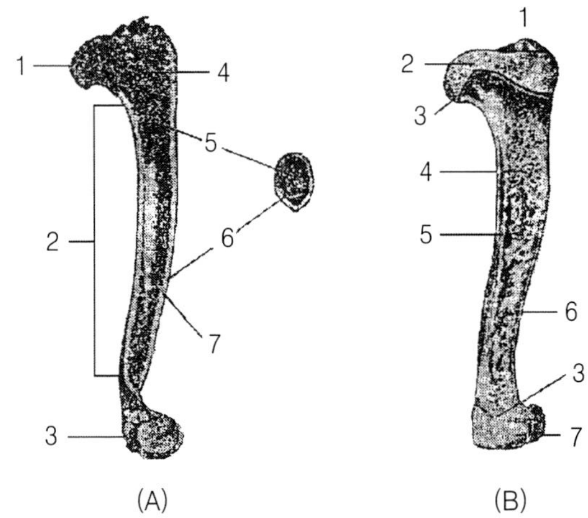

그림 6-1. 성견 상완골과 자견 상완골의 종단면

(A) 성견 상완골의 종단면

1. 근위골단(近位骨端, proximal epiphysis), 2. 골간(骨幹, diaphysis), 3. 원위골단(遠位骨端, distal epiphysis), 4. 골단선(骨端線, epiphyseal line), 5. 해면질(海綿質, spongy substance), 6. 치밀질(緻密質, compact substance), 7. 수강(髓腔, medullary cavity)

(B) 자견 상완골의 종단면

1. 상완골(上腕骨, humerus), 2. 근위골단(proximal epiphysis), 3. 골단연골(骨端軟骨, opiphyseal cartilage), 4. 해면골(海綿骨, spongy bone), 5. 치밀골(緻密骨, compact bone), 6. 골막(骨膜, periosteum), 7. 원위골단(distal epiphysis)

골수(赤骨髓, red bone marrow)로 채워져 있고, 성축에서는 점차적으로 지방성 황골수(黃骨髓, yellow marrow)로 변한다.

⑤ 골단(骨端, epiphysis) : 장골의 양단을 말하며, 몸통에서 가까운 쪽은 근위골단(近位骨端, proximal epiphysis)이고, 먼 쪽은 원위골단(遠位骨端, distal epiphysis)이다.

⑥ 골간(骨幹, diaphysis) : 두 골단 사이에 위치해 있는 장골의 원통상의 골체이다.

⑦ 골단연골(骨端軟骨, epiphysial cartilage) : 초자양 연골(硝子樣軟骨, hyaline cartilage)의 층이며, 미성숙 뼈(immature bone)의 가장 넓은 부위(골 중간부, metaphysis)로서 골단과 골간을 분리하는 부위이며, 이 골단 연골부에서 뼈의

길이가 자라는 부위이다.

⑧ 관절연골(關節軟骨, articular cartilage) : 얇은 층의 초자양 연골로서 뼈의 관절면을 피복한다.

⑨ 골막(骨膜, periosteum) : 관절연골이 위치하고 있는 곳을 제외한 뼈의 표면을 덮는 섬유성 막이고, 골막은 뼈가 직경으로 자라는 부위이며, 골절이 치유되는 기능이 있다.

⑩ 골내막(endosteum) : 뼈의 수강과 Haversian canals의 내층을 이루는 섬유성 막이다.

뼈의 관절돌기(articular projections) 부에는 다음과 같은 명칭이 있다.

① 두(頭, head) : 고골두(股骨頭)와 같은 구형의 관절돌기부이다.

② 과(顆, condyle, condylus) : 고골(股骨, temus)의 원위단(遠位端)에 있는 과(顆)와 같은 것으로, 다소 원주상 관절부(cylinderical articular mass)이다.

③ 활차(滑車, trochlea) : 고골(股骨, temus)의 원위단(遠位端)에서 볼 수 있는 활차와 같은 관절부(pulley-like articular mass)로서 슬개골이 활차되고 있다.

④ 소관절면(facet) : 인접 완골 사이에서 볼 수 있는 비교적 편평한 관절면이다.

비관절돌기(nonarticular projections)에는 다음과 같은 것이 있다.

① 돌기(process) : 척추의 극돌기(spinous process)나 혹은 횡돌기(transverse process)와 같은 골성돌기(bony process)들의 일반 명칭이다.

② 융기(tuberosity, tuber tuberus) : 상완골의 근위단(近位端) 上에 넓은 융기와 같은 비교적 큰 비관절돌기이다.

③ 결절(tubercle, tuberculum) : 작은 돌기이다. 결절과 융기는 때로는 혼용된다.

④ 극(棘, spine, spina) : 경골(脛骨, tibia)의 근위단(近位端)에 극돌기나 견갑골의 극돌기와 같은 예리한 돌기를 말한다(극돌기는 척추에서도 동의어로 사용된다).

⑤ 능(稜, crest) : 예리한 융선(sharp ridge)에 대한 용어이다.

⑥ 경(頸, neck) : 골두가 부착되어 있는 뼈의 원통부위이다. 예를 들면, 고골(股骨)의 경부는 고골의 근위단의 잔여 부분이다.

⑦ 선(線, line, linea) : 뼈 위에 작은 융선으로서 근육의 견인에 의해 움직이는 부위이다. 장골(ilium)의 둔선(臀線, gluteal line)은 둔근의 견인에 의해 움직인다.

관절함요(關節陷凹)에 다음과 같은 명칭이 있다.

① 관절와강(關節窩腔, glenoid cavity) : 견갑 관절표면에서 볼 수 있는 천관절함요(淺關節陷凹)를 말한다.

② 배상강(盃狀腔, cotyloid cavity) : 둔부관절의 관절구(acetabulum)와 같은 심관절강을 말한다.

③ 절흔(切痕, notch) : 척골(尺骨, ulna)의 반월절흔(semilunar notch)과 같은 관절함요를 말한다.

비관절함요(非關節陷凹)에는 다음과 같은 명칭이 있다.

① 와(窩, fossa) : 제1경추익(頸椎翼) 복(腹) 면에 위치하는 환추와(環椎窩, atlantal fossa)를 말한다.

② 소와(小窩, fovea) : 고골두 上에 소와강과 같은 비관절함요를 말한다.

③ 공(孔, foramen) : 뼈의 외부에 있는 공(孔)을 말한다. 두개골 기저부에 척수가 통하는 대공(大孔, foramen magnum)도 공의 예이다.

④ 관(管, canal) : 척수가 척주의 길이를 따라 통과하는 척수관 같은 1개 이상의 골을 통히는 터널을 말한다.

1) 뼈의 분류

뼈는 육안적 소견에 따라서 장골, 단골, 편평골, 종자골(種子骨), 함기골(含氣骨) 및 부정골(不正骨)로 분류한다.

(1) 장골(long bones)

장골은 비교적 원통상의 골체(골간)와 양끝이 골단(骨端)으로 되어 있다. 장골은 골단 연골에서만 길이로 자라며, 골단 연골은 골간과 양골단의 연접부에 놓여 있다. 장골은 주로 지렛대의 역할을 하며 지지, 운동 및 포착하는 데 도움을 준다.

장골의 가장 좋은 예는 사지골(四肢骨)이며, 다음과 같은 뼈를 들 수 있다.

- 전지골(pectoral limb)

  상완골(humerus)
  요골(radius)
  척골(ulna)
  완전골(metacarpals)
  지골(phalanges)

- 후지골(pelvic limb)

  대퇴골(femur)
  경골(tibia)
  비골(fibula)
  부전골(metatarsals)
  지골(phalanges)

(2) 단골(short bones)

어느 정도 입방형으로 사방이 거의 비슷하다. 수강(髓腔)이 없으며, 내부는 수강을 채우는 해면질로 되어 있고, 외부는 얇은 층의 치밀질로 형성되어 있다.

단골은 진동을 줄이는 역할을 하고, 충격의 완화와 여러 가지 운동이 요구되는 완골(carpus, knee)과 부골(tarsus, hook)과 같은 복합관절에 있다.

(3) 편평골(flat bones)

비교적 얇고 2개의 넓은 판으로 확장되어 있다. 양판은 치밀골로 되어 있고, 판간층 간에 해면질에 의해 충진되어 있다.

편평골은 주로 뇌, 심장, 폐 및 골반내장과 같은 중요한 기관을 보호하고, 비교적 근육이 많이 부착되어 있으며, 특히 견갑골과 골반골과 같은 뼈는 근육이 더욱 많이 부착되어 있다.

(4) 종자골(sesamoid bones)

참깨씨와 비슷하며, 건(腱)의 노선에 따라서 발달하여 마찰을 줄이거나 근육의 견인각을 변화시켜서 기계적 이점을 준다.

동물체에서 가장 큰 종자골(sesamoid bones)은 슬개골(patella, knee cap)이다.

(5) 함기골(pneumatic bones)

함기골은 외부와 소통되는 기강(氣腔)이나 동(洞, sinuses)을 지니고 있고, 두개골의 전두골과 하악골이 이 형태의 뼈에 속한다.

(6) 부정골(irregular bones)

부정골은 쌍을 이루지 않는 뼈이며, 정중단면에 위치하고, 추골과 두개골과 같이 쌍을 이루지 않는 몇 개의 뼈가 있고, 이 뼈는 보호·지지의 역할을 한다.

2) 뼈의 기능

뼈의 기능은 체를 보호하고, 견고성을 유지하며, 체형을 이루고 지렛대의 역할을 하며, 무기질의 저장과 조혈부위로서 역할을 한다.

뼈의 중요한 기능의 하나로서 중요기관(vital organs)을 보호하는 기능이 있으며, 중추신경계는 두개골과 척추에 의해 보호되고, 심장과 폐장은 늑강(肋腔)에 의해서 비뇨생식기는 골반에 의해서 보호된다. 어떤 일정한 형의 골격이 없는 동물은 일정한 형이 없으며, 골격은 동물의 외곽구조 모양을 만든다.

척추동물에 있어서 고유운동, 방어, 포착 및 기타 활동은 골격에 붙어 있는 근육의 작용에 의하여 뼈는 지렛대의 역할을 한다. 대부분의 뼈는 무기질, 특히 Ca과 P의 동적 저장소이며, 이들 무기질은 저장되었다가 생체항상성을 유지하는 과정에 수시로 변화를 일으킨다.

조혈은 뼈의 고유기능은 아니나 장골의 수강(髓腔) 내, 대부분의 뼈의 해면질 내, 편평골의 골수 내에서 조혈작용이 이루어진다. 태아 시에는 간장, 비장이 조혈장기로서 활동을 한다.

3) 골격의 각부 명칭

골격을 다음과 같이 분류하여 설명할 수 있다.

■ 주축골격(axial skeleton)

① 두개골(skull)

② 척주(vertebral column)

- 흉골(sternum)
- 늑골(ribs)

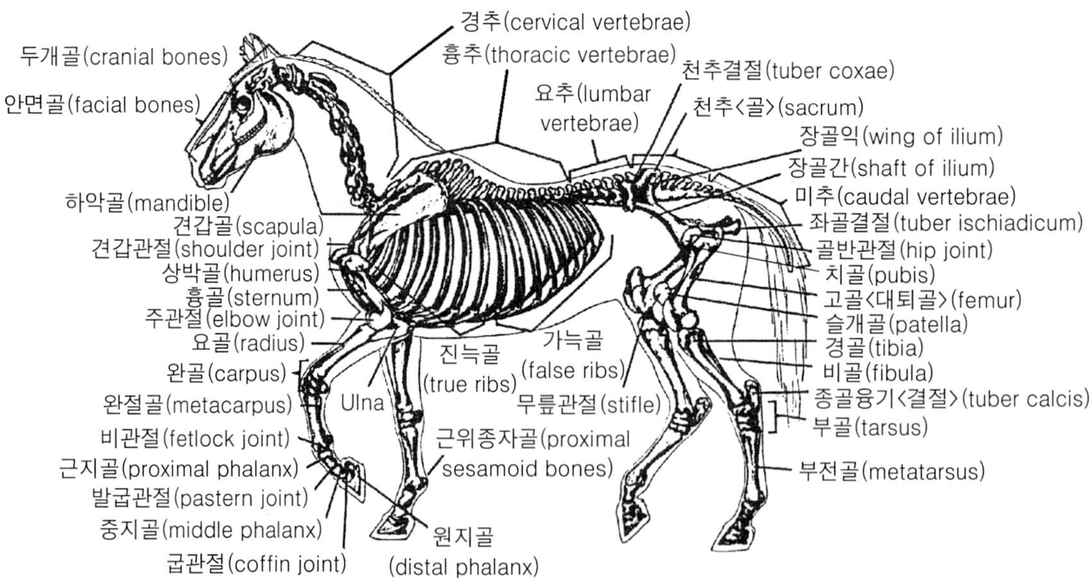

그림 6-2. 말의 골격

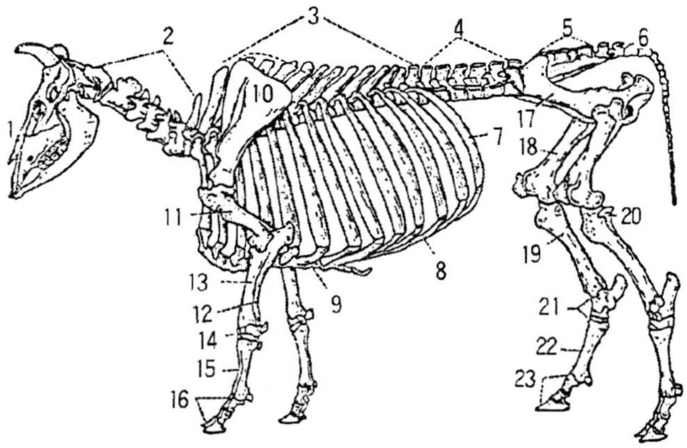

그림 6-3. 소의 골격

1. 두개골(頭蓋骨, skull), 2. 경추(頸椎, cervical vertebrae), 3. 흉추(胸椎, thoracic vertebrae), 4. 요추(腰椎, lumbar vertebrae), 5. 천추(薦椎, sacral vertebrae), 6. 미추(尾椎, coccygeal vertebrae), 7. 늑골(肋骨, ribs), 8. 늑연골(肋軟骨, costal cartilage), 9. 흉골(胸骨, sternum), 10. 견갑골(肩胛骨, scapula), 11. 상완골(上腕骨, humerus), 12. 척골(尺骨, ulna), 13. 요골(橈骨, radius), 14. 완골(腕骨, carpus), 15. 완전골(腕前骨, metacarpus), 16. 지골(指骨, phalanx), 17. 골반골(骨盤骨), 18. 대퇴골(大腿骨, femur), 19. 경골(脛骨, tibia), 20. 비골(腓骨, fibula), 21. 부골(跗骨, tarsus), 22. 부전골(跗前骨, metatarsus), 23. 지골(趾骨, phalanges)

■ 부대골격(appendicular skeleton)

① 전지골(pectoral limb)

② 후지골(pelvic limb)

(1) 주축골격

주축골격은 사지골을 제외한 모든 뼈가 포함되며, 주축골격을 이루는 뼈는 추골과 두개골과 같이 정중선에 위치하거나 늑골 같은 것은 정중골에 부착되어 있다.

부위에 따른 주축골격의 뼈는 다음과 같다.

〈두개부(skull)〉

- 두개골(頭蓋骨, cranial bones)

후두골(後頭骨, occipital)　　두정골(頭頂骨, parietal)

두정간골(頭頂間骨, interparietal)　　측두골(側頭骨, temporal)

전두골(前頭骨, trontal)
사골(篩骨, ethmoid)
접형골(蝶形骨, sphenoid)

- 안면골(顏面骨, facial bones)

익상골(翼狀骨, pterygoid)
누골(淚骨, lacrimal)
비골(鼻骨, nasal)
구개골(口蓋骨, palatine)
갑개골(甲介骨, conchae, turbinates)
상악골(上顎骨, maxilla)
절치골[切齒骨, incisive(악간골, premaxilla)]
서골(鋤骨, vomer)
협골(頰骨, zygomatic, molor)
설골(舌骨, hyoid)
하악골(下顎骨, mandible)

- 추골(椎骨, vertebrae)

경추(頸椎, cervical)
흉추(胸椎, thoracic)
요추(腰椎, lumbar)
천추(薦椎, sacral)
미추(尾椎, coccygeal)

- 늑골(肋骨, ribs)

진늑골(眞肋骨, true) : 늑연골(costal cartilages)에 의하여 흉골(sternum)과 연결
가늑골(假肋骨, false) : 흉골과 직접 연결되지 않은 연골
부늑골(浮肋骨, floating) : 최후 1 또는 2쌍의 늑골의 추골과 연결

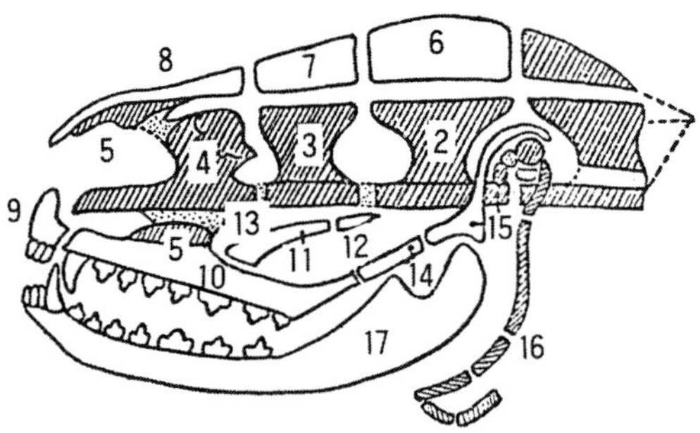

그림 6-4. 두개골의 구성

1. 후두골(後頭骨), 2,3. 접형골(蝶形骨), 4. 사골(篩骨), 5. 비갑개(鼻甲介), 6. 두정골(頭頂骨)+두정간골(頭頂間骨), 7. 전두골(前頭骨), 8. 비골(鼻骨), 9. 절치골(切齒骨), 10. 상악골(上顎骨), 11. 구개골(口蓋骨), 12. 익상골(翼狀骨), 13. 서골(鋤骨), 14. 협골(頰骨), 15. 측두골(側頭骨), 16. 설골(舌骨), 17. 하악골(下顎骨)

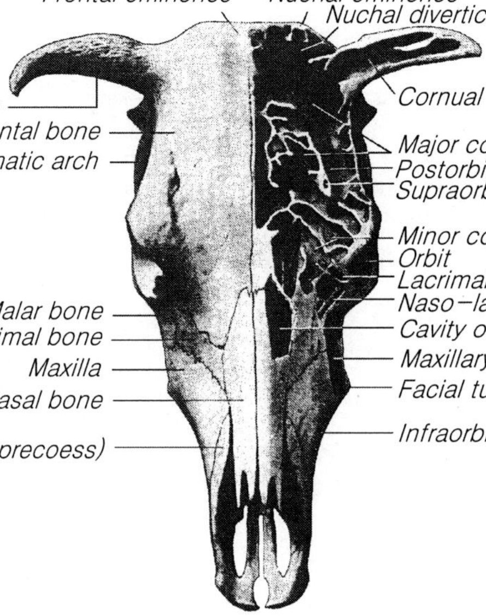

그림 6-5. 소의 두개골(배면)

- 흉골(胸骨, sternum)

  흉골병(胸骨柄, manubrium)　　흉골체(胸骨體, body)

  검상연골(劍狀軟骨, metasternum)

가) 두개골

두개골(skull)은 두부를 이루는 골격이며, 뇌를 싸서 보호하고 감각기관을 보호하며, 소화기와 호흡기가 시작되는 통로를 이룬다. 두개골은 ① 뇌를 둘러싸는 두개부(cranial parts)와 ② 안면부(facial parts)로 되어 있다.

① 두개골(cranial portions)

후두골・두정골・두정간골・측두골・사골・접형골로 이루어져 있고, 두개골은 주로 막성형태의 뼈로 되어 있으며, 판간층[板間層, diplöe(해면골, spongy bone)]의 층으로 분리되며, 내・외판의 치밀골로 이루어져 있으며, 뿔을 지니고 있는 동물에서 각심(角心, horn cores)은 전두골에서 발육한다.

측두골(側頭骨)은 중이(中耳), 내이(內耳)를 가지고 있으며, 접형골(蝶形骨)은 뇌와 뇌하수체를 지지하고 있다. 사골(篩骨)은 미각과 관계되는 미각신경의 통로인 개구부가 된다.

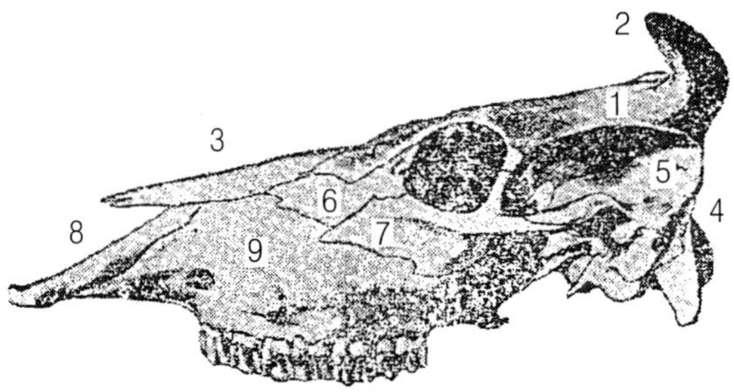

그림 6-6. 성우의 두개골

1. 전두골(前頭骨), 2. 각돌기(角突起), 3. 비골(鼻骨), 4. 후두골(後頭骨), 5. 측두골(側頭骨), 6. 누골(涙骨), 7. 협골(頰骨), 8. 절치골(切齒骨), 9. 상악골(上顎骨)

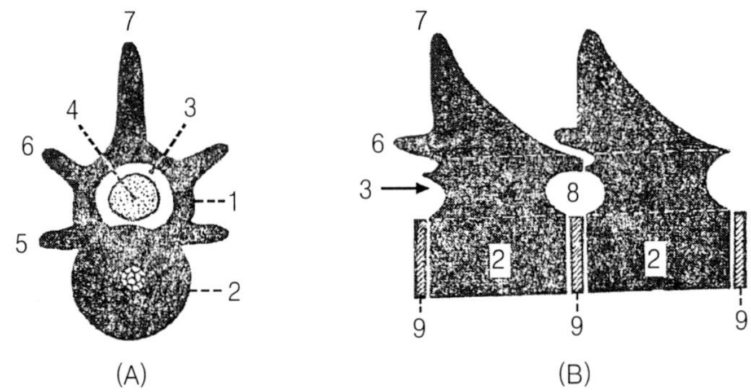

그림 6-7. 추 골

(A) 추골(전면)

1. 추궁(椎弓, arch) 2. 추체(椎體, body) 3. 추공(椎孔, vertebral foramen) 4. 척수(脊髓, spinal cord) 5. 횡돌기(橫突起, transverse processes) 6. 관절돌기(關節突起, articular processes) 7. 극돌기(棘突起, spinous processes)

(B) 2개의 추골(측면)

2. 추체(椎體, corpus), 3. 척추관(脊椎管, vetebral canal), 6. 관절돌기(關節突起, articular processes), 7. 극돌기(棘突起, spinous processes), 8. 추간공(椎間孔, intervertebral foramina), 9. 추간원판(椎間圓板, intervertebral disc)

② 안면부(facial portions)

익상골 · 누골 · 비골 · 구개골 · 갑개골 · 상악골 · 절치골 · 협골 · 서골 · 하악골 · 설골 등으로 이루어져 있고, 안면부는 안부(眼部, orbital) · 비부(鼻部, nasal) 및 구부(口部, oral, mouth)로 나누어진다.

안부(眼部)는 눈을 보호하며, 두개골의 비부와 구부는 말과 같은 동물에서는 매우 길고, 갑개골은 미각의 말단과 기관의 기초를 이루며, 흡기를 따스하게 하는 혈관이 분포되어 있다.

비강(鼻腔, nasal cavity)은 뼈에서 동(洞, sinus)이라고 하는 강와(腔窩)로 소통되며, 소에서 전두동(前頭洞, frontal sinus)은 제각한 성숙동물에서는 노출되어 있다.

구부(口部)에는 치아가 있고, 하악골은 하치(下齒)가 있으며, 저작이나 연하와 관계되는 근육들이 부착한다.

나) 척주

척주(vertebral column)는 추골(vertebrae)이라고 하는 정중의 쌍을 이루지 않는 부정골로 구성되어 있다. 추골은 부위에 따라서 경추(cervical vertebrae), 흉추(thoracic vertebrae), 요추(lumbar vertebrae), 천추(sacral vertebrae) 및 미추(coccygeal vertebrae)로 나누어진다. 추골에 따라 다음과 같은 약자가 사용되고 있다.

C : 경추(cervical vertebrae) - 목
T : 흉추(thoracic, dorsal) - 가슴
L : 요추(lumbar) - 허리
S : 천추(sacral) - 골반
LS : 요천추(lumbasacral) - 요추와 천추의 융합
Cy : 미추(coccygeal, caudal) - 꼬리

추골의 수는 동물 종에 따라서 대개 일정하며, 가축과 사람의 추골식(vertebral formula)은 다음과 같다.

소 : C7T13L6S5Cy18～20
말 : C7T18L6S5Cy15～20
면양 : C7T13L6～7S4Cy16～18
산양 : C7T13L7S4Cy12
돼지 : C7T14～15L6～7S4Cy20～23
가금 : C14T7LS14Cy6
개 : C7T13L7S3Cy20～23
사람 : C7T12L5S5Cy4

전형적인 추골은 추체(body), 추궁(arch) 및 돌기(processes)를 지니고 있다.

① 흉골

흉골(sternum)은 골성흉곽을 이루며, 진늑골[sternal(true) ribs]의 늑연골이 부착되며, 흉근이 기원되는 곳이기도 하다.

흉골의 전단은 흉골병(胸骨柄, manubrium), 중간부분은 흉골체(body), 후단은 검

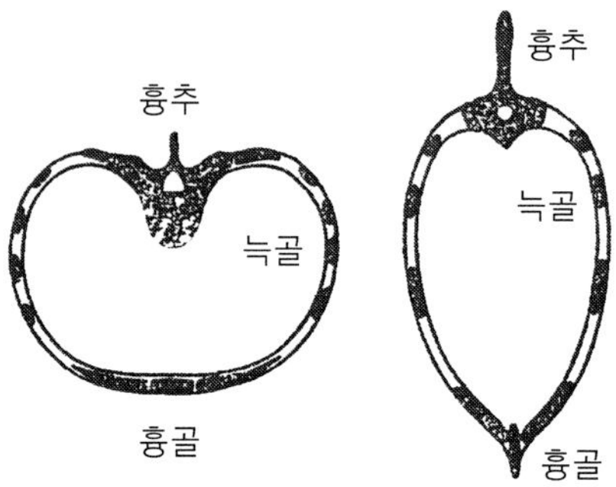

그림 6-8. 사람(왼쪽)과 가축(오른쪽)의 흉곽(횡단면)

상연골(劍狀軟骨, metasternum)이다. 흉골은 여러 조각의 흉골편(sternebrae)이 접합되어 이루어져 있고, 나이를 먹어감에 따라서 융합하는데 흉골편의 수는 돼지와 면양은 6, 소와 산양은 7, 말과 개는 8개이다.

② 늑골

늑골(ribs)은 골성흉곽(bony thorax)의 외측벽을 이루며, 대개 늑골의 수는 흉추의 수와 같으나 드물게는 몇 쌍의 늑골은 흉추의 앞쪽이나 뒤쪽에 위치하고 있다.

진늑골은 각 흉추에서 흉골로 뻗혀 있으며, 직접 늑연골에 의하여 연결되어 있으며, 진늑골의 수는 동물에 있어서 흉골편의 수와 일치한다. 진늑골의 후부에 있는 늑골은 직접 흉골편과 연결되어 있지 않기 때문에 가늑골[asternal(false) ribs]이라고 한다.

가늑골의 복단(腹端)에 있는 대부분의 늑연골(costal cartilages)은 겹쳐져 있으며, 이와 같이 간접적으로 진늑골과 가늑골을 연결하며, 간혹 마지막 1쌍의 늑골이나 2쌍의 늑골은 복단에서 다른 늑골과 연결되어 있지 않는데, 이러한 늑골은 부늑골(浮肋骨, floating ribs)이라고 한다.

(2) 부대골격(appendicular skeleton)

부대골격은 사지골을 이루며, 전지(前肢, pectoral limb)와 후지(後肢, pelvic limb)로 분류된다.

가) 전지(pectoral limb)

① 흉대(胸帶, pectoral girdle, shoulder girdle)

- 편갑골(扁甲骨, scapula, shoulder blade)

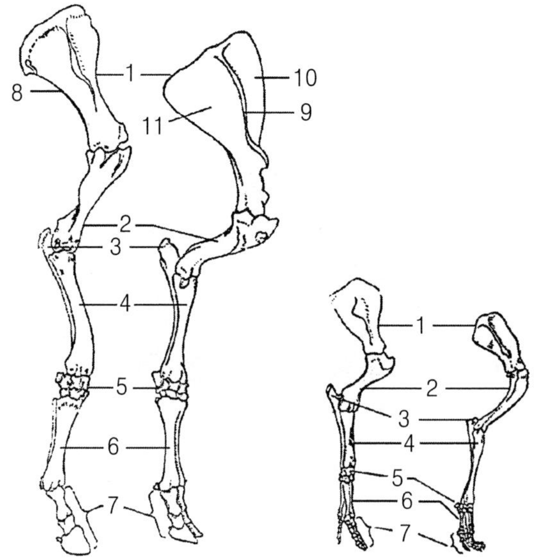

그림 6-9. 가축의 전지골격

1. 견갑골(肩胛骨, scapula), 2. 상완골(上腕骨, humerus), 3. 척골(尺骨, ulna), 4. 요골(橈骨, radius), 5. 완골(腕骨, carpus), 6. 완전골(腕前骨, metacarpus), 7. 지골(指骨, digit), 8. 견갑하와(肩胛下窩, subscapular fossa), 9. 견갑극(肩胛棘, spine of scapula), 10. 극상와(棘上窩, supraspinous fossa), 11. 극하와(棘下窩, infraspinous fossa)

· 상완골(上腕骨, humerus, arm bone) : arm
· 요골(僥骨, radius) : forearm
· 척골(尺骨, ulna) : forearm
· 완골(腕骨, carpus) : knee
· 완전골(腕前骨, metacarpus) : cannon
· 지골(指骨, phalanges, digits) : toes, fingers

나) 후지(pelvic limb)

① 골반대(骨盤帶, pelvic girdle, os coxae) : pelvis
· 장골(腸骨, ilium)
· 좌골(坐骨, ischium)

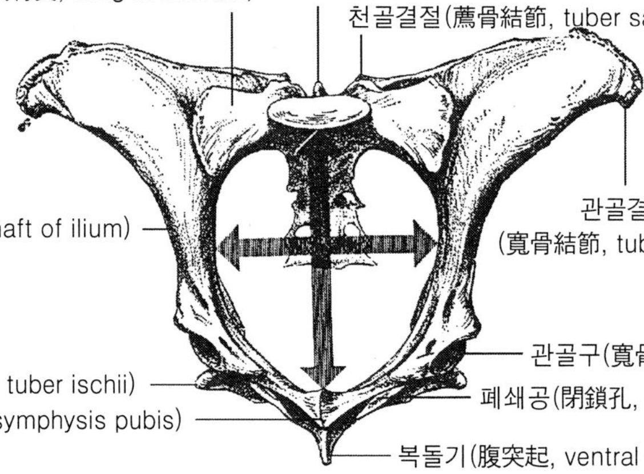

그림 6-10. 소의 골반골

- 치골(恥骨, pubis)

② 대퇴골(大腿骨, fcmur, thigh bonc) : thigh

③ 슬개골(膝蓋骨, patella)

④ 경골(脛骨, tibia) : leg

⑤ 비골(飛骨, fibula) : leg

⑥ 부골(tarsus) :hock(비절)

⑦ 부전골(metatarsus) : cannon(환)

⑧ 지골(趾骨, phalanges) : digit

다) 골반

골반대는 각측에 3개의 뼈로 되어 있으며, 융합되어 두 개의 부정골인 관골(寬骨, os coxae)을 이룬다. 각 관골(寬骨) 혹은 한쪽의 골반골(pelvic bone)은 골반봉합으로 견고하게 부착하여 관골[寬骨, os coxarum(pelvis)]을 이루며, 각측 즉 좌우측의 천좌관절(薦坐關節, sacroiliac articulations)은 매우 강한 관절로서 배측(背側)은 주축골격과 연결되어 있다.

관골을 이루는 뼈는 장골, 좌골 및 치골이며, 이들 뼈는 관골구(寬骨臼, acetabulum)에서 합쳐져 있다.

제 7 장

뼈의 미세구조와 생리

1. 뼈의 미세구조와 발생

성숙한 뼈는 석회화된 골질로 구성되어 있는 세포간질과 골세포(osteocytes)로 이루어져 있다. 골세포는 골소강(骨小腔, lacunae)이라고 하는 소강(小腔) 내에 존재하고 있다. 골세관(骨細管, canaliculi)이라 하는 미세관계(微細管系)가 골질내의 골소강을 연결시켜 주고 있다. 뼈 속에서 맥관계(脈管系)가 풍부히 분포되어 골세포가 생활하는 데 필요한 성분을 골세관을 통해서 전달해 주고 있다.

골소강과 골세관은 골질이 형성될 때 골아세포의 세포질 돌기가 서로 연결되기 때문에 형성되어진다. 때문에 골세포와 돌기는 골조직이 침착될 때까지 주형(mold)으로서의 역할을 한다. 다음 세포질은 부분적으로 퇴축되고 골소강내에 세포만 남게 된다. 골소강들은 골세관에 의해서 서로 연결되어 있다.

Ham에 의하면, 골아세포(osteoblasts)는 골조직을 형성하는 필요한 phosphatase란 효소를 직접 분비하여 Ca염을 침착케 한다. 골아세포는 대개 간엽세포(mesenchymal cells)로부터 발생되며, 간엽세포는 모든 결합조직 발생의 모세포이기도 하다. 골아세포는 쉽사리 분열되나, 일부의 세포만이 무기질을 분비하여 뼈를 형성한다. 나머지 세포들은 골막(骨膜, periosteum)과 수강(髓腔, marrow cavity) 간의 골내막(endosteum), 골강(骨腔, osteonal canals)의 골형성층(osteogenic layer) 간에 보존되어 있다. 이 보존세포는 골절의 치유, 자극에 대한 반응이나 정상적으로 뼈의 크기가 증가될 때 기능을 하게 된다.

뼈는 세포간질이 단단하고 그리고 골아세포(성숙 골아세포)는 분열능력을 상실하였기 때문에 골 표면에만 추가될 수 있게 된다. 뼈의 흡수는 정상적인 경우나 비정상적인 경우 다 일어날 수 있고, 뼈가 흡수되어질 때는 파골세포(osteoclasts)라고 하는

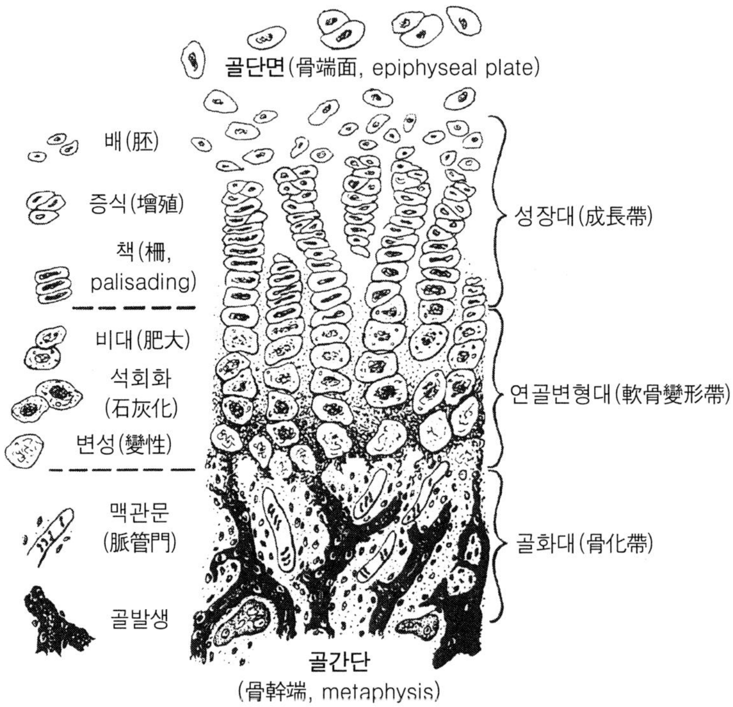

그림 7-1. 골내 골형성 기전을 나타낸 모형도(장축골 성장)

크고 다핵의 세포가 발견된다. 이들 세포는 뼈를 파괴하는 역할이 있다고 추측하고 있다.

Ham氏는 뼈의 침식은 phosphatase의 활발한 분비에 의해 뼈를 보호하는 피개세포(covering cells)의 파손의 결과라 암시하고, 어느 골 표면이 골발생세포에 의해 피개되지 않는다면 조직액이 노출되어 침식하게 된다고 추측하고 있다.

2. 골발생

골은 두 가지 다른 방법으로 발생한다. 즉 막내 골화(intramembranous ossification)와 연골내 골화(endochandral 또는 intracartilaginous ossification)의 두 가지 방법에 의해서 각각 형성된다. 전자는 간엽으로부터 직접 형성되는 것으로서 막의 형태를 나타나게 된다. 후자의 경우는 이미 형성된 연골에 석회가 골화하게 된다.

병적인 상태로 골이 발생한 부위가 아닌 곳에 골이 형성되는 것을 전위성 또는 이소성 골화[heterotopic(ectopic) ossification]라고 부른다. 이와 같은 현상은 심한 상처를 입었거나 만성적인 자극이 가해졌을 때 일어날 수 있다.

1) 막내 골화(intramembranous ossification)

두개골 대부분의 편평골은 막내 골화의 방식으로 형성된다. 골이 발생될 부위에 미분화된 간엽세포(mesenchymal cells), 섬유아세포(fibroblasts)와 약간의 교원섬유가 존재하고 있다. 간엽세포들은 점차적으로 골형성 세포인 골아세포(ostesblasts)로 분화된다. 간엽 내에서 고립된 골아세포군을 교원섬유가 둘러싸고 있는 것을 골화중심(centers of ossification)이라고 부른다. 골아세포 내에는 염기성 세포질, 편심 위에 위치해 있는 구형의 핵, rough ER과 Golgi 장치를 가지고 있다.

골발생세포(osteogenic cells)는 세포분열을 계속해서 일부는 분화해서 골아세포가 된다. 이 세포는 계속 골기질을 분비하고 골소강 속에 갇혀서 골세포가 된다. 이어 골편이 사방으로 뻗어서 침골(針骨, bony spiculus)을 만들게 되고 골재가 된다. 많은 골재로 구성된 골은 해면질[spongy(cancellous) bone]이라 부른다.

2) 연골내 골화(endochandral ossification)

사지골격・척주골・치골・두개골의 저부는 발생 초기에 초자연골로 형성되었다가 골로 대치된 것이다.

장골은 골단과 골간 사이에 연골이 있다면 길이가 계속 성장할 수 있다. 대부분의 연골이 골로 변화되면 길이의 성장은 중단된다. 이러한 현상이 생에 너무 일찍 나타나면 연골발육부전 왜소체구증(achondroplastic dwarf)이 되는데, 동체는 정상이나 사지는 짧게 형성된다.

장골의 직경의 크기는 골간(cortex of bone)을 싸고 있는 골막에서 새로운 뼈가 형성됨으로써 증가한다. 새로운 뼈가 추가되면 수강의 크기가 증가되어 보다 심부에 위치해 있는 뼈는 제거된다. 태아가 발육하는 동안 대부분의 골격의 뼈는 연골상태로 있다가 점차적으로 뼈로 화하게 되는데, 이러한 현상을 연골내 골화(endochondral ossification)이라 한다.

장골의 연골형태 중심부에서 여러 골화 중심이 형성된 후에 골단과 골간 사이에 결합부인 연골단판에서 뼈의 길이가 계속 성장하게 된다. 이 결합부를 골간단(骨幹端, 골 중간부, metaphysis)이라 하고 여러 대(帶)로 나눌 수 있다.

① 성장대(zone of growth)
② 연골변형대(zone of cartilage transformation)
③ 골화대(zone of ossification)

3. 뼈의 구성과 생리

뼈는 살아있는 세포와 무기질이 혼재되어 있는 세포간질로 구성되어 있다. 무기질의 약 80%가 인산칼슘이고, 나머지는 탄산칼슘($CaCO_3$)과 인산마그네슘($MgPO_4$)으로 구성되어 있다. 뼈 100 cm^3 중에는 칼슘 10,000 mg이 함유되어 있는데 반하여, 조직 100 ml에는 6mg, 혈액 100 ml당 10 mg의 칼슘이 함유되어 있다. 이와 같이 뼈는 무기질의 저장소가 되기도 한다.

성숙한 골세포는 기질내에 있는 골소강에 존재하고, 일생을 통하여 골아세포(골형성세포)는 뼈를 둘러싸고 있는 골막의 심층과 수강(髓腔)이나 Harversian관의 골내막에서 발견되는데, 이들 세포는 뼈의 성장과 골절시 치유에 기능을 발휘한다.

골화는 골조직의 기질에 칼슘염이 축적되어 뼈가 형성되는 것이며, 석회화(calcification)는 골조직 이외에 조직에 무기질(칼슘염)이 축적되는 것을 말한다.

뼈의 흡수는 보통 뼈가 성장할 때나 골절이 치유될 때와 같이 구조의 재배열이 일어날 때에는 언제나 정상적으로 일어나며, 골조직은 염증, 압박, 노령 및 뼈의 질병시에 hormone의 불균형이 되기 때문에 흡수된다. 파골세포(bone-destroying cells)와 골세포(osteocytes)는 정상상태이거나 병적상태 시에 혈액공급의 증가와 연관해서 뼈를 흡수하는 기능을 가지고 있다.

뼈는 단단하고 치밀하며 탄력성이 없고 거의 생명이 없는 것과 같이 보이나, 실제로 뼈는 조직과 같이 압력, 혈액공급 및 영양의 변화와 같이 환경의 변화에 민감한 반응을 한다. 뼈는 크기가 위축되거나, 크기가 증가(비대)하거나, 파골을 치유하거나, 내부구조를 재배열하는 경우에 가해지는 자극이나 긴장에 최초로 저항한다.

구루병(rickets)과 골연증(osteomalacia)은 7-dehydrocholesterol을 vitamin D로 변하게 하는 피부의 자외선 조사가 부족하기 때문에 비타민 D의 합성이 결여되어 뼈에 Ca을 축적하지 못하여 일어난다. 구루병은 자축의 질병으로서 보통 비타민 D의 결핍에서 일어나나, 사료 중에 Ca이나 P의 결핍 및 불균형으로 야기된다. 골연증은 성축의 구루병이라고도 하며, 성축에서는 급히 성장하는 부위가 없기에 전체 뼈에 영향을 미친다.

4. 관 절

관절학(arthrology, syndesmology)은 뼈 사이에 있는 관절에 대하여 연구하는 것이며, 이를 대개 관절(joints)이라고 한다. 이러한 관절은 움직일 수 있거나, 약간 움직이거나 아니면 자유롭게 움직일 수 있다. 일반적으로 관절의 구조는 관절면, 관절연골, 관절낭 및 인대와 같은 구조를 포함한다.

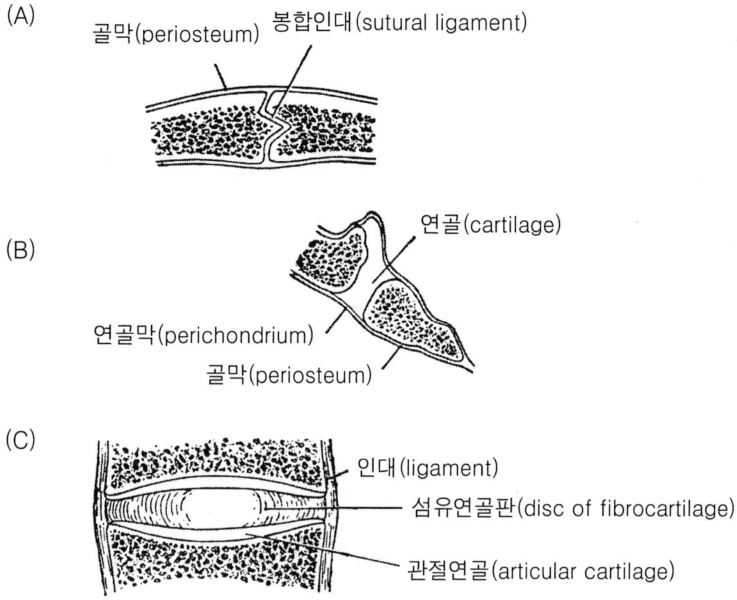

그림 7-2. 관절유합(관절)의 형태

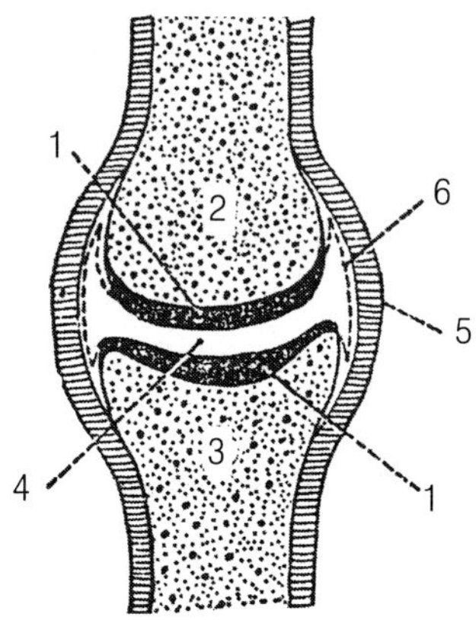

그림 7-3. 골관절의 일반적 구조

1. 관절연골(關節軟骨, articular cartilage), 2. 관절두(關節頭, articular head), 3. 관절와(關節窩, articular fossa), 4. 관절강(關節腔, articular cavity), 5. 관절낭(關節囊, articular capsule), 6. 활막(滑膜, synovial membrane)

1) 관절면(articular surfaces)

다른 뼈와 관절되는 표면 위에 분화되어 있는 치밀골의 층이다.

2) 관절연골(articular cartilages)

관절면을 덮고 있는 초자양연골(hyaline cartilage)의 층이며, 나머지의 뼈는 골막(periosteum)이 덮고 있다.

3) 관절낭(joint capsule)

두 층으로 구성되어 있다. 심층은 활액막(滑液膜, synovial membrane)이며, 특수한 결합조직층이다. 이 막에서는 정상관절을 윤활하게 하는 활액(synovial fluid)을 분비한다. 표층은 섬유성 막[fibrous membrane(낭인대, capsule ligament)]이다.

4) 인대(ligaments)

뼈에서 뼈로 뻗쳐져 뼈를 연결시켜 주는 결합조직대이다.

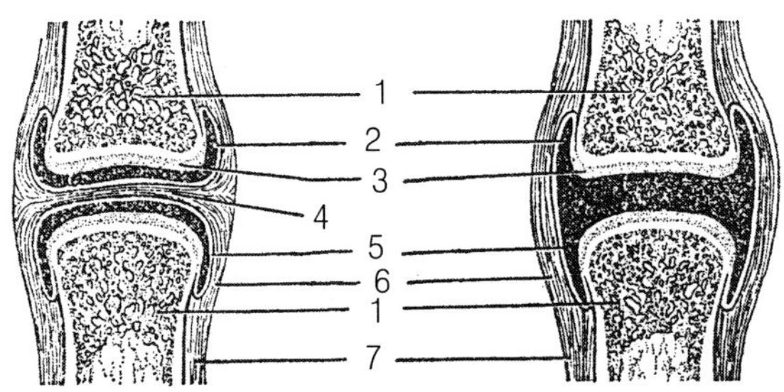

그림 7-4. 활액관절의 형태

1. 뼈(骨, bone), 2. 활액강(滑液腔, synovial cavity), 3. 관절연골(關節軟骨, articular cartilage), 4. 섬유판(纖維板, fibrous disc), 5. 활액막(滑液膜, synovial membrane), 6. 섬유낭(纖維囊, fibrous capsule), 7. 골막(骨膜, periosteum)

제 8 장

근육계의 해부

1. 근육계의 해부

동물체에 있어서 근조직은 평활근, 불수의횡문근 및 수의횡문근의 3가지 형태로 분류된다.

① 평활근[smooth(involuntary, visceral, unstriated) muscle]은 횡문을 가지고 있지 않으며, 주로 자율적으로 기능을 하는 내장기관의 대부분 분포되어 있다. 장관벽에 분포되어 내용물을 혼합·운반하고, 의식적인 조절없이 자율신경의 작용에 의해 기능을 영위하고, 비뇨생식의 벽과 혈관벽에도 평활근이 풍부하게 분포, 자율적인 기능을 수행한다.

평활근이 수축하는 것은 자율적인 고유운동이나, 자율신경계(automatic nervous system)에 의하여 조절되며, 어떤 특정한 약물에 의해서도 반응을 일으킨다.

각개의 근세포는 방추상이며, 핵은 중앙부에 위치해 있다. 평활근세포는 판상, 속 또는 세망으로 배열되어 있으며, 피부에 유일하게 털을 세우는 입모근(立毛筋)을 이루기도 한다.

② 불수의횡문근(involuntary striated muscle)은 심장에만 있는 근육이기에 심근(cardiae muscle)이라고도 한다.

이들 심근세포는 세망의 형태로 배열되어 있다. 심근의 수축운동은 고유하면서도 율동적으로 이루어지고, 신경의 자극을 필요로 하지 않는다. 그러나 심장의 수축운동은 자율신경에 의하여 조절된다. 심근섬유에는 횡문이 있고, 핵은 중앙에 있다.

③ 수의횡문근[voluntary striated(skeletal) muscle]은 고기육(flesh, meat)을 뜻하며, 각개의 근섬유에는 횡문이 있고, 근섬유에는 많은 수의 핵(多核)을 지니고 있는데, 주로 근섬유초하에 위치해 있다. 근섬유의 표면에는 근섬유초(筋纖維鞘, sarco-

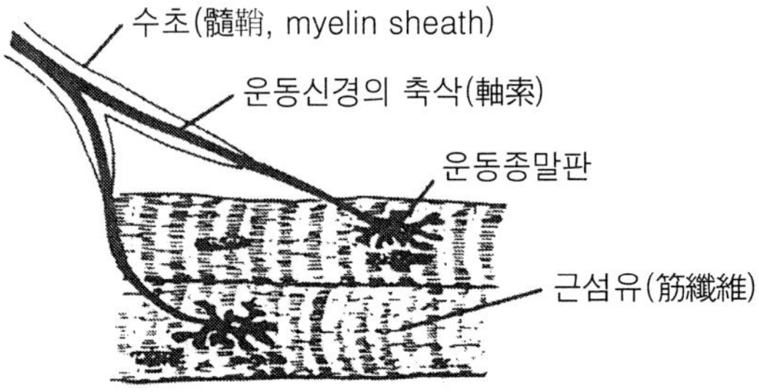

그림 8-1. 운동신경 종말판

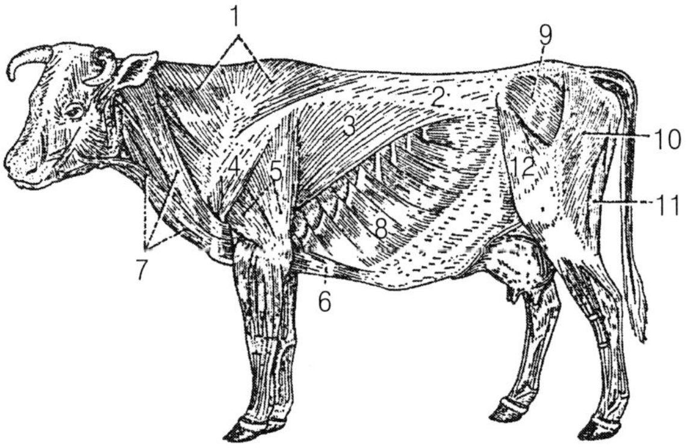

그림 8-2. 소 체표와 골격근

1. 승모근(僧帽筋), 2. 흉요근막(胸腰筋膜), 3. 광배근(廣背筋), 4. 삼각근(三角筋) 5. 상완두근(上腕頭筋), 6. 심흉근(深胸筋), 7. 흉골유돌근(胸骨乳突筋), 8. 외복사근(外複斜筋), 9. 중전근(中殿筋), 10. 대퇴이두근(大腿二頭筋), 11. 반건양근(半腱樣筋), 12. 대퇴근막장근(大腿筋膜張筋)

lemma)라고 하는 세포막이 덮여 있다.

각 골격근섬유는 다른 모든 근섬유와 격리되어서 직접 수의신경[voluntary(motor neuron) nerve]에서 유도된 분지에 의하여 조절되며, 보통 의식적인 조절하에 놓여 있다. 수의횡문근의 기능적인 단위를 운동단위(motor unit)라고 하는데, 운동뉴런(motor neuron)과 근섬유(muscle fiber)로 되어 있다.

1) 근육의 형태

근육(muscle)은 근세포인 근섬유로 되어 있다. 근섬유가 모여서 근조직을 이룬다. 골격에 부착되는 부분을 근두(筋頭, head), 기시점(起始點, origin) 또는 고정점(固定點, fixing point)이라고 하며, 반대쪽을 근미(筋尾, tail), 종지점(終止點, insertion point) 또는 동점(動點, moving point)이라고 한다.

근육의 명칭은 근두가 근명의 어두(語頭)가 되고, 근미가 어미(語尾)에 붙는다. 예를 들면, 흉골두근(胸骨頭筋, sternocephalicus m.)에서 어두에 흉골(胸骨, sterno)과 어미에 두(頭, cephalicus)가 붙는다.

2) 근육의 종류

근육의 형태, 역할, 근섬유와 건(腱)의 결합상태에 따라 분류하면 다음과 같다.

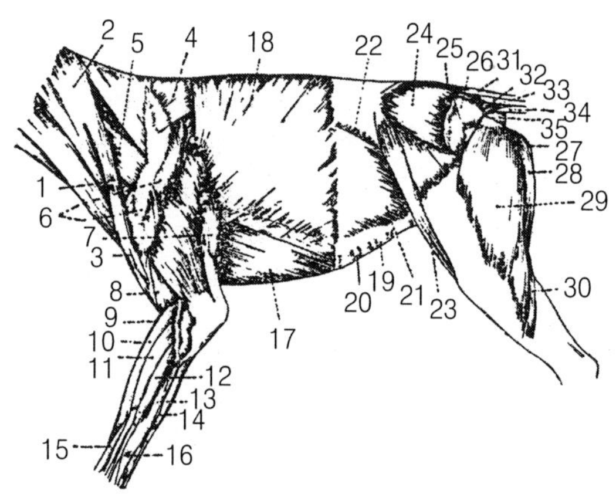

그림 8-3. 개의 표층근

1. 쇄골건(鎖骨腱), 2. 쇄골경근(鎖骨頸筋), 3. 상완두근(上腕頭筋), 4. 승모근(僧帽筋), 5. 견갑횡돌근(肩胛橫突筋), 6. 삼각근(三角筋), 7. 삼두완근(三頭腕筋), 8. 상완근(上腕筋), 9. 상완요골근(上腕橈骨筋), 10. 요완신근(橈腕伸筋), 11. 총지신근(總指伸筋), 12. 외지신근(外指伸筋), 13. 척완신근(尺腕伸筋), 14, 16. 척완굴근(尺腕屈筋), 15. 장모지외전근(長母指外轉筋), 17. 심흉근(深胸筋), 18. 동피근(胴皮筋), 19. 복직근(腹直筋), 20. 건획(腱劃), 21. 외복사근(外腹斜筋), 22. 내복사근(內腹斜筋), 23. 봉공근(縫工筋), 24. 중둔근(中臀筋), 25, 26. 천둔근(淺臀筋), 27. 반막양근(半膜樣筋), 28. 반건양근(半腱樣筋), 29. 대퇴이두근(大腿二頭筋), 30. 후하퇴외전근(後下腿外轉芹), 31. 배외측천미근(背外側薦尾筋), 32. 횡돌간근(橫突間筋), 33. 내미근(內尾筋), 34. 복외측천미근(腹外側薦尾筋), 35. 외항문괄약근(外肛門括約筋)

(1) 근육의 형태에 따라서 붙인 근(筋)

① 장근(長筋, longus m.)
② 최장근(最長筋, longissimus m.)
③ 단근(短筋, brevris m.)
④ 광근(廣筋, latus m.)

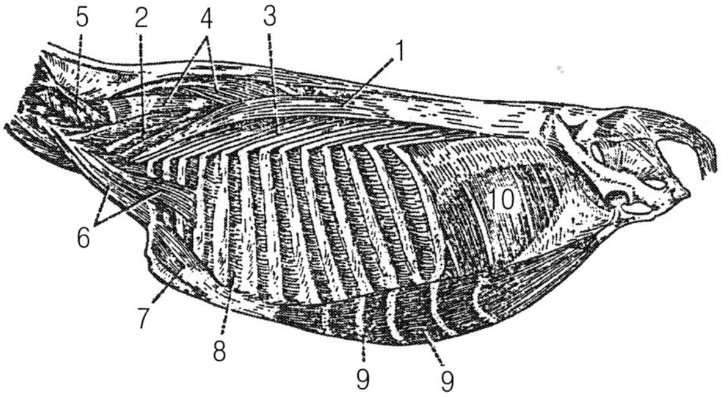

그림 8-4. 소의 체표 심부의 근육

1. 흉(胸) 및 배최장근(背最長筋), 2. 경최장근(頸最長筋), 3. 흉장늑근(胸腸肋筋), 4. 경(頸)과 배극(背棘) 및 반극근(半棘筋), 5. 다열근(多裂筋), 6. 사각근(斜角筋), 7. 흉직근(胸直筋), 8. 늑간근(肋間筋), 9. 복직근(腹直筋), 10. 복직근의 건획(腱劃), 11. 내복사근(內腹斜筋)

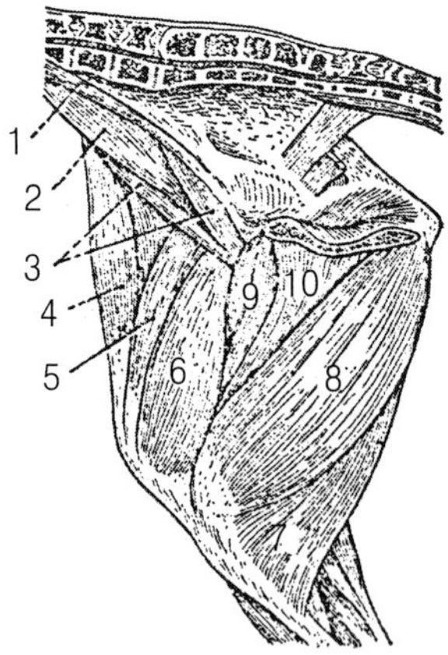

그림 8-5. 소의 후지상반의 근육

1. 소요근(小腰筋), 2. 대요근(大腰筋), 3. 장골근(腸骨筋), 4. 대퇴근막장근(大腿筋膜張筋), 5. 대퇴직근(大腿直筋), 6. 외측광근(外側廣筋), 7. 반건양근(半腱樣筋), 8. 반막약근(半膜樣筋), 9. 치골근(恥骨筋), 10. 내전근(內轉筋)

⑤ 활근(濶筋, lattissimus m.)
⑥ 원근(圓筋, teres m.)
⑦ 윤근(輪筋, orbicularis m.)
⑧ 삼각근(三角筋, deltoideus m.)
⑨ 능형근(菱形筋, rhomboideus m.)
⑩ 이상근(梨狀筋, priformis m.)
⑪ 승모근(僧帽筋, trapezius m.)

(2) 근육의 역할에 따라서 붙인 근(筋)

① 굴근(屈筋, flexor m.)
② 신근(伸筋, extensor m.)
③ 내전근(內轉筋, adductor m.)
④ 외전근(外轉筋, abductor m.)
⑤ 회내근(回內筋, pronator m.)
⑥ 회외근(回外筋, supinator m.)
⑦ 괄약근(括約筋, sphincter m.)
⑧ 개대근(開大筋, dilatator m.)
⑨ 거상근(擧上筋, levator m.)
⑩ 하제근(下制筋, depressor m.)
⑪ 전인근(前引筋, protaetor m.)
⑫ 후인근(後引筋, retractor m.)
⑬ 장근(張筋, tensor m.)

(3) 근섬유와 건(腱)의 결합형태에 따라서 붙인 근(筋)

① 방추상근(紡錘狀筋, fusiformis m.)
② 반우상근(半羽狀筋, unipennatus m.)
③ 우상근(羽狀筋, bipennatus m.)
④ 다우상근(多羽狀筋, multipennatus m.)
⑤ 이복근(二腹筋, biventer m.)
⑥ 다복근(多腹筋, polygastric m.)
⑦ 이두근(二頭筋, biceps m.)
⑧ 삼두근(三頭筋, triceps m.)
⑨ 사두근(四頭筋, quadriceps m.)
⑩ 방형근(方形筋, quadratus m.)
⑪ 거근(鋸筋, serratus m.)
⑫ 다열근(多裂筋, multifidus m.)

3) 근육의 부속 조직

(1) 근막(fascia)

근막은 근육을 싸서 보정하는 엷은 탄력성 섬유로서 맥관, 신경 및 림프관이 이 막에 부착되어 분포하고 있다. 이 막보다 더 두터운 강력성 섬유막으로 되어 있는 것을 건막(腱膜, aponeurosis)이라고 한다.

(2) 힘줄(tendon)

힘줄(腱)은 근육의 양쪽 끝에 붙어 뼈나 다른 구조에 붙는 탄력성 섬유를 말한다.

(3) 활액막(synovial membrane)

활액막은 탄력성 섬유로 된 엷은 막으로서 근(筋)이나 건(腱) 사이에 있어 마찰을 덜어준다. 이와 같은 활액막이 낭(囊)을 이루고 그 내부에 활액을 간직하고, 골격 사이에 위치하여 마찰을 덜어주는 것을 활액낭(滑液囊, synovial bursa)이라고 하며, 긴 건(腱)을 싸는 원통상의 활액낭을 활액초(滑液鞘, synovial sheath)라고 한다.

4) 방부 처치방법

방부 처치할 대상 동물은 24시간 이상 절식시키고 급수만 한다. 좌요측 정맥(left cephalic vein)으로 전신마취제를 주사하던가 흡입마취방법으로 전신마취시키고 난 후 좌측 총경동맥(left common carotid artery)을 노출시켜 사혈(瀉血)하고, 거의 사혈이 끝나면 그 곳으로 방부액을 체중의 1/4 정도 주입한다.

방부액 주입이 끝나면 겔라친, 폴리에틸렌에 색소를 섞어 주입한다. 방부액의 조성은 다음과 같다.

ethyl alcohol : 50% glycerin : 10%
phenol : 5% formalin : 5%
water : 30%

제 9 장

근육의 미세구조와 생리

근육세포에서 운동의 기본 매체가 되는 것은 수축성 단백질로서 화학에너지를 기계적 에너지(mechanical energy)로 전환시키는 능력을 지니고 있다. 수축성을 지니고 있는 단백질은 근세포 이외에 다른 많은 세포내에 존재한다. 예를 들면, 어느 백혈구의 운동, 사립체의 운동, 어떤 상피세포의 cilia의 운동을 나타내는 운동성 단백질 등이 있다.

근육세포는 수축기능을 위해 고도로 분화되어 있고, 척추동물의 외부환경에 대한 반응은 근육수축성에 의한다. 이러한 반응에는 보행, 호흡, 사료의 소화와 운반 및 배설, 혈액순환 및 번식과 관계되는 다양한 활동을 들 수 있다.

결합조직은 모든 근세포나 근섬유와 아주 밀접한 관계가 있고, 가벼운 탄력장치를 이루기 때문에 근수축에 의해 생기는 견인에 대해 유용하게 적응할 수 있다. 또한 결합조직은 근육에 혈관이나 신경이 분포되는 통로가 되기도 한다. 근육섬유에는 무늬가 있거나 혹은 평활하게 보이고, 신경분포의 형태에 따라서 수의(隨意)이거나 불수의(不隨意)로 구분된다. 불수의근(不隨意筋)은 주로 자율신경이 분포되어 있고, 의식적인 조절하에 놓여 있지 않으며, 수축은 평활근이나 심근의 고유한 성질이기 때문에 수축하는 데는 필요하지 않지만, 신경의 기능은 수축을 조절하는 데 있다. 수의근(隨意筋)은 주로 체신경(somatic nerves)이 분포되어 의식적으로 조절되며, 각개의 수의근섬유는 수축을 위해서는 각개별로 신경자극을 받아야 한다.

근육은 불수의평활근(평활근), 불수의횡문근(심근) 및 수의횡문근(골격근)의 3가지 형태로 구분된다.

1. 평활근

평활근(smooth muscle, involuntary, unstriped, visceral, plain muscle)의 약 99%

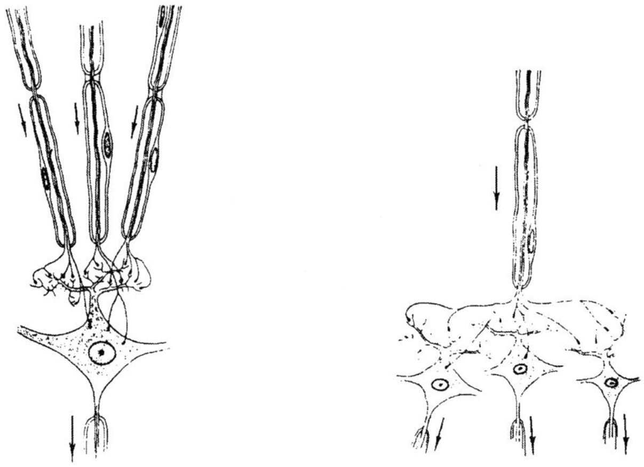

(A) 3개의 축삭돌기가 1개의 신경 세포와 결합된 신경연접

(B) 1개의 축삭돌기가 3개의 신경 세포와 결합된 신경연접

그림 9-1. 수동과 상이

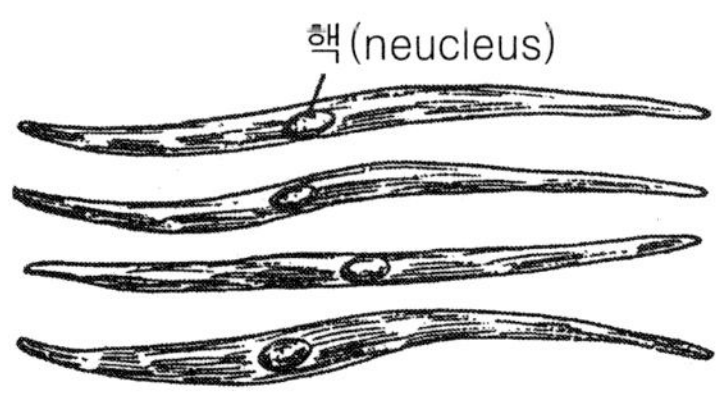

(A) 평활근(平滑筋)

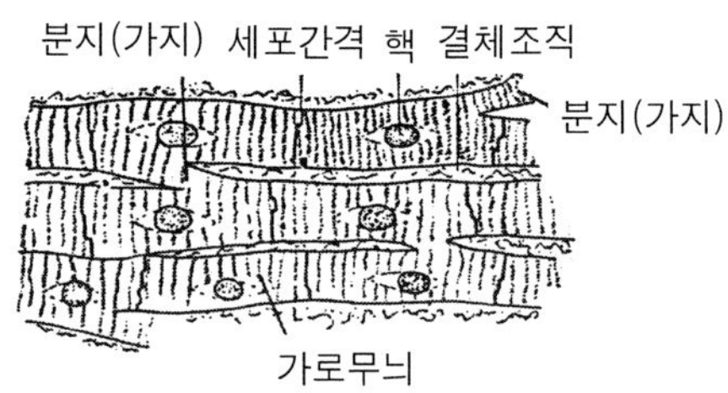

(B) 심근(心筋)

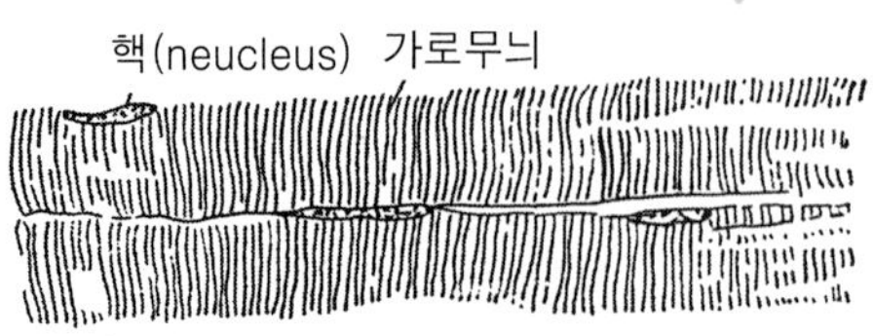

(C) 골격근(骨格筋)

그림 9-2. 근조직의 종류

는 내장형(visceral type)으로 주로 소화기계 · 호흡기계 · 맥관기계 등에 분포되어 있고, 나머지 1%에 해당하는 평활근은 안구의 홍채(iris)와 모양체(ciliary body) 그리고 피부에 있어서 모(毛)를 세우는 입모근(立毛筋, pilomotor fibers)에 분포되어 있다. 평활근은 자율신경의 지배를 받아 불수의적으로 활동하는 근육이다. 평활근세포(섬유)는 가늘고 긴 방추형이며, 중앙부에는 타원형 내지 원추형의 핵이 존재한다.

평활근 섬유의 크기는 매우 차이가 있어 세포의 길이는 약 50～250 μ이고, 직경은 5～10 μ의 범위이다.

세포의 대부분이 근형질(sarcoplasm)로 구성되어 있고, 횡문이 없는 근원섬유(myofibrils), 근초(sarcolemma)를 광학현미경으로 쉽사리 볼 수 있다.

근미사(筋微絲)로서 actin filament와 myosin filament의 분자가 존재하는데, 무늬를 이룰 만큼 규칙적으로 배열되어 있지는 않다. 또한 소량의 troponin과 tropomyosin도 존재한다. Calcium이 축적되어 있는 근형질세망을 평활근 내형질세망(smooth endoplasmic reticulum)이라고 한다.

평활근은 가형성(可形性, plasticity)이라는 특성을 나타낸다. 이 특성을 stressrelaxation이라고도 한다. 예를 들면, 임신시에 자궁벽의 크기가 임신전 자궁의 크기에 비하여 몇 배로 증가하는 것은 자궁벽의 근육이 증가하기 때문이다.

2. 심 근

심근(cardiac muscle, involuntary striated muscle)은 횡문근섬유와 비슷한 많은 특징을 가지고 있으나 무늬는 골격근보다 희미하다. 심근이나 골격근과 같이 풍부한 근형질, 근원섬유, 근형질망, 횡관(transverse tubles), 핵, 근초로 구성되어 있다.

심근과 골격근의 현저한 차이점은 심근섬유가 결합되어 망을 이루고 있다는 점과, 핵이 1개로서 세포의 중앙부에 위치하고 있다는 점이다. 또한 심근섬유에서 관찰할 수 있는 독특한 구조로서 개재반(介在盤, intercalated disks)이 있고, 이 disk는 근섬유의 길이가 50～120 μ 되는 분절 사이에 위치해 있다. 1개의 분절세포에는 1개의 핵을 지니고 있다. 이 disk는 세포 접합부에 이중의 세포막 부분이기도 하다. 이 연결부에는 10 mm의 공유면이 있어 세포간의 전기 전파가 가능하도록 되어 있다. 심근내에는 혈관과 림프도 풍부하게 분포되어 있으며, 심근은 태생 초기부터 죽을 때까지 계속해서 율동적인 수축운동을 한다.

심근은 수축기와 수축기의 전환속도가 골격근에 비하여 길다. 또 심장 전체가 하나의 합포체(合胞體)인 것처럼 움직여 심무율법칙(審無律法則, all-or-none law)에 따라서 수축하는 것이라든지 체외에 잘라내어도 박동을 계속하는 소위 자동성을 가지

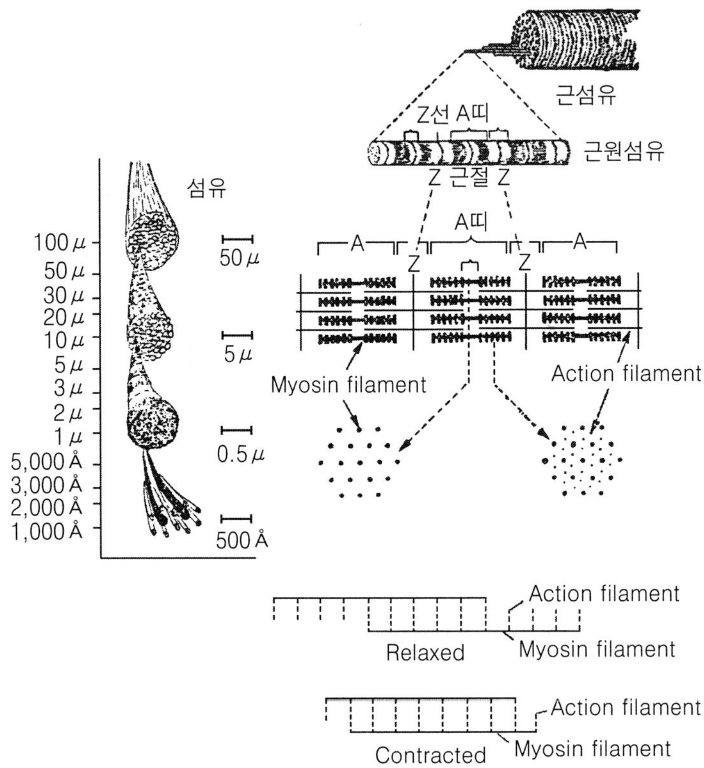

그림 9-3. 근미세섬유(筋微細纖維)의 구조

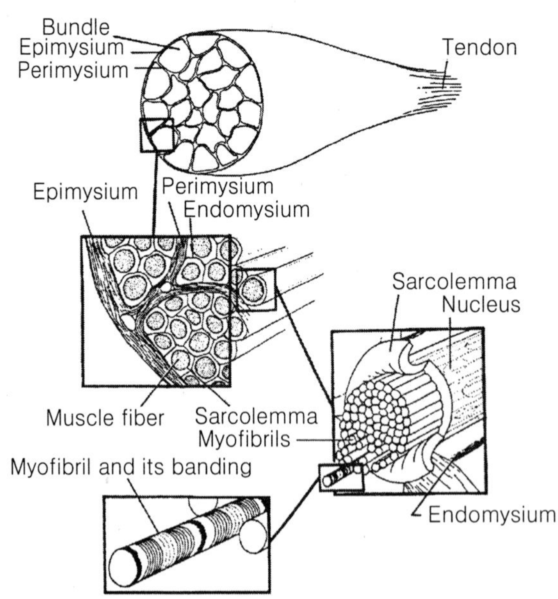

그림 9-4. 골격근섬유의 구조

는 등의 점에 대해서는 골격근과 다른데, 심근에는 자극전도계이라는 특수한 조직이 있기 때문이다.

3. 수의횡문근

수의횡문근(voluntary striated muscle)은 횡문(cross striation)을 가지고 있는 다핵 세포이며, 근초(筋鞘, sarcolemma), 근초하에 있는 다핵, 많은 수의 근원섬유(myofibril), 근형질망(sarcoplasmic reticulum) 및 근형질(sarcoplasm)로 구성되어 있다. 근초는 각 근섬유를 둘러싸고 있는 결합조직 즉, 내근주막(內筋周膜)과 밀접한 관계가 있다. 근초와 근주막은 근육의 탄력성을 주고, 근육과 건의 건성부분과 근육섬유를 연결해 주고 있다.

운동종말판(motor end plate) 각개의 근섬유 표면에 축삭(軸索, axon)의 종말부가 접촉되어 있는 상태를 말하고, 일명 신경근육 접합부(neuro muscular junction)이라고도 한다. 이러한 섬유의 표면은 motor neuron axon의 분지가 고도로 분지되어 쭈글쭈글한 불규칙한 모습을 정한다. Nerve terminal ends와 motor end plate 사이에는 원형질 연속이 없고, 두부의 사이를 synaptic cleft라 하고, 신경자극의 전달은 화학전달 물질인 acethylcholine에 의해서 이루어진다. 두터운 근육섬유막과 신경종말이 접하는 synaptic junction을 neuro muscular junction(또는 meyoneural junction)이라 한다.

긴 근육섬유에는 수백 개의 핵을 지니고 있을 때도 있다. 성숙한 동물의 근육섬유에는 근초하에 잔원형의 진하게 염색된 핵이 위치해 있고, 태아의 근육에서는 핵이 근섬유의 중앙 가까이 위치해 있다.

각 근육섬유에는 수백 개 내지 수천 개의 근원섬유가 있고, 각개의 근원섬유(myofibrils)에는 약 1,500개의 myosin과 3,000개의 actin filament가 함유되어 있다. 각개의 myosin filament에는 분자량 332,000의 수백 개의 myosin 분자로 구성되어 있고, 각개의 actin filament는 분자량 70,000개를 지닌 약 600개의 actin 분자로 구성되어 있다.

광학현미경으로 관찰해 보면 횡문이 전 섬유에 걸쳐 나타나 보이지만 전자현미경 관찰에 의하면 횡문은 근원섬유에만 나타나고 근형질에는 나타나지 않는다. 모든 근원섬유의 무늬는 명대와 암대가 교대적으로 나타난다.

암대 부분을 A대(A band, 불등질대, anisotrophic band)라고 하며, A대는 주로 myosin filament로 구성되어 있다. 밝게 보이는 부분을 I 대(I band, 등질대, isotrophic band)라고 하며, 주로 actin filament로 구성되어 있다. I 대(명대)의 중간에 흑

선을 Z선(Z line)이라고 한다. 한 부분의 Z선에서 다음의 Z선까지의 분절부분을 근절(筋節, sarcomere)이라고 하며, 비수축단백질로 구성되어 있다. A대의 중앙부에 H-zone이 있는데 actin filaments 없이 myosin filament만 존재한다. M선은 때때로 H-zone의 중앙부에서 보인다.

근형질은 근세포의 세포질로서 delicate tubules이 있는데 이를 근형질망이라 하며, ribosome 과립은 없고, excitation-contraction coupling process의 부분으로서 기능을 한다. 근형질망은 무과립성 관의 망으로 구성되어 있고, 근원섬유 내에 산재하여 있으면서 근원섬유와 평행하게 위치한다. 근섬유 내에는 Golgi 장치, 사립체, glycogen, 지방주입물 등을 인정할 수 있으며, 수의근섬유의 직경은 약 10～100μ의 범위이다.

심근은 반응을 일으킬 수 있는 최저 정도의 자극을 받았을 때나 그 이상의 강한 자극을 받았을 때도 항상 같은 정도의 수축을 한다.

골격근의 세포는 뇌척수신경의 지배를 받아 수의적으로 움직이는 근육이고, 가늘고 긴 원주상이며, 타원형의 핵을 가지고 있다. 일정한 크기의 가로무늬를 형성하고 있으며, 세포질에는 굵기가 약 100Å의 myosin 섬유와 굵기가 약 50Å의 actin 미세섬유가 있다.

근섬유가 수축할 수 있는 최대능력은 근섬유의 나머지 길이의 약 1/2이며, 근섬유는 강한 신경자극을 충분히 받을 때 근섬유에는 활동전위(action potential)가 발생하는데, 이 전위는 모든 섬유에 전파되어 섬유는 수축하게 된다. 이것을 근수축의 실무율(悉無律, all-or-none law)이라고 한다. 그러나 이때의 수축력은 섬유의 상태, 즉 흥분, 피로, 신장, 칼슘공급의 낮은 상태에 달려 있다. 적당한 조건하에서 모든 근육의 수축력이 증가하는 것은 각 섬유가 최대의 능력으로 수축하기 때문에 많은 근섬유가 수축하는 것이다.

4. 근수축의 기전

근육을 형성하고 있는 근섬유는 무수한 근원섬유로 형성되어 있으며, 또한 근원섬유에는 무수한 myosin filament와 actin filament가 있으며, 근섬유에는 근섬유를 둘러싸는 근섬유초(sarcolemma)가 있다.

근육이 수축될 때에는 myosin filament와 actin filament들이 활주(sliding)하게 된다. Myosin filament와 actin filament는 근육의 주성분인 actin과 myosin이라는 단백질 분자가 긴 사슬로 형성되어 있다가 adenosine triphosphate(ATP)에 의하여 2분자구조를 변화시키게 되면 근원섬유는 수축을 일으키게 된다.

근육이 수축될 때에는 myosin filament와 actin filament와의 중첩되는 정도가 커지는 것이고, 근육이 이완될 때에는 myosin filament와 actin filament와의 중첩되는 정도가 작아지는 것이다. 정제된 myosin과 actin의 단백질을 섞어 놓으면 actomyosin 이라는 복합물이 생긴다.

Actomyosin 복합체는 ATP와 Mg^{2+}의 존재하에서 해리되고, 해리와 동시에 ATP는 가수분해되어 말단의 인산기를 떼어 버리고 가수분해가 끝나면 actin과 myosin은 재결합을 하게 되는데, 이와 같은 해리와 결합은 근원섬유의 myosin filament와 actin filament 사이에 가교가 생겼다 떨어졌다 하는 것으로 생각된다.

Myosin filament의 길이는 15,000Å이고, 두께는 100Å 정도이며, actin filament 의 길이는 10,000Å이고, 두께는 60Å 정도이다. ATP가 두 filament 사이에 끼어 있으면 두 filament가 연결되어 장력이 발생되어 두 filament가 활주운동을 일으켜 수축이 일어나게 된다.

5. 근수축의 화학

근육이 수축될 때 myosin filament와 actin filament의 이동이 생기게 되는데, 이때에 에너지원으로서 ATP가 필요하고, ATP는 근세포내에 glycogen의 분해에 의하여 얻어진다. 또한 ATP는 adeosine diphosphate(ADP)로 분해되면서 근수축에 필요한 에너지를 방출하게 된다.

ADP는 creatine phosphate(CP)가 분해될 때 생기는 인산과 결합하여 ATP로 재합성되고, creatine은 ATP가 ADP로 분해될 때 생긴 인산과 결합하여 다시 CP로 된다. ATP의 생성에는 산소가 필요하므로 심한 운동을 하였을 때 산소 소비량이 증가하게 되어 심호흡을 하게 된다.

산소공급이 오랫동안 부족하게 되면 ATP가 부족하게 되어 근수축이 불충분하게 된다. 심한 운동을 하게 되면 근육 중에 젖산이 많이 축적되어 운동이 끝난 후에도 축적된 젖산을 산화시키기 위하여 일정한 시간 동안 평상시보다 산소요구량이 많아지게 된다. 근육에 젖산이 축적되면 근육이 피로하게 된다. 근육 중에 젖산농도가 0.015%이면 정상상태이나 0.3%이면 수축력이 없어지고, 0.4%에 달하면 완전히 피로하게 된다. ATP(adenosine triphosphate)는 근수축에 있어서 직접적인 에너지원이 되고, myosin은 Ca^{2+} ion의 존재하에서 효소인 ATPase(adenosine triphosphate)로서 작용한다. ATPase는 ATP를 가수분해하여 ADP(adenosine diphosphate)와 H_3PO_4 (phosphoric acid)로 되며, 탈인산기(dephosphorylation)라고도 하는 이 가수분해로 수축해서 myosin filament 사이에 있는 actin filament를 끌어당기는 대량의 에너지를 방출한다.

ATP가 탈인(脫燐)되는 동안에는 근육은 활동적이며, ATP가 고갈되면 근육을 굳고, 딱딱해지는 수축과 같은 강직(rigor)의 상태가 된다. 사후강직(rigor mortis)은 죽은 이후에 수시간 동안에 일어나는 근육의 굳음을 말하며, 죽음의 시간을 측정하는 데 이용된다. ATP가 myosin filament에 적당하게 존재하여 Ca^{2+} ion과 반응하지 않고 탈인(脫燐)이 되지 않는다면 근육은 이완된다.

횡문근에 있어서 근원섬유에 가깝게 위치하고 있는 mitochondria는 myofibril에 ATP를 공급한다. 근육의 이완은 Mg^{2+} ion이 존재하여 myosin의 효소작용을 억제하는 alphaglycerophosphate와 같은 물질에 의하여 ATP의 분해가 방해되므로서 일어난다. 그러나 이완시에는 활동전위가 살아지는 것이 특징이다. Ca^{2+} ion은 myosin의 효소작용을 시작하게 하고, 근수축 시에 반드시 필요한 ATP를 지니고 있는 근섬유의 수축시에 직접 작용을 한다. 때로는 근수축시에 glycogen이 분해되어 젖산과 CO_2는 증가되고, glycogen과 O_2는 감소되기 때문에 근수축에 대한 직접적인 에너지원이라고 믿었다.

이러한 개념은 산소가 없이 예를 들면, nitrogen이 대기에서 상당한 기간 동안 근육이 수축할 수 있다는 사실이 실험을 통하여 증명되지 않았다. Glycogen이 젖산으로 분해되고, 젖산이 산화되어 근육이 수축하고, 이완된 후에는 회복기에 에너지가 공급한다. 실제적인 ATP, ADP 및 CP에 저장되어 있는 에너지에 달려 있다.

근수축 시에 에너지의 공급에 관계되는 연쇄반응을 요약하면 다음과 같다.

① ATP(adenosine triphosphate) → ADP(adenosine diphosphate) + H_3PO_4 (phosphoric acid) + Energy(이 에너지는 수축에 직접 이용됨)

② CP(creatine phosphate) → creatine + H_3PO_4(phosphoric acid) + Energy (이 에너지는 ADP에서 ATP로 재합성되는 데 이용됨)

③ Glycogen → Lactic acid + Energy(creatine과 phosphoric acid에서 CP의 재합성)

④ Lactic acid의 1/5(위 반응에서 생성) + O_2(oxygen) → H_2O(water) + CO_2 (carbon dioxide) + Energy(이 에너지는 상기의 lactic acid의 나머지 4/5를 재합성)

이를 다시 정리하면, glycogen의 젖산으로 분해되는 것을 해당작용(glycolysis)이라고 하고, 이는 여러 반응에 관여하는 복잡한 과정이며, adenosine과 creatine는 phosphate기에 대한 운반체로서 제공되어 근수축에 필요한 에너지를 운반하는 수단으로 작용한다. O_2는 젖산의 산화로 다 이용하였기 때문에 혈액으로부터 O_2가 첨가되며, 근육은 산소가 없이도 짧은 기간 동안 수축할 수 있으나, 여기에서 사용되는 에너지는 산화에 의해서만 대치될 수 있는데, 산소가 없이 소비되는 에너지를 대치하는 데 필요한 산소를 산소부채(oxygen debt)라고 한다. 이러한 산소부채는 정상적인 근육의 활동이 다시 시작할 수 있기 전에 상환되어야 한다.

6. 근육의 열발생

근육이 수축하게 되면 열이 발생한다. 근육이 수축, 이완될 때에 actin filament와 myosin filament 의 이동이 있게 된다. 이 때에 이 이동을 위한 에너지가 필요하게 되면 동시에 열을 발생하게 된다.

초기열(initial heat)은 근육의 수축・이완 전후에 생긴 열을 말한다. 근육의 수축이 끝나고 안정상태에 있을 때에도 소비된 열을 보충하기 위하여 반응이 일어나고, 이 때에도 열이 발생한다. 이를 회복기열(recovery heat)이라고 한다.

근육이 활동중에 방출하는 에너지의 75%는 열로 소비되고, 25%는 운동에너지로 소비된다. 근육 수축시에 열발생은 수축기에 29%, 이완기에 16%, 회복기에 55%의 열이 발생한다. 근섬유의 주된 기능은 수축시 이용되는 에너지의 약 1/4만이 사실상 일(work)에 이용되며, 나머지의 에너지는 열로서 소실된다.

환경온도가 정상적인 체온보다 많이 낮을 때에는 근육에 의해 열생산이 더욱 강하게 된다. 즉 기온이 매우 낮은 상황하에서는 떨림(shivering)이라고 하는 경련성 수축이 일어나서 정상적인 체온을 유지하기에 충분한 열을 발생한다. 열발생은 초기열(실제적인 수축열)과 회복기열의 명확한 2기로 되는데, 초기열은 활동과 유지열, 단축열 및 이완열이 포함된다.

회복기열의 약 9/10은 음식물이 산화될 때 발생되며, 1/10은 무산소의 대사과정 시에 발생된다. 산소의 존재하에서 회복은 초기열과 거의 같은 열발생을 하나, 무산소의 조건하에서 회복은 20분 이상 길어져서 발생되는 열은 초기열의 약 1/5에 해당된다.

7. 근수축의 자극

신경자극(nerve impulse)은 세포막의 전위(membrane potential) 발생, 즉 전기적 활동전위(electrical action potential)가 신경섬유막의 내・외측에 ion 변화에 의하여 생기고 섬유막의 투과성도 증가하게 된다. 그러나 신경의 단순한 전기적 활동적인 활동전위(actin potential)는 신경종말(nerve ending) 이상은 파장되지 않는다. 대신 신경종말의 탈분극(脫分極)은 화학전달물질인 acethylcholine이 신경근육 연접부에 신

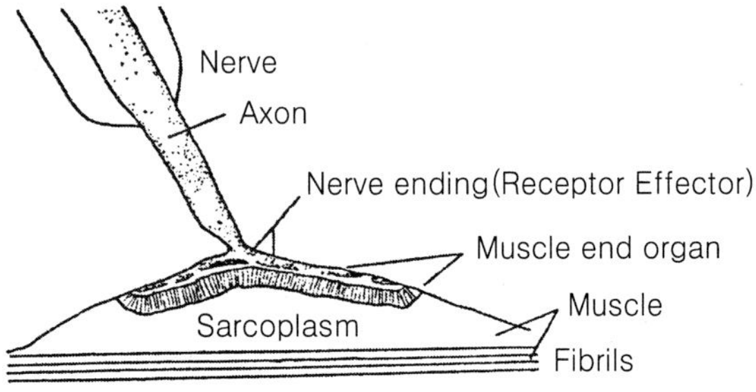

그림 9-5. 신경과 근육의 종판

경섬유의 종말내에 있는 연접낭(連接囊, synaptic vesicles)으로부터 방출함으로써 방출된 acethyl-choline이 신경종말과 근섬유막 사이에 간격을 통과 탈분극파를 근섬유막을 따라 모든 방향으로 약 5 m/sec의 거리까지 전파시킨다.

이어 근섬유를 흥분시켜 수축이 일어나게 된다. 다시 말하면 자극은 축삭돌기 말단에서 유리된 acthylcholine이 근섬유막에 탈분극작용을 일으켜서 근섬유가 잠시 수축하게 된다. 이러한 현상을 신경근전달(神經筋傳達, neuromuscular transmission)이라고 한다.

실무율(悉無率, all-or-none law)은 근섬유가 자극되어 수축할 때 모든 섬유가 수축하는 것을 말하며, 근섬유는 특수한 조건하에서 최대의 능력으로 수축하거나 전연 수축하지 않을 것이다. 이 법칙을 다른 방법으로 설명하면, 근섬유에 미치는 자극이 활동전위를 야기시켜 전 섬유가 수축되거나 혹은 근섬유가 전혀 자극하지 못한다는 설이다.

또한 실무율은 단일 근섬유나 혹은 단일 운동단위(운동신경과 운동신경이 분포되는 모든 근육)에 적용되거나, 전 근육에 적용되지는 않는다. 실무율은 근섬유에 항상 동일한 속도나 동일한 힘으로 수축된다는 것을 의미하지 않고 다만 자극 발생시에 근섬유가 최대로 수축하게 되는 조건에 대하여 언급하는 것이다.

자극이 역치(閾値, threshold) 이상이 되는 한의 크기는 근섬유의 수축의 속도나 힘에는 관계가 없다. 그러나 모든 근육에 대한 자극의 크기는 자극이 크면 클수록 더욱더 운동단위는 수축을 일으키게 된다. 즉, 근육의 수축력이 더 커지기 때문에 수축력에는 직접적인 관계가 있다고 할 수 있다.

근연축(筋攣縮, muscle twitch)은 일개의 운동단위의 단순하고 간단한 반응을 가장 작은 수축을 의미하는 것으로 수축이 시작되기 전에 반드시 전위가 끝난다. 개구리의 비장근(腓腸筋, gastrocnemius muscle)은 21℃에서 근연축은 약 0.1초 지속된다.

근연축을 3기로 나누어 설명할 수 있다.

① 잠복기(latent period) : 자극이 적용되어 반응이 시작되는 기간(약 0.01초)

② 수축기(period of contraction) : 근육이 수축되는 기간(약 0.04초)

③ 이완기(period of relaxation) : 근육이 이완되는 기간(약 0.053초)

수의근 활동에 대한 대부분의 생리적 지식은 근신경 표본에 연결된 기록기구와 전기자극장치를 사용한 실험에 의해서 얻을 수 있다. 격리된 근육으로 구성된 muscle-nerve preparation, 즉 흔히 개구리의 비장근에 한쪽 단은 champ(겸자)에 유착시키고, 다른 쪽은 lever가 이동함에 따라 paper에 기록될 수 있는 장치인 lever에 부착시킨다. 근육에 분포되어 있는 신경(비장근에 대한 좌골신경의 tibial branch)이 노출되어 전기적으로 자극한다. 부중(負重) 시의 변화, 자극의 빈수에 대한 변화, 자극의 강도에 대한 변화 같은 자극에 대한 근육의 반응은 lever에 의해 paper에 기록된 결과의 연구에 의해 분석할 수 있다.

근섬유의 주요한 기능은 수축한다는 것이며, 신장하고 단축되는 것이다. 수축은 다음의 4가지 유형으로 분류할 수 있다.

① 동심성 수축(同心性 收縮, concentric contraction) : 수축의 보통 형태로 수축에 의하여 근육이 뼈나 분절을 움직인다. 예를 들면, 이두박근(biceps brachii)의 수축에 의하여 elbow의 굴곡을 일으킨다.

② 등척성 수축(等尺性 收縮, isometric contraction) : 체(體)의 일부분 혹은 지(肢)가 중력과 같은 동등의 저항에 대해 움직이지 않을 때는 언제든지 자연적으로 나타난다. 고유 위치에서 두부를 상부로 유지하기 위하여 배경근(背頸筋, dorsal neck muscle)이 등척성으로 수축해야 한다. 길이는 같으나 장력은 증가하는 현상이다.

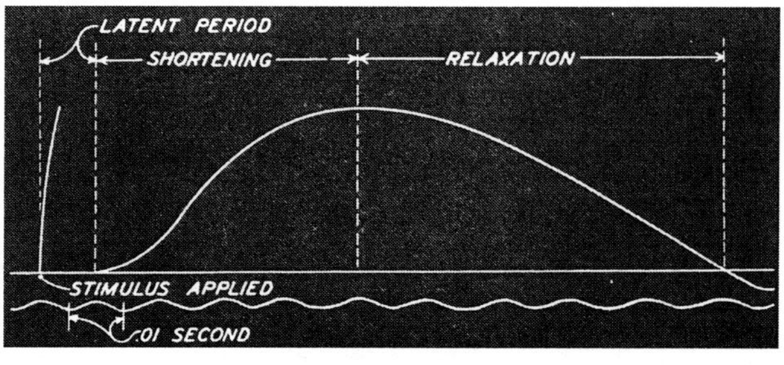

그림 9-6. 개구리 근육의 단일연축

③ 편심성 수축(編心性 收縮, eccentric contraction) : 동물에 있어 머리를 점차 낮추려고 할 때 경부(頸部)의 신전근(伸殿筋) 내에 나타난다. 상반된 근육은 편심성 수축을 일으킨다.

④ 등장성 수축(等張性 收縮, isotonic contraction) : 근육의 길이는 변화가 있으나 장력은 같은 상태의 수축을 말한다. 어느 근육이 주어진 중량을 들어올릴 때 나타나는 현상이다.

8. 근수축에 영향을 미치는 요인

근수축에 영향을 미치는 인자로서,

① 세포간액과 세포내액에 ion 농도가 근육의 종류에 따라 다르므로 근육의 수축시간도 달라지게 된다. 골격근의 수축시간은 0.1초, 심근은 0.15～0.3초, 평활근은 5～120초이며, 온혈동물의 근육은 냉혈동물의 근육보다 수축시간이 빠르다.

② 온도가 높을수록 근육수축 시간이 빠르다. 따라서 근육이 자극을 받아 작용을 일으키기 전까지의 기간을 잠복기(latent period)라고 하는데, 온도가 높으면 잠복기가 단축된다.

③ 자극의 강도를 높이면 수축도도 높아지지만 어느 한계 이상의 강도를 넘으면 수축도는 높아지지 않는다. 또한 어느 수준 이하의 자극을 가하면(역치하자극) 수축이 일어나지 않는다. 이러한 현상을 역치하자극(閾値下刺戟, subthreshold stimulus)이라고 한다. 차차로 자극의 강도를 높여 가면 비로소 수축이 일어날 때가 있는데, 이 자극을 역치자극(閾値刺戟, threshold stimulus)이라고 한다.

④ 계단효과(treppe, staircase effect)

수초 간격으로 계속적인 자극을 가하면 근섬유의 수축력이 반복하여 증가하는 것을 말하며, 수축력은 약 30회 수축하는 데에 계속해서 증가되고, 이러한 효과는 근섬유에 Ca^{2+} ion의 농도가 증가되어 근원섬유의 활동이 증가하기 때문이다.

⑤ 가중효과(summation)

계단현상은 별개로 하고, 각각의 근육은 여러 수준의 힘으로 수축하는 능력을 가지고 있다. 이것은 2가지 방법으로 수축을 가중한 결과이다.

㉠ 다중운동 단위가중(multiple motor unit summation) : 많은 운동단위가 육안근육(gross muscle) 내에서 동시에 수축하도록 자극을 받았을 때 일어난다. 그러

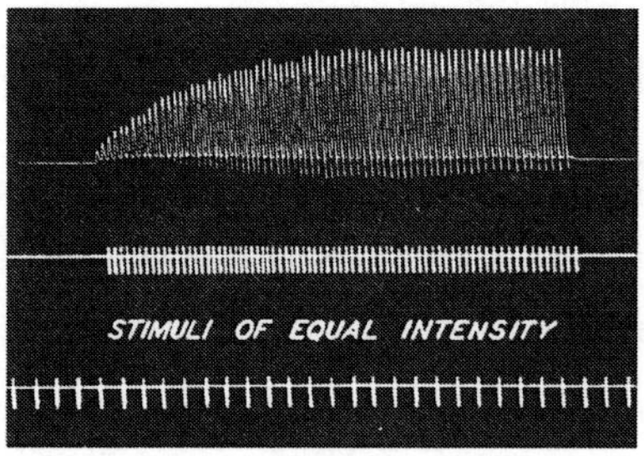

그림 9-7. 계단현상

므로 많은 근섬유와 근속(筋束)이 수축할수록 전체 근육에서 큰 힘이 발생한다.

㉡ 파동가중(wave summation) : 자극의 빈도가 하나의 운동단위 혹은 여러 가지 운동단위까지 증가될 때 일어난다. 즉, 두 번째 수축이 시작되기까지 첫 번째 수축이 끝나지 않는 자극의 빈도를 말한다. 그것은 부가적이며 수축력을 증가시킨다. 일반적으로 정상적인 근육의 기능에서 2가지 형태의 가중현상은 동시에 일어난다.

⑥ 강축(强縮, tetanus)

자극의 빈도(파동가중)가 너무 빨라서 더 이상 빈도의 증가가 수축의 장력을 증가시키지 않게 될 때 근육은 발생할 수 있는 최대의 힘에 도달하게 된다. 이것은 강축증(强縮症), 강축 또는 강축유발상태라고 하며, 이들 용어는 근육의 연속적인 긴장경축(緊張痙縮, tonic spasm) 또는 수축의 정상상태(steady state)라 정의된다. 그러나 ciostridium tetani의 독소에 의하여 일어나는 병은 저작근(咀嚼筋, masseter muscle)의 경련이 일어나고 계속하여 다른 근육의 경련이 일어나는데, 이것을 특히 파상풍(tetanus)이라고 한다.

강축은 또한 부갑상선기능부족증(hypoparathyroidism), 비타민 D 결핍증, 저인산혈증(hypophosphatemia) 그리고 칼슘결핍증(hypocalcemia) 등과 같은 상태에 의해서도 일어난다.

⑦ 근육피로(muscle fatigue)

피로는 일 자체에 의하여 일어나는 일 능력의 저하이며, 더 구체적으로 말하면 근육장력이나 수축이 유지될 수 있는 시간의 길이는 수축단백질 filament에 칼슘 ion과 ATP 형태로 에너지를 공급할 수 있는 능력에 의존한다. 이용되는 총 ATP공급이 감소함에 따라 수축은 감소하고 근육은 점점 약해진다. 오랜 자극이 있은 후에 오는 이러한 수축력의 감소를 근육피로(筋肉疲勞)라고 한다.

피로는 강축을 위시해서 지속된 자극의 빈도 또는 어떤 조건의 수축에 의해서 일어날 수 있다. 근육피로는 또한 운동종말판 탈분극(脫分極)의 변화와 근섬유 근형질막의 활동전위 전파능력의 변화를 수반한다. 피로한 근섬유에서는 잠복기와 이완기가 매우 길어지며, 근 신경 연결부에서의 acetylcholine의 유리가 적게 된다.

그래서 활동전위를 시작하기에 충분한 운동종말판의 탈분극이 매우 어렵게 되고, 피로해진 근원섬유에 ATP와 creatine에 의하여 에너지를 충당하기만 하면 근육에 대한 신경의 자극, 근신경 연결부와 근육의 활동전위는 피로함이 계속된다.

⑧ 강직과 사후강직(rigor, rigor mortis)

만일 ATP의 대부분이 근육 내에서 고갈되면 더 이상 칼슘을 근형질망 내로 칼슘펌프가 기능을 할 수 없게 되며, 이완이 일어날 수 없게 된다. 왜냐하면 actin과 myosin filament가 계속적인 수축상태로 결합되어 있기 때문이다. 이것은 강직 또는 생리적 수축(physiological contraction)이라고 부르는 극단적인 피로상태이다.

이 상태는 칼슘이 축포체(軸胞體, longitudinal tubules)로 되돌아오게 격리시킬 수 있도록 충분한 ATP가 생성될 때까지 지속된다. 수축은 낮은 농도의 ATP에서 일어남에 비하여 이완은 높은 농도의 ATP가 필요하다.

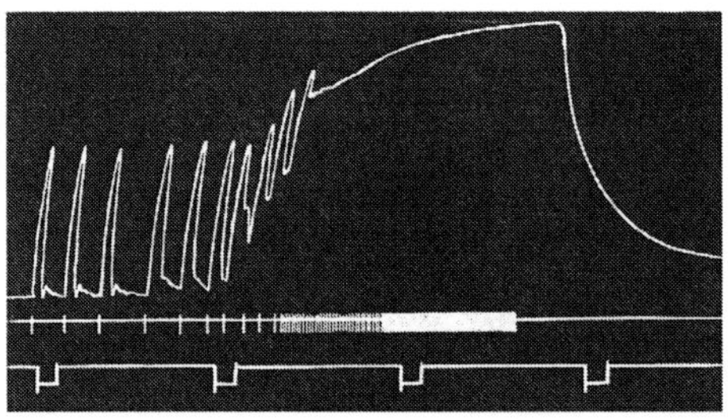

그림 9-8. 근육의 강직

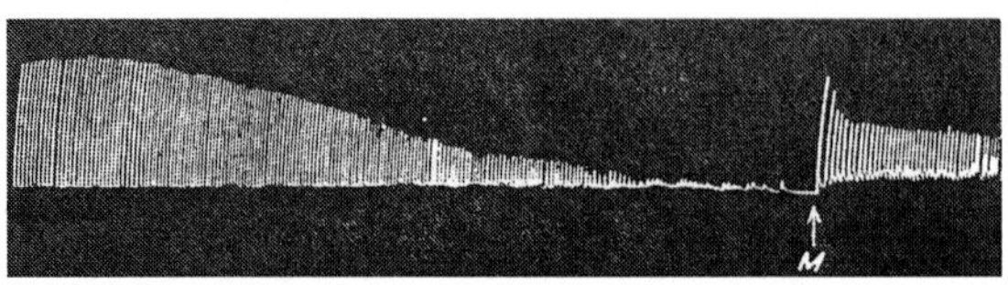

그림 9-9. 근육의 수축(피로)

사후강직은 사후 수시간에 일어나는 것 이외에 본질적으로 강직과 같은 것이다. ATP가 더 이상 이용될 수 없고, 칼슘은 근형질망으로부터 점차적으로 유리된다. 칼슘을 격리되고 연결가교를 분리하는 ATP가 없고 칼슘 존재하에 filament가 서로 잡아 끌어당기기 때문에 전체의 근육이 점진적으로 굳어지고 뻗뻗해진다. 이 강직은 세포가 자가소화나 단백질 분해에 의하여 근육을 이완상태로 분해될 때까지 계속된다.

⑨ 근육긴장(muscle tone)

휴지기에 모든 근육에 나타나는 약간의 긴장을 표현하는 것이다. 이러한 긴장은 척수로부터 근육까지 대단히 낮은 빈도의 자극이 연속적으로 통과하기 때문이다. 긴장은 근육을 수축-장력 자극을 받아들이는 상태로 유지하고 마비상태에서 나타나는 바와 같은 맥없는 상태(hanging flacid)로부터 근육을 보호한다.

제 10 장

혈액과 체액

바다에서 살고 있는 단세포 생물체는 생명을 유지하기 위하여 먹이, 노폐물의 처리와 비교적 일정한 조건을 만들어 주는 외적환경을 형성하고 있다. 생물체가 복잡하여짐에 따라서 각 세포가 적당한 환경을 만들어 주는 문제는 더욱 시급한 문제로 되었다. 고등동물은 모든 세포에 대하여 비교적 일정한 환경을 유지하는 수단으로서 세포에서 유래되어 나오는 혈액과 체액의 순환이 발달되었다.

혈액은 혈장내에 부유되어 있는 세포들로 구성되어 있다. 그러나 대부분의 혈액세포는 혈관내에 존재하고 있으나, 백혈구들은 감염의 경우에 혈관벽을 통해서 감염부위로 이주해 간다.

혈액의 기능은 다음과 같다.

① 혈액은 소화기관에 의해 분해된 영양소를 체조직으로 운반한다.

② 혈액은 폐에서 조직으로 산소를 운반한다.

③ 혈액은 조직으로부터 폐로 탄산가스를 운반한다.

④ 혈액은 여러 조직에서 나오는 노폐물을 배설하기 위하여 신장으로 운반한다.

⑤ 혈액은 내분비선에서 분비되는 hormones를 표적기관으로 운반한다.

⑥ 혈액은 열을 심부 조직으로부터 체표로 운반하여 체온조절 역할을 한다.

⑦ 수분평형이 혈액에 의해서 부분적으로 유지된다.

⑧ 혈액내에 있는 중탄산염과 같은 buffers(완충제)는 조직이나 체액의 pH를 일정하게 유지하는 것을 돕는다.

⑨ 혈액은 응고하여 상처로 인한 과대한 혈액의 상실을 막는다.

⑩ 혈액은 질병에 대항하고 신체의 방어에 대한 중요한 인자(factors)를 가지고 있다.

1. 혈액의 유형 성분

혈액의 유형 성분은 적혈구, 백혈구 및 혈소판이 포함되며, 적혈구와 혈소판은 핵이 없기 때문에 전형적인 세포라고는 볼 수 없다.

1) 적혈구

적혈구(red blood cells, erythrocytes)는 직경이 평균 7.5 μ 이며, O_2를 운반하도록 분화되어 있다. 백혈구는 양쪽이 오목한 원판상이며, 둥근 변연은 두께가 1.5 μ 이고, 중앙은 얇은 양쪽이 함몰되어 있는 원판상을 이루고 있어서 세포막을 통하여 산소의 교환에 비교적 넓은 표면적이 되고 있다. 적혈구에는 혈색소(hemoglobin)가 존재하여 산소를 운반하는 능력이 있으며, 적혈구는 적색을 나타내게 된다.

혈색소는 철(Fe)의 분자를 가지고 있는 붉은 porphyrin 색소(hemes)와 구상단백질(globular protein)인 globin의 복합 유기화합물이다. 혈색소는 폐기(肺氣)에서 O_2와 결합하여 산화혈색소(oxyhemoglobin)로 되며, 신체의 조직세포로 산소를 쉽게 분리한다. 혈액은 혈색소가 존재하기 때문에 동일한 조건하에서 동일한 양의 수분만큼보다 많은 약 60배의 산소를 운반할 수 있다.

폐에서 O_2는 Hb의 철과 약하게 결합되는데, 이 산물은 산화혈색소(oxyhemoglobin, HbO_2)이며, 이 과정을 산소포화(oxydation)라고는 할 수 없다. 결합된 산소는 기존 철분의 양과 비례한다. 즉, 두 원자의 산소는 한 원자의 혈분과 결합된다. 1g의 Hb는 약 1.34 ml의 산소를 운반한다. 혈액은 산소가 부족한 조직에 도달하면 엉성하게 산소가 결합된 산화혈색소는 쉽사리 분리된다. 철분은 사료가 위를 떠난 후 십이지장 점막의 상피에 의해서 분해된 영양소로부터 흡수되어진다. 이 점막세포로부터 철분은

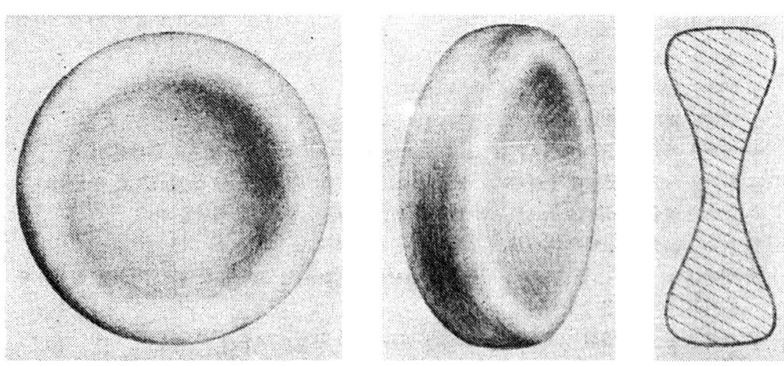

(A) 위에서 본 모양 (B) 비스듬히 본 모양 (C) 횡단면

그림 10-1. 적혈구

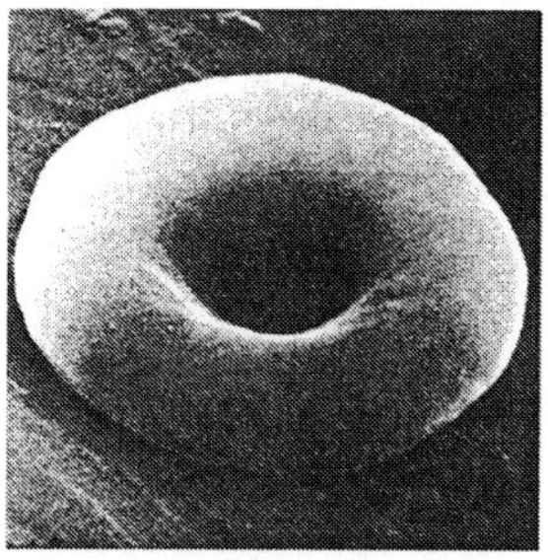

그림 10-2. 적혈구의 전자현미경 소견(×9800)

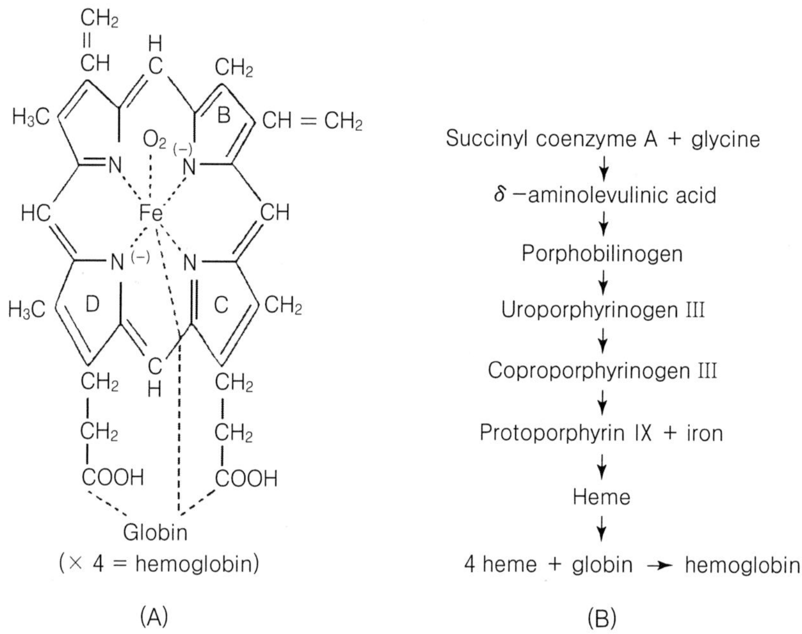

그림 10-3. (A) 혈색소의 구조, (B) 혈색소의 형성

모세혈관으로 들어가 β-globulin transferrin과 결합되어 철분을 운반한다. 대부분의 철분은 적혈구 형성을 위한 heme 분자의 일부분으로 되어 골수내로 운반된다.

소량은 근육의 근색소 형성에 이용되어진다. 근조직 세포내에서 apoferritin과 결합된 약 15%는 ferritin을 형성하고, 이 중 일부는 간장과 비장에서 일시적으로 저장된다. 일부분의 철분은 분변·뇨·땀을 통해서 소실된다. 암컷동물에서는 임신중 태아 발육, 신생아 양육, 사람에 있어 여자의 menstruation 동안에 많은 철분을 필요로 한다. 메트헤모글로빈(methemoglobin)은 철분의 상태가 ferrous(Fe^{++})보다 오히려 ferric(Fe^{+++})상태이기 때문에 oxygen을 운반할 수 없는 혈색소의 사실상의 산화산물이라 할 수 있다.

질산염(nitrate)이나 염소산염(chlorate)과 같은 화학물질은 메트헤모글로빈 빈혈증(methemoglobinemia)을 일으킨다. 질산염중독(nitrate poisoning)은 식물이 아주 비옥하게 성장한 지역에서 방목하게 된 소에서 보고된 일이 있고, 이 경우에 있어 식물에 함유되어 있는 질산염은 제1위에서 아질산염(nitrates)으로 전환되어 혈액으로 흡수되게 될 때 methemoglobin이 형성되게 되며, 염소산염은 제초제로 이용되는데 가축이 섭식하게 되기도 한다.

일산화탄소 혈색소(carboxyhemoglobin)는 일산화탄소(carbon monoxide)가 Hb와 결합할 때 형성되는 화합물(CO + Hb → COHb)이며, CO에 대한 친화성은 O_2에 대한 Hb의 친화성 보다도 약 210배나 크다. Carboxyhemoglobin은 산소를 운반할 수 없으며, 혈액은 전형적인 진붉은색을 나타내면서 질식사하게 된다.

Cyamide poisoning은 청산중독(prussic acid poisoning)이라고도 하며, 조직에서 산소의 이용, 즉 내호흡을 방해하여 질식(asphysia, suffocation)을 일으키며, 청산중독의 경우 산소의 운반능력을 상실하게 된다.

시안화물중독은 소가 발육되지 않거나, 서리를 맞은 사탕수수(곡물)를 채식할 때 발생된다. Methylene blue는 혈중에서 methemoglobin을 형성하기 때문에 cyanide에 반응하여 cyanmethemoglobin을 형성하고, 체에 의해 서서히 분해되고 해독이 되어 비교적 불활성의 화합물로 된다. 성장동물에 있어서 적혈구의 형성은 적골수(赤骨髓)에서 정상적으로 되고, 과립백혈구로 만들어진다. 그러나 태아에 있어서 적혈구는 간, 비(脾) 및 림프절(lymph nodes)에서 생성된다. 포유동물의 성숙 적혈구는 핵이 없지만 미숙한 적혈구인 적아세포(赤芽細胞, erythroblasts)는 핵이 존재한다. 조류에 있어서 적혈구의 핵은 살아있는 동안 계속 존재한다.

적혈구의 파괴는 혈액순환에 참여한 후 3~4개월 후에 나타난다. 적혈구가 파괴된 후에 혈중으로 Hb가 방출되고, 파괴된 세포조각편은 대식세포(macrophage)에 의해 순환으로부터 제거된다. 망상내피계는 간·비(脾)·골수·림프선 내에 특수세포로 구성되어 있다. 이들 대식세포가 세포조각편을 탐식하면 이 조각편은 소화되어 혈액내로 방출된다. Hb의 globin potein fraction은 amino acid으로 분해된다.

철분은 globin transferrin에 의해 부착되어지고 다음 골수에 저장되었다가 재이용되고, ferritin으로서 간에서 결합하여 앞으로 조혈에 재이용되고, 근육에서 myosin을 형성하거나 혹은 hemosiderin으로서 조직세포에 저장된다. 단백질과 철(Fe)이 Hb에서 떨어져 나간 후 푸른 색소인 biliverdin이 남게 된다. 이 biliverdin은 bilirubin으로 환원되어 혈액 albumin에 의해 간장으로 운반된다. 이 곳에서 bilirubin은 변화하여 담즙으로서 담낭을 통과하여 결국은 장내로 유출하여 bilinogen으로 환원된다. 이들

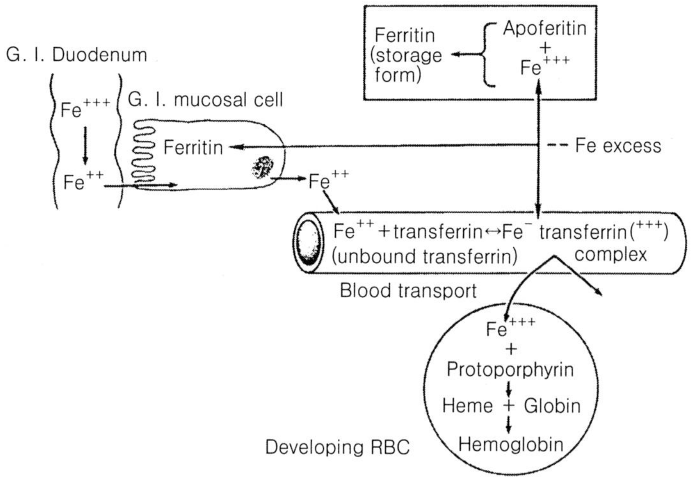

그림 10-4. 철분흡수와 분포

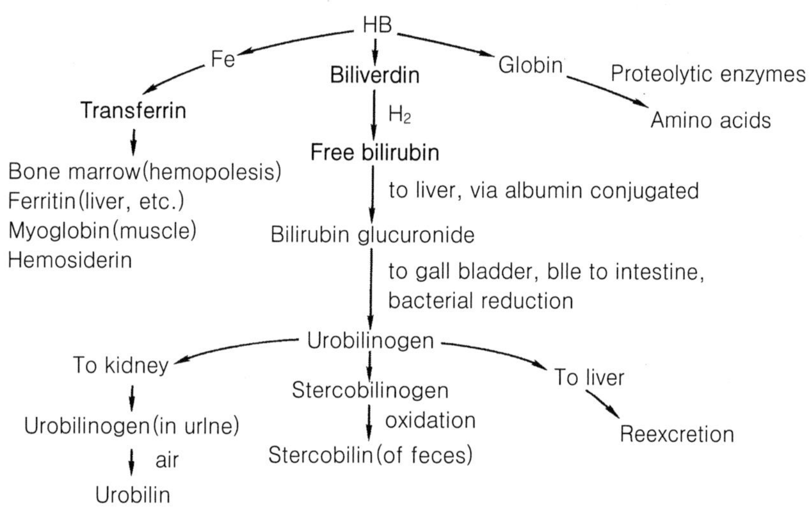

그림 10-5. 혈색소의 분해

색소는 분내로 유출(분변이 갈색을 띰)되거나 urobilinogen으로서 오줌으로 배설되기도 한다. 환원은 장내에 있는 미생물에 의해 이루어진다. 만일 간 내지 장에 이르는 곳에 병리적 조건의 결과로서 과량의 bilirubin이 맥관계에 축척하면 구강과 눈 같은 곳에 가시점막이 황색소가 침착되는데, 이러한 상태를 황달(jaundice 혹은 icterus)이라고 한다.

황달은 간의 손상, 담관의 폐쇄, 적혈구를 파괴시키는 혈액병에 의하여 발생되며,

간이 손상되거나 담관에 폐쇄되는 경우에는 담즙색소(bile pigment)는 장관으로 배설되지 않고 순환계로 흡수되어 가시점막에 나타난다. Anaplasmosis와 같은 혈액 기생충성의 질병에서처럼 혈액 파괴가 심할 때 담즙색소는 간에서 이용되고 배설할 수 있는 것보다 더 빨리 혈중으로 유리되어 황달이 온다. 용혈(hemolysis)은 적혈구가 파괴되어 Hb가 혈장으로 빠져 나오는 것이며, 용혈은 세균독소, 뱀의 독소, 혈액기생충, 저장용액(低張溶液) 및 여러 가지 화학물질에 의하여 야기된다. 혈장내에 연유되어 나온 혈색소는 적색을 띠는데 이 상태를 혈색소혈증(hemoglobinemia)이라고 하며, 혈색소가 뇨중으로 배설되면 이 상태를 혈색소뇨증(hemoglobinuria, red water)이라고 한다.

표 10-1. 순환계에 있어서 정상치

	말	소	양	돼지	개
침전율(mm/분)	2～12/10 15～30/20	0/30 0/60	0/30 0/60	0～6/30 1～14/60	1～6/30 5～25/60
적혈구 수(백만/cu.mm.)	7	7	11	7	7
적혈구 직경(μ)	5.6	5.6	5.0	6.2	7.3
혈색소(g/100 mℓ)	12.5	12	11	12	13.5
해마토크릿트-적혈구(%)	42	40	32	42	45
백혈구(천/cu.mm.)	9	9	8	15	12
백혈구의 백분율(%)					
중성호성 백혈구	55	30	40	40	60
호산성 백혈구	4	5	4	2	5
염기호성 백혈구	1	1	1	1	1
단핵구	10	5	6	8	8
림프구	30	60	50	50	25
혈액 pH (평균범위)	7.4 (7.35～7.43)	7.3 (7.20～7.55)	–	7.4	7.5 (7.32～7.68)
응고시간(시간)	11.5	6.5	2.5	3.5	2.5
비중(분당)(평균범위)	1.060	1.043	1.042	1.060	1.059
심박율	32～44	60～70	70～80	60～80	70～120
혈압(mm.-Hg)(수축기/이완기)	80/50	134/88	114/68	169/108	148/100
경동맥 압-평균(범위) (mm.-Hg)	169 (159～194)	125～166	114 (90～140)	169 (144～185)	155 (120～176)
혈액량 - 체중(%)	9.7	7.7	8.0	–	7.2

혈구응집(hemagglutination)은 혈액내의 적혈구응집을 말하며, 한 동물의 세포를 다른 동물종의 혈액내로 주입하게 될 때 응집이 일어날 수 있다. 사람에 있어서는 혈액형이 다른 혈액을 수혈하였을 때 응집이 일어날 수 있다. 말에 있어서 다수의 혈액형이 있기 때문에 수혈전 혈액형 검사를 하여야 하며, 소나 개에 있어서도 같은 종의 다른 개체간의 수혈시에는 다소 어려움이 있다.

침전율(sedimentation rate)은 구연산(citric acid)을 가한 혈액에서 주어진 시간 동안, 즉 30분이나 1시간 동안 적혈구가 침전되는 시간을 측정하는 것이며, 표준 hematocrit tubes에 혈액을 채우고 수직으로 세워서 특수한 간격으로 되어 있는 mm로서 침전된 양을 측정한다. 침전율은 급성 전신성 질환, 악성종양 및 임신의 경우 증가되며, 침전율과 기타 혈액치에 대해서는 표 10-1에 나타나 있다.

표 10-2. 가축의 혈액세포가

동물	적혈구			백혈구					
	총수※	크기	총수※	중성호성 백혈구 (%)	림프구 (%)	단핵구 (%)	호산성 백혈구 (%)	염기호성 백혈구 (%)	Myeloid : Erythorid 비 율
개	7.0	7.0	12.6	70	20	5.2	4.0	0	1.5:1.0
(범위)	5.5~8.5	6.7~7.2	6.0~17.0	60~77	12~30	3.10	2~10	0	
고양이	7.9	5.9	16.0	59	32	3.0	5.5	0	1.6:1.0
(범위)	5.0~10.0	5.5~6.3	5.5~19.5	35~75	20~55	1~4	2~12	0	
소	6.3	5.5	7.9	28	58	4.0	9.0	0.5	1.71:1.0
(범위)	5.0~10.0	4.5~8.0	4.0~12.0	15~45	45~75	2~7	2~20	0~2	
양	9.5	4.5	7.4	30	62	2.5	5.0	0.5	1.1:1.0
(범위)	8.0~10.0	2.5~3.9	4.0~12.0	10~50	0~75	0~6	0~10	0~3	
산양	14.0	4.1	8.9	36	56	2.5	5.0	0.5	1.2:1.0
(범위)	8.0~10.0	2.5~3.9	4.0~13.0	30~48	50~70	0~4	1~8	0~1	
말++	9.5	5.3	5.5~12.5	49	44	4.0	4.0	0.5	1.6:1.0
(범위)	6.0~10.0	3.8~7.0	9.0	30~65	25~70	0.5~7.0	0~11	0~3.0	
말§	7.5	5.6	6.0~12.0	54	35	5.0	5.0	0.5	1.6: 1.0
(범위)	5.0~10.0	4.0~8.0	8.5	30~75	15~30	2~10	2~12	0~3.0	
돼지	7.4	6.0	17.1	37	53	5.0	3.5	0.5	1.77:1.0
(범위)	5.0~10.0	4.0~8.0	11.0~22.0	28~47	39~62	2~10	0.5	0~2	

※ Millions per cubic millimeter of blood + Thousands per cubic millimeter of blood

++ Hot-blooded § Cold-blooded

The figures in this represent ranges calculated from values gathered from many sources.

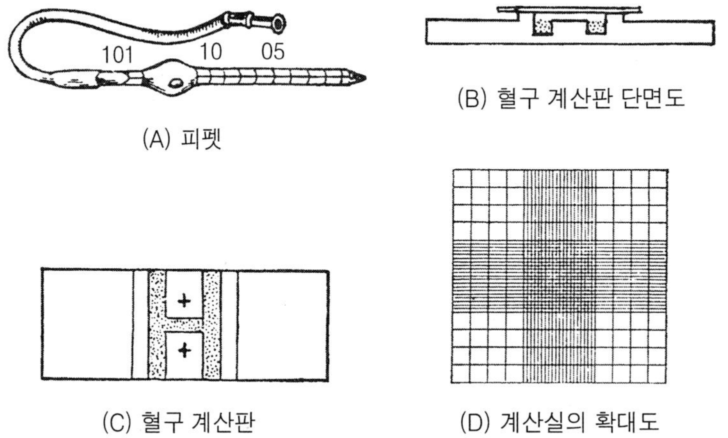

그림 10-6. 혈구 계산장치

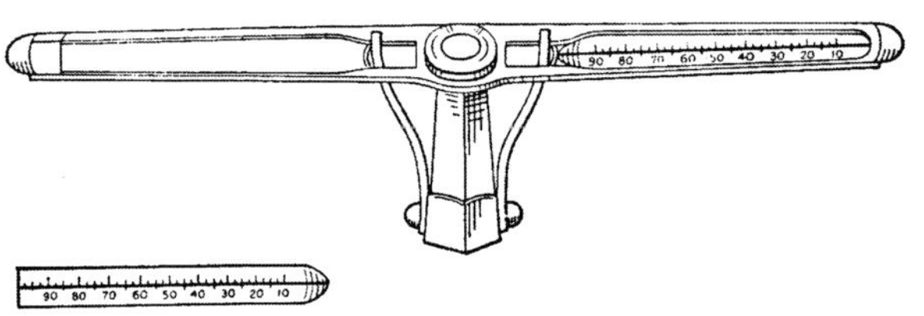

그림 10-7. 혈구용적 측정장치

혈액계산은 주어진 시간에 주어진 동물의 순환혈액내에 세포의 수와 형태를 추정하는데 유용한 실험방법이다. 세포의 총수는 전 혈액 매평방 mm당 세포의 수로서 표시된다. 적혈구 계산과 백혈구 계산은 기구와 기법에 있어서 다소 차이가 있다. 대부분의 가축에 있어서 혈액 매평방 mm당 약 7배만 개의 적혈구를 지니고 있다.

빈혈(anemia)은 기능상의 적혈구의 수나 Hb의 양이 정상보다 감소되므로서 나타난다. 빈혈은 사료내에 철, 동, 비타민 또는 아미노산 등과 같은 영양소가 부족하여 조혈이 잘 이루어지지 않기 때문에 생기며, 또는 상처에 의한 실혈, 위충이나 이(lice)와 같은 기생충에 의해서도 빈혈을 일으킨다. 또한 위에서 내인자(intrinsic factor), 즉 비타민 B_{12}를 흡수하게 하는 인자(因子)의 분비가 결핍되어서도 일어나며, 용혈현상이 조혈현상보다 빨리 일어날 때도 일어난다. 적혈구가 정상적으로 성숙되지 않을 때도 생긴다. Hb농도는 혈액 100 ml당 g로서 측정되는데, Hb의 농도는 면양은 약 11, 개 13.5, 소·돼지 12, 말 12.5이다.

Hematocrit치(hematorit value, packed cell volume)는 적혈구에 의하여 구성된 전 혈액의 %를 의미하며, 헤마토크리트(hematocrit) 값은 hematocrit tube 내에 혈액을 응고되지 않게 충진시킨 후 세포들이 tube의 하단에 침전될 때까지 원심기에 가동시키면 적혈구가 침전되는데 이들이 hematocrit 값이다. 동물별로 보면, 양 32, 개 45, 소 40, 말・돼지 42이다. 혈액농축(hemoconcentretion)은 빈혈의 반대현상이며, 적혈구와 액체의 율이 정상 이상되는 것을 의미한다. 이것은 적혈구의 수가 과대하게 높거나 hematocrit값이 높은 것을 의미하며, 체내에 적혈구의 총수가 증가하였거나 액체가 감소되었다는 것이다(다혈구혈증, polycythemia).

수분의 섭취가 낮거나 수분이 상실되어도 탈수가 되어 혈액농축이 일어나며, 질병으로 인하여 체온이 상승하거나 구토나 설사를 하게 되어 장시간 지속되면 탈수하게 된다. 탈수를 교정하기 위하여 생리적 식염수나 glucose 용액의 형태로서 비경구적(피하・근육・복강주사)으로 수분을 공급하여 주는 것이 필요하다.

2) 혈소판

혈소판(blood platelets, thrombocytes)은 골수에서 형성되는 큰세포, 즉 거대핵세포(megakaryocytes)의 조각편(fragments)이며, 크기가 2～4 μ 정도이다. 혈소판(또는 혈전세포)은 형질막에 의해서 둘러싸여져 있고, 미세관(microtubules), lysosomes(분해효소), 사립체, Golgi vesicles 등을 지니고 있으나 핵은 지니고 있지 않다.

혈소판(혈전세포)은 혈액 매평방 mm당 350,000～500,000개를 지니고 있다. 혈액응고시 중요한 역할을 한다. 혈전세포의 모양은 도말표본시에 나타나는 경우와 순환중에 나타나는 모양과는 다르며, 순환시의 모양은 난원판상(卵圓板狀, oval discs)이고, 도말시에는 윤판상(輪板狀), 성상(星狀)의 파편이거나 불규칙한 모양의 덩어리로 보인다.

혈소판의 기능은 주로 혈관 파열시 혈액응고를 일으켜 혈액이 상실되는 것을 감소시켜 주며, 혈관벽이나 상처부위에 혈소판은 응혈전(hemostatic plug)을 만들어 혈관을 폐쇄, 더 이상의 실혈을 없게 하는 역할이 있다. 혈소판에서 방출되는 물질은 응괴(clot)의 형성을 촉진하여서 응괴가 더 단단하게 되도록 수축하며, 파열된 혈관을 국소적으로 수축시키는데, 이 마지막 작용은 혈소판에서 운반되어진 serotonin이라고 하는 물질에 의해서 이루어진다.

3) 백혈구

백혈구(white blood cells 또는 leukocytes)는 적혈구와는 달리 세포내에 핵을 지니고 있고, 독립적인 운동을 할 수 있는 능력을 지니고 있다.

백혈구는 다음과 같이 분류할 수 있다.

※ 과립성 백혈구(granulocytes)

① 중성호성 백혈구(neutrophils)
② 산호성 백혈구(eosinophils)
③ 혐기호성 백혈구(basophils)

※ 무과립성 백혈구(agranulocytes)

① 단핵구(monocytes)
② 림프구(lymphocytes)

백혈구의 수명(life span)은 매우 차이가 있어 과립백혈구는 수시간 동안 단핵구는 수개월, 그리고 림프구는 B-림프구의 경우 평균 3~4일, T-림프구는 1~3년간 생존한다. 대부분의 백혈구는 혈류 자체 내에서는 기능을 하지 않지만 백혈구를 필요로 하는 곳에 운반되어질 때만이 기능을 한다.

(1) 과립성 백혈구

이름이 함축하듯이 Wright's stain과 같은 보통 혈액염색법으로 염색을 하면 세포질 내에 과립을 지니고 있다. 이들 염색액은 산성색소(acid dye)의 경우 붉게 염색되는 eosin과 청색으로 염색되는 염기성 색소(basic dye)인 methylene blue가 이용되고 있다. 과립성 백혈구는 염색되어지는 과립의 색에 따라서 명명되며, 과립성 백혈구의 핵은 모양과 형태가 다양하여 다형핵 백혈구[polymorphonuclear leukocytes(Gr. polymany ; morphoform)]라고 부르며, 다형핵 백혈구의 용어는 중호성 백혈구에 대하여 사용되고 있다. 정상적인 성축에 있어서 과립성 백혈구는 적골수(赤骨髓)에서 형성된다.

가) 중호성 백혈구

중호성 백혈구(neutrophils)는 균일하게 염색되는 과립을 지니고 있으며, 현저히 붉거나 푸르지도 않는 중간 색상의 특성을 가지고 있다. 본 백혈구는 감염에 대하여 제1방어선의 구축을 하기 위하여 혈관벽을 통과하여 세균이 침입된 곳으로 이행하여 세균을 탐식, 파괴시키는 능력을 지니고 있다. 이러한 과정에서 많은 중호성 백혈구는 그 부위에 있는 죽은 조직(괴사조직)을 분해시키기도 하여 결과적으로 반유동성의 농(膿, pus)을 형성한다. 농이 국소적의 축적된 상태를 농양(abscess)이라 한다.

소에 있어서 방사선균증(actinomycosis)이나, 말에 있어서 distemper에 걸리게 되면 하악림프절에 농양이 형성된다. 급성전염병이 일어나면 혈액내에 중호성 백혈구의 수가 급격히 증가되며, 이렇게 증가된 백혈구를 계산하는 것은 감염증 진단에 매우 유용하다.

중호성 백혈구는 모든 백혈구 중에서 가장 많은 수를 차지한다. 이들 백혈구는 모세혈관과 작은 혈관 내부의 변연을 따라 퍼져 있는데 이러한 현상을 변연추향(邊緣趨向, margination)이라 한다. 조직의 외상, 독소, 출혈, 국소의 빈혈, 열이나 방사능에 의한 상처, 세균, 바이러스 또는 기생충의 침입이 있을 때 백혈구는 위족운동(僞足運動, diapedesis)이나 아메바(ameba) 운동으로 해당부위로 이동해간다. 호중구는 그러한 곳의 손상된 세포에서 유리된 특수한 화학물질에 대하여 추화성(趨化性, chemotaxis)을 나타내어 세균이나 이물질들을 둘러싸서 식균하여 소화시키는 작용을 한다.

호중구는 감염초기에 발열물질인 pyrogens을 생산하여 이물질이 뇌의 체온조절 중추에 작용하여 체온을 상승하게 한다. 체온의 상승은 백혈구의 감염에 대한 싸움을 돕고 세균과 바이러스의 증식을 늦추는 역할을 한다. 가금의 혈액에는 이 호중구에 해당되는 백혈구를 이형 백혈구(heterophil)라 한다. 이 세포내에 과립은 붉은색의 간상 또는 방추상을 이룬다.

나) 산호성 백혈구

산호성 백혈구(eosinophils, acidophils)의 세포질 내에는 적염과립(赤染顆粒)을 지니고 있다. 혈류 내에서는 그다지 많은 수의 호산구가 존재하지 않는다. 이 백혈구는 기생충 감염과 같은 만성 감염증시에 그 수가 증가한다. 호산구는 아메바운동과 때로는 식균작용도 한다. 호산구의 주기능은 폐나 위장관을 통해서 체내로 들어온 이종단백질이나 혹은 세균이나 기생충에 의해서 형성된 toxin 등에 대해 해독능력을 지니고 있다. Allergic reaction시 호산구의 수가 증가한다.

다) 염기호성 백혈구

염기호성 백혈구(basophil)는 세포질내에 청색으로 염색되는 과립을 가지고 있으며, 정상 혈액에서는 아주 드물게 볼 수 있는 백혈구이다. 식작용은 거의 못하나 경우에 따라서는 식작용을 하기도 한다고 알려져 있다. 이 백혈구에는 heparin(항응고제)을 지니고 있어 첨증(尖症)부위 heparin을 방출하여 혈액의 응고나 혈액과 림프의 흐름이 정지되는 것을 막는 역할을 한다. 이 백혈구는 염증(炎症)과 관련되어 염증의 시작이나 조절에 있어 염기호성 백혈구와 산호성 백혈구 간에 미묘한 균형을 이룬다.

염기호성 백혈구는 다소의 histamins을 지니고 있는 비만세포(mast cells)의 전단계 세포이기도 하다. 비만세포와 염기호성 백혈구는 다같이 histamine, bradykinin, serotonin을 방출하기도 한다. 이 방출물질들은 침입된 항원과의 싸움에서 염증변화를 일으키고 증진시키는 것을 돕기도 한다.

(2) 무과립성 백혈구

무과립성 백혈구[agranulocytes(Gr. a-without)]는 세포질내에 과립이 드물게 나타나며, 이러한 세포에는 단핵구와 림프구가 포함된다.

가) 단핵구

단핵구(monocytes)는 가장 큰 백혈구로서 호중구처럼 식작용이 있어 세균과 같은 이물질을 탐식할 수 있는 능력을 가지고 있다. 그러나 호중성 백혈구는 급성감염시에 주로 작용을 일으키는 반면, 단핵구는 결핵과 같은 만성첨증시에 주로 참여하는 백혈구이다. 단핵구는 혈액으로부터 조직내로 이주해가서 보다 큰 식균세포로 발육되어 대식세포(macrophages)로 된다. 이러한 세포들은 비장과 골수중의 망상내피계의 세포에서 만들어지고, 정상혈액 중에는 소수만이 존재한다.

나) 림프구

림프구(lymphocytes)는 크기와 형태가 다양하고, 적은 양의 세포질에 의해서 둘러싸인 비교적 큰 핵을 지니고 있다. 림프구의 주요 기능은 antigen(foreign substances)이 침입되면 혈중에 antibody를 형성하거나 혹은 세포면역을 주로 하는 역할을 한다. 전 백혈구는 적혈구와 비슷한 방법으로 계산하는데, 적혈구처럼 수가 많지 않기 때문에 백혈구 계산을 위한 경우에는 적혈구 희석의 경우처럼 묽게 희석시키지 않는다는 차이점이다.

정상적인 경우, 백혈구의 수는 1 mm^3 속에 양 8,000, 돼지 15,000, 말·소 9,000, 개 12,000개가 있다. 감별계산은 혈액표본에서 각 형의 백혈구의 %를 알 수 있고, 만일 어떤 특수 종에 있어서 백혈구 총수가 정상 이상으로 많이 나타난다면 이 원인을 구명하는데 중요한 계기가 되는 것이다. 백혈구의 감별계산시에는 혈액을 slide glass 상에 얇게 도말한 후 건조, 고정을 한 후 Wright's stain과 같은 염색방법에 의해서 염색한다. 염색된 slide 표본을 검경하여 백혈구별로 100분율을 산정한다. 각 형의 백혈구의 정상 %는 표 10-1에 나타나 있다.

백혈구의 수가 증가되었으면 감염증이 있다는 것을 암시할 수 있다. 그러나 백혈구를 형성하는 조직의 암(cancer)이 발생하였을 경우에는 이상적인 백혈구 수의 증가가 있는데, 이러한 형의 암을 백혈병(leukemia)이라고 부른다.

2. 조 혈

조혈(hemopoiesis)은 적혈구·백혈구·혈소판의 형성을 말하고, 그림 10-8에서 나

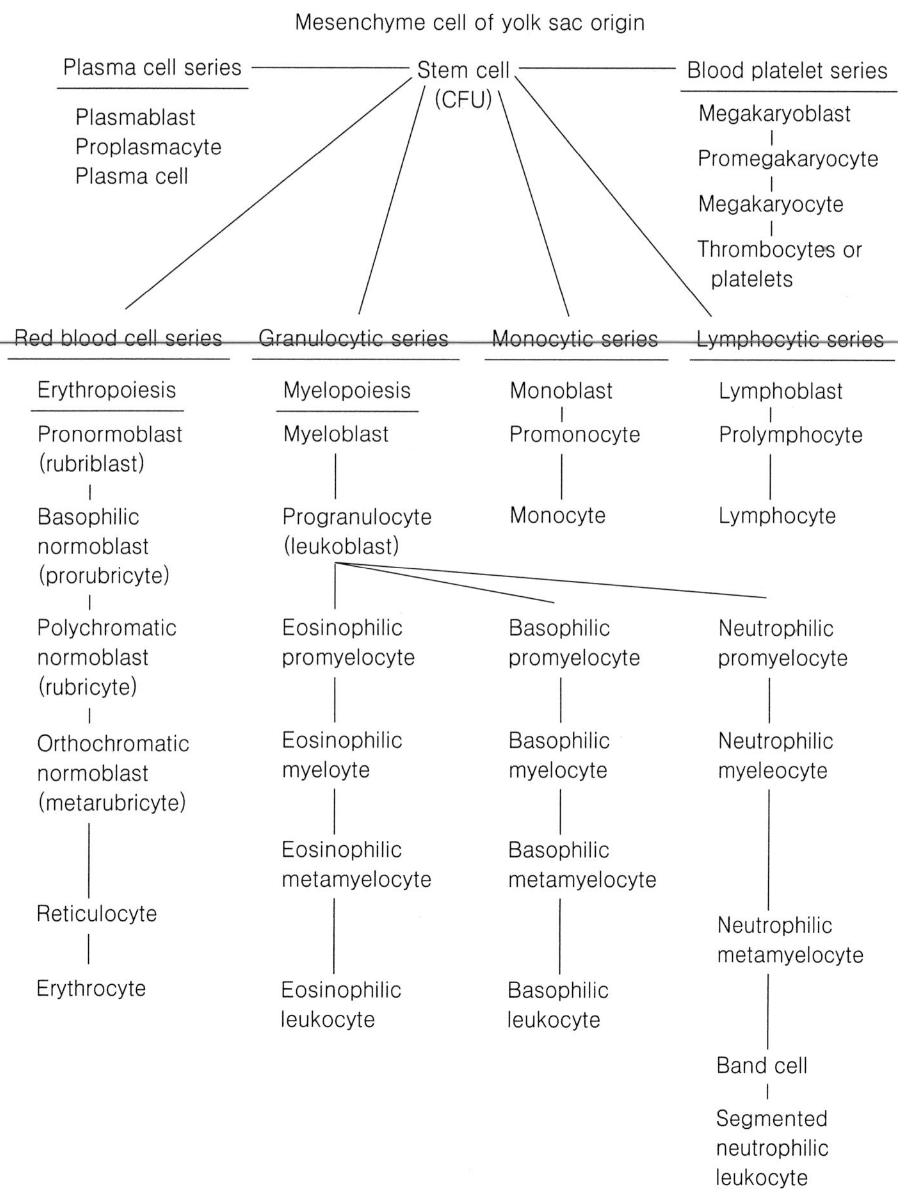

그림 10-8. Unitarian or monophyletic theory of hemopoiesis

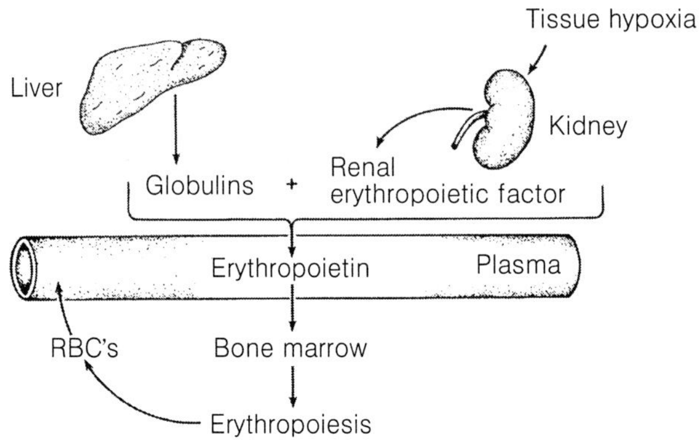

그림 10-9. 적혈구 형성의 조절

타낸 바와 같이 성숙동물에 있어서 모든 혈액세포는 공통발생 기원을 갖는데, 골수내에 primodial stem cells이 발생간(發生幹, stem cells)이 된다.

적혈구 형성의 과정을 적혈구형성(erythropoiesis)이라 하고, 백혈구 형성과정을 백혈구형성(leukopoiesis)라 한다.

1) 적혈구 형성의 조절

골수의 적혈구 형성 활동은 조직내에 O_2의 level에 의해서 지배된다. O_2의 이용도가 어떤 원인에 의해서 조직과 세포내에서 필요 이하로 떨어질 때 산소결핍에는 glycoprotein hormone erythropoietin이 혈장내에 나타난다. 이 hormone의 plasma precursor globulin에 작용하는 enzyme를 renal erythropoietic factor라 한다. Erythropoietin은 hypoxia의 발생 후 1시간 이내에 혈장내에 나타나는데, 동맥혈액의 낮은 산소함량이거나 Hb의 산소친화력이 감소되는 경우에 형성되어진다. Hypoxia에 대한 골수의 직접반응은 없다. 이러한 현상은 체에 있어서 hypoxia의 발생으로부터 3일만에 나타나서 골수로부터 혈액내로 증가된 적혈구가 들어가게 된다. Erythropoiesis의 mechanism은 필요로 하는 한 지속되어 세포의 hypoxic state가 배제될 때 다시 형성되게 된다.

그래서 RBCs의 축척은 negative feedback에 의해서 조절된다. 만일 hypoxic cause가 배제되면 Excess RBCs는 normal attrition(마찰)과 변성에 의해서 감소될 것이다.

3. 혈액의 무형성분

1) 혈 장

혈액의 sample을 응고를 일으키지 않게 처리하여 가만히 정치해 두면 세포는 점차적으로 용기 밑으로 세포들이 침사되고, 위에는 straw-colored fluid만 남는다. 이 액체를 혈장이라고 한다. 혈장은 약 92%가 수분이며, 8%가 고형성분으로 되어 있다. 신장은 혈장에서 수분과 고형분을 선택적으로 여과하고 흡수하여 혈장의 수분이나 다른 구성성분을 일정한 비율로 유지시켜 준다. 고형분은 단백질이 약 90%, 무기질이 0.9%이며, 기타가 비단백유기질로 구성되어 있다.

γ - Globulin을 제외한 혈장 albumin, fibrinogen, α-1, α-2, β-1, β-2 globulin의 대부분을 간에서 형성되며, γ-globulin은 망상내피계에서 형성되는 혈장세포와 림프구에 의해서 만들어진다. Albumin은 plasma 내에서 가장 풍부한 단백질로서 혈액 내에서 많은 물질을 결합시켜 운반하는 작용을 한다. Albumin은 또한 plasma의 total potential osmatic pressare의 약 80%를 담당하고 있다.

(1) 혈장단백질의 기능

가) 운반기능

많은 plasma substances는 plasma protein과 수중에서 불용이나 plasma protein과 관계하여 용해성으로 되어 혈장 내에서는 쉽사리 운반되어진다. 예를 들면 iron, thyroxine, cortisol 등이 있다.

나) 면역기능

Plasma protein의 γ-globulin fraction은 immunity와 관련이 있고 그리고 질병에

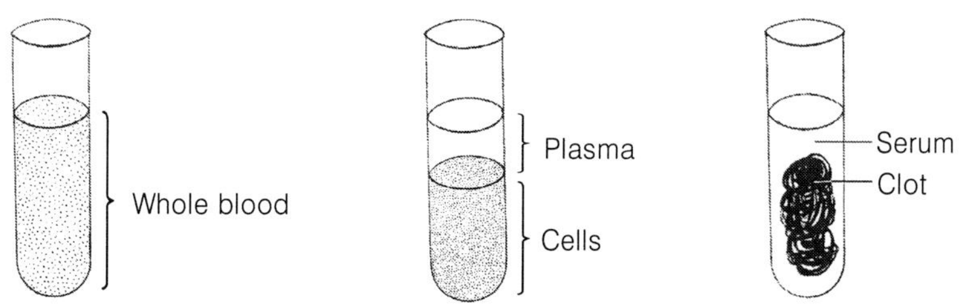

(A) 응고하지 않은 혈액 (B) 항응고제로 처리한 혈액 (C) 응혈

그림 10-10. 혈액

대해 저항한다. 면역반응을 일으킨 antibody는 세균이나 혹은 이종단백질과 같은 항원과 반응을 일으켜 항원을 중화시키거나 파괴시켜버린다. 그러므로 혈중 γ-globulin 성분은 vaccination 후에 그리고 질병에서 회복되는 기간동안 증가한다.

다) 완충기능

Plasma protein은 혈액의 pH에 있어서 큰 변화를 방지하는 기능이 있다. 보다 다른 중요한 혈액 완충작용제로서는 bicarhonate, sulfates, phosphats, hemoglobin 등이 있다.

라) 삼투압의 유지

혈장단백질의 혈장 중 함량은 6～8%이나 분자량이 크므로 혈장삼투압 중에서 차지하는 비율은 총 삼투압 290 mOsm/L.H_20의 겨우 0.5%인 1.5 mOsm/L.H_2O에 지나지 않는다. 혈장단백질 중 albumin 함량은 약 50%이나 분자량이 적으므로 단백질이 만드는 삼투압의 약 70%를 형성한다. 혈장단백질은 교질이므로 이 단백질이 나타내는 삼투압을 교질삼투압(colloid osmotic pressure)이라 한다. 모세혈관벽은 물이나 작은 분자인 무기물은 쉽게 통과하나 단백질은 통과하지 못한다. 따라서 혈관내에 수분을 보존함과 동시에 혈관 내·외의 물질교환 역할을 한다.

마) 기타 구성성분

혈장에 다른 유기화합물에는 lipid, cholesterol, hormones, enzyme 그리고 non-protein nitrogenous material이 있고, 무기화학물질에는 주로 sodium chlorides, sodium carbonates, sodium sulfates, sodium phosphates, potassium, calcium과 magnesium으로 구성되어 있다. 이들의 몇몇 복합물은 신진대사에 필요하며, 어떤 성분은 pH를 유지하는 완충제로서의 기능을 한다.

세포대사로 생긴 대부분의 CO_2는 혈액에 대한 노폐물로 되어 적혈구와 결합하여 탄산[carbonic acid(H_2CO_3)]을 형성하고, 이어 H_2CO_3는 중탄산 이온[bicarbonate (HCO_3^-)]과 수소이온[hydrogen ion(H^+)]으로 해리하여 폐로 거의 운반되어 탄산가스와 수분으로 해리되어진다. 산소는 폐에서 세포로 운반되어 거의 전부가 적혈구의 Hb와 결합하게 된다.

2) 혈 청

혈액이 시험관에서 응고할 때 고형의 적색물질이 형성된다. 그러나 오랫동안 정치해 두면 응괴는 수축되고, 표면 위로는 황색의 액체가 떠오르는데 이를 혈청(serum)

이라고 한다. 혈청은 혈장내에서 섬유소원과 대부분의 응고인자를 뺀 액체를 말한다. 혈청은 항체를 함유하고 있어서 질병의 예방이나 치료에 유용하게 이용되고 있다. 면역혈청(immune serum) 또는 초면역혈청(hyperimmune serum)은 세균이나 viruses와 같은 질병을 일으키는 원인(agent)은 동물에 접종하여 생산한 것이다.

동물에 특수한 항원을 반복하여 주사할 때 이 특별한 항원에 대한 항체가 생산되며, 이렇게 해서 얻은 혈청을 동일한 질병에 감염된 동물에게 주사하여 항체가 감수성이 있는 동물에 있어서 남아 있는 한 능동적인 보호가 된다. 이것은 단지 일시적인 면역에 불과하며, 동물은 혈청이 없어진 후 혈청을 투여하기 전과 같이 질병에 감수성이 있게 된다. 예를 들면, distemper에 걸린 강아지에 1～2주 동안 camine distemper antiserum의 주사에 의해 수동적인 보호가 있을지 모른다. 그러나 그 다음에는 전과 같이 감수성이 있게 된다. 그러나 생독이나 개량된 distemper virus를 면역혈청과 동시에 주사하면 강아지는 혈청에서 수동적인 보호를 받을 것이며, 주사한 virus에 반응하여 항체가 생겨서 능동면역(active immunity)이 된다.

4. 혈액의 pH

혈액의 pH는 수소이온 농도를 말하며, 용액의 알칼리성(alkalinity)이나 산성도(acidity)를 결정한다. 증류수에 있어서 수소이온(H^+- 산성)은 수산기이온(OH^--염기성 또는 알칼리성)과 같으며, 수분의 pH는 7로서 산성도 아니고 알칼리성도 아닌 중성이다. 1과 7 사이의 pH인 용액은 산성이고, 즉 수가 적으면 적을수록 이 용액의 산성도는 크며, 알칼리성의 용액은 7에서 14까지이고, 즉 수가 크면 클수록 이 용액은 알칼리성이 높은 것이다. 정상적으로 혈액의 pH는 7.35와 7.45 사이이며, 약알칼리성을 띠고 있다. 혈액의 pH는 화학성 완충제, 주로 중탄산나트리움(sodium bicarbonate)이 존재하여 보다 좁은 범위 내에서 유지되며, 완충액은 강한 산성이나 혹은 강한 알칼리성과 반응하여 중성염과 약산성이나 약알칼리성으로 된다.

예를 들면, sodium bicarbonate, carbonic-acid system ;

$HCl + NaHCO_3 \rightarrow NaCl + H_2CO_3$

$NaOH + H_2CO_3 \rightarrow NaHCO_3 +$

H_2O

$H_2CO_3 \leftrightarrow CO_2 + H_2O$

대사의 결과로서 산이 중화될 수 있는 능력은 혈액내에서 이용되는 중탄산염에 대한 동의어로 알칼리 예비(alkalireserve)라고도 한다. 결과적으로 생긴 CO_2는 혈액이 폐를 통과할 때 혈액으로부터 제거된다. 이와 같이 CO_2가 너무 많이 제거됨으로써 과환기(hyperventilation)가 되면 혈액은 일시적인 alkalosis로 된다. 어떤 질병이나 상태에서 알칼리 예비가 감소되고, 많은 CO_2가 증가되어 혈액은 산성상태(산성증, acidosis)로 된다.

5. 혈액응고

혈액을 시험관에 채취하여 세워 두게 되면 혈액응고(blood clotting 또는 coagulation)가 일어나서 젤리(jelly)와 같은 물질이 수축하여 단단한 응괴(凝塊)와 약간의 맑은 액체인 혈청이 생기게 된다. 사실상의 응괴는 적혈구・백혈구・혈소판을 둘러싼 섬유소의 filament로 구성되어 있다. 동물체내에서 혈관이 절단되거나 파열될 때 먼저 나타나는 현상은 혈관벽의 갑작스러운 수축이다.

이러한 현상은

① 평활근의 myogenic contraction, 즉 국소 경연

② 혈관벽의 평활근에 분포되어 있는 adrenergic fibers를 자극하는 교감신경반사 등으로 야기되며, 이 수축작용은 혈관의 opening을 감소시켜 혈액의 유실을 감소시킨다. 경연은 약 20분 동안 지속되어 platelet plug를 형성하는 충분한 시간을 주어 응고가 나타나게 된다. 맥관내에 hemostasis의 제2의 단계는 platelet plug의 형성이다. 만일 plug가 혈관벽에 손상부를 cover한다면 그 곳은 혈전형성을 일으키는 곳이 된다. 혈소판은 epinephrine, norepinephrine, seratonin를 지니고 있어 이들의 대부분은 platelet aggregation을 유도하는 데 이용될 수 있다. 혈액 중에 거의 모든 serotonin은 혈소판 내에 존재하고, serotonin이 local vasoconstriction을 일으키기 때문에 이물질이 혈관의 spasm을 강화시켜 주는 역할을 한다. 혈소판은 platelet factor 3(PF-3)라 하는 물질을 방출한다. 이 물질이 phospholipid로서 prothrombin activator를 형성하는 데 관여하고 있으며, 혈관 내에서 응고과정을 촉진하는 부분이라 할 수 있다.

혈소판막이 파손되면 ATP와 thrombosthenin이라 하는 contractile protein이 방출된다. 이 물질들도 vasculin spasm을 강화시켜 준다. 응고가 나타난 후 24시간 이내에 응괴는 초기 크기의 약 40% 정도로 퇴축된다. 이 퇴축현상 때문에 응괴로부터 혈청이 추출되는데 이 과정을 syneresis라 한다.

Clotting과 coagulation은 상처 후 15초 내지 2분 사이에서 시작되며, 일반적으로 약 5분이면 끝난다. 다음에는 서서히 clot의 organization이 나타나기 시작, fibroblast가 응고내에 출현, 7～10일이 지나면 fibrous tissue를 형성한다. 응고과정의 단계를 그림 10-11에 도시해서 설명하였다. 응고를 일으키는 데 관여하는 인자(factors)는

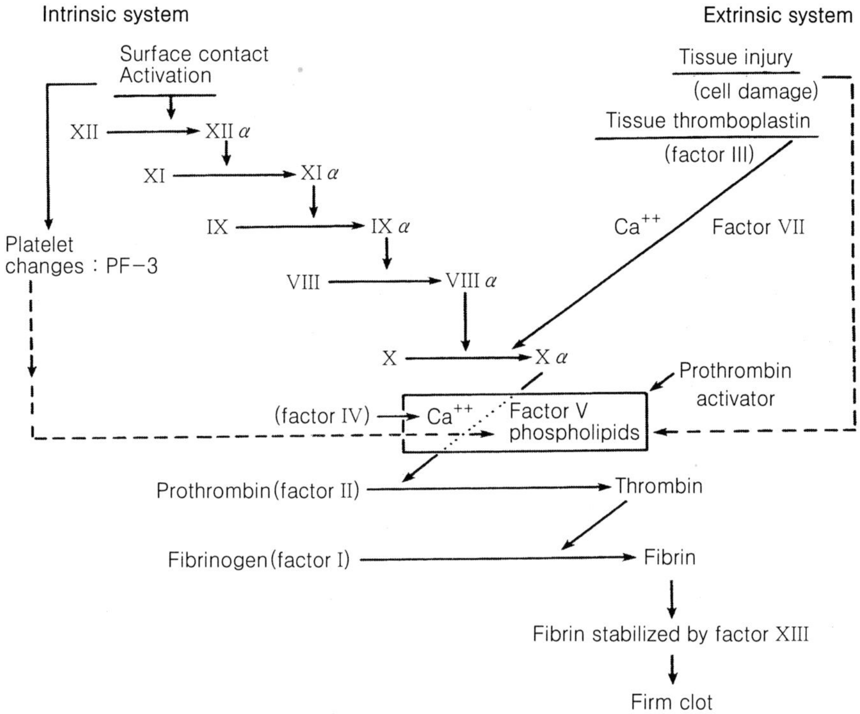

그림 10-11. 혈액응고 기전

표 10-3에 수록되어 있다.

응고 자체의 형성을 설명하면,

① 조직내에서 혈관 외측과

② 혈관 내측에 나타나는 응고과정이 있다.

Fibrin은 loose clot를 형성하는 물질로서 순환 혈중에 활동적인 형태로 존재하지 않는다. 그러나 fibrin의 전구물질인 fibrinogen(factor 1)은 soluble protein로서 plasma 내에 존재하고, 이 단백질은 간 내에서 합성된다. Fibrinogen은 three polypeptide chain을 이루고 있다. Thrombin은 proteolytic enzyme로서 fibrinogen에 작용하여 fibrin monomers로 분해시킨다. 이들 monomers는 중합하여 끝에서 다른 끝까지 긴 fibrin threads를 형성한다. 이는 clot reticulum(weber network)을 형성하여 loose clot를 만든다.

다음 factor XIII(fibrin stabilizing factor)은 threads 사이에 cross-link를 형성하여 이들 loose threads를 결속시키는 enzyme로서 활동하여 fibrin clot를 이루게 한다.

표 10-3. 혈액응고인자와 이명(異名)

Factor	Synonyms
I	Fibrinogen
II	Prothrombin
III	Thromboplastin
IV	Calcium
V	Labile factor, proaccelerin, Ac-globulin
VII※	Stable factor, proconvertin, serum prothrombin conversion accelerator(SPCA)
VIII	Antihemophilic globulin(AHG), antihemophilic factor A
IX※	Christmas factor, plasma thromboplastin component(PTC), antihemophilic factor B
X※	Stuart-Prower factor
XI	Plasma thromboplastin antecedent(PTA), antihemophilic factor C
XII	Hageman factor
XIII	Fibrin stabilizing factor

The first four factors are well known by their names which are likely to remain in use, but the international nomenclature (Roman figures) for the other factors is now becoming general.

※ These factors are affected by the anticoagulant drugs(coumarins and indanediones) much used in the treatment of thrombotic diseases.

Thrombin은 정상적인 순환과정 중에서는 존재할 수 없고, 단지 thrombin의 전구물질인 prothrombin (factor Ⅱ)만 존재한다. 이 factor II는 비타민 K 존재하에서 간에 의해서 형성되는 α_2-globulin이다. 응고가 일어나는 순간 prothrombin으로부터 enzyme thrombin을 파생시키는 prothrombin activator라 하는 complex에 의해 활성화된다. Prothrombin activator라 하는 complex의 형성은 두 가지 다른 방법 중의 하나에 의해 나타난다.

① Extrinsic system로서 혈관 외측에 조직내의 세포파괴에 의해 시작된다.

② Intrinsic system 혈관 내에서 시작, 이 과정은 손상에 의해서 함께 작용을 일으킨다.

그러나 독립적인 작용을 할 수도 있다. 또한 손상을 일으킨 조직세포는 tissue thromboplastin(factor Ⅲ)과 phospholipids를 방출한다. Factor Ⅲ는 다음 factor Ⅳ (calcium)과 factor Ⅶ과 같이 activate factor X (stuart-prower factor)에 대해 반응을 일으킨다.

다음 activated factorXa는 Ca^{++}, factor V, phospholipid와 복합작용을 일으켜 prothrombin acti-vator를 형성한다. 이 activator는 prothrombin으로부터 thrombin

을 분리시킨다.

외상이나 상처가 있으면 혈관내벽이 비정상적인 혈관내면을 형성하게 되고, 동시에 bruises, atherosclerotic plagues, calcium plagues을 이루게 된다. 표면에 이러한 변화는 factor XII과 platelets가 abnormal surface과 접촉하게 되면 활성화된다. Factor XII는 hageman factor로서, 이 인자는 plasma thromboplastin antecedent(PTA)인 factor IX를 활성화시키고, 이를 christmes factor라 부르기도 한다. 다음 factor IX은 factor VIII를 활성화시키며, 이 인자를 antihemophilic factor(AHF)라고도 한다.

다음 factor VIII는 calcium과 factor V 그리고 platelet phospholipid factor(PF-3)과 작용하여 prothrombin activator를 형성한다. Proaccelerin라 알려진 factor V와 proconvertin라 알려진 factor VII은 prothrombin conversion의 accelerators라 부른다. 이 인자의 부재시에는 thrombin으로의 전환은 서서히 나타난다. 따라서 어느 factor가 결여되어도 clotting time은 지연된다.

요약하면, fibrinogen, calcium, prothrombin은 혈중에 정상적으로 존재한다. 그러나 damage가 있으면 prothrombin으로부터 thrombin을 유리시키는 인자가 활성화되거나 방출된다. 다음 thrombin enzyme는 fibrinogen에 작용하여 fibrin monomers와 clot reticulum을 형성한다. 다음 factor XIII에 의해 견고하게 된다.

혈괴는 체내에서 붕괴되어 살아지게 되는데, 이 과정을 fibrinolysis라 한다. 이러한 현상은 proteolytic enzyme인 plasmin의 전구물질인 plasminogen라 하는 정상 혈액 성분의 작용에 의해 일어난다. 이러한 작용은 정상적인 혈액에서는 antiproteolytic anzyme인 antiplasmin의 의해서 저지될 수 있다. Plasminogen은 clot의 interstics 내에서만 활성화 될 수 있다.

※ Prevention of coagulation

응고를 막는 데는 여러 가지 방법이 있다.

① 신선한 혈액을 초자봉으로 저어서 초자봉에 붙게 하여 혈액을 탈섬유하면 혈액은 액체상태로 남아 있게 된다. 혈액을 속히 0℃로 냉각하게 되면 thromboplastin의 형성이 방해되어 응고는 지연되며, 다른 방법으로 수산염과 구연산염도 calcium ion이 응고반응을 일으키지 못하게 하여 응고가 저지된다.

② Prothrombin의 부족은 비타민 K의 결핍과 관계가 있으며, sweat clover에 들어있는 dicoumarin은 비타민 K에 길항하며, 혈액의 prothrombin 양을 감소시켜서 혈액의 응고를 억제한다. EDTA(Sodium-ethylenediaminetetra-acetic acid)는 calcium ion을 취해버리는 chelating agent이기 때문에 유용한 항응고제이다.

Sweat clover disease 시에는 dicoumarin이 중대하게 되어서 작은 상처나 좌상을

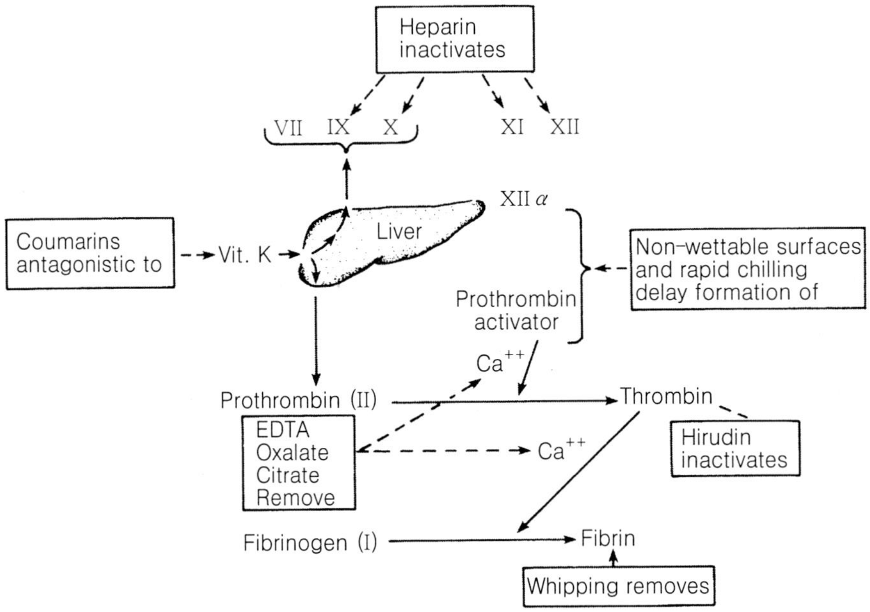

그림 10-12. 혈액응고를 억제하는 기전

입게 되면 출혈이 일어나 지혈이 되지 않는다. 그러므로 sweat clover hay를 섭식하거나 sweat clover 목장에서 방목하였다면 제각이나 거세와 같은 외과수술을 피하여야만 한다. Dicoumarin은 쥐의 살서제로서 이용된다.

조류나 포유류에 있어서 사료 중에 비타민 K가 결핍되면 치명적인 출혈을 일으킬 수 있다. 비타민 K는 대개 사료로부터 얻게 되고, 포유류에서는 장내에서 세균에 의하지만 흡수되는 양은 매우 적고, 비타민 K는 간에서 prothrombin을 형성하는 데 관여한다.

③ Heparin은 mucopolysaccharide로서 glucuronic acid와 glucosamine의 polymer이다. 이 인자는 처음에 간조직에서 분리되었기 때문에 붙혀진 이름이다. Heparin은 비만세포(mast cells)와 호염구(basophils)에 정상적으로 존재하며, 가장 강력한 항응고제로서 알려져 있고, 동물조직으로부터 추출된다. Heparind은 혈중 응고인자인 IX, X, XI, XII 등을 불활화시켜 prothrombin activator complex의 형성을 억제한다. Dicoumarol이 또한 임상적으로 응고를 저지시키는 데 이용되며, 거머리(Leech)의 구강선(口腔腺, buccal gland)에는 항응고제인 hirudin이라는 antithrombin을 함유하고 있고, 어떤 종류의 뱀은 항응고인자를 함유하고 있어 thromboplastin의 작용을 방해하거나 fibrinogen을 파괴하는 데 작용한다.

정상적인 응괴는 24시간 내에 처음 용적의 약 40%로 수축된다. 응고시간은 신선한 혈액을 채취하여 응고가 시작하는 시간을 말한다. 3개의 시험관의 혈액 1ml를 정치하여 두고 측정하는데, 개와 면양은 3분 30초, 돼지 3분 30초, 사람 5분, 소 6분 30초, 말 11분 30초이다. 기법에 따라서 응고시간이 달라질 수도 있다.

6. 혈액의 비중과 혈액량

비중(specific gravity)은 동일한 용적의 수분의 무게와 물질의 무게의 지수나 비율이며, 동일한 수분량보다 더 무겁다면 이 물질의 비중은 1,000 이상이 될 것이다. 비중은 대개 비중계(hydrometer)에 의해서 측정되며, 전 혈(血)은 혈액세포들이 있어서 수분보다 비중이 약간 더 높다. 즉 적혈구는 백혈구보다 무겁고, 적혈구나 백혈구는 혈장보다 더 무겁다. 혈액의 비중은 동물의 종류에 따라 차이가 있다. 양은 1,042, 소 1,043, 개와 사람 1,059, 말과 돼지 1,060 등이다.

혈액용적(blood volume)은 체내의 혈액 총량을 말한다. 혈액량은 가능한 한 동물을 완전히 방혈시킴으로써 그리고 보통 방혈에 의해서 제거되지 않은 혈액을 씻어냄으로써 측정할 수 있다.

색소 주입에 의한 간접측정 방법도 있다. 혈액량은 혈액으로 구성된 부분에 대한 체중의 %를 알면 쉽게 계산할 수 있으며, 체중에 대한 혈액의 평균 %는 개 7.2, 소 7.7, 양 8.0, 말 9.7 이다.

7. 기타 체액

1) 림프(lymph)

모세혈관벽에서 조직간극으로 나오는 많은 액체는 정맥성 모세혈관으로 재흡수되고, 나머지는 조직간격에 조직액이 된다. 모세혈관에 의해 흡수되지 않는 여분의 조직액은 림프관(lymphates)이라고 하는 모세혈관계에 의하여 흡입되며, 조직액이 림프 모세혈관으로 들어가면 이것을 림프(lymph)라고 한다. 림프는 림프절에서 유래되어 나오는 혈장과 약간 유사한 맑은 무색의 액체이며, 소수의 적혈구 그리고 많은 수의 림프구(lymphocytes), 무기염류, glucose, 비단백질 질소물질 및 약간의 단백질을 함유하고 있다. 중호성 백혈구는 급성감염 등이 있는 경우 외에는 다수가 존재하지 않는다. 림프 내의 단백질 양은 plasma 내에서 보다는 매우 적으나 simple chemical substance인 crystalloids의 함량은 같은 수준으로 함유되어 있다.

소화작용시 장에서 유래된 림프는 다량의 지질을 함유하고 있어 유즙과 같으며, 이와 같은 milky lymph를 유미(乳糜, chyle)라고 하며, 소장에 분포하는 림프관인 유미관(乳糜管, lacteals)으로 지질이 흡수되어서 생긴 것이다. 모든 림프는 결국 전대정맥(large vein cranial)에 의해 심장순환으로 돌아오게 된다.

2) 뇌척수액

뇌척수액(腦脊髓液, cerebro spinal fluid)은 뇌의 뇌실에 있는 맥락막총(choroid plexuses)에 의해 형성되며, 뇌와 척수의 전 표면 위에 있는 연막(軟膜, pia matter)과 지주막(蜘蛛膜, arachroid membrane) 사이에 있는 지주막하강(subarachroid space)을 순환한다.

또한 뇌척수액은 혈장과 비슷하나 단백질, glucose, K^+의 함량이 적게 함유되어 있다. 뇌척수액은 뇌와 척수에 영양매개의 역할을 하며 쇼크를 방지하는 완충작용을 한다.

3) 활 액

활액(滑液, synovial fluid)은 관절강(關節腔), 건초(腱鞘) 및 활액낭(滑液囊)에 있는 농후하고 점착성이 있는 액체이며, mucopolysaccharides와 hyaluronic acid가 존재하므로 물리적 성질과 윤활적인 능력을 부여해 주고 있다. 활액은 관절에 대하여 마찰을 줄이는 외에 관절연골에 영양공급에 도움을 주고 있다.

4) 장 액

장액(漿液, serous fluids)은 복막액, 흉강액 및 심장액을 지니는 해당 체강내에서 볼 수 있다. 정상적으로 이들 액체는 접촉면에 마찰을 줄이는 얇은 film으로 존재한다. 장막에 염증이나 감염이 있게 되면 장액의 형성은 증가된다. 예를 들면, 소의 창상성 심낭염(traumatic pericarditis), 흉막염(pleuritis) 및 복막염(peritonitis) 등이 이에 속한다.

5) 기타 체액

기타 체액은 눈에 들어있는 방수(房水, aqueous humor), 내이(內耳)의 외림프(perilymph) 및 내림프(endolymph) 등이 포함된다.

제 11 장

순환기의 해부

1. 순환기의 해부

순환계는 4개의 방으로 되어 있는 심장과 혈액을 순환시키는 맥관계로 구성되어 있다. 심장으로부터 혈액을 멀리 운반하는 혈관을 동맥(arteries)이라 하고, 심장을 향하여 혈액을 운반하는 혈관을 정맥(veins)이라고 한다. 또한 조직액이나 림프(lymph)를 큰 정맥으로 운반하는 맥관계를 림프관(lymph vessels 또는 lymphatics)이라고 한다.

1) 심 장

심장(heart)은 원추형의 근육조직으로 된 강장기(腔臟器)로서 기저(base)는 배측(背側) 혹은 전배측(前背側)으로 향하여 있고, 대동맥, 정맥과 심낭(pericardial sac)

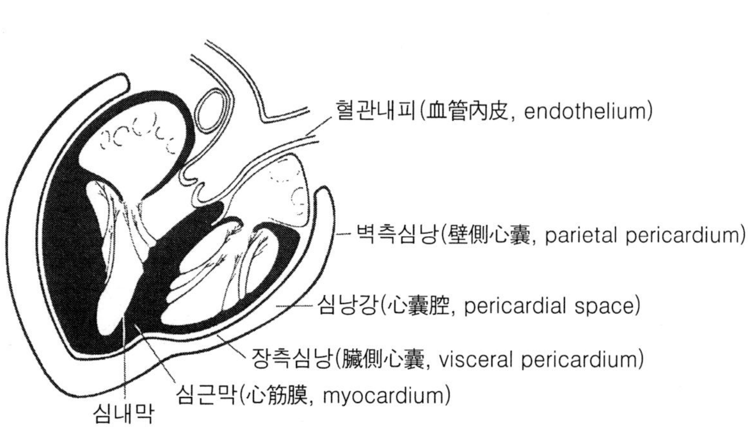

그림 11-1. 심장

에 의하여 다른 흉부조직(thoracic structures)과 부착되어 있다. 심장의 심첨(心尖, apex)은 복측(腹側, ventral)으로 향하여 있고, 전적으로 심낭(pericardium) 내에 유리되어 있다.

(1) 심낭

심장은 부분적으로 심낭(心囊, pericardium 또는 pericardial sac)이라고 하는 장액낭(serous sac)에 의하여 둘러싸여 있다. 심낭은 다른 장액낭(늑막과 복막)처럼 완전히 폐쇄된 낭으로서 윤활역할을 하는 소량의 액체만을 함유하고 있다. 심장은 심낭내에 들어 있고, 심낭은 두 개의 명백한 심낭층으로 되어 있다.

심장의 외면과 직접 유착되어 있는 내층은 장측심막(visceral pericardium, epicardium)이라고 하고, 벽측심막(parietal pericardium)이라고 하는 외층은 심장 기저부에 장층(visceral layer)과 연속되어서 표면의 섬유층에 의하여 보강되었고, 다시 일층의 종격늑막(縱隔肋膜)에 의하여 피복되었다.

(2) 심장의 구조

심벽은 3층으로 구성되어 있다. Outer serous covering을 epicardium, inner endothelial lining을 endocardium이라 하고, thick muscular layer를 myocardium이라고 한다. 심외막(epicardium)은 실제상으로 심막의 장측(visceral layer)이고, 심내막(endocardium)은 심층의 내의, 심판막을 피개, 혈관의 내의와 연속되어 있는 단층 편평내피세포로 구성되어 있다. 심근(myocardium)은 불수의횡문근이라 하는 심근막으로 구성되어 있고, 심근세포는 횡문(cross-striation)을 지니고 있으나, 핵은 수의횡문근 세포의 경우보다 중심부에 위치하고 있다.

심장을 구성하고 있는 근섬유는 심장의 섬유 자체가 꼬여서 분열된 한 개의 관으로부터 파생되었기 때문에 그 배열은 나선상(whorls 혹은 spiral)으로 되어 있다.

심장은 우심과 좌심으로 나뉘어져 있으며, 각 측에는 대정맥에 의해서 혈액을 받는 심방(atrium)과 펌프작용을 하여 대동맥을 통해서 혈액을 내보내는 심실(ventricle)로 구성되어 있다. 각 측의 심방과 심실 사이에는 방실판(atrioventricular 혹은 A-V valve)이라고 부르는 큰 판막이 있다. 좌측 A-V valve를 bicuspid valve라고 부르는데, 일명 mitral valve라고도 한다. 우측 A-V valve은 3개의 판막을 가지고 있기 때문에 삼첨판(tricuspid valve)이라고 한다. 각 판막의 첨단(cusp)은 다소 삼각형의 형태로 되어 있다.

상연(上緣, upper border)의 심방과 심실이 연접하는 곳은 심실 내벽과 부착되어 있다. 판막 첨단의 유리연(遊離緣, free margin 혹은 margin)은 건삭(腱索, chorda

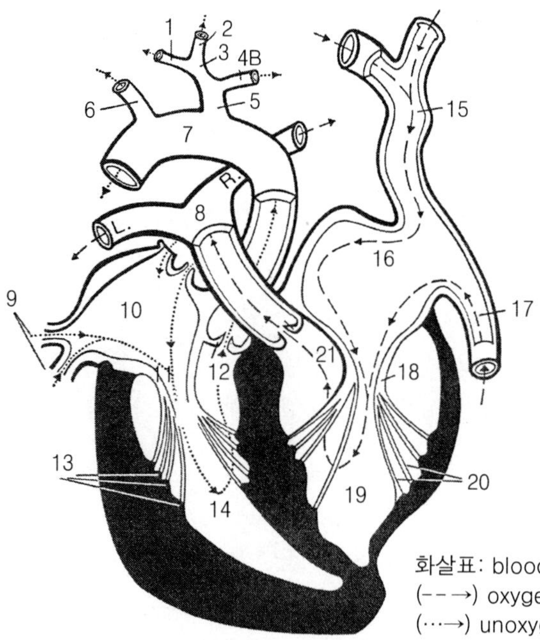

그림 11-2. 심장의 구조

1. 좌측총경동맥(左側總頸動脈, L. common carotid A.) 2. 우측총경동맥(右側叢頸動脈, R. common carotid A.) 3. 경동맥간(頸動脈幹, carotid trunk) 4. 우측완동맥(右側腕動脈, R. branchial A.) 5. 박두동맥간(膊頭動脈幹, brachiocephalic trunk) 6. 좌측완동맥(左側腕動脈, L. branchial A.) 7. 대동맥(大動脈, aorta) 8. 폐동맥(肺動脈, pulmonary artery) 9. 폐정맥(肺靜脈, pulmonary vein) 10. 좌심방(左心房, left atrium) 11. 좌방실판막(左房室瓣膜, left A. V. valve) 12. 대동맥판막(大動脈瓣膜, aortic valve) 13. 유두근(乳頭筋, papillary muscle) 14. 좌심실(左心室, left ventricle) 15. 전대정맥(前大靜脈, cranial vena cava) 16. 우심방(右心房, right atrium) 17. 후대정맥(後大靜脈, caudal vena cava) 18. 우방실판막(右房室瓣膜, right A. V. valve) 19. 우심실(右心室, right ventricle) 20. 건삭(腱索, chordae tendineae) 21. 폐동맥판막(肺動脈瓣膜, pulmonary valve)

tendineae cordis)이라고 하는 섬유삭에 의하여 심실벽과 직접 부착되어 있다. 낙하산의 줄과 비슷한 건삭은 심실이 수축할 때 판막이 심방내로 반전되는 것을 막고, 방실의 폐쇄로 판막의 복측(ventral side)으로 혈액이 밀려가는 것을 저지시킨다.

대동맥 반월판(aortic semilunar valve)은 좌심실과 대동맥 연접부에 위치하고, 삼첨판(tricuspid valve)이다. 폐동맥 반월판(pulmonary semilunar valve)은 폐동맥과 우심실 연접부에 위치하는 비슷한 판막이다. 각 반월판막은 심실이 이완될 때 각 심실내로 혈액이 되돌아가지 못하게 한다.

심장의 내부배열(internal arrangement)을 이해하는 데 가장 쉬운 방법은 심장과 폐장을 통하여 혈액이 순환하는 과정으로서 전신순환(systemic criculation)으로부터 심장으로 돌아온 혈액을 보통 정맥혈이라고 하고, 비교적 산소함량이 낮다. 이러한 혈액이 폐동맥에 의하여 폐로 운반되기 때문에 정맥혈이라는 말은 다소 부적당한 표현이라 생각되어 본 내용에서는 정맥혈이라기보다는 미산소부가혈액(未酸素附加血液, unoxygenated blood)이라고 부른다. 다음 혈액은 폐정맥에 의하여 심장으로 돌아와 전신동맥에 체의 각 부분으로 분포되는데, 이 혈액을 동맥혈이라고 하며 비교적 O_2함량이 높다. 여기서는 동맥혈이라 하기 보다는 산소부가혈액(酸素附加血液, oxygenated blood)이라 부른다.

미산소부가혈액(unoxygenated blood)은 전대정맥(cranial vena cava)과 후대정맥(caudal vena cava)에 의해 심장으로 돌아온다. 이들 대정맥내의 혈액은 우심방으로 들어가며, 되돌아온 혈액이 보일 정도로 얇은 벽으로 되어 있다. 다음 우심의 방실판막을 통해서 우심실내로 들어간다. 우심실은 심장의 정점에 미치지 못하는데, 이는 심첨(心尖, apex)이 근육이 풍부한 좌심실이 차지하고 있기 때문이다.

우측으로부터 우심실은 심장의 전측(前側) 주위에 나선형으로 되어 심저(心底)의 좌측에 동맥원추(動脈圓錐, conus arteriosus)로서 종말을 이룬다. 동맥원추는 폐동맥간(肺動脈幹, pulmonary trunk)의 누두상기시(漏斗狀起始, funnel-shaped origin)이다.

폐동맥(pulmonary artery)은 바로 분지되어 각 분지는 해당 폐 모세관으로 미산소부가혈액을 운반하고, 혈액 중 CO_2는 폐포기로부터 O_2로 교환된다. 폐정맥(pulmonary veins)은 폐로부터 얇은 벽을 지닌 큰 좌심방으로 산소부가혈액(oxygenated blood)을 지니고 돌아온다. 좌심방(left atrium)으로부터 혈액은 좌심의 방실판막을 통하여 매우 두터운 벽을 지닌 좌심실로 돌아온다. 다음 좌심실은 산소부가혈액을 펌프작용에 의해 대동맥 반월판(aortic semilunal valve)을 지나 대동맥(aorta)으로 들어가게 된다. 대동맥과 그 분지들은 산소부가혈액을 심장과 폐장 자체는 물론 신체의 모든 부분으로 운반한다.

2) 혈 관

혈관은 나무가지와 비슷하여 동맥은 대혈관으로 시작하며, 보다 작은 분지들로 갈라진다. 가장 작은 동맥을 세동맥(arterioles)으로서, 다시 보다 작은 혈관인 모세혈관과 연속된다. 모세혈관(capillaries)은 다시 소정맥(venules)과 결합하고, 이 혈관은 보다 큰 정맥과 결합, 가장 큰 정맥은 결국 심방과 연결된다.

(1) 동맥

동맥(arteries)은 혈액을 심장으로부터 멀리 운반하는 관상의 구조로 되어 있다. 가장 큰 동맥은 그 벽이 탄력조직으로 구성되어 있기 때문에 탄력성 동맥이라고 한다. 이 탄력성은 확장하는 동안(즉, 심실이 이완하는 동안) 혈압을 유지하는 데 중요한 역할을 한다. 보다 작은 동맥은 탄력조직 대신에 동맥벽에 다량의 평활근을 함유하고 있으며, 이 평활근은 혈관의 크기를 조절한다. 결과적으로 주어진 시간 동안 그 혈관을 통하여 흐르는 혈액량을 조절하고, 가장 작은 동맥, 세동맥(細動脈)은 모세혈관으로 이행되기 전에 풍부한 근육성인 벽을 지니게 된다. 세동맥 말초의 주변에 두텁고 윤주상(輪走狀)의 평활근은 각 모세혈관이 받아들이는 혈액량을 조절하기 때문에 중요하다. 세동맥 주위에 근육이 긴장되면 동맥계 전반에 걸쳐 혈압을 유지하는 데 조력을 하고, 쇼크의 경우에 있어서 세동맥은 확장 또는 이완되어 대부분의 혈액량이 상실되어서 모세혈관층내, 특히 내장 모세혈관층에 저류된다.

(2) 모세혈관

모세혈관(capillaries)은 작은 관으로서 거의 전적으로 내피로 구성되어 있고, 심장

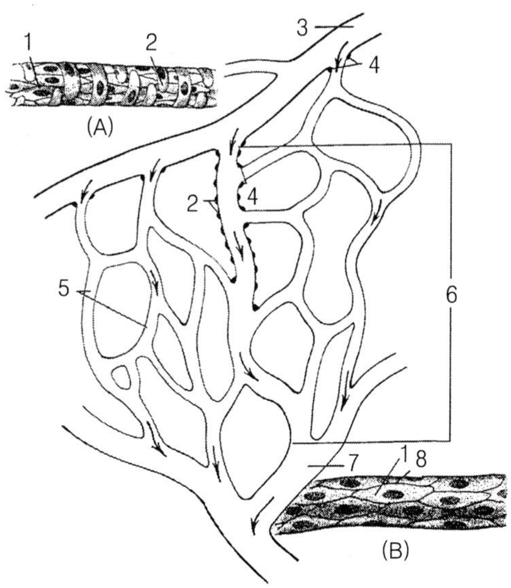

그림 11-3. 모세혈관층의 모형도

1. 내피세포(內皮細胞, endothelial cell) 2. 근섬유(筋纖維, muscle fiber) 3. 세동맥(細動脈, arteriole) 4. 모세혈관전괄약근(毛細血管前括約筋, precapillary sphincter) 5. 실모세혈관(實毛細血管, true capillaries) 6. 주관(主管, thoroughfare channel) 7. 소정맥(小靜脈, venule) 8. 세포간접합질(細胞間接合質, intercellular cement)

과 혈관을 안쪽으로 싸고 있는 단층 편평상피와 연속되어 있다. 이들 얇은 벽으로 된 혈관의 어떤 것은 1개의 적혈구를 수용할 만한 크기를 가지고 있다. 이 혈관벽은 혈류를 떠나 조직세포로 가는 수분, 산소 및 영양분과 조직세포로부터 혈액으로 들어가는 노폐물을 선택적으로 투과시킬 수 있는 막으로서의 역할을 한다.

모세혈관으로부터 조직간격으로 들어가는 대부분의 액은 모세혈관 벽을 통해서 되돌아옴으로써 혈류로 돌아오고, 약간의 액은 조직액으로서 조직내에 남으며, 그리고 대량의 액은 정상적으로 림프관에 의하여 제거된다. 세동맥과 소정맥 사이를 중재하는 모세혈관망이나 또는 모세혈관층 외에 동정맥문합(動靜脈吻合, arterio venous 또는 shunts)이라 하는 보다 큰 결합부가 있다.

이 직접적인 문합부는 모세혈관을 통해서 흐르는 혈량보다 더욱 많은 혈액이 유통될 수 있다. 증가된 혈류는 피부에서 열을 발산시키고, 폐장에서의 O_2적재 증가 등 필수적인 변화를 일으키는 데 조력을 한다.

(3) 정맥

이미 언급한 바와 같이 모세혈관은 소정맥을 형성하여 결합하고, 다시 보다 큰 정맥으로 이어진다. 정맥(veins)은 동반된 동맥보다 크고 얇은 벽을 지니고 있고, 소량의 근조직만이 존재한다.

대개 두 판막으로 구성된 판막은 정맥과 림프관계 전반에 걸쳐 불규칙한 간격으로 산재되어 있다. 판막은 혈액이 심장을 향해서만 흐르기 때문에 일정한 방향을 향해 있으며, 이들 판막은 혈액이 모세혈관층으로 역류되는 것을 방지하고, 체(體) 일부분의 운동과 수축은 혈액이 심장을 향해서 흐르도록 돕고 있다.

매우 미약한 동맥압이 모세혈관을 통해서 정맥으로 전달되기 때문에 정맥내에 혈압은 아주 낮은데, 이 현상은 물이 상당한 힘으로 강으로부터 호스로 들어가는 것과 비교할 수 있고, 반면에 호수의 다른 측에서 떠나는 물은 입구에서는 약한 유수력(流水力)을 갖는다. 모든 정맥은 보다 큰 정맥의 지류로서 결국 대정맥은 심장의 우심방 또는 좌심방과 연결된다.

(4) 림프관

모세혈관벽은 액 또는 가스 등이 조직세포 사이를 통과할 수 있을 정도로 얇으며, 대부분의 이 세포간격액(조직액)은 직접적으로 모세혈관이나 또는 정맥으로 다시 들어가지 않고 정맥과 비슷한 매우 얇은 벽으로 된 림프관에 의하여 흡수된다.

림프관 내에는 액이 심장을 향해서만 흐르도록 된 다수의 판막을 지닌다. 가장 작은 림프관은 세포 간격에서 시작되는 모세혈관 크기의 구조로서 그곳에 림프액이 축척되면 다음에 보다 큰 림프관으로 수송, 결국 전대정맥이나 또는 그의 지류의 일부로 유입된다. 이 림프의 이동(림프관 내의 조직액)은 대부분 중력이나 인접한 조직의 압력 변화에 의하여 이루어진다. 예를 들면, 근육의 수축은 인접한 림프관에 압력을 이루고, 판막이 림프의 역류를 효과적으로 저지하기 때문에 림프액은 심장을 향해서 더욱 추진되어 나간다. 림프액은 림프절(림프선)이라 하는 결절성 조직에 의하여 여과되는데, 이 림프선은 대부분의 림프관 노선을 따라 산재되어 있다.

3) 순환계

(1) 폐순환

폐순환(pulminary circulation)은 모든 혈액이 폐를 통하여 순환하는 맥관계의 일부분이다. 우심방은 후대 또는 전대정맥을 통하여 미산소부가혈액(unoxygenated blood)을 받으며, 다음 혈액은 우심의 방실판(房室瓣)은 폐동맥으로부터 우심실내로 혈액이 역류되는 것을 저지하며, 동맥의 탄력성은 폐의 모세혈관층을 통하여 혈액이 계속적으로 흐르게 한다.

얼마 떨어지지 않은 곳에서 폐동맥은 우폐(右肺)로 가는 우분지와 좌폐(左肺)로 가는 좌분지로 나누어지며, 각 분지는 다시 각 폐소엽으로 가는 소엽폐동맥으로 나누어진다. 소엽동맥은 다시 많은 분지로 갈라져 결국 肺의 광범위한 모세혈관층을 이루게 하는 세동맥을 형성한다. 폐모세혈관은 곧 폐포(기도의 가장 작은 말단)와 결합된다. 이 곳에서 소수의 조직은 폐포내에 공기로부터 폐순환 혈액을 분리, 즉 공기중에 O_2를 혈액 중 CO_2와 교환하는 기회를 얻게 된다.

가스교환이 이루어지면 혈액은 정맥혈이라고 하는 미산소부가혈액인 청색으로 부터 동맥혈이라고 하는 산소부가혈액(oxygenated blood)으로 되어 선홍색을 띠게 된다.

성숙동물에 있어서 폐순환시 미산소부가혈액을 동맥 내에서 볼 수 있고, 산소부가혈액은 정맥 내에서 볼 수 있는 유일한 곳이라는 것이 특이할 만한 가치가 있는 것이다. 혈액이 모세혈관을 통해서 들어간 후 폐정맥과 연결되는 소정맥으로 들어가며, 폐정맥이 폐를 떠난 후 곧 좌심방내로 산소부가혈액을 내보냄으로써 폐순환이 끝나는 것이다.

(2) 전신순환

전신순환[systemic circulation 또는 체순환(somatic circulation)]은 산소부가혈액이 신체의 모든 부분으로 이동하는 것과 미산소부가혈액이 심장으로 계속 돌아오는 현

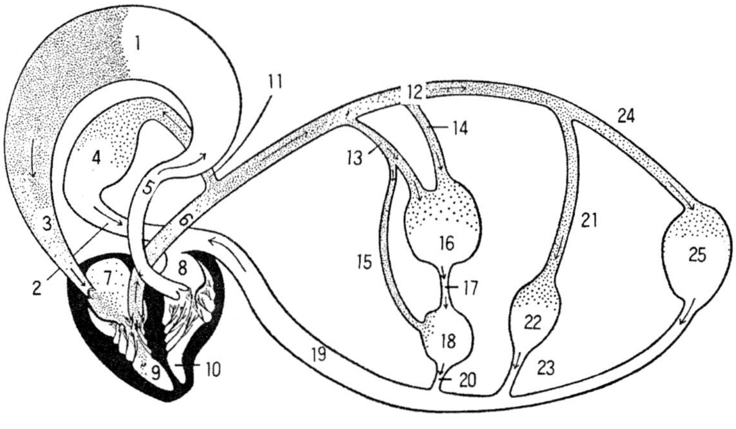

그림 11-4. 성축의 순환모형도(산소함량이 많은 것은 점으로 표시)

1. 폐(肺, lungs) 2. 전대정맥(前大靜脈, cranial vena cava) 3. 폐정맥(肺靜脈, pulmonary veins) 4. 두부와 전지(前肢, forelimbs) 5. 폐동맥(肺動脈, pulmonary artery) 6. 흉부동맥(胸部動脈, thoracic aorta) 7. 좌심방(左心房) 8. 우심방(右心房) 9. 좌심실(左心室) 10. 우심실(右心室) 11. 박두동맥간(膊頭動脈幹, brachiocephalic trunk) 12. 복강동맥(腹腔動脈, abdominal aorta) 13. 장동맥(腸動脈, celiac artery) 14. 전장간막동맥(前腸間莫動脈, cranial mesenteric artery) 15. 간동맥(肝動脈, hepatic artery) 16. 비(脾, spleen), 위(胃, stomach), 장(腸, intestine) 17. 문맥(門脈, portal vein) 18. 간(肝, liver) 19. 후대정맥(後大靜脈, caudal vena cava) 20. 간정맥(肝靜脈, hepatic veins) 21. 신동맥(腎動脈, renal artery) 22. 신(腎, kidney) 23. 신정맥(腎靜脈, renal vein) 24. 내외장골동맥(內外腸骨動脈, internal and external iliac arteries) 25. 복(腹, abdomen)과 후지(後肢, hind limbs)

상을 뜻하며, 전신순환을 여러 순환으로 나눌 수 있다. 신체의 특수한 부위나 또는 신체의 일부분에서 이루어지는 것들로서, 이러한 순환 중에는 두부(頭部)의 순환, 전지(前肢)의 순환, 후지(後肢)의 순환 등의 순환도 포함된다. 각 부분의 순환은 해당부에서 세분된다.

예를 들면, 이두박근(biceps brachii muscle)이나 눈(eye)의 순환에서 검토될 수 있다.우리가 생각하는 전신순환의 분절이 비록 작거나 크든 기본형은 신장순환과 문맥순환을 제외하고는 같다. 동맥은 세동맥으로 나뉘어 모세혈관에 혈액을 공급하고, 다음으로 소정맥을 형성하여 다시 해당부로부터 혈액을 받는 정맥을 형성한다.

전신순환은 다음 순서로 기술할 수 있다.

① 대동맥 : 기원과 경로

② 흉강대동맥(胸腔大動脈, thoracic aorta)과 그 분지
③ 복강대동맥(腹腔大動脈, abdominal aorta)과 분지
④ 전대정맥[前大靜脈, cranial(anterior) vena cava]과 그 지류
⑤ 후대정맥[後大靜脈, candal(posterior) vena cava]과 그 지류
⑥ 문맥순환(門脈循環, portal circulation)

다음 혈관에 대한 기술은 주로 말에 기초를 둔 것이다. 반추류와 같이 다른 소화기를 갖는 동물과 각 지(肢)의 1개 이상의 손가락을 갖는 동물은 물론 동맥과 정맥의 배열에 있어서 다소 차이점을 나타낸다.

가) 대동맥

좌심방(left atrium)으로부터 산소부가혈액을 받아 좌심실은 가장 큰 동맥인 대동맥을 통해서 전신으로 혈액을 펌프작용에 의해 순환시킨다. 좌심실과 대동맥의 연접부에 위치하는 대동맥판막(aortic valve)은 심실이 이완될 때 혈액이 대동맥으로부터 좌심실 내로 역류함을 방지하고, 대동맥이 심장을 떠난 후 먼저 배측(背側)을 지난 다음 흉추의 추체 바로 복측(腹側)으로 향한다.

흉부대동맥(thoracic aorta)은 횡격막의 두 근(根) 사이에 대동맥공(大動脈孔, aortic hiatus)을 통해 후측으로 계속하여 복부대동맥(abdominal aorta)을 이루고, 최후 몇 개의 요추의 복측에서 2개의 외장골동맥과 2개의 내장골동맥으로 갈라져 종말을 이룬다. 이 분지는 사람의 4개의 손가락과 비교할 수 있다.

좌우의 외장골동맥을 이루는 시지(示指, index finger)와 소지(小指, little fingers) 그리고 내부 장골동맥을 이루는 중지(中指, middle finger)와 환지(環指, ring fingers)를 비교할 수 있다. 어떤 동물종에 있어서는 중천동맥(中薦動脈, middle sacral artery)은 2개의 내부 장골동맥을 파생시킨다고 한다.

① 흉강대동맥과 그 분지

대동맥의 첫 분지는 심장을 떠나기 전에 이루어진다. 이 분지는 좌우 관상동맥으로서, 이 동맥은 심장의 기저 주변에 관상환(冠狀環)을 이루며, 심근의 혈액을 공급한다.

② 완두간동맥지

관상동맥 다음 대동맥의 첫 분지는 완두간동맥지(brachiocephalic trunk)이다. 말에 있어서는 left subclavian(brachial) artery로 연결되고, 다시 right subclavian(brachial) artery와 bicarotid trunk로 나누어진다. Bicarotid trunk는 다시 right and left

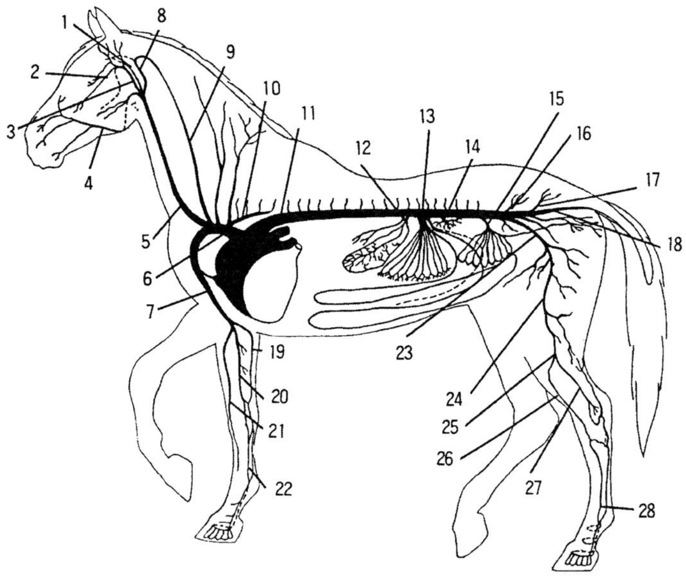

그림 11-5. 말의 동맥

1. 내경동맥(內頸動脈, internal carotid) 2. 상악동맥(上顎動脈, maxillary) 3. 외경동맥(外頸動脈, external carotid) 4. 안면동맥(顏面動脈, facial) 5. 총경동맥(總頸動脈, common carotid) 6. 완두동맥(腕頭動脈, brachiocephalic) 7. 완동맥(腕動脈, brachial) 8. 후두동맥(後頭動脈, occipital) 9. 척추동맥(脊椎動脈, vertebral) 10. 늑경동맥(肋頸動脈, costocervical) 11. 대동맥(大動脈, aorts) 12. 복강동맥(腹腔動脈, celiac) 13. 전장간막동맥(前腸間膜動脈, cranial mesenteric) 14. 신동맥(腎動脈, renal) 15. 후장간막동맥(後腸間膜動脈, caudal mesenteric) 16. 전둔동맥(前臀動脈, cranial gluteal) 17. 후둔동맥(後臀動脈, caudal gluteal) 18. 내장골동맥(内腸骨動脈, internal iliac) 19. 측척골동맥(側尺骨動脈, collateral ulnar) 20. 정중동맥(正中動脈, median) 21. 횡주동맥(横肘動脈, transverse cubital) 22. 총지동맥(總指動脈, medial palmar 또는 common digital) 23. 외장골동맥(外腸骨動脈, external iliac) 24. 대퇴동맥(大腿動脈, femoral) 25. 슬와동맥(膝窩動脈, popliteal) 26. 전경골동맥(前脛骨動脈, cranial tibial) 27. 후경골동맥(後脛骨動脈, caudal tibial) 28. 대부전동맥(對跗前動脈, great metatarsal)

common carotid arteries로 나누어지고, 이 혈관들은 머리와 안면에 혈액을 공급한다. 뇌와 체는 circle of willis라 불리는 cerebral arterial circle(circulus arteriosus cerebri)에 의해서 공급받고 있다.

③ 복강대동맥과 그 분지

대동맥이 횡경막을 지난 후 얼마 떨어지지 않은 후 celiac artery를 나타낸다. 이

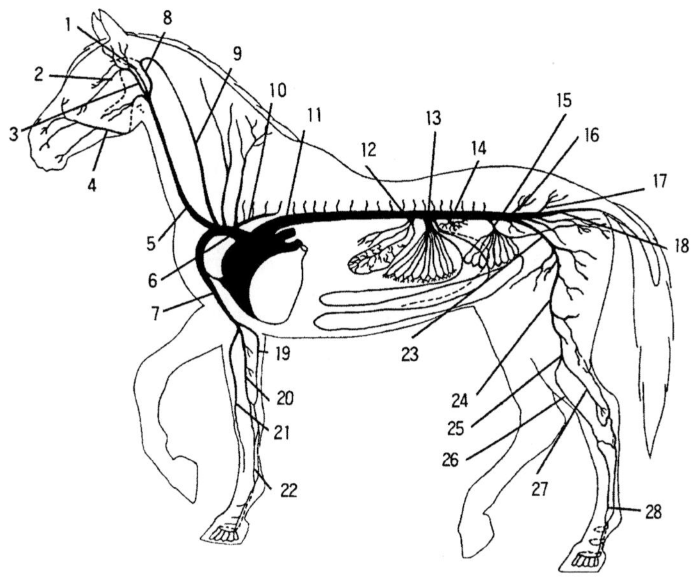

그림 11-6. 말의 정맥

1. 안정맥(顏靜脈, facial) 2. 외경정맥(外頸靜脈, external jugular) 3. 완정맥(腕靜脈, brachial) 4. 척추정맥(脊椎靜脈, vertebral) 5. 전대정맥(前大靜脈, cranial vena cava) 6. 간정맥(肝靜脈, hepatic veins) 7. 문맥(門脈, portal) 8. 후대정맥(後大靜脈, caudal vena cava) 9. 신정맥(腎靜脈, renal) 10. 내장골정맥(內腸骨靜脈, internal iliac) 11. 외장골정맥(外腸骨靜脈, external iliac) 12. 비정맥(脾靜脈, splenic) 13. 전장간막정맥(前腸間膜靜脈, cranial mesenteric) 14. 후장간막정맥(後腸間膜靜脈, caudal mesenteric) 15. 대퇴정맥(大腿靜脈, femoral)

동맥은 쌍을 이루지 않는 대동맥으로서 위(胃), 비(脾), 간(肝)에 분포하여 위동맥, 비동맥, 간동맥을 형성한다.

나) 정맥

정맥은 어떤 특별한 경우를 제외하고서는 동반되는 동맥의 명칭과 같이 사용된다. 정맥은 항상 해당 동맥보다 크고 수가 많다. 예를 들면, 완동맥(腕動脈)은 전완(前腕)과 지(趾)로 혈액을 운반하고, 동반되는 두 개 또는 그 이상의 정맥은 같은 혈액을 심장으로 되돌려 보낸다. 정맥은 흔히 동반 동맥보다 표면(피부에 보다 가까운 곳)에 위치하고 있다. 이미 지적한 바와 같이 거의 모든 정맥은 후대 또는 전대정맥과 연결된다. 그러므로 미산소부가혈액은 심장의 우심방으로 돌아온다.

(3) 문맥순환

문맥순환(門脈循環, portal circulation)은 전신순환의 배열 다음으로 중요하며, 세동맥은 모세혈관층으로 갈라지고 다시 결합하여 정맥을 형성하고, 전대정맥 또는 후대정맥에 연결된다. 간문맥순환(hepatic portal circulation)에 있어서 대부분의 복강동맥분지와 전후 장간막동맥은 비장(spleen)과 소화관(digestive tract)의 모세혈관층에 분포한다.

위(胃), 비장(脾臟), 장관(腸管), 췌장(膵臟)으로부터 나온 혈액은 전신순환으로 들어가기 전에 간을 통과하는 문맥순환에 의하여 여과되고, 이 부위로부터 혈액은 간문맥의 시발이 되는 문맥(portal vein)으로 들어간다. 문맥의 지류는 위(胃)로부터 위정맥(gastric vein), 장으로부터 장간막 정맥(mesentric veins), 췌장으로부터의 췌장정맥(pancreatic veins)이 포함된다. 문정맥은 간으로 들어가서 보다 작은 분지로서 갈라지고 간의 정맥동(靜脈洞, simsoids) 내에서 종말하며, 이 곳에서 혈액은 간삭세포(肝索細胞, hepatic cord cells)와 직접 접촉한다. 간세포에 의하여 처리된 후 혈액은 간의 정맥동으로부터 각 간소엽의 중심정맥으로 들어간다.

다음 중심징맥은 결합되어 혈액을 후대징맥으로 직집 연결되는 간정맥(肝靜脈, hepatic veins)을 형성한다. 소화관으로부터 나간 혈액은 전신순환에 들어가기 전에

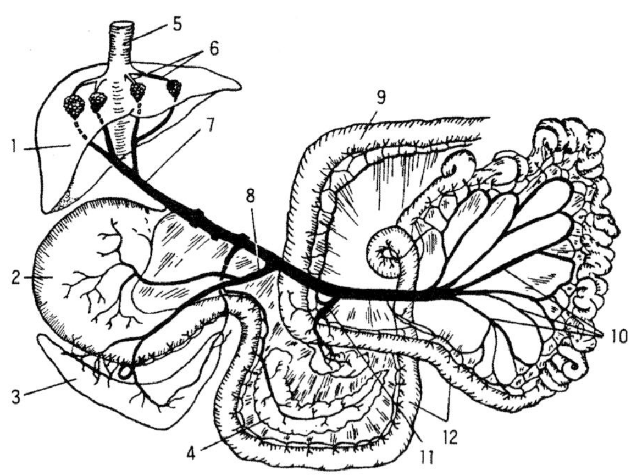

그림 11-7. 개의 간 문맥순환의 모형도

1. 간장(肝臟, liver) 2. 위(胃, stomach) 3. 비장(脾臟, spleen) 4. 췌장(膵臟, pancreas) 5. 후대정맥(後對靜脈, caudal vena cava) 6. 간정맥(肝靜脈, hepatic veins) 7. 문맥(門脈, portal vein) 8. 위비장정맥(胃脾臟靜脈, gastrosplenic vein) 9. 결장(結腸, colon) 10. 장간막정맥(腸間膜靜脈, mesenteric veins) 11. 결장정맥(結腸靜脈, colic vein) 12. 소장(小腸, small intestine)

간세포의 영향을 받는 것이 바람직스러우며, 이러한 접촉은 영양분을 변형시키고 앞으로 이용하기 위해서 저장하고, 소화관으로부터 흡수된 유해물질을 해독시킬 기회를 주게 되는 것이다. 장동맥(腸動脈, celiac artry)의 분지인 간동맥(肝動脈)은 간에 산소부가혈액을 운반한다.

간정맥은 대개 문맥과 같은 위치로 해서 간으로 들어가고, 담관은 간을 떠난다. 간동맥은 산소와 영양소를 간의 기질에 공급하고, 간정맥동, 중심정맥, 간정맥에 의하여 떠난다.

(4) 태아순환

임신기간 동안 태아가 성장하는 데 필요한 영양분, 수분 및 산소와 대사산물인 노폐물과 탄산가스의 배출 등은 모체에 의존한다. 이 교환은 혈액이 서로 교환되지 않고 모축(母畜)의 자궁내에 모체혈액과 태아 태반내의 태아혈액 사이에서 이루어지고, 태반장벽을 통과하는 물질의 형태와 양은 태반의 형태에 의하고, 이종간에 있어서 차이가 있다. 결과적으로 태아순환은 성숙하면 수행하는 기능을 폐, 소화기계, 비뇨기계에 의해서 이루어지고 있다.

태아순환은 여러 면에 있어서 성숙동물의 순환과는 차이가 있다. 대동맥의 후단부터 많은 혈액이 두 개의 제동맥(臍動脈, umbilical arteries)에 의해서 태반으로 수송되어진다. 태반 모세혈관을 통과한 후 혈액은 제동맥(臍動脈)에 의해 태아심장으로 돌아온다.

성숙동물에 있어서 같은 양의 혈액이 주어진 시간내에 전신순환을 통과하는 것과 같은 양이 폐순환을 통해서 통과된다. 그러나 태아 내에서 폐는 기능을 하지 않기 때문에 전 혈용적에 비교적 소량만이 어떤 특수시기에 폐순환 내에서 발견된다. 심장의 우측으로부터(폐동맥) 심장의 좌측(대동맥)까지 두 개의 측로(또는 지름길)가 있는데, 이 측로는 우심방과 좌심을 연결하는 난원공(卵圓孔, foramen ovale)과 폐동맥과 대동맥을 연결하는 동맥관(動脈管, ductus arteriosus)이 있다.

태반의 모세혈관을 통해 가는 태아의 혈액은 모축(母畜)의 자궁을 통해서 순환하는 모체 혈액과의 사이에 조직의 양은 동물종에 따라서 차이가 있으나, 정상적으로 포유동물에 있어서 태아와 모체혈액과의 직접적인 교환은 없으며, 태반을 통하는 태아혈액의 순환은 모체로부터 산소와 영양소를 받는 대신 탄산가스와 노폐물을 보낸다.

태아의 폐는 허약하기 때문에 신생동물이 첫호흡을 할 때까지 확장되지 않고, 전신으로 흐르는 혈액보다 폐로 흐르는 혈액이 보다 큰 저항을 받는다. 측로(側路, hy-passes)는 폐순환을 통하는 혈액량보다 전신순환을 통하는 혈액량을 더 많도록 한다.

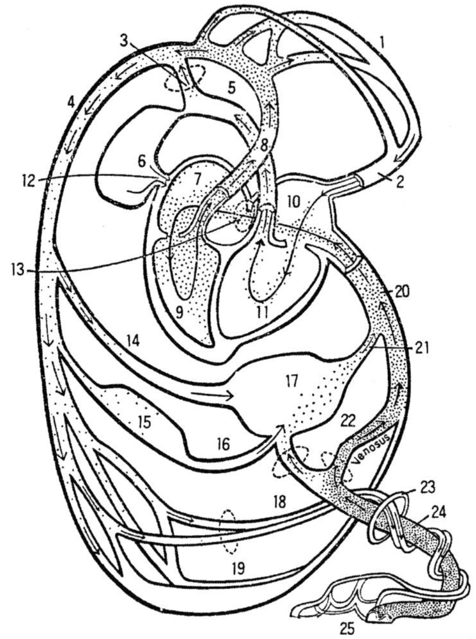

※ 점선으로 된 구조도 출산시 기능을 하지 않는 부분(이들 구조에도 동맥관, 난원공, 정맥관, 제정맥, 제동맥이 포함됨)

그림 11-8. 태아 순환

1. 두부(頭部, head)와 전지(前肢, fore limbs) 2. 전대정맥(前大靜脈, cranial vena cava) 3. 동맥관(動脈管, ductus arteriosus) 4. 하행대동맥(下行大動脈, descending aorta) 5. 폐동맥(肺動脈, pulmonary artery) 6. 폐(肺, lungs) 7. 좌심방(左心房, L. atrium) 8. 대동맥(大動脈, aorta) 9. 좌심실(左心室, L. ventricle) 10. 우심방(右心房, R. atrium) 11. 우심실(右心室, R. ventricle) 12. 폐정맥(肺靜脈, pulmonary veins) 13. 난원공(卵圓孔, foramen ovale) 14. 간동맥(肝動脈, hepatic artery) 15. 장(腸, intestines) 16. 문정맥(門靜脈, portal vein) 17. 간(肝, liver) 18. 제동맥(臍動脈, umbilical arteries) 19. 후지(後肢, hind limbs)와 골반(骨盤, pelvis) 20. 후대정맥(後大靜脈, caudal vena cava) 21. 간정맥(肝靜脈, hepatic veins) 22. 정맥관(靜脈管, ductus venosus) 23. 제대(臍帶, umbilicus) 24. 제정맥(臍靜脈, umbilical vein) 25. 태반(胎盤, placenta)

제동맥(臍動脈)은 복벽추벽(腹壁皺壁, peritoneal fold), 즉 겸상인대(鎌狀靭帶, falciform ligament)내 제대(臍帶)로부터 앞을 지나 복록(腹綠) 가까운 간으로 들어간다. 제정맥에 의하여 태반으로부터 심장으로 돌아오는 혈액은 어느 혈액보다 높은 O_2량을 지닌다.

여러 분지의 제정맥(臍靜脈)들이 문맥 중에 문맥과 연결되기 전에 간실질(肝實質)로 들어가고, 문맥동으로부터 정맥관(ductus venosus)은 후대정맥에 직접 관(channels)을 형성한다. 정맥관은 반추류와 육식동물에 있어서 태아가 생활하고 있는 동안 남아 있게 되나, 돼지 태아와 말 태아에 있어서는 잠시 동안만 존재하게 된다. 혈액은 문맥(portal vein)과 간동맥(hepatic artery)에 의하여 태아의 간으로 들어가고, 정맥관(ductus venous)과 간정맥(hepatic veins)에 의하여 간을 떠나 후대정맥으로 직접 들어가게 된다. 후대정맥은 성숙동물에 있어서와 마찬가지로 복벽, 신장, 신우 및 후지로 연결된다. 후대정맥은 우심방으로 들어가 대부분의 혈액(비교적 O_2함량이 풍부한 것)이 정맥간능(tuber-culum intervenosum, crista intervenosa)에 의해 난원공(卵圓孔)을 통하여 좌심방으로 들어간다. 이곳에서 혈액은 폐로부터 폐정맥에 의해 좌심방으로 들어온 소량의 혈액과 합체된다.

난원공(卵圓孔)을 통해서 지나온 후대정맥의 혈액과 폐정맥으로부터 온 혈액은 좌심방으로부터 좌심의 방실판막(left A-V valve)을 지나 좌심실로 들어간다. 다음에 대동맥 반원판막에 의하여 대동맥궁으로 밀려 들어가게 된다. 이 혈액은 제정맥, 문맥, 간동맥, 후대정맥, 폐정맥 등 혼합된 혈액일지라도 심장을 떠나는 어떤 혈액은 산소함량이 아직은 가장 높다. 심장, 두부(頭部), 경부(頸部), 후지(後肢) 등 모두 전대정맥에서 혈액이 혼합되기 전 비교적 많은 혈액을 받는다. 태아의 두개부로부터 심장으로 되돌아오는 혈액은 전대정맥에 의하여 우심방으로 들어간다. 이 혈액은 후대정맥으로부터 전환되지 않은 부위의 혈액과 같이 우심방실판막(右心房室瓣膜)을 통하여 우심실을 통과하게 된다. 우심실로부터 혈액은 폐반월판막(肺半月瓣膜)을 통하여 폐동맥내로 밀려가게 된다.

폐동맥내에 있어서 대부분의 혈액은 동맥관에 의하여 직접 대동맥내로 들어가고, 다음 후대정맥과 완두(腕頭, brachio cephalic)의 분지 또는 대동맥의 첫 분지인 완동맥(腕動脈, brachial arteries)으로 들어가게 된다.

이미 언급한 바와 같이 폐동맥내에 있어서 보다 적은 양의 혈액이 폐로 들어가고, 폐정맥에 의하여 좌심방으로 돌아오게 된다. 동맥관(ductus arteriosus)의 입구 밖에서 대동맥은 심으로 들어오고 나가는 혼합된 혈액을 지니고 있다. 태아의 대동맥은 성숙동물의 대동맥과 같은 분지를 지닌다. 그리고 그외에 외장골동맥(external iliac arteries)이나 혹은 내장골동맥(internal iliac arteries)의 직·간접으로 분지를 내고, 이 두 개의 큰 제동맥은 태반에 혈액을 운반하고, 그곳에서 태반 모세혈관을 통하여 순환을 하여 모체의 혈액으로부터 영양분과 O_2를 받고 태아의 노폐물을 모체로 보낸다.

요약하면, 제대정맥은 산소함량과 영양분이 많고, 태아의 어느 혈액보다도 노폐물이 적은 순수한 혈액을 지닌다. 혈액이 심장을 향하여 운반되어지면 혈액은 간(문정맥, 간동맥, 간정맥)과 후대정맥으로부터 순수하지 못한 혈액과 희석된다.

이 혼합된 혈액은 우심방으로 들어가고 대부분의 혈액은 난원공(卵圓孔)을 지나 좌심방으로 들어가 그곳에서 폐정맥에 의해 심장으로 돌아온 혈액에 의해 더욱 희석된다. 이 혈액은 우심실로부터 폐동맥과 동맥관을 통하여 나온 혈액이 대동맥 내에서 더 희석되기 전 심장, 두부, 전지에 혈액을 공급한다.

Barcroft는 폐내의 공기가 들어가자마자 좌우 심방의 혈압이 전도되기 때문에 난원공이 폐쇄된다고 하였고, 또한 제대(臍帶)를 결찰한 후 수분내에 동맥관이 폐쇄한 다음 난원공이 폐쇄된다고 하였다. 동맥관의 궁극적 폐쇄는 벽내의 평활근에 의하여 일어나고, 동맥관에 도달하는 혈액 중 산소량의 증가에 의하여 수축이 촉진된다. 태아의 호흡운동은 뇌내에 위치하는 호흡중추를 억제함으로써 나타나지만, 이 억제는 극복될지 모른다. 그리고 호흡운동은 제대절단, 결찰, 태아처리, 외부자극의 복합에 의하여 시작된다고 한다. 모체가 신생동물을 핥고 축주는 거친 천으로 비벼주고 하는 것은 인공호흡 또는 자극의 수단으로서 역할이 된다.

4) 림프계

림프계(lymhatic system)는 림프조직과 관계되는 림프관과 체의 림프조직이 포함되며, 림프계는 정맥순환을 증가시키고 평형을 유지시켜 주로 조직액을 보내는 계통으로서 역할을 하며, 그리고 세포간 액압의 조절을 돕는다. 또한 림프계는 유독물질에 대해서 조직액을 여과함과 이물을 식균하는 방어기전으로서 역할을 함으로써 감염을 제한시키고 항체를 형성하는 데 조력을 한다.

림프양(淋巴樣) 조직은 망상결합조직섬유 사이에 함몰되어 있고, 림프구의 축척으로 구성되어 있다. 림프양 조직은 어떤 장기, 즉 장점막과 같은 곳에는 미만성으로 산재하여 있고, 림프양 조직의 집합이 피낭되어 특수기관을 만드는데, 이에는 림프선, 편도선, 흉선, 비장 등이 있다.

(1) 림프관

림프관(lymph vessels)은 정맥계통과 대등한 관을 구성하여 결국 전대정맥 또는 그 지류와 연결된다. 가장 작은 림프관은 림프모세혈관으로서 조직세포 사이에서 시작되고, 정맥계통에 의해서 흡수되지 않는 조직액을 집합시킨다. 조직액이 림프관으로 들어가면 림프라고 하나 원래 혈액으로부터 유도된 액으로 구성되어 있으며 혈액으로 돌아온다.

림프모세혈관은 대부분 조직 전반에 걸쳐 다소 복잡한 그물망을 형성한다. 체의 여러 곳에서 유도된 대부분의 림프는 결국 흉관, 우림프관, 기관에 의해 정맥계통으로 돌아온다. 이 림프관들은 전대정맥(前大靜脈)이나 혹은 경정맥(頸靜脈)으로 들어간

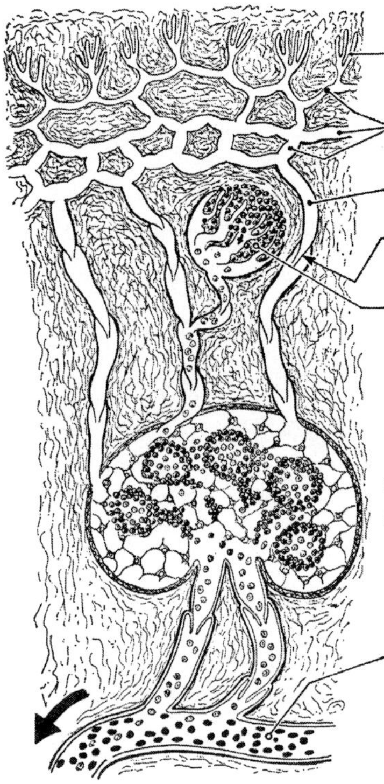

그림 11-9. 림프관 배액의 일반적인 모형도

다. 여러 면에서 림프관은 정맥과 비슷하다.

림프관은 노선에 걸쳐 많은 수의 판막(瓣膜, valve)이 산재해 있다. 림프관의 벽은 동맥과 정맥의 벽보다 얇다. 림프관의 판막은 심장이나 혹은 심방 바로 전방에 대정맥으로만 림프가 흐르도록 조절되고 있다.

유미관(乳糜管, L. lact-milk)은 장벽에 분포되어 있는 특수군의 림프관으로서 이 관은 소장으로부터 지질(lipid)을 흡수한 다음 유양액(乳様液, milky fluid)으로서 나타나기 때문에 유미(乳糜, chyle)라 부른다.

(2) 림프절

림프절(lymph nodes)을 일명 림프선(lymph gland)이라고도 하고, 림프관을 따라 산재된 결절상조직이다. 이들 림프선은 림프를 여과하는 역할을 하고, 항체를 만드는 림프구와 형질세포와 세균을 식균하는 대식세포들이 정박되어 있어 감염에 대한 제1 방어선의 역할을 한다. 각 림프선은 주변 결합조직과 섞인 결합조직 피막에 의하여 둘러싸여 있고, 이들 결합조직은 적소에 림프선을 고착시키는 역할을 한다. 이 피막은 또한 많은 결합조직 중격(中隔)을 림프선 실질내로 보낸다.

림프절은 피질(cortex)과 수질(medulla)로 나뉘고, 많은 수의 림프구를 지니고 있다. 피질내에 림프구는 진하게 염색되는 군으로 배열되어 제 1 소결절(primary nodules)이라고 한다. 제 1 소결절 내에 밝게 염색되는 부위를 제 2 소결절(second nodules)이라 한다. 제 2 소결절은 세포증식이 빠른 부위로서 배아중심(germinal center)이라고도 부른다.

림프절 수질부의 림프구들은 결절(nodules) 형태라기 보다는 삭상(索狀, cords)으로 배열을 이루고 있다. 림프구 이외의 림프절에 때로는 결합조직 세포로 분류되는 형질세포들을 지니고 있다. 형질세포는 체내에서 만들어지는 항체의 주요 원천이라고도 할 수 있다. 형질세포는 림프구보다 다소 크고, 시계 다이얼의 형태나 혹은 마차 바퀴의 형태로 배열되어 진하게 염색된 과립을 지니고 있다. 세포질은 RNA(ribonucleic acid) 과립이 풍부한데 광범위한 단백질합성을 한다고 할 수 있다.

림프절 피막 바로 밑에 피질의 림프동(lymphsinus)이라 하는 극(隙, space, crena)이 있는데, 피질과 수질부 내에 위치하는 다른 림프동과 연결된다. 림프가 피질동 내로 들어가 피질과 수질을 통해 서서히 여과되고, 여과되어진 곳, 즉 림프절의 내(內, internal)를 빠져 나가게 되며, 이 내(內)로는 혈관, 신경이 들어가고 수출림프관(efferent vessels)이 나가는 곳이 된다. 림프절을 통해서 림프가 운반되는 림프관은 피막을 통해서 들어가는데 이를 수입림프관(afferent vessels)이라고 하고, 여과된 림

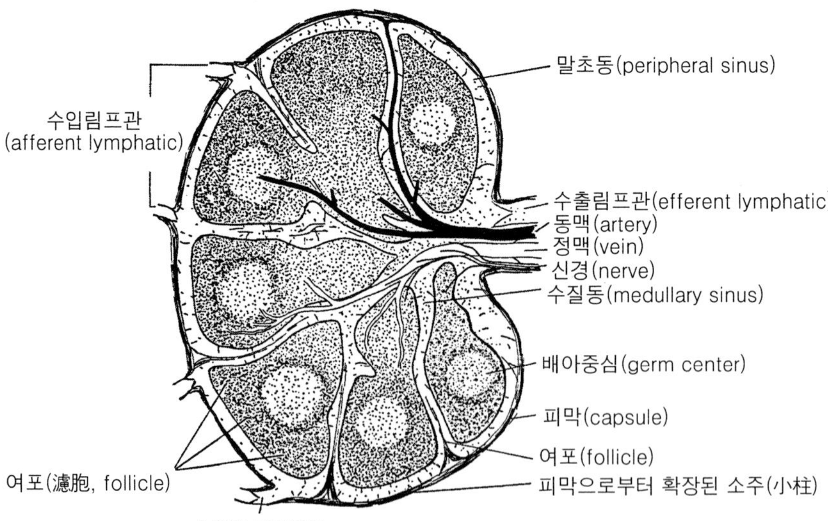

그림 11-10. 전형적인 림프선의 모형도

프액을 림프절로부터 멀리 운반하는 관을 수출림프관(effernet vessels)이라고 한다. 림프관 이외에 각개의 림프절은 그 자체에 혈액공급을 하는 혈관과 정맥을 가지고 있다.

표 11-1. 소의 림프절

Name of Node	Location of Node
Mandibular	In mandibular space, about 2 inches cranial to angle of mandible
Parotid	1 inch in front of and just below external meatus of ear
Retropharyngeal	Dorsal to pharynx, close to midline
Atlantal	Ventral to wing of atlas
Cranial cervical	Cranial third of neck on common carotid artery
Middle cervical	Middle third of neck on course of common carotid artery
Superficial cervial (Prescapular)	Above shoulder joint covered by brachiocephalicus muscle
Axillary	On medial side of shoulder near brachial plexus
Prepectoral(postcervical)	At entrance to thorax on each side of trachea
Popliteal	Behind stifle on gastrocnemius between semitendinosus and biceps femoris
Ischiatic	At lesser sciatic notch of pelvis
Prefemoral	In front of thigh just above stifle
Superficial inguinal (Supramammary)	Bulls-in front of external inguinal ring (Cows-above posterior part of udder)
Deep inguinal	Where circumflex iliac artery leaves external iliac artery
Sacral	Ventral surface of sacrum
External iliac	At bifurcation of circumflex iliac artery
Internal iliac	At junction of external iliac artery and aorta
Anal	Floor of pelvis lateral to anus
Lumbar	Sublumbar region along abdominal aorta
Renal	At hilus of kidney on renal artery
Gastric	On course of gastric blood vessels and between folds of stomach
Mesenteric	Along attached border of intestine between layers of mesentery
Splenic	At hilus of spleen
Hepatic or portal	At hilus of liver near vessels
Intercostal	Between ribs near thoracic vertebrae
Sternal	Dorsal surface of sternum on course of internal thoracic artery
Bronchial	On trachea near branching of main bronchi
Cranial mediastinal	Along trachea and esophagus caudal to thoracic inlet
Caudal mediastinal	Between esophagus and aorta cranial to diaphragm

림프선은 신체의 전반에 산재하여 있고, 각 림프선의 상태는 주변의 병소나 건강상태에 따라서 차이가 있다. 만약 특수부위에 감염이 있다면 그 부위의 림프절은 감염에 대하여 반응을 일으키기 때문에 크기가 증가한다. 예를 들면, distemper와 선역(腺疫, strangles)에 감염된 말은 비강(nasal casity)과 인두(pharynx)에 감염되어 하악림프선(mandibular lymphnodes)은 심한 종창을 일으킨다.

하악림프선은 비강·입·인두로부터 수입림프관을 받으며, 만일 첫 림프선에서 감염이 끝나지 않으면 세균이나 다른 감염인자는 수출림프관을 따라 다음 림프절에 옮겨진다. 이들 림프절도 다시 감염에 대하여 반응을 일으켜 크기가 증가한다.

암세포 또는 감염인자는 림프관에 의해 체(體) 전반에 퍼져 들어가는데, 종양(cancer)을 외과적으로 제거할 때 만연 확대를 방지하기 의하여 암부(癌部) 주변에 림프선을 제거할 필요가 있다.

혈림프절(hemal lymphnodes)은 소와 면양에서 관찰되는 암적(暗赤) 또는 이색(異色)의 작은 구조물이다. 이 혈림프절은 림프절과 비슷하고 작은 혈관로선(血管路線)에 삽입되어 있다.

(3) 비장

비장(脾臟, spleen)은 순환기와 관계있는 림프양(淋巴樣) 조직으로서, 비장은 반추류에 있어서 직접 제1위(胃)에 접촉되어 있거나 혹은 위비망막(胃脾網膜, gastrosplenic omentum)에 의해 부착되어 있으며, 비장의 모양은 동물종에 따라서 매우 차이가 있다.

닭에 있어 비장은 거의 구형의 모양이고, 반면에 다른 동물에 있어서는 다소 장타원형이다. 비장은 두터운 피막을 가지고 있고, 이 피막으로부터 비중격을 내어 비장 내부로 침입하여 일정한 기질을 형성한다. 혈관은 비장의 문(門, hilus)을 통해서 들어가고 나오며, 비정맥은 비장으로부터 혈액을 내보내 문정맥에 지류로 연결된다.

비장은 혈액 저장부로서 기능을 하고 비장의 크기는 개체간, 동물종 간이나 주워진 시간에 비장 내에 존재하는 혈액량에 따라서 차이가 있다. 비장은 망상내피계[reticulo-endothelial(macrophage) system]의 일부분으로서 비수(splenic pilp)를 통과할 때 파괴된 낡은 적혈구 조각편을 식균한다. 비장은 매우 유용한 장기이지만 성숙동물에 있어서는 절대적으로 필요한 기관은 아니다. 이는 다른 장기에 의하여 비장 기능을 대치할 수 있기 때문이다.

제 12 장

순환생리

순환생리에 관한 연구는 매우 복잡한 과제라고 할 수 있으며, 순환생리에는 심장주기(cardiac cycle), 순환액의 기능, 혈압관계, 생체 전류 및 신경활동, 화학 및 물리학적 원리 등 자세한 과제 등이 있다. 순환기계통과 주택에 있어서 피스톤-펌프수도계와 비교하면 다소 비슷한 점이 있다. 수도계통이 순환기와 비교할 때 매우 단순한 것 같지만 각기 해결하여야 할 같은 문제를 지니고 있다.

심장은 사실상 심방내로 혈액을 받을 수 있는 두 펌프로 다음에 같은 혈액을 심실로부터 조직으로 보내고, 다시 돌아오게 하는 펌프작용을 한다. 심장은 혈액을 적당한 순서로 한 방향으로 이동시키는 데 필요한 개폐 판막을 가지고 심장 자체의 근육작용에 의해서 혈액을 추진해 나가게 하는 힘을 지니고 있다.

1. 심장주기

심장주기(cardiac cycle)는 한 완전한 심박동을 하는 동안 나타나는 작용의 순서를 말한다. 심장주기 혹은 심박동의 결과는 편의상 결과를 기술하는데, 상(相, phase) 또는 기(期, periods)라는 말을 사용하며, 사실상 심장주기는 연속되어 있다.

확장기(diastole)이라 함은 심방을 채우기 직전과 채우는 동안 심방이 확장된 상태를 말한다. 이는 좌우심방과 좌우심실의 확장이다.

수축기(systole)는 심방을 비우기 위하여 심방이 수축되는 것을 말한다. 좌우심방수축과 좌우심실수축이 있으며, 혈액이 전신순환으로부터 우심방, 그리고 폐로부터 좌심방으로 들어갈 때 심방내의 용적과 압력이 상승한다. 이러한 현상은 확장하는 동안 나타난다.

심방압(心房壓)이 심실압(心室壓)을 능가할 때 방실판(房室瓣, A-V valve)은 혈

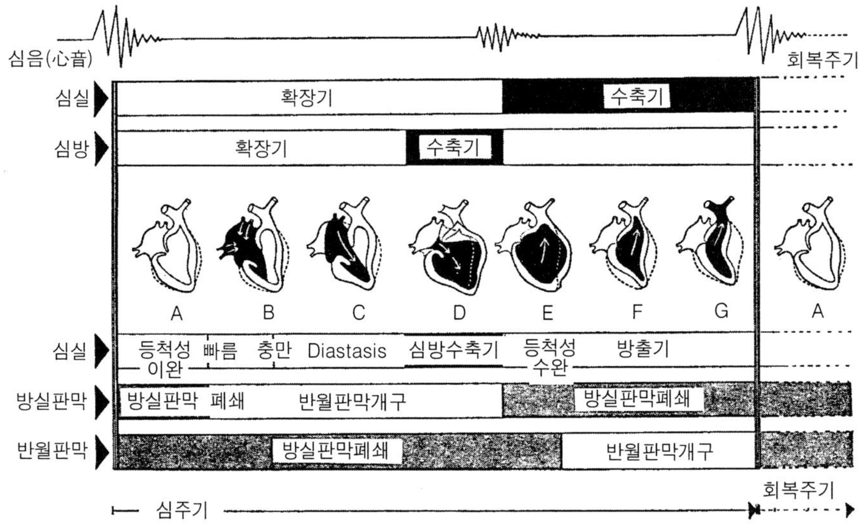

그림 12-1. 심장주기

액이 이완될 심실내로 흐르도록 열린다. 이때 대부분(약 70%)의 심실을 채우며, 이 현상은 심방이 수축하기 전에 나타난다. 다음 심방은 해소되고, 수축하여 나머지의 심방이 혈액이 심실로 밀려들어가게 된다. 이어 심실용적과 압이 증가한다.

심방확장(atrial diastole)이 되면 심실은 수축에 대해서 분극(分極, depolarize)이 된다. 이 때보다 큰 심실압이 생겨 방실판막은 폐쇄시키고, 잠시 동안 모든 심장판막은 폐쇄된다. 이를 등용성 수축기[isometric(isovolumetric) phase]라 하는데, 이는 압력과 근육긴장이 구축되나 근육섬유의 길이는 변화가 없다. 다음 구축된 심실압은 동맥압을 능가하여 대동맥판막과 폐동맥반월판을 개구하도록 한다. 혈액은 좌심실로부터 대동맥으로, 그리고 우심실로부터 폐동맥으로 밀려들어간다.

수축 초기의 빠른 구출기(驅出期, initial rapid ejection phase)에 이어 감구출기(減驅出期, reduced ejection phase)가 오고, 이 기간 동안 심실압이 떨어지고 재분극(repolarization)이 나타난다. 심실압이 떨어지고 동맥압이 심실압을 능가하기 시작할 때 원이완기(原弛緩期, protodiastole phase)가 오게 된다.

동맥압은 동맥벽의 탄성력으로 인해서 혈액을 뒤로 흐르도록 하고, 대동맥판막과 폐동맥반월판막(제2 심음을 나타낸다)은 닫힌다. 이 순간 방실판막도 닫히게 되고, 혈압이 심실 수축시 강하게 된다. 그래서 심근섬유가 이완하는 동안 같은 크기의 이완을 하게 되고, 혈액이 심실로 들어가지 않기 때문에 심근섬유는 증가되지 않는다. 이 기(期, phase)에 확장이 시작되며, 심방은 다시 채워지고 압력이 심실압을 능가할 때

주기가 반복될 것이다.

1) 심 음

심장박동에 수반하여 발생하는 진동음을 심음(心音, heart sounds)이라 하며, 흉벽에서 들을 수 있다. 흉벽 위에 청진기의 수신기나 귀를 대면 부정하게 반복되는 두 개의 명백한 소리를 들을 수 있다. 심음에는 제Ⅰ, 제Ⅱ, 제Ⅲ 및 제Ⅳ 음이 있다. 사람이 소리로서 들을 수 있는 진동수는 16~20,000 Hz이고, 심음(心音)의 진동수는 20~150 Hz인 저음역이다. 따라서 제Ⅰ, 제Ⅱ 음은 귀로 들을 수 있으나 제Ⅲ, 제Ⅳ 음은 심음계(phono cardiograph)에 의하여만 기록이 된다.

① 제Ⅰ 음은 심실의 수축개시 시에 듣기는 낮고 둔한 음이며, 방실판(房室瓣)의 폐쇄와 반월판(半月瓣)의 개방에 따라 나타나며, 심근의 긴장 증가에 따른 진동, 혈액의 박출에 따른 동맥간부의 벽 진동음이 가해진다.

② 제Ⅱ 음은 심실의 등용성 이완기에 발생하며, 제Ⅰ 음에 비하여 좀 높고 날카로운 소리이다. 이 소리는 반월판이 급히 폐쇄될 때 발생하는 진동음이 주가 된다.

③ 제Ⅲ 음은 방실판이 열려 심방에서 심실로 혈액이 유입될 때 마지막에 심방근의 이완에 따라 급히 감소되어 모든 방실계의 진동에 의하여 발생한다. 말과 개에서 청취될 수 있다.

④ 제Ⅳ 음은 심방이 수축해서 심실이 혈액으로 충만하여 확장할 때 발생한다. 말에서 청취된다.

⑤ 정상적인 심음과는 다른 심음이 들릴 때 이것을 심잡음(heart murmur)이라 한다.

2) 판막 이상

판막이 완전히 닫히지 않으면 혈액은 다른 방향으로 그리고 시간이 맞지 않게 흐른다. 이 상태를 판막폐쇄부전(valvular insufficiency)이라고 하며, 잡음(murmur)을 내게 된다. 반면에 판막이 반흔조직(瘢痕組織)이나 비후 때문에 완전히 개구가 안 되는 상태를 협착(stenosis)이라고 한다. 협착과 관계되는 잡음은 혈액이 너무 작은 개구부를 통해서 나가기 때문에 생긴다. 폐쇄부전과 협착은 작업부담을 증가시키고, 폐쇄부전시 얼마만큼의 혈액이 한 박동동안 2회 주입되고, 협착시는 작은 개구부에 보다 저항이 생긴다.

심내막염(endocarditis)은 심내막의 염증으로서 심판막에 병적변화가 보통 원인이 된다. 돼지에 있어서 돈단독 감염은 흔히 심내막염을 일으킨다. 사람에 있어서는 류마티스 열(rheumatic fever)시 심내막염을 일으킨다.

2. 심장의 전도계

심박동(heart beat)은 심장의 향도잡이(pacemaker)라 하는 동방결절(洞方結節, sinoatrial node, S-A node) 내에서 시작되며, 이는 전대정맥과 우심방 연접부에 위치하는 특수화된 심근세포의 집합체이다. 동방결절로부터 자극은 심방 전반에 만연되어 심방수축시 이들로 수축을 일으킨다. 특수한 섬유가 동방결절이 방실결절과 연결되었다는 증거는 없고, 단지 정상 심방근육섬유라 기술하고 있다. 심방 사이 중격(中隔, septum) 내에 위치하는 방실결절(房室結節, atrioventricular node, A-V node)은 방실근육막의 탈분극(depolarization)으로부터 자극을 시작하여 방실속(房室束, bundle of His, A-V bundle)과 푸르키니에 망상체(網狀體, purkinje network)에 의하여 심실근육으로 자극을 전달하여 심실수축을 일으킨다. 이 전도계(傳導係, A-V node, A

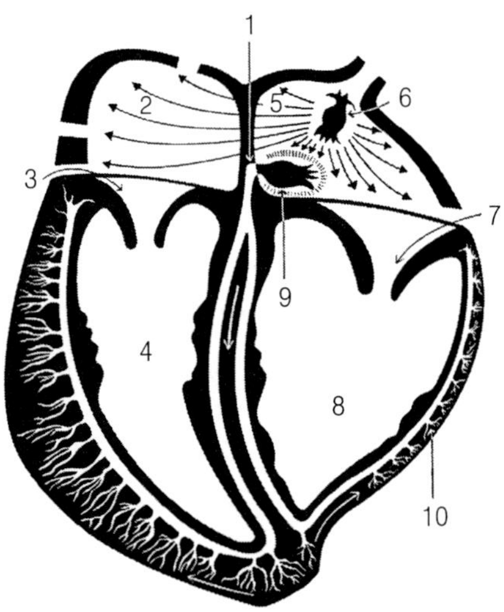

그림 12-2. 심장의 자극전도계

1. 방실속(房室束, atrioventricular bundle)과 분지(分枝) 2. 좌심방(左心房, left atrium) 3. 좌방실판막(左房室瓣膜, left A. V. valve) 4. 좌심실(左心室, left ventricle) 5. 우심방(右心房, right atrium) 6. 동방결절(洞房結節, sinoatrial node) 7. 우방실판막(右房室瓣膜, right A. V. valve) 8. 우심실(右心室, right ventricle) 9. 방실결절(房室結節, atrio-ventricular node) 10. Purkinje 망(網)

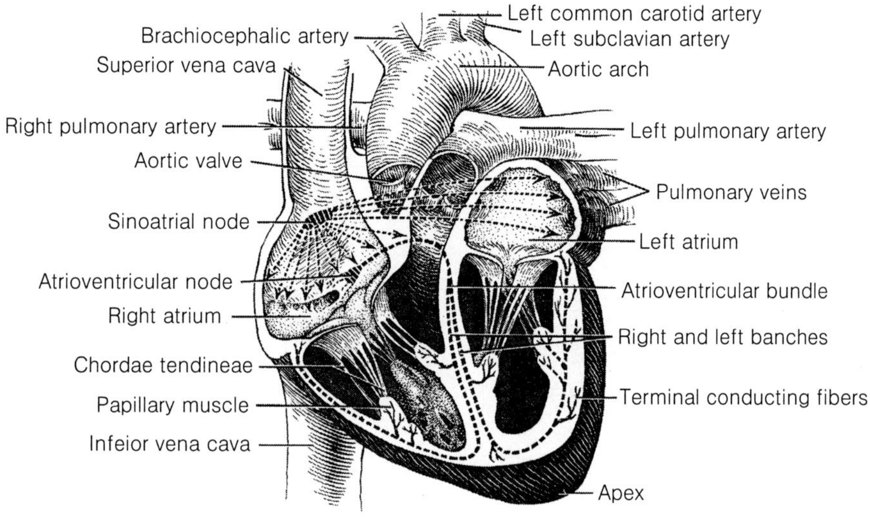

그림 12-3. 내부자극 전도계의 기전모형도

-V bundle, purkinje network)는 변형된 심근세포로 구성되어 있고, 심방으로부터 심실까지 자극을 전달하는 유일한 전도를 구성하고 있다.

방실분리(heart block) : 자극도가 중절된 것을 말한다. 가장 흔한 중절은 방실속(房室束) 내에서 나타나고, 심방과 심실 사이에 연결이 되지 않은 상태이다. 그러나 심방은 정상속도로 박동을 계속하나, 심실 박동은 보다 느리고 심방 박동과는 전혀 관계가 없게 된다.

3. 심박동의 조절

동방결절(洞方結節)에 의하여 그리고 방실결절(房室結節), 방실속(房室束, A-V bundle), purkinje 섬유를 통한 심박동의 내부 조절은 외측의 신경조절 없이 규칙적으로 심박동을 유지하기에 충분하다. 그러나 심박동률과 수축의 강도는 자율신경계에 의하여 조절된다.

부교감신경섬유(parasymphathetic fibers)가 2개의 미주신경(vagus nerves)으로부터 심장에 도달하고, 심장의 교감신경섬유는 교감신경계통의 두 성상 신경절(stella ganglia)로부터 유도된다. 미주신경의 자극은 심근 수축력, 수축률, 심장내의 자극전도율, 관상동맥을 통하는 혈액은 감소시키는 등 심장의 작용을 억제하는 경향이 있다.

교감신경 자극은 수축력, 수축률, 자극전도율, 관상혈류를 증가시킴으로써 심장의 활동을 증가시킨다. 부교감신경 자극은 신체의 다른 부분이 상대적으로 분할할 때 심장을 더욱 쉬도록 한다. 그러나 교감신경 자극은 육체적인 활동이 증가 또는 자극이 있는 동안 횡문근·간·뇌 등에 보다 많은 혈액을 공급하기 위하여 심장활동이 증가된다. 일반적으로 정상 심박동률은 소동물일수록 빠르고, 그리고 동물의 크기가 클수록 느린 경향이 있다. 예를 들면, 쥐의 심박동률은 매분당 325～850회이지만, 코끼리의 심박동률은 매분당 약 20회 정도이다.

Duke에 의한 가축에 있어서 정상 심박동률은 말 23～70, 소 60～70, 돼지 55～86, 면양 60～120, 산양 70～135, 개 100～130, 고양이 110～140, 닭 200～400 등이다.

4. 혈액량

체내에 있어서 혈액량은 전 체중의 약 7%이다. 1000 Lb의 체중이 나가는 말에 있어서 혈액량은 약 70 pints(32.9l, 1 pint = 0.47 l) 정도이고, 20 Lb 체중의 개에 있어서는 1～2 pints(0.47～0.94 l) 정도이다.

어느 동물에 있어서 신체를 통해 순환하는 혈액은 항상 일정한 양으로 순환한다. 이 혈액을 밀어내는 데 필요한 힘은 주로 심장에 의해 이루어진다. 그러므로 압력하에서 심장으로 유도된 혈액은 심방실로부터 혈관으로 밀리고, 심장이 기능을 수행함에 있어 혈액이 항상 공급되기 위하여서는 항상 충분한 혈액이 심장으로 돌아와야 한다. 심장과 혈관은 폐쇄된 순환기계이고, 그 내의 혈액은 항시 심장으로부터 말초로 이동함을 되풀이 한다. 불변의 운동을 유지하기 위하여서는 혈압의 차이가 있어야 한다. 심실 내에서는 압력이 가장 높고, 그리고 심방으로 들어오는 가장 큰 정맥은 가장 낮다.

5. 심장내압의 관계

성숙동물에 있어서 좌심[左心, left heart(left atrium, left ventricles)] 내압은 우심[右心, right heart(right atrium, right ventricles)] 내압보다 상당히 높다. 같은 용적의 혈액이 두 곳의 심장에서 펌프된다고 할지라도 전신순환의 저항을 보다 훨씬 크다. 결과적으로 좌심에 의하여 생겨난 압력은 우심에 의해 생긴 압력보다 훨씬 크다.

심장수축에 영향을 주는 대부분의 반사작용은 전신순환과 관계가 있다고 기술하고 있다. 폐순환을 조절하는 기전에 대해서는 별로 알려진 바 없으나 전신순환 변화와 관계는 잘 알려져 있다.

만약 폐순환에 대한 저항성의 증가가 며칠 또는 몇 주일 계속되면 우심은 폐순환에 대한 추가적인 저항을 극복하기 위하여 우심실(右心室)에 압이 증가하기 때문에 충분히 비대(근세포 크기가 증가)된다.

폐동맥을 실험적으로 폐쇄시키면 우심실의 압력이 증가하여 좌심실(左心室)내 만큼 높게 되고, 심장의 혈관과 심방내에 상호 압력은 판막이 개폐될 때 결정된다. 다른 말로는 심방내에 압력이 해당 심실보다 높을 때에는 언제든지 방실판막이 개구된다. 심실압이 동맥압보다 높을 때에는 대동맥과 폐반월판막(肺半月瓣膜)이 열리고, 심실압이 동맥압보다 떨어질 때에는 반월판막(半月瓣膜)이 닫힌다.

6. 혈관내의 혈압

혈압(blood pressure)은 혈액이 혈관벽에 저항하는 압력으로서 결정한다. 최초의 압(initial pressure)은 심실의 수축에 의해서 생기는데, 이를 수축압(systolic pressure)이라고 한다. 혈액의 탄력성이 큰 동맥내로 밀리면 벽이 신전되고 확장을 일으키게 되며, 심실이 이완될 때 반월판막의 폐쇄로 동맥으로부터 심장으로 혈액이 되돌아오는 것을 저지시키고, 작은 동맥초에서는 모세혈관으로 혈액의 흐름이 저지된다. 동맥의 탄력성벽에 미치는 압은 동맥내에 혈압을 유지시키고, 심실이 이완되면 혈액이 모세혈관내로 원활하게 흐르게 된다. 이 작용은 작은 구멍을 가진 얇은 벽의 정원용 고무호스와 비교될 수 있다. 물은 호스벽의 탄력성 때문에 꼭지가 폐쇄된 후 얼마동안 구멍을 통해 흐름이 계속된다.

한쪽의 심장은 한 개의 원형 피스톤 펌프라고 할 수 있고, ① 받아들이는 판막(intake valve)으로 방실판막(房室瓣膜, A-V valve), 내보내는 판막(exit valve)으로 반월판막(半月瓣膜, semilunar valve), 기압이 있는 방(air-pressure chamber)에 의한 대동맥의 탄력성 등이 있다. ② 이 외에 여러 부위로 분배의 조절과 압력의 유지는 소동맥초의 근성벽(筋性壁)으로 된 감압조절판막(pressure-reducing control valves)에 의해서 이루어진다.

7. 혈액의 분배

여러 부위로 혈액량 분배 조절작용은 부위에 따라 때때로 매우 차이가 있기 때문에 확실히 필요하다. 암소의 각근(脚筋)은 달리고 있을 때 어느 부위보다 더욱 많은 혈액이 필요하게 되고, 복강장기는 소화작용이 이루어지는 기간동안 더욱 많은 혈액이 필요하게 된다. 젖소에서는 달릴 이유가 없기 때문에 특히 착유 전에 어느 때보다도 많은 혈액이 필요하게 된다.

혈액분배는 분배동맥(distributing arteries)이라고 하는 적당한 크기에 동맥에 의하여 부분적으로 조절된다. 이들 동맥의 벽에는 평활근이 많이 분포되어 있고, 이 근육은 강(腔) 크기를 조절하며, 결국 동맥을 통해서 흐르는 동맥량을 조절한다. 추가적인 조절은 동맥 중에서 가장 작은 동맥초(arterioles)에 의해서 이루어진다.

이들은 이미 언급된 바와 같이 동맥확장압을 유지하는 기능을 하고, 모세혈관으로 들어가는 혈압을 감소시킨다. 이 마지막 기능은 새로 심은 잔디가 뽑히는 것을 피하기 위하여 높은 압력의 호스 위에 가는 분무공을 사용함과 비교할 수 있다.

혈액이 모세혈관으로 들어감으로써 동맥초에 의하여 미친 압력은 극적으로 떨어지게 되는데, 이는 얇은 모세혈관벽이 동맥측의 동맥초에서 나타나는 고압을 유지할 수 없기 때문이다. 압력의 하강은 그 부위에 혈관층의 많은 관이 증가되어 혈액이 분산되어 들어감으로써 이루어진다. 그리고 모세혈관 내에서 교환이 촉진된다. 앞에서 기술한 바와 같이 동맥으로부터 모세혈관, 소정맥, 정맥, 대정맥으로 혈액이 계속 지나감에 따라 혈압이 떨어진다. 실제로 음압(陰壓, negative pressure)은 호흡의 흡기시에 대정맥내에서 나타난다.

횡경막의 수축은 2가지 방법으로 심장으로 정맥혈이 돌아오는 것을 돕는다고 한다. 흉부내의 음압은 혈액이 전대정맥 및 후대정맥으로 들어오도록 유도되고, 흉부내에 정맥입구 근처에 큰 판막이 설치되어 있다. 이 외에 복강장기 위의 압력 증가는 횡경막의 수축에 의하여 일어나고, 혈액이 후대정맥에 의하여 복강정맥으로부터 흉부내로 밀리게 한다.

8. 혈류의 측정

혈압은 단독으로 혈액순환을 야기시키지 못하나 혈압의 차이에 따라 혈관의 일단으로부터 다른 부위로 혈액이 이동되도록 한다. 예를 들면, 증기 보일러는 매평방 인치당 수백 파운드의 압력을 가지고 판막이 개구되어질 때까지 물이나 증기의 이동은 거의 없고 그 부위에 압력이 감소된다.

혈류는 매분당 수 gallons이나 또는 매초당 milliliters 등과 같은 시간당 용적 수치의 단위로 측정한다. 이것은 압력과 저항 양자와 관계가 있다. 혈류의 양은 압력에 대하여 정비례하고, 저항에 대하여 반비례한다. 혈류에 대한 저항은 주로 혈관벽에 액과 액 사이의 마찰 때문에 생긴다. 이 저항은 긴 혈관과 점조성이 많은 혈액에서 증가한다. 그러나 마찰과 저항은 보다 큰 직경을 가진 혈관 내에서는 감소된다. 요약하면 저항은 혈관 길이와 액의 점조성에 정비례하나, 혈관 반지름의 fourth power에 비례한다. 이들 관계를 다음 공식에 의해 표현할 수 있다.

$$\text{혈류(blood flow)} = \frac{\text{혈압(blood pressure)}}{\text{저항(resistence)}}$$

$$\text{혈압(blood pressure)} = \text{혈류(blood flow)} \times \text{저항(resistence)}$$

$$\text{저항(resistence)} = \frac{\text{혈압(blood pressure)}}{\text{혈류(blood flow)}}$$

Poiseuille's low라 하는 공식은 혈압, 혈관의 길이, 혈관의 직경, 점조도를 위시하여 알려져 있는 모든 요인이 혈류의 수치로 나타낸다.

$$\text{Rate of flow} = \frac{P^1 - P^2}{8L} \times \frac{nr^4}{n}$$

P_1과 P_2는 길이 L과 반지름 r의 혈관 단위에서 압이고, 반면에 n은 점조도(viscosity)이다. 이 공식은 혈류가 streamline(Laminar fashion)일 때 적용되나, turbulent flow의 경우에 있어서는 적용되지 않는다.

Reynolds number(NR)는 다음 공식에서 얻을 수 있다.

NR = VDP/N

V=flow velocity, D=tube diameter, P=fluid density, N=fluid viscosity

9. 맥 박

좌심실의 매 수축시는 이미 확장압(diastolic pressure)하에 의하여 혈액으로 채워진 동맥과 세동맥내로 보다 많은 혈액이 밀려들어간다. 수축(systole)시 추가적인 혈액은 동맥을 확장시킨다. 심장에서 시작한 수축압(systolic pressure)의 파(wave)와 동맥망 전반에 혈액이 만연됨을 맥박(pulse, pulse wave)이라고 한다. 이 현상은 체포내에서 느낄 수 있고, 특히 동맥이 밑의 뼈나 또는 다른 단단한 조직 위로 달리고 있으면 더욱 잘 느끼게 된다.

대동물에 있어서 맥박은 안면 동맥(facial artery)에서 느낄 수 있고, 또한 미(尾)의 복측(腹側) 중앙부에 중미동맥(中尾動脈, middle coccygeal artery)에서 느낄 수 있다. 넓적다리 중앙부에 고동맥(股動脈, femoral artery)에 있어 개·고양이·면양·산양과 같은 동물에서는 쉽게 감지할 수 있다. 말에서는 지동맥(趾動脈, digital arteries)에서 맥박을 감지할 수 있다.

10. 파속도

맥파(脈波, pulse wave)의 속도는 동맥을 통해서 이동하는 혈액 속도보다 높다. 대동맥에 있어서 맥파는 약 500 cm 정도로 이동하는 반면에 혈류의 평균 이동률은 매초당 60 cm 이하로 이동된다. 동맥계통에 분지를 내면 그 벽은 분지가 연속됨으로써 직경이 감소되어 뻗뻗하게 된다. 이러한 이유 때문에 맥박속도는 증가한다. 보다 작은 동물에 있어서 매초당 1,000～1,500 cm 만큼 높아질 수 있다.

절단 동맥에서 혈액분출 맥파와 관계가 있고, 결과적으로 심장의 수축과 관계가 있다. 혈류의 실제 평균속도는 동맥내에서 가장 빠르고(370 mm/sec), 모세혈관 내에서 가장 느리며(0.5 mm/sec), 정맥내에서 다시 빨라진다(125 cm/sec).

11. 혈압의 측정

한정된 혈관벽에 대한 혈압이 모든 방향으로 균등하게 미치기 때문에 동맥과 직접 연결되어 있다면 혈액의 주(柱, column)를 어떻게 올리느냐의 결정에 따라 실험적으로 편리하게 측정할 수 있다.

혈압의 첫 측정기록은 1773년에 영국의 목사인 Stephen Hales에 의하여 이루어졌다. Hales 씨는 말의 경동맥 내에 유기관(brass tube)을 놓고, 그것을 12 feet, 9 inch 유리관으로 거위의 기관에 연결시킨다. 혈액은 튜브 내에서 12 feet, 6 inch의 높이로 올라가고 각 심박동에 변동이 생긴다.

오늘날 실험동물의 사용된 직접 방법은 Cannula를 경동맥 내에 삽입시키고, 압력된 혈액이나 혹은 전기 변환기에 연결시키고, 다시 전기학상 전기확대경과 기록기에 연결시키는 외에는 Hales와 같은 원리에 근거를 둔 것이다. 다음 압력변화는 펜이 변환기 내의 변화에 따라 그래프지에 이동을 시작함으로써 영구적으로 기록되고 혈압 변화를 나타내게 된다. 혈압은 편의상 수은주의 눈금 millimeter로서 측정한다. 사람에 있어서 혈압은 간접적으로 혈압계(sphygmonanometer)로서 결정되고, 혈압량은 팔 주위에 동맥내로 흐르고 있는 혈액을 정지시키는 데 필요한 cuff를 장치함으로써 측정된다. 이는 팽창된 cuff에서 원위동맥을 청진함으로 결정된다.

혈압은 cuff 내에 압력이 사라지고 동맥내를 통하는 혈류가 시작되므로 시작된다고 하는데 이를 수축압(systolic pressure)이라 하며, 이는 심장의 수축시 올라갈 수 있는 수은주의 높이를 나타낸다. 다음의 수축압은 적어도 2연속 심박동이 있는 동안 처음 깨끗하게 들리는 소리가 들릴 때 압력계를 읽어야 한다. 이는 Korotkow음이라고 하는 5반응시기(phase periods) 중 반응시기(phase) I 기이다. 압력이 계속 사라지면 소리는 갑자기 떨어지는 점에 달하게 되는데, 이를 부드럽게 분출하는 특성이라고 한다. 이를 또한 반응시기(phase) Ⅳ라 하고, 확장압(diastole pressure)의 최적 지표이다. 반응시기 Ⅴ는 모든 소리가 사라질 때 나타나고, 또한 이를 기록해야 한다.

12. 혈류의 조절

혈류가 제일 먼저 조절되는 것은 심장의 신경조절에 의하는 것 때문에 혈액의 거의 모든 운동이 궁극적으로 심장작용에 의해서 이루어진다. 이미 언급된 바와 같이 심장은 S-A node, A-V node, A-V bundle, Purkinje network의 형태로서 내부 조절장치를 갖는다. 이외에 미주신경은 화학물질인 acetylcholine이 방출됨으로써 심장작용을 억제하고, 교감신경은 전달물질인 norepinephrine을 방출함으로써 심장작용을 촉진한다.

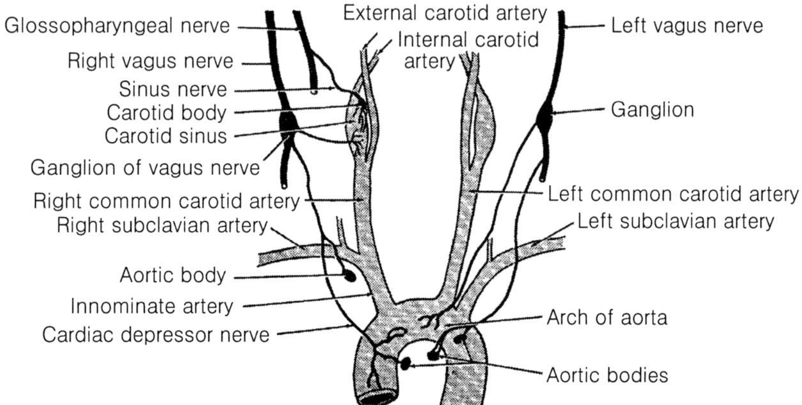

그림 12-4. 사람의 대동맥소체와 경동맥소체

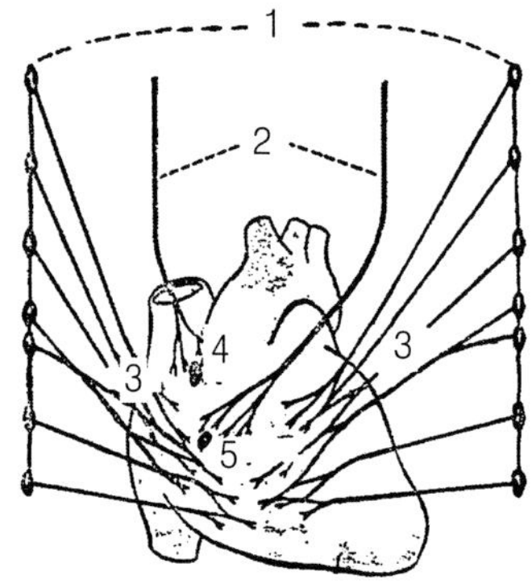

그림 12-5. 심장의 신경분포

1. 교감연쇄(交感連鎖, sympathetic chains) 2. 미주신경(迷走神經, vagi) 3. 교감신경(交感神經, sympathetic nerves) 4. 동방결절(洞房結節, S-A node) 5. 방실결절(房室結節, A-V node)

13. 심장과 관계되는 반사

제 6장에서 이미 자세하게 기술된 반사궁(reflex arc)은 주로 중추신경계에 있어서 구심신경원(求心神經元, afferent neuron, nerve cells)과 원심신경원(遠心神經元, efferent neuron)으로 구성되어 있다. 적당한 자극이 있을 때 구심신경원은 말초로부터 혹은 어느 내장기관으로부터 중추신경계로 신경자극을 전달한다. 개재신경원(介在神經元, internunical neuron)은 자극을 해당 원심신경으로 보낸다. 원심신경원은 자극을 적당한 장기로 보냄으로써 해당기관의 활동이 촉진된다.

반사기전(反射機轉, reflex mechanism)은 자세반사(postural reflexes)와 같은 체반사(somatic reflex)에 균등하게 적용되고, 혈관계통의 기능을 위시해서 장기의 기능을 조절하는 반사로 적용된다. 많은 구심신경(求心神經, sensory)의 자극은 심박동률의 변화를 일으키나 Marey의 법칙에 의하여 운영되는 잘 알려진 심장반사의 구심측(afferent side)을 형성하는 특수신경이 있어 심박동률은 동맥혈압에 대해서 반대현상을 나타낸다. 따라서 혈압이 상승하면 심박동률은 떨어지고, 혈압이 내려갈 때에는 심박동이 상승한다고 말하고 있다.

심방반사(心房反射, bainbridge reflex)는 혈용적이 증가하여 우심방내에 혈압이 상승할 때에는 언제든지 심박동률이 증가한다고 말하고 있다. 그러므로 운동하는 동안 보다 많은 혈량이 근육활동에 의하여 우심방으로 돌아오기 때문에 심박동률은 증가한다고 한다.

심방반사의 개념은 정맥으로 돌아오는 혈량이 증가될 때 심장의 펌프작용의 효력이 있음을 설명하는 데 있다. 미주신경(迷走神經)의 구심신경섬유와 원심신경섬유 양자 다 심방반사에 관여한다.

심방반사의 구심축은 미주신경섬유로 구성되어 있다고 가정하고 있으며, 우심방으로부터 심장억제중추(cardio-inhibitory center)에 자극을 전달한다. 심장억제중추가 억제를 일으킨 다음 심장의 속력이 증가되도록 한다.

심방반사는 정맥성 우심방압(venous right atrial pressure)을 증가시키는 것이 실험에 의하여 증명되었고, 반사에 기여한 보다 빠른 심박동률(heart rate)이 관찰되었다고 보고하고 있다. 규칙적이 아닌 심박동률이 일정하지 않은 양의 혈액을 처리하는 심장의 변화에 대한 가장 수긍이 가는 설명은 “Starling law of the heart”[심장의 starling 법칙(심근의 수축에 의한 혈액 방출도는 충영도에 의하여 정해진다는 설)]라 한다. 이 설은 확장하는 동안 보다 많은 양을 심장에 채울 수 있고, 보다 많은 양의 혈액을 펌프작용에 의하여 내보낼 수 있다고 언급하고 있다. 심장은 들어오는 혈액이 증가하면 심실근내(ventricular muscle)가 더욱 늘어날 수 있기 때문에 간단하게 이 일을 할 수 있고, 다시 보다 강력한 힘으로 심실이 수축을 일으키면 나머지 혈액이 펌프작용에 의하여 내밀리게 된다.

심장의 완서(緩徐)와 말초혈관의 확장의 반사작용은 대동맥궁(大動脈弓, aortic arch)과 경동맥동(頸動脈洞, carotic sinus)으로부터 구심신경이 증가된 동맥압에 의하여 자극을 받을 때 나타나고, 대동맥과 경동맥동은 신전된다. 대동맥신경(aortic nerve)은 심장감압신경(cardiac depressor nerve)으로 알려진 미주신경(vagus nerve)의 분지이고, 경동맥동의 신경은 경동맥 내에서 갈라진 설인두신경(舌咽頭神經, glossopharyngeal nerve)의 작은 분지이다. 경동맥동은 총경동맥(總頸動脈, common carotid artery)의 종말 부분이 확장된 것이다. 일반적으로 구심신경섬유는 제 4 뇌실저(腦室底)의 연수내의 심장억제 중추에 자극을 전달한다.

혈관확장 신경섬유는 소동맥초 벽에 평활근을 통과한다. 부교감 혈관확장 신경섬유는 안면 설인두(舌咽頭) 미주신경, 골반신경에 의하여 운반되어진다. 어떤 배근신경섬유(背根神經纖維)는 원심섬유이든 또는 역행성 자극이든 혈관확장 자극을 전달한다고 믿고 있다.

14. 심전도

심전도(electrocardiogram)란 심장의 활동에 따라서 발생하는 활동전류에 의한 전

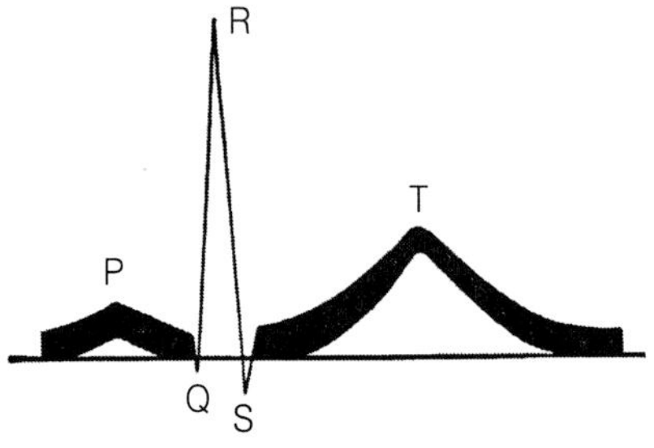

그림 12-6. 심전도파

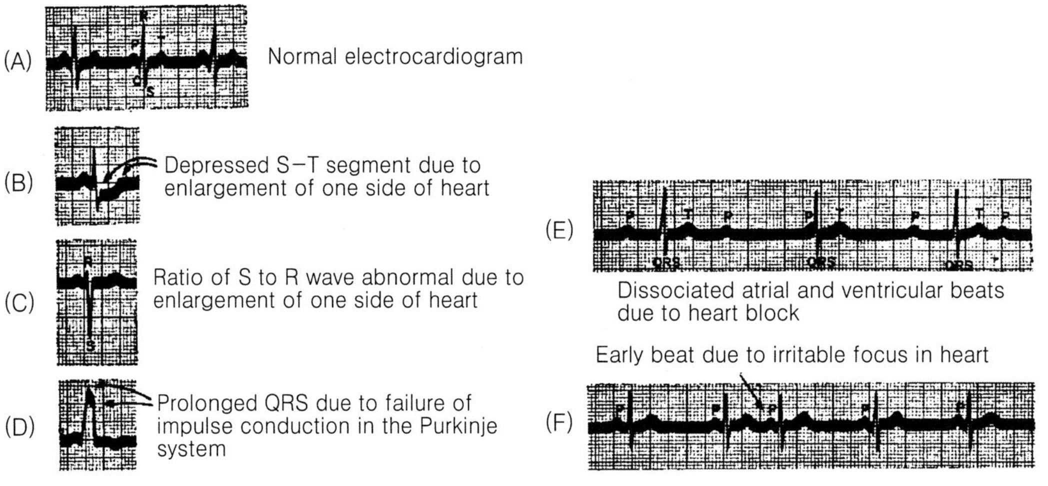

그림 12-7. 정상 심전도와 이상 심전도

위변화를 생체표면 위의 2점간 전위차로서 그 시간적 변동을 심전계(electrocardiograph)란 기록기를 가지고 기록한 곡선도를 말한다. 심전계는 강한 검류계(galvanometer)로서 파동은 전파라는 기록을 만들어 감작지(sentized paper) 위에 사진과 같이 기록된다. 심전도상의 주요 파(wave)를 P, Q, R, S 그리고 T라 부른다. P파는 S-A node로부터 혹은 조정자로부터 심장근육층 전반에 걸쳐 전기활동이 만연함으로써 일어난다. 탈분극(depolarization)의 파는 심방수축과 관계가 있으나 심방수축에 약간 선행해서 나타난다. Q, R, S파는 A-V속과 심실근육에 그 분지들이 전기자극이 만연함과 일치한다. 이어 심실수축이 시작된다. T파는 심실의 재분극(repolarization)에 의하여 생기고, 심실수축의 종말을 표시한다.

요약하면, P파는 심방의 전기활동을 나타내고, Q, R, S파는 심실 전기자극을 일으킴을 암시하며, T파는 심실의 재분극(repolarization)을 나타냄을 의미한다.

15. 정맥과 림프환류

전신순환에 있어서 소량의 동맥압만이 모세혈관층을 통해서 혈액이 심장으로 되돌아오게 하는데 조력하고 있다. 정상적으로 동맥압의 소량만이 림프가 정맥순환으로 돌아오는 데 기여하고 있다. 하지만 동맥압이나 정맥압에 증가가 있다면 모세혈관을 떠나는 액체의 양은 증가될 것이다.

간질액 양과 압의 증가는 림프관으로 들어가는 액체의 양을 증가시키게 된다. 혈액과 림프가 돌아오는 데 도움을 주는 요인으로서 정맥과 림프관 양자가 다같이 한 방향으로, 즉 심장으로 액이 흐르도록 하는 판막을 적당하게 구비하고 있다는 것이다. 그러므로 정맥과 림프관의 분절에 간헐적 압력이 생기는 것은 펌프로서 작용하여 액이 심장을 향하여 이동될 수 있다. 근육성 활동은 인접한 정맥과 림프관상에 압력을 내게 하고 혈관분절 내에서 액이 밀리도록 한다. 판막은 말초부로 액이 역류함을 저지하기 때문에 심장을 향해서 이동해가게 되는 것이다.

말의 발목과 다리의 종창(swelling, stocking)은 말을 마구간에 여러 날 매어 둠으로써 다리의 근활동 부족 또는 말굽의 제차(frog)와 발굽벽(hoof wall)의 펌프작용의 실패로서 나타난다. 동맥의 맥박은 동반되는 정맥과 림프관에 대하여 간헐압을 냄으로써 조직중에 혈액과 림프의 이동을 도울 수 있다. 호흡시 횡경막 수축은 2가지 방법으로 혈액과 림프의 이동을 도울 수 있다.

첫째, 흉부 내에 음압(negative pressure)이 증가되면 폐내로 공기가 들어오고, 이

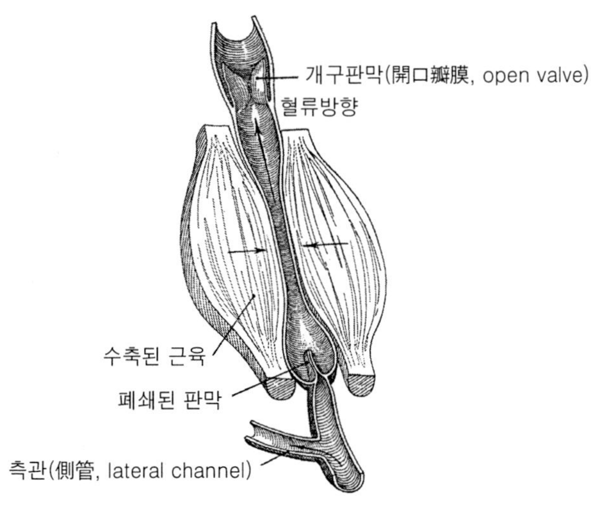

그림 12-8. 정맥주위 근육의 펌프작용을 나타내는 정맥의 판막

어 심방과 대정맥으로 혈액이 들어오고 유미낭(乳糜囊, cysterna chyli)으로부터 흉관내로 림프를 들어오도록 한다. 둘째, 복강내압이 증가되면 혈액과 림프가 복강내로부터 흉강내로 들어와 이 작용이 이루어진다.

연동운동[peristalsis(digestive tract의 movement)]은 복강으로부터 혈액과 림프가 이동하는데 적극적인 힘으로서 활동한다. 물론 중력(gravity)은 혈액과 림프의 이동에 대하여 상당한 영향을 미친다. 중력은 심장보다 높이 위치한 부분으로부터 이동을 도우나 심방 아래부분으로의 액의 이동을 억제한다. 그러나 정맥은 벽에 평활근이 있어 자극이 가해지면 혈액이 추진되는 것을 돕는다. 림프관의 경우에 있어서 평활근세포의 현저한 층은 가끔 한쌍의 판막 위에 나타나 수축을 일으킬 경우 림프를 흐르도록 추진시킨다.

16. 쇼 크

쇼크(shock)는 혈액순환 장해로 나타나는 증후로서 순환하고 있는 혈액의 용적이 체조직에 충분한 영양분 공급과 노폐물 제거가 불충분할 때에는 언제는지 쇼크를 일으킨다. 혈액부족은 출혈, 내장혈관의 확장, 조직내의 액 상실, 혈액이 심장으로 돌아오지 못하거나, 심장이 충분한 혈액을 펌프하지 못하기 때문에 생길 수 있다.

쇼크가 발생하면 의식을 잃고 호흡은 부정확하게 되고, 체 말초부는 내장기내의 모세혈관층으로 혈액이 모이기 때문에, 그리고 혈관수축에 의하여 말초순환은 대상성이 일시 중지되기 때문에 차갑게 된다. 만일 다량의 혈액이 절단이나 상처로 인해 상실되거나 혹은 너무 많은 조직이 수술시 또는 사고로 인해 상처를 입는다면 쇼크가 나타날 수 있다.

Histamine이 과민성 쇼크(serum sickness 또는 reaction to penicillin) 시나 손상된 조직으로부터 방출되면 혈관확장(vasodilatation)을 일으켜 결국 쇼크를 유발한다. 이종간으로 부터 얻어진 혈청이나 또는 vaccines과 같은 이종 단백질을 계속 주입함으로써 동물은 감작이 되고, 같은 물질의 반복주입은 후에 과민성 쇼크(anaphylactic shock)를 일으킬 수 있게 된다. 어떤 동물에 있어서는 penicillin과 같은 항생물질이나 혹은 계태(鷄胎) vaccine(chick embryo vaccines) 제조시 난단백질(egg protein)에 감작을 일으키게 될 수도 있다.

여러 도의 쇼크에 대한 다른 생리적 반응이 나타날 수 있다. 초기 혹은 경한 상태의 쇼크인 대상성 반응기(compensatory phase)가 있고, 관상혈관과 뇌혈관 이외에 모든 동맥초는 동맥압을 유지하기 위하여, 그리고 혈액의 충분한 순환을 유지하기 위하여 수축을 일으킨다.

심한 쇼크는 원인에 관계없이 점차적으로 악화되고, 여러 가지 이유로 인해 진행성 반응기(progressive phase)를 나타낸다. 심장은 충분한 관상순환을 위한 혈액을 충분히 펌프할 수 없게 되고, 나아가 관상순환의 감소에 의하여 심장기능에 장해를 주게 되고, 더욱이 심력이 감소되는 순환이 생기게 된다.

뇌의 혈액부족은 혈관운동중추(vasomotor)와 호흡중추에 손상이 오며, 더욱 혈관확장을 일으키고 모세혈관벽은 약하게 되어 액이 조직으로 탈출될 수 있게 되므로 순환에 이용되는 혈액량이 감소되어 순환혈액의 점조도가 증가하게 된다. 이 현상은 정맥에 혈액이 더욱 모이게 되어 산소포화(oxygenation)를 감소시키게 한다. 국소빈혈은 더욱 혈관확장을 일으키게 하고, 많은 혈액이 모이게 되면 심장으로 혈액이 돌아가는 데 장해를 일으킨다.

쇼크의 초기 치료는 안정, 혈액 대용액, 심장자극제, 혈관수축제는 증상을 회복시켜 환축의 목숨을 구한다. 그러나 만일 악순환이 중지하지 않고 계속한다면 심장손상이 회복될 수 없고, 그리고 완서(緩徐) 혈액순환은 응고되기 시작하기 때문에 치료는 별 가치가 없는 상태에 도달하게 된다. 이러한 상태의 쇼크는 회복될 수 없는 쇼크로 되어 비교적 짧은 시간내에 폐사를 일으키게 한다.

쇼크의 치료는 흔히 이뇨제(diuretic)를 이용함으로써 도움이 될 수 있고, 또한 다량의 glucocorticoids의 사용은 모세혈관의 투과성을 감소시키고, 혈관내의 액의 상실을 감소시키므로 도움이 될 수 있다.

제 13 장

호흡기의 해부

1. 호흡기계의 구조

호흡기계(respiratory system)는 혈액과 외계(外系)나 외부환경 사이의 가스교환에 관계되는 구조를 언급하기 때문에 편의상 폐계(肺系, pulmonary system)이라고 하며, 체조직 세포의 세포호흡과 혼동해서는 안 된다. 산소는 동물에 있어서 가장 중요한 필수물로서, 물을 마시지 않고 며칠간 혹은 사료를 먹지 않고 수주 동안 살 수 있으나 산소 없이는 생명을 수분밖에 견디지 못한다. 혈액에 산소공급과 혈액으로부터 탄산가스 배출은 호흡계의 중요 기능이며, 다음의 기능으로서 세포외액의 산소조절, 체온조절, 수분배설, 발성 등의 조력기능을 한다. 호흡기계는 주로 폐와 공기의 통로가 되는 기도(氣道)로서 구성된다.

이 기도는 비공(鼻孔, nostrils), 비강(鼻腔, nasal cavity), 인두(咽頭, pharynx), 후두(喉頭, larynx), 기관(氣管, trachea) 등으로 구성된다.

1) 비 공

비공(鼻孔, nostrils, nares)은 기도의 외비공으로서 크기와 형태는 동물에 따라서 일정하지 않다. 말에 있어서는 유연하여 쉽게 확장되는 비공이지만, 돼지의 경우 견고한 비공으로 동물에 따라서 차이가 있다. 비공을 둘러싸고 있는 비경(鼻鏡, muzzle)과 연속되어 비경부를 형성한다.

말의 비경은 촉각의 주기관의 하나로 이상한 물체를 찾는 데 이용된다. 비경은 털로 덮여 있으며, 피지선과 한선이 존재한다. 소・면양・돼지와 같이 비경의 털이 없는 부분에는 피지선이 없는 반면에 많은 수의 한선을 소유하고 있다. 소에 있어서 열이 오래 지속되면 비경부분이 건조하여 딱지(scabby)가 생긴다.

2) 비 강

비강(鼻腔, nasal cavity)은 경구개(硬口蓋, hard palates)와 연구개(軟口蓋, soft palates)에 의해서 입으로부터 분리되어 있고, 중앙의 연골성 중격에 의해서 양분된다.

(A) Horse (B) Cow (C) Sheep (D) Pig (E) Dog

그림 13-1. 가축의 비평면

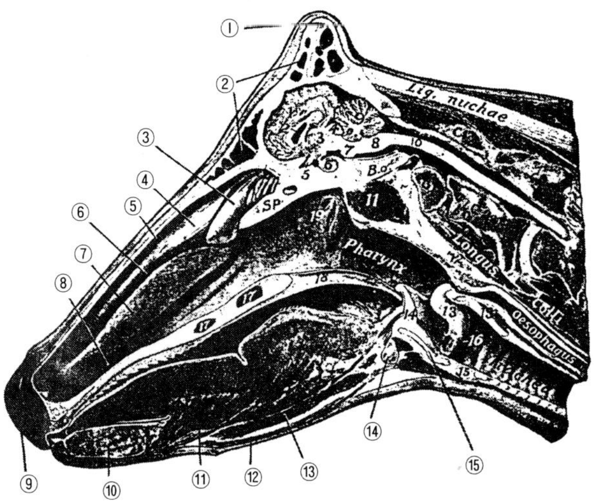

그림 13-2. 소 두개의 시상단면

① 전두융기(前頭隆起, frontal eminence) ② 전두동(前頭洞, frontal sinus) ③ 대사골갑개골(大篩骨甲介骨, great ethmoturbinate) ④ 배갑개골(背甲介滑, dorsal turbinate) ⑤ 배비도(背鼻道, dorsal meatus) ⑥ 중비도(中鼻道, middle meatus) ⑦ 복갑개골(腹甲介骨, ventral turbinate) ⑧ 복비도(腹鼻道, ventral meatus) ⑨ 비순선(鼻脣腺, nasolabial glands) ⑩ 하악체(下顎體, body of mandible) ⑪ 신설근(頤舌筋, genioglossus) ⑫ 악설골근(顎舌骨筋, mylohyoideus) ⑬ 신설골근(頤舌骨筋, geniohyoideus) ⑭ 설골(舌骨, hyoid bone) ⑮ 갑상연골(甲狀軟骨, thyroid cartilage), 경인대(頸靭帶, lig nuchae), 경장근(頸長筋, longus colli), 식도(食道, oesophagus), 인두(咽頭, pharynx), 기관(氣管, trachea)

비강의 각 측은 같은 측의 비공과 연결되고, 후부는 후비공(posterior nares, choanae)에 의하여 인두부와 연결된다. 비강은 측벽에 위치하는 다수의 와형(渦形)과 같은 비갑개(鼻甲介, conchae, turbinate bones)를 피복하는 점막으로 내피되어 있다.

여기에는 2개의 중요 비갑개[배비갑개(背鼻甲介, dorsal conchae)와 복비갑개(腹鼻甲介, ventral conchae)]와 일련의 작은 사갑개골(篩甲介骨, ethmoturbinate bones)이 존재한다. 이 갑개골을 피개하는 맥관성 점막은 흡입된 공기를 따뜻하게 한다. 비강의 후부에 있어서 점막에는 냄새의 감각을 전달하는 후신경[嗅神經, olfactory nerve(I cranial)]의 감각종말이 존재한다. 비강의 일측 반의 강(腔)은 배(背)와 복갑개골(腹甲介骨)에 의하여 비도(鼻道, nasal meatus)로 나누어진다.

배비도(背鼻道, dorsal nasal meatus)는 배비갑개골(背鼻甲介骨)과 비강(鼻腔)의 경구개(硬口蓋) 사이에 위치하고, 중비도(中鼻道, middle nasal meatus)는 양 갑개 사이에 위치하며, 복비도(腹鼻道, ventral nasal meatus)는 복갑개와 비강저부 사이에 개구한다. 총비도(總鼻道, common nasal meatus)는 상부 3개의 비도(鼻道)를 총칭한 것이다.

3) 비 동

두개골에 있어서 기도는 비동(鼻洞, sinuses)으로부터 비강(鼻腔) 내로 개구한다. 대부분의 가축에 있어 동일 명칭을 갖는 뼈에 뚫린 상악동(上顎洞), 전두동(前頭洞), 설상골동(楔狀骨洞), 구개동(口蓋洞)이 있다.

말에 있어서 설상동과 구개동은 1개의 동으로 합쳐져 설상구개동을 형성한다. 소와 면양에 있어서는 추가로 누골동(淚骨洞, lacrimal sinus)이 있고, 여러 개의 상부 어금니가 상악동 내로 돌출되어 있다. 제각을 한 성우는 대개 전두동이 개구하여 각심(角心) 내로 연속되며, 개구된 동에 만일 이물이 침입한다면 감염을 일으켜 동염(洞炎, sinusitis)을 유발하게 된다.

4) 인 두

인두(咽頭, pharynx)는 음식물과 공기에 대한 공동 통로로서 정상적인 경우 공기가 음식물을 동시에 흡입할 수 없다. 인두 내로 개구되는 두 후비공(비강으로부터 개구), 두 Eustachian관(중이로 부터), 구강, 인두, 식도 등이 포함된다. 말의 각 Eustachian관[Eusta(chian cauditory) canal]인 인두 바로 측면에 위치하는 인두낭(咽頭囊, guttural pouch)을 갖는다.

5) 후 두

후두(喉頭, larynx, voice box)는 공기의 흡기와 호기를 조절하고, 이물의 흡입을 저지하며 소리를 낸다. 말과 소에 있어서 5개의 큰 연골이 후두의 기초를 이룬다. 다른 동물에 있어서는 추가적인 작은 연골들이 존재하는 경우도 있다. 다소 Pitcher-shaped의 후두개연골(epiglottic cartilage)은 설기저(舌基底) 바로 후면에 위치한다.

갑상연골(thyroid cartilage)은 1개의 연골체와 2개의 층으로 구성되어 있다. 갑상연골체는 목의 복면으로부터 돌출되어 있어 사람에 있어서는 후두갑상연골융기(Adam's apple)라고도 한다. 갑상연골의 층판(날개)은 뒤쪽으로 돌출되어 있고, 측면으로는 연하와 발성과 관계가 있는 다수의 근육에 유착된다. 2개의 피열연골(披裂軟骨, arytenoid cartilage)은 형태가 불규칙하고 후두개를 폐쇄시키는 역할을 하며, 또한 성대를 조이고 느슨하게 하는 조정자로서 역할을 하므로 소리의 고정위치를 조절한다고 할 수 있다.

윤상연골(輪狀軟骨, cricoid cartilage)은 환상체와 같은 형태이며, 배면으로 팽대된 부분을 갖는다. 또한 윤상연골은 후두의 형태를 유지하는 데 도움이 되며, 공기가 통과되고 내부의 많은 후두근의 유착과 기관의 제1환이 유착된다.

성대(vocal cord)는 후두강의 각 측에 위치하고 있다. 이 성대점막은 성대인대와 동반된 성대근육으로 둘러싸여 있다.

▸ 천명증(喘鳴症, roaring) : 피열연골을 와전시키는 근육의 마비는 말에 있어서 천명증(roaring)이라고 하는 증후를 야기시킨다. 천명증에 걸린 말은 후두를 충분히 확장시킬 수 없으므로 운동을 할 때 폐내로 충분한 공기를 유도하기 곤란하게 된다. 천명증은 미주신경의 분지인 좌측반회 후두신경(left recurrent laryngeal nerve)의 손상 때문에 생기고, 이 반회신경은 경하부를 지나 흉부내에 대동맥궁 주위를 돌아 경부로 되돌아와 대부분 후두좌측 상내부 근육에 분포된다. 좌측반회 신경로선이 우측신경보다 길기 때문에 우측신경보다 자주 손상을 입기 쉽다.

6) 기 관

후두는 기관(氣管, trachea)에 의하여 연속되어 있고, 기관을 배면쪽이 전적으로 연골로 구성되어 있지 않는 일련의 인접 연골환에 의하여 형성된 비붕괴성의 관으로서 이루어져 있다. 기관은 될 수 있는 한 심장기저를 지나 2개의 주기관지(bronchi)로 나누어져 각기 좌우 폐로 돌입된다. 이들 기관지는 보다 작은 기관지로 분지, 결국 세기관지(細氣管支)라고 하는 보다 작은 분지를 형성한다.

세기관지도 소엽간세기관지(intralobular bronchioles), 종말세기관지(terminal bronchioles), 호흡세기관지(respiratory bronchioles) 등으로 분지된다. 각개의 호흡세기관지는 폐포낭(alveolar secs)으로 종말하는 수개의 폐포관(alveolar ducts)으로 분지되며, 폐포낭은 다수의 폐포(肺胞, alveoli)로 구성된다.

폐포는 기도의 최종 지점으로서 가장 작으며, 기도의 일반 배열은 포도송이와 비교할 수 있다. 폐포가 포도알과 비교할 수 있다면 보다 큰 기도는 포도송이 줄기로 비교되며, 이로부터 여러 크기의 미세하게 분지된 폐동맥과 폐정맥으로 연결된 모세혈관은 폐포벽과 밀접한 관계가 있다. 그러므로 혈액은 흡입된 공기와 아주 가깝게 만나기 때문에 혈중 탄산가스는 공기중 산소와 교환이 이루어지게 되는 것이다.

7) 폐 장

폐장(lungs)은 물의 비중보다 낮은 비중을 가졌으며, 각 폐는 원추형의 구조로서 기저부로 횡격막 전면에 정박되어 있고, 첨부도 흉강입구 내나 혹은 가깝게 위치한다. 공기로 채워진 폐 실질은 해면체의 탄력성 때문에 흉부가 호기시 수축되거나 혹은 흡

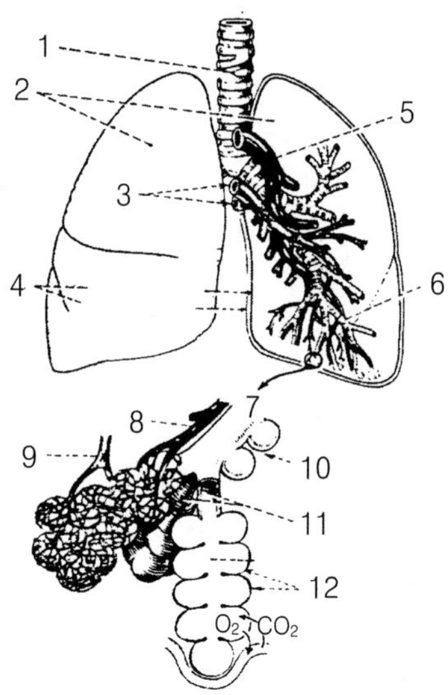

그림 13-3. 폐장(肺臟)

1. 기관(氣管, trachea) 2. 폐(肺, lungs) 3. 폐정맥(肺靜脈, pulmonary veins) 4. 늑막(肋膜, pleura)(4a. 장층, 4b. 벽층) 5. 폐동맥(肺動脈, pulmonary artery) 6. 세기관지(細氣管支, bronchioles) 7. 종말세기관지(終末細氣管支, terminal bronchioles) 8. 폐동맥(pulmonary artery) 9. 폐정맥(pulmonary vein) 10. 호흡세기관지(respiratory bronchiole) 11. 폐포관(肺胞管, alveolar ducts) 12. 폐포낭(肺胞囊, alveolar sac) 13. 폐포(肺胞, alveoli)

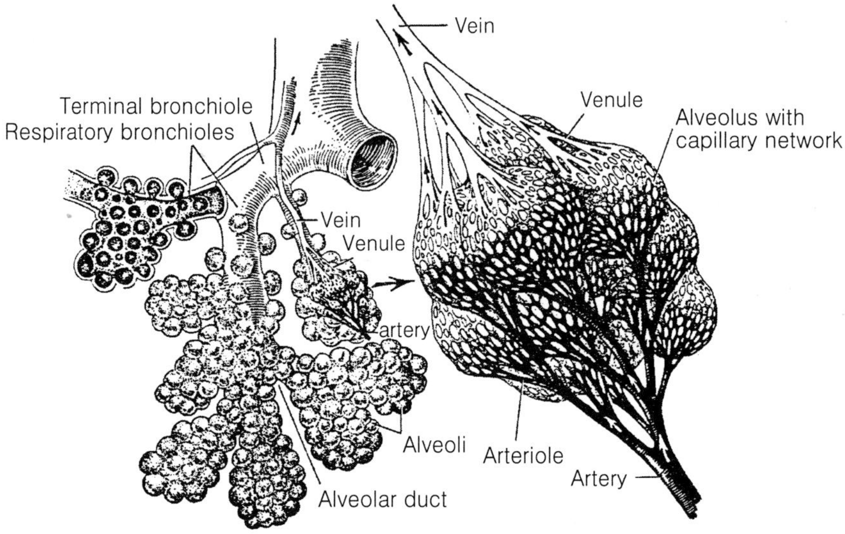

그림 13-4. 폐 호흡단위의 모형도

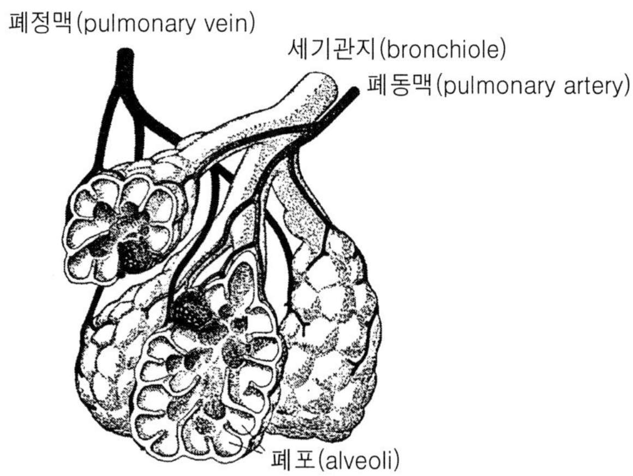

그림 13-5. 폐동맥과 폐정맥의 종말과 폐포와의 관계

기시 팽창됨에 관계없이 폐는 흉강내의 간격을 완전히 채운다.

각 폐의 문은 내측 중앙부 근처에 위치하고, 그곳으로 기관지, 폐동맥 및 신경이 폐로 들어가며, 폐정맥과 림프관이 폐를 떠난다. 또한 종격흉막(縱隔胸膜, mediastinal pleura)이 폐 상부까지 파급되어 장측흉막(臟側胸膜, visceral pleura)을 형성한다.

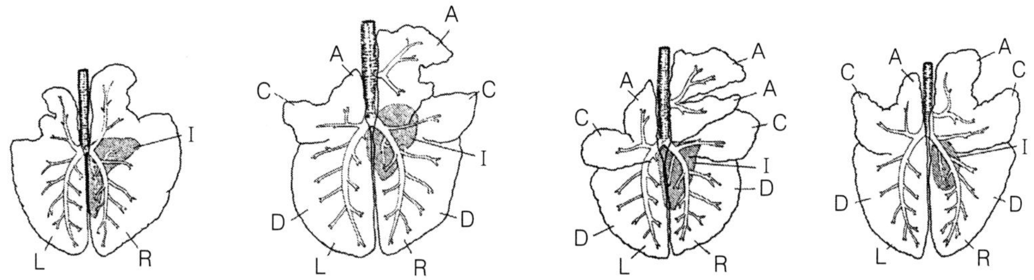

그림 13-6. 가축의 폐

A. 첨엽(尖葉, cranial lobe) C. 심엽(心葉, middle lobe)
D. 횡격막엽(橫隔膜葉, caudal lobe) I. 중간엽(中間葉, intermediate lobe)

폐는 폐의 복부에 있어서 심열(深裂)에 의하여 불완전한 소엽으로 나누어진다. 소·면양·돼지에 있어서 좌폐는 첨엽[尖葉, apical(cranial) lobe], 심엽[心葉, cardiac (middle) lobe] 횡격막엽[橫隔膜葉, diaphragmatic(caudal) lobe]으로 나눈다. 그러나 이들 동물에 있어서 우폐는 3엽 이외에 다른 중간엽(intermeliate lobe)을 지닌다. 말의 폐는 우폐의 중간엽이 존재하는 외에 세분되지는 않는다.

각 폐의 측면은 심절흔(心切痕, cardiac notch) 외에 흉벽과 접촉되어 있으며, 심절흔부는 흉벽 대신 심장이 존재한다. 동물이 한번 호흡을 한 후 공기가 늑막강으로 들어가도 폐는 전혀 붕괴되지 않는다. 이 상태를 기흉(氣胸, pneumo thorax)이라고 한다. 그러나 태아에 있어서 폐는 거의 간의 경도를 유지하여 공기가 함유되어 있지 않아 물에 뜨게 하면 가라앉는다. 폐가 물 속에 가라앉느냐 또는 뜨게 되느냐를 결정하는 데 표준시점은 만약 신생동물이 죽어 태어났다면 폐는 가라앉고, 적어도 한번쯤 숨을 쉬었다면 폐는 뜨게 될 것이다.

8) 흉 곽

흉곽(胸廓, thorax)은 전면에 제1쌍의 늑골, 제1흉추와 흉골(sternum)의 전면부, 배면은 흉추에 의해, 측면은 늑골에 의해, 복면은 흉골에 의해, 살아있는 동물에 있어서 후부는 횡격막에 의해 경계되어 있다.

9) 늑 막

흉강내에 폐의 운동은 장막인 늑막(pleura)의 존재에 의하여 촉진되고, 이 늑막은 결합조직층 표면에 일층의 중피세포(mesothelial cells)가 피복되어 있다.

흉막은 2개의 완전한 장액낭을 구성한다. 1개의 낭은 각측의 폐 주위에 걸쳐 있으며, 흉강 중앙선 근처에 두 낭의 연접을 종격막(縱隔膜, mediastinum)이라고 하는 이중 늑막층을 형성한다.

장기가 두 층의 종결막 사이에 삽입되어 있을 때에는 이 부위를 종격막이라고 한다. 예를 들면, 심장은 중앙부의 종격막내에 위치한다. 기관, 식도, 림프선, 대부분의 대혈관은 전종격막 내에 위치하여 있고, 후부의 식도, 흉부대동맥은 후종격막 내에 위치해 있다. 후대정맥(caudal vena cava)과 우횡격신경(right phremic nerve)은 plica venae cava라는 special gold의 pleura에 의해 둘러싸여 있다.

우폐의 accessory lobe는 대정맥추벽(plica vena cava)와 종결막(mediastinum) 사

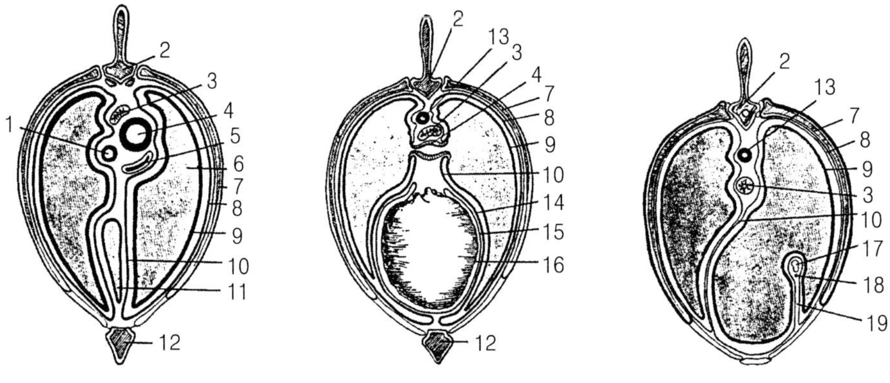

(A) 심장에서 전면을 절단 (B) 심장면을 절단 (C) 심장에서 후면을 절단

그림 13-7. 장막을 나타내는 흉곽의 횡단면

1. 완두동맥간(腕頭動脈幹, brachiocephalic trunk) 2. 흉추(胸椎, thoracic vertebra) 3. 식도(食道, esophagus) 4. 기관(氣管, trachea) 5. 전대정맥(前大靜脈, cranial vena cava) 6. 폐(폐, lungs) 7. 체벽(體壁, body wall) 8. 벽측늑막(壁側肋膜, parietal pleura) 9. 장측늑막(腸側肋膜, visceral pleura) 10. 종격늑막(縱隔肋膜, mediastinal pleura) 11. 흉선(胸線, thymus) 12. 흉골(胸骨, sternum) 13. 대동맥(大動脈, aorta) 14. 심막늑막(心膜肋膜, pericardial pleura) 15. 벽측심낭(壁側心囊, parietal pericardium) 16. 장측심낭(腸側心囊, visceral pericardium) 17. 후대정맥(後大靜脈, caudal vena cava) 18. 우횡격막신경(右橫隔膜神經, right phrenic nerve) 19. 대정맥추벽(大靜脈皺襞, plica vena cava)

이에 위치해 있다. 흉부를 내의하고 있는 늑막을 벽측늑막(壁側肋膜, parietal pleura)이라 하고, 반면에 폐를 덮고 있는 늑막을 장측늑막(臟側肋膜, visceral pleura)이라 한다. 3개로 세분된 늑막(벽측·장측·종격막)은 중피(中皮)라고 하는 단층편평상피의 연속된 막에 의하여 피복되어 있다.

늑막낭(肋膜囊, pleura sac, pleura cavity)은 벽측늑막과 장측늑막 사이와 종격늑막과 장측늑막 사이에 잠재하여 있는 강(腔, space)이다. 늑막강 내에는 소량의 장액외에는 아무 것도 함유하고 있지 않으며, 이 액은 폐와 흉부에 다른 장기와의 마찰을 감소시키는 윤활유로서의 역할을 한다.

제 14 장

호흡기의 생리

1. 호흡기전

호흡장치(respiratory apparatus)는 공기가 피부로부터 폐포까지 도달할 수 있도록 개방된 기도로 이루어져 있다. 폐포벽과 모세혈관의 얇은 막은 혈액내로 O_2의 이동과 폐포내로 CO_2의 이동을 촉진시키고 있다. 이 교환을 외호흡이라고 한다. 내호흡은 혈액으로부터 O_2를 세포의 산화작용을 위하여 확산시키고 세포내에서 생긴 CO_2를 혈액으로 확산시키는 현상을 말한다. 외호흡은 폐의 내외로 공기를 이동시킴을 의미한다. 흉강의 증대는 늑막강 내에 생긴 음압을 감소시켜 폐가 증대됨으로써 폐내로 공기가 유입되는데, 이를 흡기(吸氣, inspiration)라 한다.

비교적 안정된 호흡을 하는 동안 횡격막의 수축은 흉부를 충분히 증대시킨다. 횡격막(diaphragm)은 철면(凸面)이 흉부 전면으로 향한 지붕형태의 구조물(domeshaped structure)이다. 중앙부는 대부분 건성결합조직(腱性結合組織)이나 말초부는 횡문근으로 구성되어 있고, 요추의 복면에 위치해 있다.

좌우 횡격막신경은 각 측의 횡격막에 분포되어 있다. 횡격막의 근육부 수축은 복강내용물을 추면으로 밀고, 또한 흉부의 길이를 증가시킨다. 전방향에 늑골로부터 경부나 전지와 같은 체의 다른 부분에 퍼져있는 근육은 늑골이 흉부의 횡직경을 증가시키기 위하여 앞으로 회전함으로써 흡기성근(吸氣性筋, muscle of inspiration)으로서의 역할을 한다. 늑골은 늑골의 중앙은 척추단(vertebral end) 후부에 그리고 흉골단(sternal end)과 측부는 늑골단에 위치하고 있으므로 늑골의 회전은 전면쪽으로 흉부의 횡경을 증가시키고, 후면쪽으로 회전은 흉부의 횡경을 감소시킨다. 흡입시 작용하는 횡격막 외의 근육은 흉근, 활배근, 늑간근 등이 있다.

호기(呼氣)는 폐장(肺臟) 밖으로 공기를 내보냄으로써 흉부의 크기가 감소된다.

용적의 감소는 탄력조직이 정상형태와 위치로 돌아가는 추세이기 때문에 대부분 수동적이다. 늑연골, 폐, 복벽의 탄력성은 안정호흡을 하는 동안은 근육운동 없이 흉부가 보다 작은 크기로 되돌아가는 경향이 있다. 그러나 노력호기(forced expiration)는 상당한 힘의 근육운동을 필요로 하게 된다. 복부 근육은 횡격막 반대편에 내장을 압박하여 흉부내로 밀려가게 되고, 또한 늑골은 뒤쪽으로 끌리게 된다. 강한 호흡운동시는 후두개가 폐쇄되고, 배변시 변을, 배뇨시 뇨를, 분만시 태아를 내보내는데 조력을 한다.

2. 호흡형

호흡형에는 다음과 같은 것이 있다.

① 흉식호흡[costal(thoracic) breathing] : 흉식호흡은 늑골의 상당한 운동이 관계되고, 횡격막 운동시 보다 더욱 많은 공기가 필요하게 된다.

② 복식호흡[abdominal(diaphagmatic) breathing] : 횡격막 수축은 복부의 가시운동(可視運動)을 일으키고 대개 안정호흡을 하는 동안 볼 수 있다.

③ 정상호흡(eupnea) : 정상 안정호흡을 말한다.

④ 호흡곤란(dysphea) : 호흡이 곤란할 때를 말한다.

⑤ 무호흡(apnea) : 호흡을 하지 않는 상태를 말한다.

⑥ 급심호흡(hyperpnea) : 호흡률이 빠르거나 심호흡을 하는 경우로서 이 양자가 동시에 이루어지는 상태이다.

⑦ 다호흡(polypnea) : 빠르고 얕은 호흡을 하는 경우를 말한다.

3. 폐의 용적과 용량

공기의 용적을 기술하는 데 다음과 같은 용어가 있다.

① 호흡용적(tidal volume, TV) : 정상 호흡시 흡기와 호기의 공기의 용적을 의미하고 흥분할 때나 활동할 때에는 증가한다.

② 흡기성 예비용적(inspiratory reserve volume, IRV) : 정상 흡식시 흡입될 수 있는 이상·이하의 공기의 양이다.

③ 호기성 예비용적(expiratory reserve volume, ERV) : 정상 호기 후 호기될 수 있는 공기의 최대량이다.

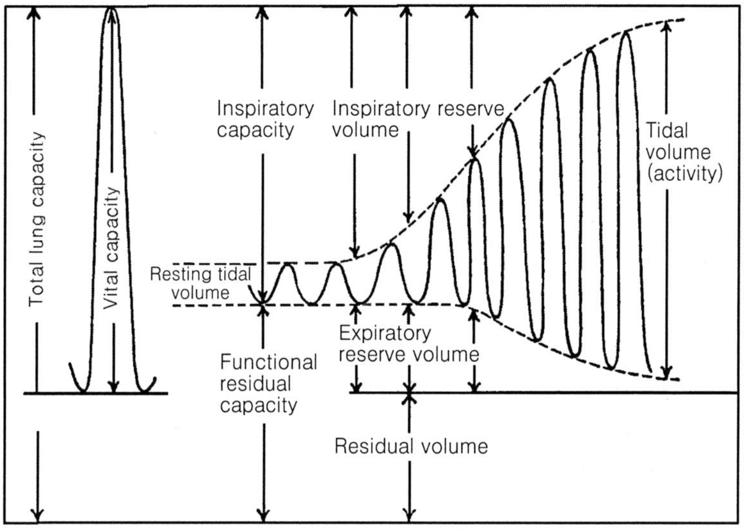

그림 14-1. 폐기

④ 잔기용적(residual volume, RV) : 최대로 호기를 한 후에 폐내에 남아 있는 공기의 양을 말한다.

⑤ 폐용량(lung capacity, LC) : 폐활량을 기술하는 데 다음과 같은 4가지 용어가 있다.

㉠ 총폐활량(total lung capacity, TLC) : 최대한으로 흡입한 후에 폐내에 함유되어 있는 공기의 양을 말한다.

TLC = IRV + TV + ERV + RV

㉡ 폐활량(vital capacity, VC) : 최대로 흡기를 할 경우 흡기할 수 있는 공기의 양을 말한다.

VC = IRC + TV + ERV

㉢ 기능적 잔기용량(functional residual capacity, FRC) : 정상 호기 후에 폐내에 남아 있는 공기의 양을 말한다.

FRC = ERV + RV

㉣ 흡기용량(inspiratory capacity, IC) : 정상 호기 후에 흡기할 수 있는 공기의 양을 말한다.

IC = IRV + TV

⑥ 사강(死强, dead space) : 호기가 끝날 때 공기가 차지하는 강(腔)을 말한다.

㉠ 해부적 사강(anatomic dead space) : 비강(鼻腔)과 구강(口腔)으로부터 폐강(肺腔)까지의 공기의 용적을 말한다.

㉡ 생리적 사강(physiological dead space) : 해부학적 사강이 포함되고, 비기능적인 폐포에 남아 있는 공기의 양이다. 모세혈관의 O_2를 동맥혈의 O_2로 전환하는데 필요한 최대한 공기의 양을 말한다.

4. 공기(가스)의 교환

공기의 교환(O_2와 CO_2)은 공기와 용액의 움직임에 관계가 있는 물리적 법칙에 따라 내호흡과 외호흡 시에 이루어진다. 그러나 적혈구 내에 혈색소의 존재는 혈액 중에 O_2운반과 O_2교환에 효율성을 증가시켜 주고 있다. 공기의 작용에 관계가 있는 적절한 법칙에는 다음과 같은 것이 있다.

① Avogadro의 법칙 : 이 원리는 같은 온도와 압력이 있을 때 같은 용적의 이종 공기는 각기 같은 수의 분자를 함유할 것이라는 학설이다.

② Dalton의 분압법칙 : 공기가 혼합될 때 각 공기는 마치 단독으로 총 용적을 차지하는 것처럼 행동하고, 부분압은 기존하는 다른 가스와는 관계없이 나타난다는 학설이다.

③ Charles의 법칙 : 가스의 용적은 만일 압이 항시 있다면 절대온도에 정비례하는 학설이다.

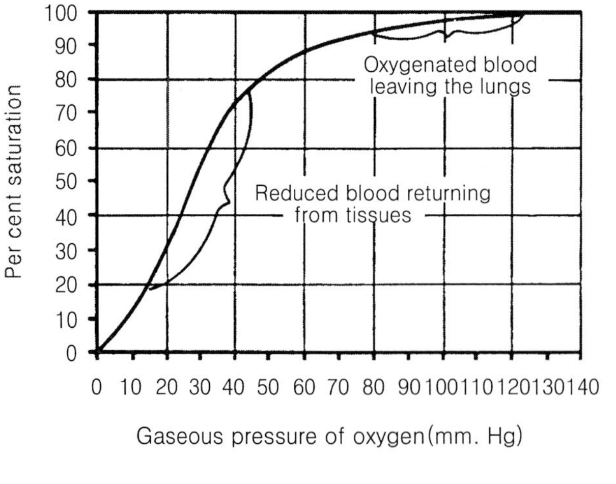

그림 14-2. 산소 Hb 해리곡선

④ Boyle의 법칙 : 가스의 압력은 온도와 질량이 항시 존재한다면 용적에 반비례한다는 학설이다.

⑤ Henry의 가스용해설 : 가스의 양은 온도가 불변할 때에는 액체내에 용해됨은 가스의 부분압에 정비례하고, 액체내에 화학적인 결합시 가스의 분자에는 영향을 미치지 않는다는 학설이다.

폐포기(肺胞氣)는 모세혈관 내피세포, 모세혈관, 기저막, 얇은 간질액층, 폐포상피, 일층의 폐포액과 계면활성제의 폐포층으로 구성되어 있는 호흡막(respiratory membrane)에 의하여 폐모세관 내에 있어서 혈액으로부터 분리된다. 폐포기는 모세혈관으로 들어가는 혈액보다 O_2의 보다 높은 분압과 CO_2의 보다 낮은 분압을 갖는다. 이들 막을 통하여 가스의 확산은 공기와 혈액 사이에 균형이 1초 이내에 도달할 정도로 빠르다. 이 가스의 교환율은 막의 투과성, 접촉표면, 혈관과 폐포내의 상대적인 분압, 폐포에 노출된 혈액 용적 등 여러 가지 요인의 영향을 받는다.

Po_2(CO_2의 분압)는 폐포기(lung alvedar air) 내에서 가장 높아 사람에 있어서 약 104 mmHg이고, 동맥에 있어서 호흡막을 지나 확산되는 압력은 약 95 mmHg이다. 혈액이 조직모세혈관에 도달할 때 세포내에 있어서 Po_2는 30 mmHg 이상을 초과하지 않기 때문에 O_2는 혈중으로 확산되고, 폐포 주위에 폐모세혈간으로 돌아오는 정맥혈은 약 40 mmHg의 Po_2로 떨어진다. 반면에 PCo_2는 세포대사 노폐물이 있는 조직에서 가장 높으며(정맥혈에 있어서 약 45 mmHg), 폐포기에 있어서 PCo_2는 약 40 mmHg이다.

이 압의 차는 폐포에서 Hb의 O_2 적재를 자연적으로 유리하게 하고, 반면에 CO_2는 해리되고 조직에 있어서는 반대현상이 나타난다. 가스는 혈장내로 직접 흡수되며, 다만 소량의 가스만 액내에 물리용액 상태로 운반된다. 대부분의 O_2(97%)는 적혈구의 혈색소와 결합되어 운반된다. CO_2는 대개 중탄산이온(HCO_3) 형태로, 반면에 일부는 탄산과 그리고 약 21%는 혈색소 위에 단백질인 amino group과 결합하여 carbamino Hb를 형성한다. 1g의 Hb는 1.34 ml의 O_2와 결합할 수 있다.

혈액은 100 ml당 15 gm보다 적은 양의 Hb를 지니고 있기 때문에 산소가 함유된 혈액 100 ml는 약 20 ml의 O_2를 함유하고 있게 된다. 폐모세혈관을 떠나는 혈액은 약 97%의 O_2가 포화되어 있고, 완전한 포화는 150 mmHg의 Po_2가 요구된다.

Hb가 운반할 수 있는 O_2의 양은 CO_2의 증가, 산도의 증가, 고온, diphosphoglyceride(2,3 DPG)의 elevated levels과 주위의 낮은 Po_2에 의하여 다소 감소된다. Hb로부터 O_2의 해리곡선은 다소 S상(sigmoid) 형태이다.

조직에 의하여 생긴 CO_2는 HbO_2로부터 O_2의 해리를 유리하게 하고, CO_2의 존재는 혈액을 산성으로 만들어 Hb의 산소에 대한 친화성을 감소시킨다. 이 현상을 Bohr 효과(중성 용액에 있어서 Hb의 O_2가 가해지면 pH가 저하된다)라고 한다. 그러므로 혈액은 O_2를 덜 취하게 되고 조실에서 O_2의 비적재(非積在)를 유리하게 한다. 온도가 보다 높으면 HbO_2로부터 O_2의 해리를 유리하게 하고, 세포 신진대사가 빠르면 보다 높은 온도가 발생하고 활동하지 않는 세포보다 많은 산소를 필요로 하게 되는 것이다. 조직으로부터 CO_2는 조직액의 PCo_2가 혈액의 PCo_2 보다 높기 때문에 전신의 모세혈관으로 들어간다. 동시에 O_2는 반대방향에 모세혈관 내피를 지나 확산된다. CO_2의 약 1/5는 carb-amino 화합물과 그리고 대개 carbaminohemoglobin으로서 운반되어진다. CO_2는 Hb-NH-COOH 형태로서 amino group(NH_2)과 결합되어 나타난다.

탄산탈수효소는 적혈구 내의 효소로서 CO_2의 수화(hydration)를 촉진시켜 carbonic acid를 형성하고, 그리고 carbonic acid의 탈수를 촉진 CO_2를 형성시켜 다시 폐포내로 방출시킨다.

5. 호흡의 조절

폐의 혈관벽과 일부분의 기도벽에 있어서 평활근을 제외하고는 호흡기계통은 전적으로 횡문근에 의해 조절된다. 횡문근에 의한 호흡이 의식적으로 조절된다고 하더라도 정상적인 호흡은 성질상 거의 반사적으로 나타난다.

뇌의 호흡기구는 뇌간망상질(腦幹網狀質) 내에 있어서 적어도 3개의 양측 신경세포군으로 구성되어 있고, 이 기구들은 전기적인 자극이 가해질 때 호흡에 관한 일정한 효과를 나타낸다.

이 3개 부는 ① 뇌교(腦橋, pons) 바로 하부의 수질내에 위치하는 수질 율동성부(髓質律動性部, medullary rhythnicity area), ② 뇌교 중부에 위치하는 무기내부(無氣內部, apneustic area), ③ 뇌교 상부에 위치하는 호흡조절중추(呼吸調節中樞, pneumotaxic center) 등이다. 수질 율동성부는 주로 흡기중추(inspiratory center)로 구성되어 있으며, 신경원은 긴장적인 활동을 한다. 호기신경원이 또한 이 부위에 위치하나 자발적으로 방전되지 않아서 정상적으로 활동을 할 수 없고, 다만 강력한 호기시에만 활동한다.

흡기중추의 자극은 자극이 경부분절에서 척수 아래로 전달되기 때문에 폐포로 공기의 계속적인 흡입작용이 지속되고, 그로부터 횡격막 신경이 나와 횡격막 아래로 달리고, 또한 계속해서 늑골의 늑간근으로 가는 늑간신경을 자극하여 흡기 근육층을 활

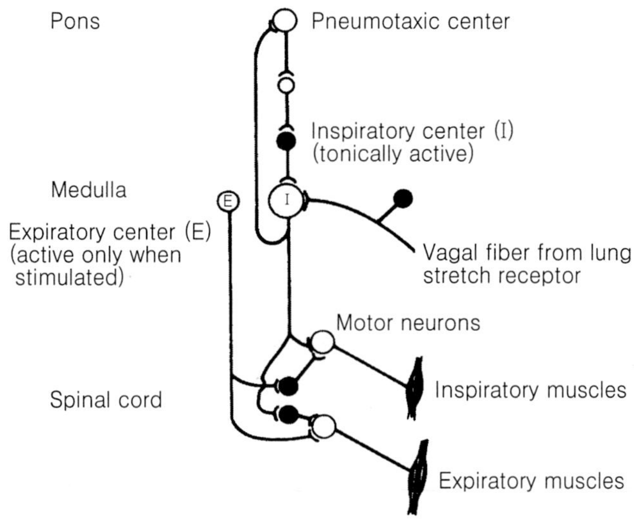

그림 14-3. 호흡중추

성화시킨다. 이 근육층의 수축 이완을 가져오기 위하여, 그리고 수동성 호기를 위하여 뇌교 내에 흡기중추와 호기조정부와 무기내부 사이에 횡격막 신경의 반회측지노선을 통하여 재생 순회가 된다.

다음 이 신경분지를 통한 호기조정중추부의 자극은 흡입중추를 억제하고, 그리고 다음 흡입은 이 순회가 완성될 때까지 나타나지 않고 규칙성 간헐율동호흡을 하게 된다. 사람에 있어서 정상호흡은 1분에 12~15회 하게 된다.

흡기중추와 호흡율동의 보다 진전된 조절은 폐실질(肺實質), 장측늑막, 기관지초내 내장수용기(內臟受容器, visceroceptors)와 관계가 있는 반사궁(reflex arch)에 의하여 이루어진다.

이 수용기는 호흡시 폐가 팽창됨으로써 자극되고, 뇌간 내에 미주신경구심(迷走神經求心)에 자극점화를 일으켜 흡기중추에 점화로부터 그 중추에 억제를 일으킨다. 이 현상을 Hering-Breuer reflex라고 하고, 호흡조정중추의 작용이 흡입을 정지시키는 데 보강을 하고 과도한 확장을 방지한다.

급심호흡(hyperpnea)은 폐환기의 증가와 호흡막을 통과, 가스의 교환을 증가시키기 위하여 호흡중추가 자극되기 때문이다. 이 현상은 뇌의 피질부로부터 측지신경 압력과 관계되는 신경원성 또는 체액의 화학작용에 의하여 조절되고, 운동시 관절 고유수용기와 근육으로부터 재생되며, 더욱 중요한 것은 혈중 CO_2, H^+이온농도의 체액화학인자가 강한 호흡자극의 조건 아래서 혈액 중 산소 함유량에 의하여 조절된다.

호흡중추의 활동성에 영향을 주는 가장 중요한 체액 화학인자는 혈중 CO_2의 수준 때문이다. 호흡중추로 가는 동맥혈의 PCo_2의 증가는 중추의 활동성을 증가시키고 이어 환기율을 증가시킬 것이다.

다음의 가장 중요한 요인은 혈중 H^+이온농도이고, 연수(medulla oblongata) 내에 화학적 수용기 세포에 의해 조절되어 뇌척수액에 H^+이온농도를 경고하게 되므로 CO_2가 쉽사리 혈뇌장벽(blood-brain barrier)을 지나게 되어 산도가 증가한다. 정미효과(net effect)는 호흡중추의 흥분이 증가됨으로써 호흡률이 증가한다.

호흡활동의 제 3체액 화학조절자는 동맥혈의 O_2농도로서 Po_2동맥혈 내에서 떨어질 때 폐자극(산소부족) 조절이 되기 때문에 Hb의 포화는 감소된다. 이러한 현상은 경동맥소체(carotid bodies)와 대동맥소체(aortic bodies) 내에 화학수용기를 자극한다. 이어 흡기중추를 자극하여 구심신경으로 자극을 보내 심한 결핍을 보충할 때까지 폐장(肺臟)의 환기율을 증가시킨다. 1개의 경동맥소체는 각 총경동맥 종말 근체에 위치한다.

경동맥동 신경섬유(carotid sinus nerves)는 양측 경동맥소체의 유상피수용기세포(類上皮受容器細胞, epitheloid receptor cells) 중에서 기원된다. 이들 경동맥 신경은 설인신경[舌因神經, glossopharyngeal(IX cranial) nerve]에 의하여 연수를 지나 경동맥소체 내에서 기원되는 구심측의 반사(reflex)를 형성한다. 비슷한 방법으로 좌우 심장대동맥신경(cardioaortic nerves)은 대동맥소체 내에서 기원하여 각 측 미주신경내에 수(髓)를 달린다. 그러므로 호흡의 반사자극은 증가된 PCo_2, 또는 혈중 산소증가와 실질적인 Po_2 감소에 의하여 일어날 수 있다.

제 15 장

소화기의 해부

소화기계(digestive system)이란 구강으로부터 항문에 이르는 근막성 관상기관(管狀氣管)이다. 소화기관의 기능음식물(사료)을 섭취, 저작, 소화·흡수하고 노폐물을 배설 한다. 소화기계는 먹이 중의 영양소를 흡수할 수 있고, 에너지로 이용될 수 있도록 하고, 그리고 대사산물로 다른 유기체를 구성할 수 있도록 환원 합성시킨다. 소화기는 점막으로 내의(內衣)된 관으로 구성되어 있고, 구강과 항문은 외부의 피부와 연속되어 있다.

소화관벽을 구성하는 4개층은 안쪽으로부터

① 상피(중층편평상피 내지 단층원주상피로 되어 있는 선상피)
② 고유층(lamina propria, 점막과 점막하근층)
③ 근육층(식도부에서는 횡문근, 기타부에는 평활근으로 구성)
④ 장막(outer serous membrane) 등이다

소화기계는 구강, 인두, 식도(반추동물에서는 전위), 위(腺胃), 소장, 대장 및 부속선으로 타액선, 간장 및 췌장 등으로 구성되어 있다.

1. 소화기의 해부

1) 구 강

구강(口腔, mouth, oral cavity)은 먹이를 채식하여 분쇄하고, 타액과 혼합하여 식괴(食塊, bolus)를 형성할 뿐 아니라, 방어 또는 공격용 무기로서도 사용한다. 치아와 혀는 턱을 작동시키는 순(脣), 협(頰), 근육(筋肉)에 의해서 둘러싸여 있다.

구강과 부속기관의 기능은 채식(prehension), 저작(mastication), 타액혼화(insalivation), 식괴형성(bolus formation) 등을 이룬다.

(1) 치아

치아(teeth)는 태아기에 구강과 배엽(胚葉)이 돌출해서 간엽(間葉) 속으로 들어가 치층(dental lamina)을 형성한다. 이곳으로부터 궁상의 상피세포판이 형성되어 치육이 될 부위를 따라서 연장된다. 치층의 순측(脣側)은 비후되고, 이곳에서 유치(乳齒, deciduous teeth)가 발생한다. 치층은 비후해서 에나멜기관이 원기(原基)가 되는데, 나중에 에나멜질을 만들게 된다.

에나멜기관은 치중에 붙은 컵모양으로 보이며, 컵의 내면을 싸는 상피세포들은 내

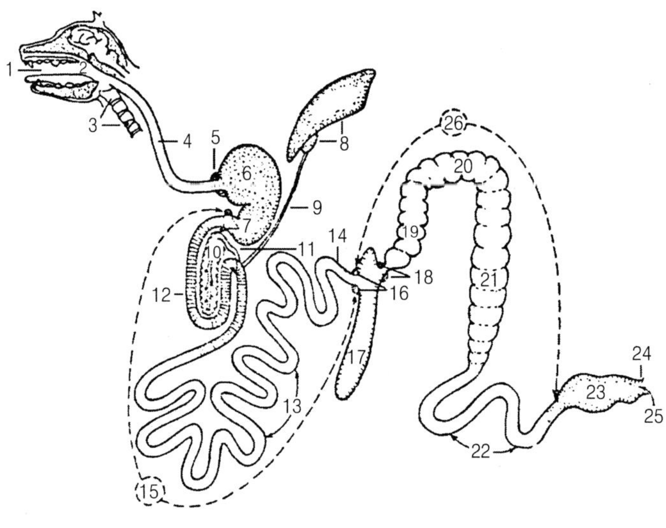

그림 15-1. 소화기의 일반적 구조

1. 구강(口腔, mouth) 2. 인두(咽頭, pharynx) 3. 후두(喉頭, larynx)와 기관(氣管, trachea) 4. 식도(食道, esophagus) 5. 분문괄약근(噴門括約筋, cardiac sphincter) 6. 위(胃, stomach) 7. 유문괄약근(幽門括約筋, pyloric sphincter) 8. 간(肝, liver)과 담낭(膽囊, gall bladder) 9. 총담관(總膽管, common bile duct) 10. 췌장(膵臟, pancreas) 11. 췌관(膵管, pancreatic duct) 12. 십이지장(十二指腸, duodenum) 13. 공장(空腸, jejunum) 14. 회장(回腸, ilium) 15. 소장(小腸, small intestine) 16. 회맹장구(回盲腸口, lieocecal orifice) 17. 맹장(盲腸, cecum) 18. 맹결장구(盲結腸口, cecocolic orifice) 19. 상행결장(上行結腸, ascending colon) 20. 횡행결장(橫行結腸, transverse colon) 21. 하행결장(下行結腸, descending colon) 22. 소결장(小結腸, small colon) 23. 직장(直腸, rectum) 24. 항문괄약근(肛門括約筋, anal sphincter) 25. 항문(肛門, anal orifice) 26. 대장(大腸, large intestine)

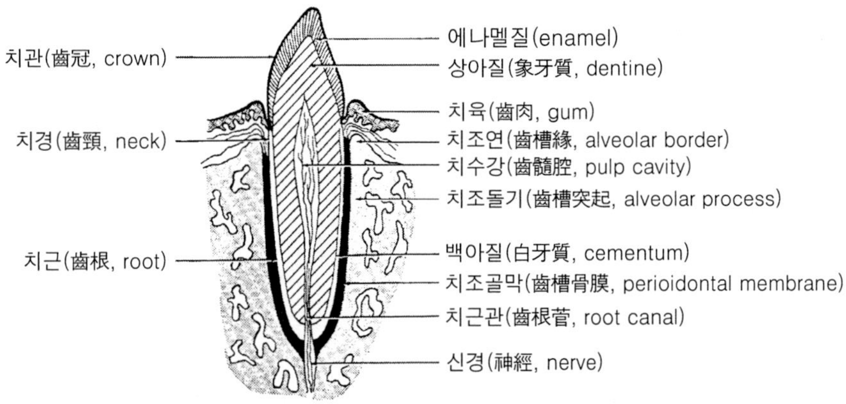

그림 15-2. 치아의 구조(견치)

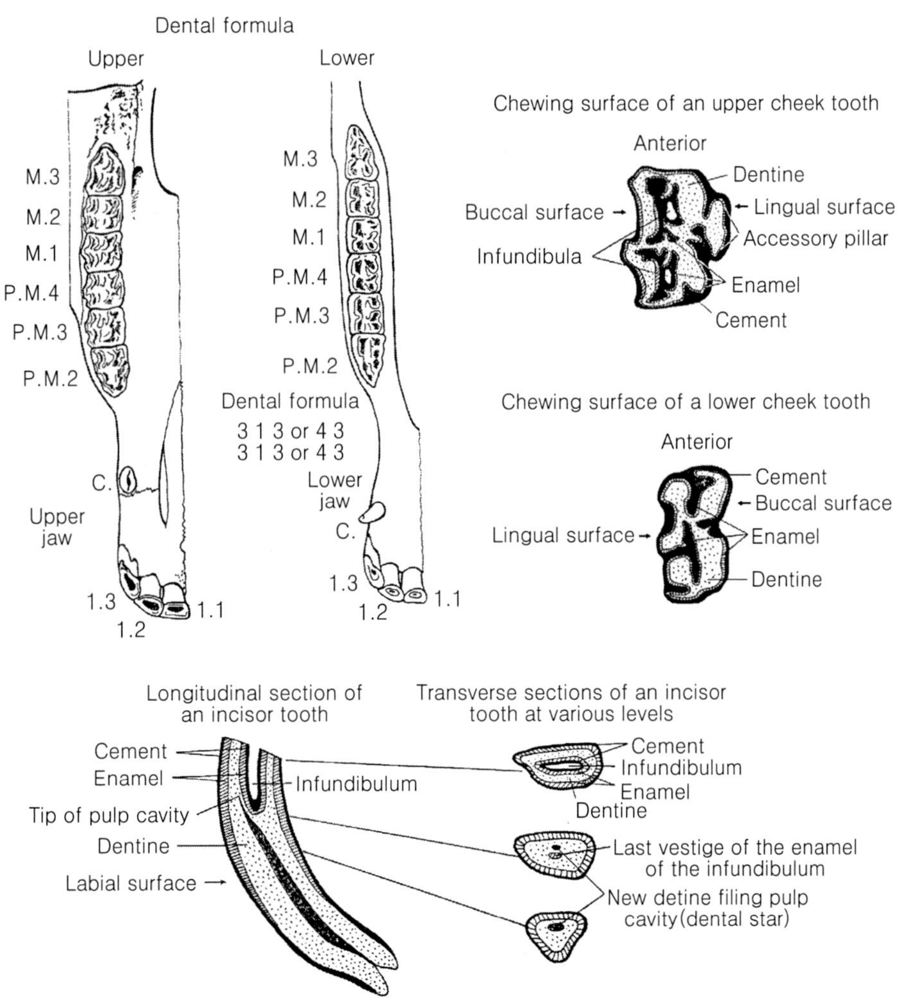

그림 15-3. 말 치아의 특징

측 에나멜상피(inner enamel epithelium)를 형성하게 되고, 외측의 상피세포들은 외측 에나멜상피(outer enamel epithelium)를 형성하게 된다.

이 두 층 사이에 결합조직이 형성되어 에나멜조직의 성상세포(星狀細胞, stellate reticulum)를 형성하게 되고, 컵 속에 포함된 간엽은 치수(齒髓, dental pulp)를 형성하게 된다. 에나멜조직 내에는 에나멜을 생성하는 에나멜아세포(ameloblasts)가 형성한다. 에나멜아세포에 인접하고 있는 치수의 간엽세포는 분화해서 상아아세포(odontoblasts)가 되는데, 이것은 장차 상아질을 만들게 된다. 상아질은 상아아세포의 돌기 주위에 무기물이 침착되어 형성되며, 상아질이 침착되면 에나멜아세포는 에나멜을 만들기 시작한다.

상아질과 에나멜질은 치관(齒冠)의 첨단부에서 시작해서 점차 치경(齒頸)으로 내려가면서 진전된다. 치근은 치아가 붕출하기 얼마 전에 형성되기 시작한다. 치아는 먹이를 절단하기 위한 절치(切齒, incisor), 물어 찢는데 편리한 견치(犬齒, canine teeth), 먹이를 부수기 위한 전구치(前臼齒, premolar)와 구치(臼齒, molar) 등으로 나눈다.

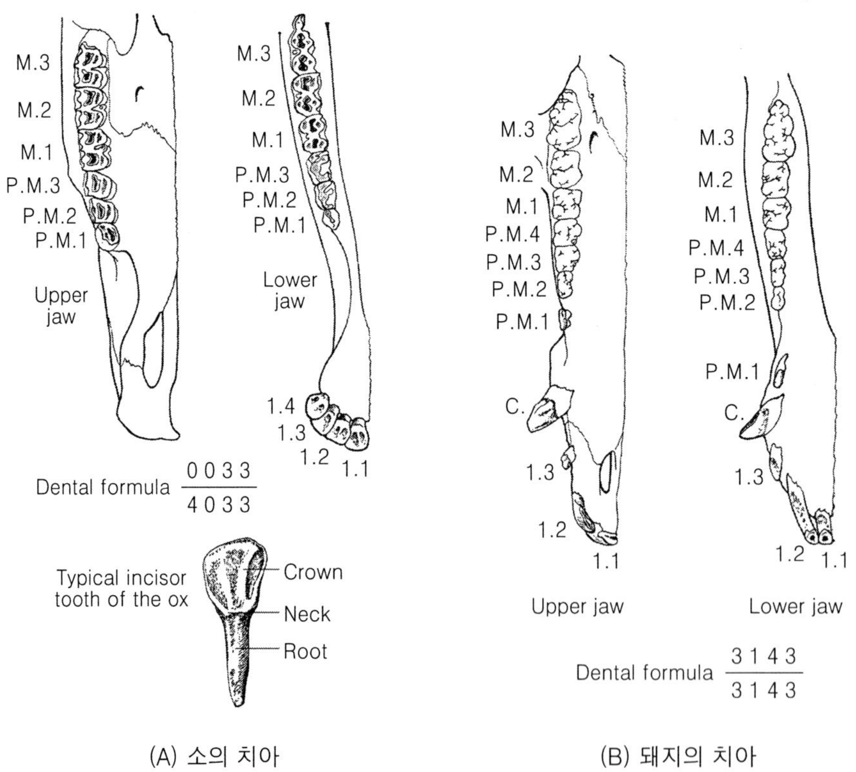

(A) 소의 치아 (B) 돼지의 치아

그림 15-4. 치아의 형태

표 15-1. 가축의 유치와 유치성장

	말	소	양	돼 지	개
			유 치 식		
	3 0 3 2(DI-DC-DP) 3 0 3	0 0 3 2(DI-DC-DP) 4 0 3	0 0 3 2(DI-DC-DP) 4 0 3	3 1 4 2(DI-DC-DP) 3 1 4	3 1 3 2(DI-DC-DP) 3 1 3
			유 치		
문 치					
DI 1	Birth to 1 wk	Birth to 2 wk	Birth to 1 wk	2～4 wk	4～5 wk
DI 2	4～6 wk	〃	1～2 wk	11/2～3 mo	4～5 wk
DI 3	6～9 mo	〃	2～3 wk	Birth or before	4～6 wk
DI 4	-	〃	3～4 wk	-	-
견 치					
DCI	-	-	-	before birth	3～4 wk
전구치					
DP 1	-	Birth to few da	2～6 wk	5 mo	4～8 wk
DP 2	Birth to 2 wk	〃	2～6 wk	5～7 wk	4～8 wk
DP 3	〃	〃	2～6 wk	U-4-8 da	4～8 wk
DP 4	〃	-	-	U-4-8 da L-2-4 wk	-

DI : Deciduous incisors, DC : Deciduous canines, DP : Deciduous premolars
(da) 일, (wk) 주, (mo) 월, (yr) 년

표 15-2. 가축의 영구치와 영구치 성장

	말	소	양	돼 지	개
			치 식		
	3 1 3～4 3 2(I-C-P-M) 3 1 3 3	0 0 3 3 2(I-C-P-M) 4 0 3 3	0 0 3 3 2(I-C-P-M) 4 0 3 3	3 1 4 3 2(I-C-P-M) 3 1 4 3	3 1 4 2 2(I-C-P-M) 3 1 4 3
			영구치 교환		
문 치					
1	21/2 yr	11/2～2 yr	1～11/2 yr	1 yr	3～5 mo
2	31/2 yr	2～21/2 yr	11/2～2 yr	16～20 mo	3～5 mo
3	41/2 yr	3 yr	21/2～3 yr	8～10 mo	4～5 mo
4	-	31/2～4 yr	31/2～4 yr	-	-

(계속)

	말	소	양	돼 지	개
영구치 교환					
견 치 C	4~5 yr	-	-	9~10 mo	4~6 mo
전구치					
P 1	5~6 mo	2~21/2 yr	11/2~2 yr	12~15 mo	4~5 mo
P 2	21/2 yr	11/2~21/2 yr	11/2~2 yr	12~15 mo	5~6 mo
P 3	3 yr	21/2~3 yr	11/2~2 yr	12~15 mo	5~6 mo
P 4	4 yr	-	-	12~15 mo	5~6 mo
구 치					
M 1	9~12 mo	5~6 mo	3~5 mo	4~6 mo	5~6 mo
M 2	2 yr	1~11/2 yr	9~12 mo	8~12 mo	6~7 mo
M 3	31/2~4 yr	2~21/2 yr	11/2~2 yr	18~20 mo	6~7 mo

I : Incisors, C : Canines, P : Premolars, M : Molars
(da) 일, (wk) 주, (mo) 월, (yr) 년

치육(齒肉, gum, gingiva) 밖으로 돌출된 부위를 치관(齒冠, crown)이라 하며, 내층은 상아질로 구성되고, 치수(齒髓, pulp)에는 혈관과 신경이 분포되어 있으며, 외층은 에나멜로 되어 있다. 치관이 넓은 치아(특히, 반추동물의 구치)에서는 층이 종구(縱溝)와 치감(齒坎, infundibula)까지 삽입되어 있다.

치근(root)은 시멘트질로 싸여있으며, 치관이 넓은 치아에서는 치관의 저작면에서 상아질과 함께 에나멜 추벽의 간극을 메운다.

유치(乳齒, milk teeth, deciduous teeth)는 성장함에 따라 빠지고, 그 자리는 영구치(permanent teeth)로 대치된다. 각 가축의 치식(齒式, dental formulas)은 표 15-1과 같다.

(2) 혀

혀(舌, tongue)는 점막에 의해 덮여있는 근육괴(筋肉塊)로 되어 있다. 설근(舌筋, hyoglossus muscle)은 설기저골(舌基底骨, basihyoid bone)과 접해 있고, 이 근(genioglossus muscle)은 하악(下顎, mandible, chin)의 결합부와 접해 있다. 경돌설근(莖突舌筋, styloglossus muscles)은 흉골설골(胸骨舌骨) 내측을 따라 접해 있다.

혀(舌, tongue)는 사료의 저작 및 타액과의 혼합에 있어 없어서는 안 되는 것이며,

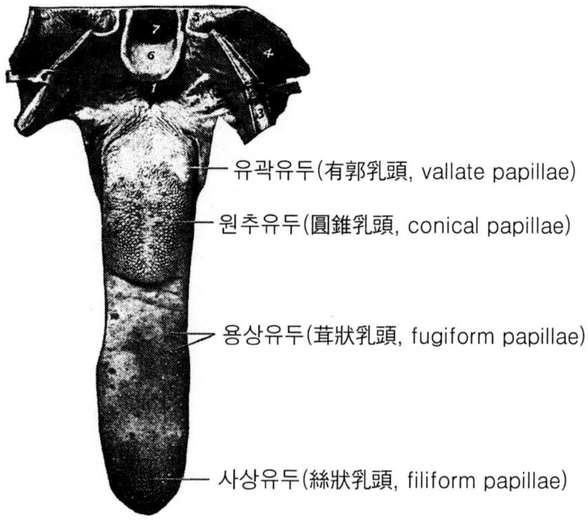

그림 15-5. 소의 혀

1. 설인두개강(舌咽頭蓋腔, glossoepiglottic space) 2. 편두동(偏頭洞, tonsillar sinus) 3. 연구개(軟口蓋, soft palate)의 절단표면 4. 인두(咽頭, pharynx) 5. 연구개(軟口蓋)의 뒤기둥 6. 후두개(喉頭蓋, epiglotts) 7. 후두구(喉頭口, aditus laryngis)

특히 소는 저작하여 식괴(食塊)를 형성하는 데 도움을 주며, 채식시도 혀의 도움이 있어야만 가능하다. 혀는 많은 유두를 가진 중층편평상피가 배면을 피개(被蓋)하고 있다.

사상유두(絲狀乳頭, filiform papillae), 용상유두(茸狀乳頭, fungiform papillae), 유곽유두(有郭乳頭, circumvallate papillae)는 모든 가축에서 볼 수 있으며, 엽상유두(葉狀乳頭, faliate papillae)는 말・돼지・개에서는 볼 수 있는데 면양과 소에서는 볼 수 없다. 사상유두는 미뢰(味蕾, taste bucls)가 없으나 대부분의 다른 유두에는 미뢰가 있다.

(3) 구순과 볼 및 턱

면양・산양・말의 구순(口脣, lips)은 부드럽고 신전성이 있으며 사료의 채식에 큰 도움이 되며, 소와 돼지의 구순은 단단하고 운동성이 좋지 못하다. 볼[협(頰), cheeks]의 외측은 피부로 피복되어 있고, 내측은 점막으로 덮여 있다. 볼은 혀를 도와서 사료의 저작에 관여하고 있으며, 소에서는 원추유두(圓錐乳頭, conical papillae)가 있어서 사료의 저작과 타액혼합에 관계한다.

턱[하악(下顎), jaws]은 강한 저작근(咀嚼筋, masseter muscle), 측두근(側頭筋, temporal muscle) 그리고 익상근(翼狀筋, pterygoid muscle) 등에 의해서 폐쇄되고, 이복근(二腹筋, digastricus muscle), 후두골하악절(後頭骨下顎節, occipitomandibularis) 그리고 포골하악절(胞骨下顎節, sternomandibularis muscle) 등에 의해서 개구되어 있다. 익상근은 턱을 좌우로 움직여 사료를 저작하는 작용을 한다.

(4) 구개와 편도

구개(口蓋, palates)는 전면의 경구개(硬口蓋, hard palates)와 후면의 연구개(軟口蓋, soft palates)로 나누고, 경구개는 구강의 천정을 형성하며, 뒤쪽으로 연구개와 연속되어 있어 연구개는 입과 인두의 경계가 된다. 구강의 내면은 두껍고 매우 각화된 중층편평상피로 덮여 있다.

편도(扁桃, tonsils)는 림프조직(lymphoid tissue)으로 구성되어 있다. 사람과 개에 있어서 구개편도(口蓋扁桃, palatine tonsils)는 혀밑의 측면과 연구개(軟口蓋)의 인두복면(咽頭腹面, pharynx ventral) 측벽 주머니 속에 들어 있는 난원형(卵圓形) 소체를 대개 편도선이라 한다. 말・소・양에서는 이 구개편도선이 같은 위치의 점막하에 존재하지만 돌출되어 있지는 않다. 돼지에 있어서 구개편도는 연구개 내에 위치하고 있다. 설편도(舌扁桃, lingual tonsils)는 림프여포가 축척된 것으로 설근(舌筋)

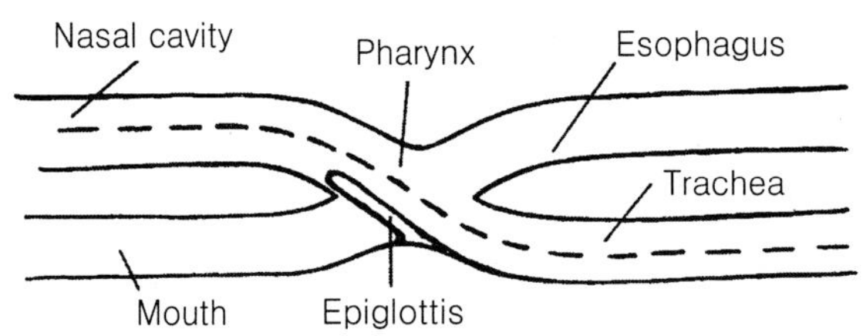

(A) Normal respiration

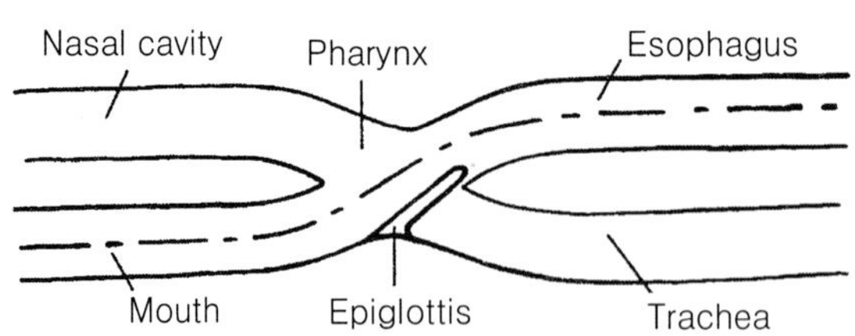

(B) Swallowing

그림 15-6. 정상호흡시 구강 및 인두와 식도 및 후두와의 관계

에 위치하며 말・소・돼지에서 뚜렷하다. 인두편도(咽頭扁桃, pharyngeal tonsils)는 림프조직이 축척하여 된 것으로 인두의 배면 점막하에 위치한다. 사람의 인두 편도선의 증대를 인두편도라 한다.

(5) 인두

인두(咽頭, pharynx)는 호흡기와 소화기의 공동 통로로서 내벽은 점막으로 내피되어 있고, 다음 근육에 의해 둘러싸여 있다.

인두의 개구부에는 구강, 두 개의 후비공(後鼻孔), 두 개의 eustachian(auditory)관, 식도 그리고 후두가 연해 있다. 비강(鼻腔, nasal cavity)을 통해서 들어온 흡입 공기는 후비공으로 들어와 다음 인두를 거쳐 후두로 들어간다. 인두는 임의적으로 비강, 구강 그리고 후두부로 나눌 수 있다.

사료는 구강으로부터 인두로 들어가 인두근의 수축에 의해 식도부로 밀려가게 되는데, 이때 후두부는 반사적으로 폐쇄되고, 호흡기도와 소화기도의 교차점이 된다.

2) 식 도

식도(食道, esophogus)는 인두에서 연속된 근막성의 긴 관으로 인두와 위를 연결하며, 기관의 왼쪽 후면을 따라 내려가 위의 분문부(cardia)에서 끝난다. 식도의 근육벽은 두 층의 근육층으로 구성되어 있는데, 내층은 윤주상층(輪走狀層)이고, 외층은 종주상층(縱走狀層)으로 되어 있다. 말에 있어서 식도의 근육층은 식도 1/3부위에서 횡문근으로부터 평활근으로 변한다.

돼지에 있어서는 횡격막 근처 식도벽까지 횡문근으로 되어 있고, 개와 반추동물은 전길이의 식도벽이 횡문근으로 되어 있다.

3) 단 위

비반추동물(non-ruminants)에 있어서 위는 횡격막의 왼쪽 후면에 위치한다. 횡격막(diaphragm)은 원개형(圓蓋形)의 근육판으로서 흉강과 복강을 분리한다. 위(stomach)는 분문(噴門, cardia, entrance), 위저(胃底, fundus), 위체(胃體, body), 유문(幽門, pylorus)으로 구분된다. 분문과 유문에는 괄약근(sphincter)이 있어 먹이의 통과를 조절한다. 분문부와 유문부는 근접되어서 위의 모양이 U자형을 만든다. U자형의 내측은 소만(小彎, lesser curvature), 외측을 대만(大彎, greater curvature)이라고 한다.

분문부의 첨단은 중층편평상피로 피복되어 있으며 식도부(esophageal region)라 한

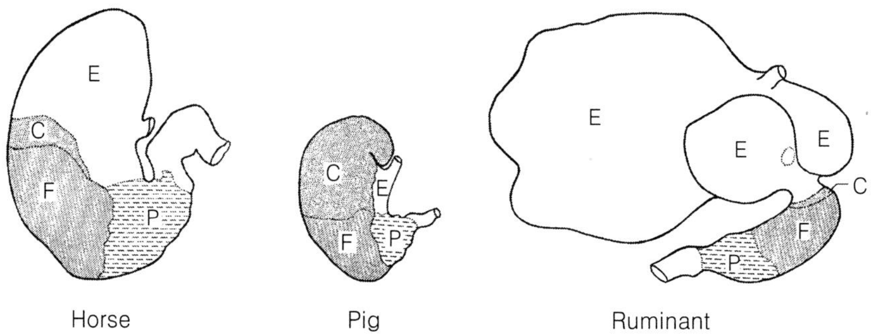

그림 15-7. 위의 구조

E. 식도부(食道部, esophageal region), C. 분문선부(噴門腺部, cardiac gland region)
F. 위저선부(胃底腺部, fundic gland region), P. 유문선부(幽門腺部, phloric gland region)

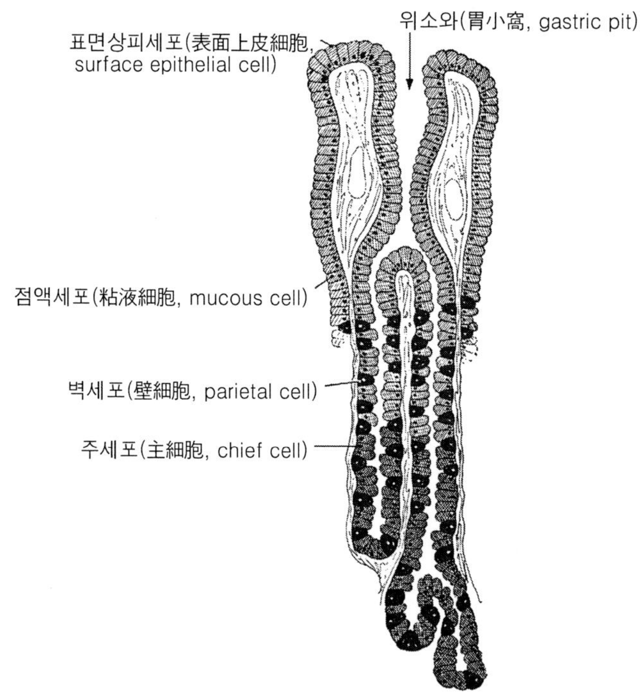

그림 15-8. 위저부위(胃底部位)의 위선(胃腺)

다. 식도부의 크기는 동물의 종류에 따라 다르며, 위의 분비선은 분문부 근처에 있는 분문선(cardiac gland), 유문부에 있는 유문선(pyloric gland), 나머지 위부 위에 있는 위선(gastric gland, fundic gland)의 3가지 형이 있다. 위 표면의 점막상피는 많은 주름이 있는데 함요부(陷凹部, depression portion)를 위소와(胃小窩, gastric pit, foveolae)라 부른다. 분문선은 단순관상선(單純管狀線)이거나 복합관상선(複合管狀線)인데 주로 점액을 분비하며, 분문선부에 존재한다. 위선은 위저(胃底)보다 넓은 면적 내에 분포하며 분문선부와 유문선부 사이에 존재한다. 위선은 단순관상선으로 위소와에 개구한다.

위선(胃腺)의 경부(頸部, neck)에는 점액경세포(粘液頸細胞, mucous neck cells)가 있는데 점액을 분비하며, 벽세포(parietal cell)는 염산(HCl)을 생성한다.

위선의 위체(胃體)에는 주세포(chief cell)가 있어 pepsinogen과 rennin을 생성하며, pepsinogen은 염산(HCl)에 의해 pepsin으로 변한다. 비반추동물의 위의 식도부(esophageal region)는 반추동물의 전위(前胃, fore-stomachs)에 해당하며, 말에서는 크고, 돼지에서는 작으며, 개에서는 없다. 분문부는 돼지에서는 크고, 말에서는 작다.

4) 반추위

반추위(ruminant stomach) 또는 복위(復胃)는 반추동물의 특징으로서 대단히 크고 4부분으로 구분되며, 복강의 3/4를 차지한다. 즉, 제 1위(rumen), 제 2위(reticulum), 제 3위(omasum), 제 4위(abomasum)로 나뉘어져 있다.

제 1, 2, 3위를 전위(前胃, fore stomach)라 하고, 제 4위를 진위[眞胃, 또는 선위, true(glandular) stomach]라고 한다.

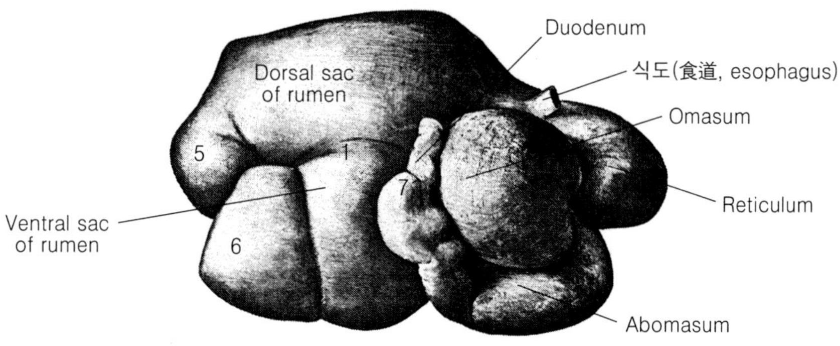

그림 15-9. 반추위의 구조(소)

1. 제 1위 우측종구(右側縱溝, right longitudinal groove of rumen) 2. 제 1위 후구(後溝, caudal groove) 3, 4. 관상구(冠狀溝, coronary grooves) 5, 6. 후맹낭(後盲囊, caudal blind sacs) 7. 유문(幽門, pylrous)

(1) 제 1위

제 1위[rumen, 유위(瘤胃)]는 거대한 근육성의 낭으로서 횡격막으로부터 골반까지 뻗쳐 있으며, 복강의 좌측부를 거의 채우고 있다. 성숙한 소에서는 그 용적이 100~150 ℓ 에 달한다. 제 1위는 점막면에 있는 강력한 근육층인 근주(筋柱, muscular pillar)에 의해서 좌우종구(縱溝)가 형성되며, 복낭(腹囊, ventral sac)과 배낭(背囊, dorsal sac)으로 나누어진다.

배낭은 가장 큰 부위로 전방은 제 2위로 연결되며, 후방은 배관상근주(背冠狀筋柱)에 의해서 배맹낭(背盲囊, dorsal blind sac)을 형성한다. 점막은 선(線)이 없는 중층편평상피로 되어 있으며, 복낭과 배낭의 복부에는 1cm 크기의 유두가 많이 있으나 배부에는 거의 결여되어 있다.

제 1위 벽의 평활근은 2층으로 구성되어 있으며, 표층의 근육은 대부분 전후로 주행되어 제 1구들의 연결 역할을 한다. 내층의 근섬유는 횡으로 주행하여 제 1위의 대부분의 근주(筋柱)를 이룬다. 이들 두 근육층은 식도의 근육과 연결되어 있다. 특히, 식도구는 평활근층이 잘 발달되어 있다. 종횡으로 주행하는 평활근섬유가 존재한다.

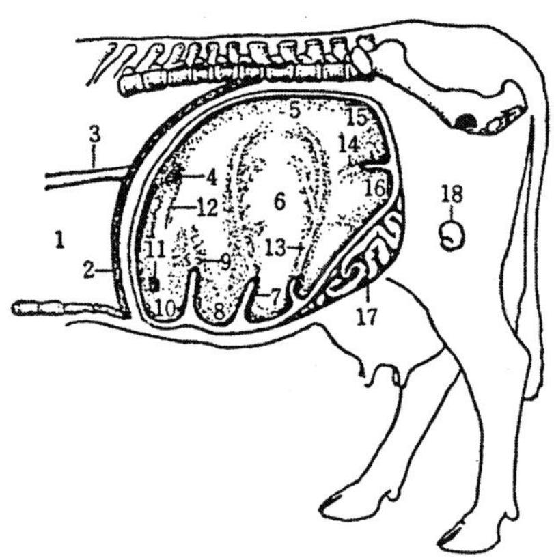

그림 15-10. 복강내 반추위

1. 흉강(胸腔, thoracic cavity) 2. 횡격막(横隔膜, disphragm) 3. 식도(食道, esophagus) 4. 분문(噴門, cardiac) 5. 제 1위 배낭(背囊, dorsal sac of rumen) 6. 제 1위 복낭(腹囊, ventral sac of rumen) 7. 전근주(前芹柱, anterior pillar) 8. 전맹낭(前盲囊, anterior blind sac) 9. 1, 2추벽(皺襞, rumenoreticular fold) 10. 2위(reticulum) 11. 3위구(胃溝, reticuloomasal groove) 12. 식도구(食道口, esophageal orifice) 13. 후근주(後筋柱, posterior pillar) 14. 배관상주(背菅狀柱, dorsal coronary pillar) 15. 후배낭(後背囊, posterior dorsal sac) 16. 후복낭(후복낭, posterior ventral sac) 17. 소장(小腸, small intestine) 18. 상유방 림프절(上乳房淋巴節, supramammary lymph node)

식도구(esophageal groove)는 위전방(胃前房, atrium ventriculi)에서 제3위로 연결되어 있는 관과 같다.

(2) 제2위

제2위[reticulum, 봉소위(蜂巢胃)]는 반추위 중 제일 전방에 위치하며, 점막면은 벌집 모양을 하고 있으며 중층편평상피로 피복되어 있다. 소는 반추위 중 제2위가 제일 작으나 양은 제3위보다 조금 크다. 제2위의 전방에는 횡격막과 심장이 위치한다. 고로 제2위에 철사나 못과 같은 이물이 정체될 때는 제2위벽을 뚫고 횡경막이나 심장으로 이동하기 쉽다.

(3) 제3위

제3위[omasum, 중첩위(重疊胃)]는 구형(球刑) 또는 난원형(卵圓形)이며, 내면에는 배벽(背壁)으로부터 내려온 근육성엽(筋肉性葉, muscular laminae)이 겹겹이 중첩되어 있어 중첩위라고도 한다. 제3위는 간장 바로 뒤쪽에 있는 제1위와 제2위의 오른쪽에 위치한다. 각개의 엽에는 3층의 근육으로 되어 있고, 엽(葉)의 표면은 중층편평상피로 덮여 있고, 많은 작은 유두가 있다.

(4) 제4위

제4위[abomasum, 추위(皺胃)]는 반추위 중 분비선이 있는 선위(진위)이다. 제4위는 제3위의 복측에 위치하고 있고, 제1위의 우측 뒷면까지 뻗쳐 있다. 유문부에는 괄약근이 있다. 상피는 점액을 분비할 수 있는 단층원주상피로 구성되어 있는데, 단

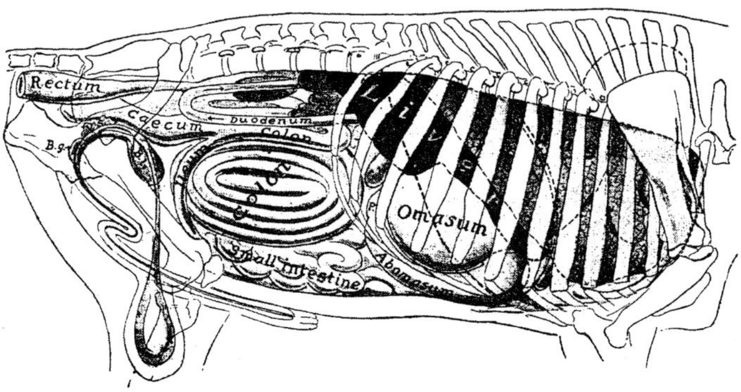

그림 15-11. 체벽에 관한 내장기관(소)

위동물의 구조가 비슷하다.

5) 소 장

소장(小腸, small intestine)은 십이지장・공장・회장 등 3부분으로 구분한다. 십이지장(duodenum)은 소장의 첫째 부위로서 짧은 장간막(mesentry)에 의해 체벽에 부착되어 있으며, 췌장과 간장으로부터 유도된 관이 십이지장으로 제일 먼저 개구한다.

십이지장은 유문부에서부터 우측 후방을 향하여 골반강 입구까지 내려간 후 총 장간막 기시부에서 좌측으로 공장에 이행한다. 공장(空腸, jejunum)은 십이지장과 뚜렷한 차이가 없으나 넓은 총 장간막에 매어 달린 부분이며, 회장과도 뚜렷한 경계가 없다. 회장(回腸, ileum)은 소장의 최후단이며, 회맹결장구에서 대장으로 이행한다. 회장의 종말부는 말은 맹장, 개는 결장, 반추류와 돼지는 맹장과 결장에 연결된다.

6) 대 장

대장(大腸, large intestine)은 맹낭(盲囊, blind sac)으로 된 맹장(cecum)과 결장(colon) 및 직장(rectum)으로 나눈다. 결장은 상행결장, 횡행결장, 하행결장으로 구분되며, 직장과 항문에 연결된다. 대장의 구조는 가축의 종류에 따라 매우 차이가 있으며, 가축별 대장의 구조는 다음과 같다.

(1) 말의 대장

말은 어느 동물보다도 크고 복잡한 대장을 지니고 있다. 말의 맹장은 comma형으로 골반강 출구 우측으로부터 횡격막 바로 후부의 복강내까지 뻗쳐 있다. 맹장의 기저는 우겸부(right flank)의 배면에 위치하며, 제 15늑골의 중간부까지 돌출되어 있는 경우도 있으나 첨부(尖部)는 흉골의 후부를 넘어서 뻗쳐 있기도 하다.

회장(ileum)은 맹장의 함凹측이나 소만(小彎)으로 연결되는데, 이 부위의 괄약근을 회맹판(回盲瓣, ileocecal valve) 혹은 회맹구라 한다. 대결장의 첫부분은 맹장에서 시작, 횡격막의 흉골부를 향한 우복측(右腹側) 복벽을 따라 앞을 통과하여, 이곳에서 좌측으로 돌아 골반구를 향한 좌복측 복벽을 따라 후부로 뻗쳐 간다.

대결장의 첫부분을 다시 요약하면 우복측결장(右腹側結腸, right ventral colon), 흉부만곡(胸部灣曲, the sternal flexure), 그리고 좌복측결장(左腹側結腸, left ventral colon)으로 구분한다.

소결장은 횡행결장에 직접 연결되어 있고, 장간막(腸間膜, mesentry)에 있어서 소

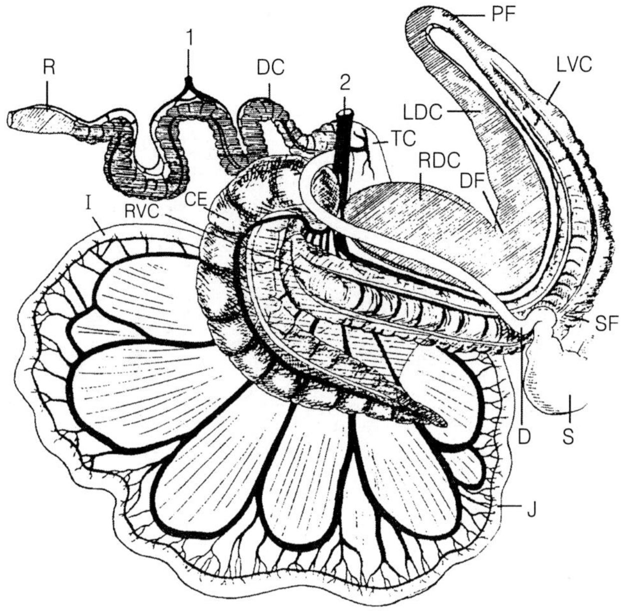

그림 15-12. 말의 장관

S: 위(胃, stomach) D: 십이지장(十二指腸, duodenum) J: 공장(空腸, jejunum) I: 회장(回腸, ileum) CE: 맹장(盲腸, cecum) RVC: 우복측결장(right ventral colon) SF: 흉부만곡(sternal flexures) LVC: 좌복측결장(left ventral colon) PF: 골반만곡(pelric flexures) LDC: 좌배측결장(left dorsal colon) DF: 횡격막측만곡(diaphragmatic flexures) RDC: 우백측결장(right dorsal colon) TC: 횡행결장(transverse colon) DC: 하행결장(descending colon) R: 직장(直腸, rectum), 1: 후장간막동맥(後腸間膜動脈,caudal mesenteric artery), 2: 전장간막동맥(前腸間膜動脈, cranial mesenteric artery)

장처럼 결장간막(結腸間膜, mesocolon) 내에 계제(loop)상태로 배열된다. 그러나 소결장은 소장의 직경보다 다소 크고, 소결장은 복강의 후중간부 근처에 위치한다. 직장(rectum)은 대장의 비교적 직선부로서 주로 골반강 내에 위치하고 있고, 분변이 저장되며 팽창되어 보인다. 소화기의 종말부와 피부의 접합부를 항문(肛門, anuo)이라 한다. 항문은 평활근과 횡문괄약근에 의해 한정되어 있다.

(2) 돼지의 대장

돼지의 대장은 맹장에서 시작된다. 맹장은 비교적 크며, 원통상으로 회맹결장구에서 결장으로 연결되고, 결장은 나선형으로 coil 모양이므로 원추상결장(圓錐狀結腸)

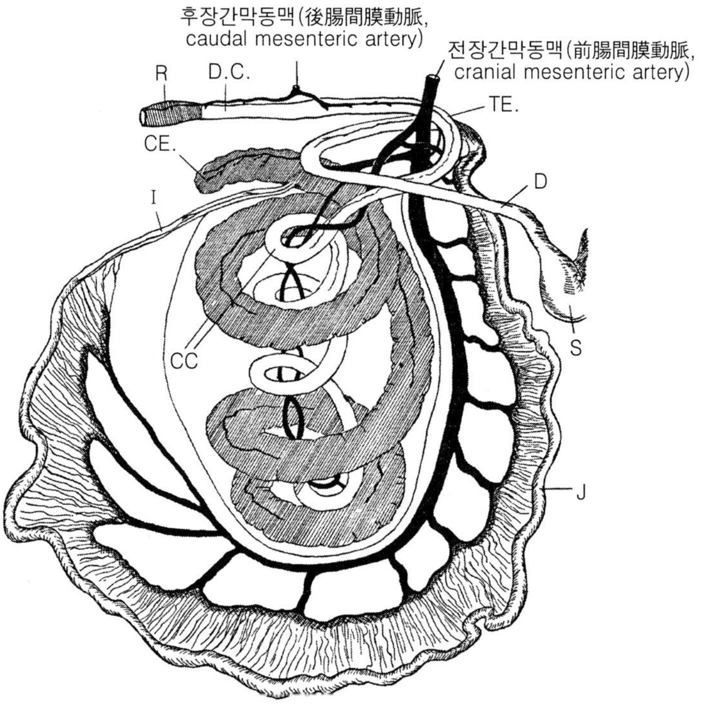

그림 15-13. 돼지의 장관

S: 위(胃, stomach) D: 십이지장(十二指腸, duodenum) J: 공장(空腸, jejunum) I: 회장(回腸, ileum) CE: 맹장(盲腸, cecum) CC: 원추결장(圓錐結腸, coiled colon) TC: 횡행결장(橫行結腸, transverse colon) DC: 하행결장(下行結腸, descending colon) R: 직장(直腸, rectum)

이라고 한다. 처음은 밑으로 구심회전을 3~4회 한 후 다시 원심회전하여 위쪽으로 나와서 횡행결장이 된다. 횡행결장은 왼쪽으로 방향전환을 한 후 후방으로 향하여 하행결장이 되어 직장과 항문으로 이행한다.

(3) 개의 대장

개의 대장은 모든 가축의 대장 중 가장 짧고 단순하며, 맹장은 우측에 짧고 불규칙하게 구성되어 있다. 또한 우측에 짧은 상행결장이, 우측으로부터 좌측으로 횡행결장이, 그리고 좌측에 하행결장이 위치해 있다. 골반강 내에는 직장이 있고, 최후에 항문이 연결되어 있다.

(4) 토끼의 대장

토끼의 대장 중 가장 큰 것이 맹장으로서 복강의 1/2 이상을 차지할 정도의 큰 용적이다. 가축 중 유일하게 충수(蟲垂, appendix)를 가지고 있다. 결장의 시초가 굵고 장대(longitudinal band)와 팽기(haustra)가 있으나 점차 가늘어져서 소장보다 가늘며, 뚜렷한 경계없이 직장으로 이행한다.

(5) 반추가축의 대장

반추동물에 있어서 대장은 맹장, 결장 및 직장으로 구성되어 있다. 맹장의 맹단(blind end)은 후방으로 돌출되어 있고, 앞쪽으로는 결장과 연결되어 있다. 이 결합부를 회맹결장구라 한다. 상행결장은 앞쪽을 지나 소장을 지지하는 장간막의 두 층 사이를 통과한다. 근위계제(近位係蹄, proximal loop, ansa proximalis)는 맹장과 원반상결장(ansa spiralis) 사이에 위치한다. 원반상결장(圓盤狀結腸)은 나선상으로 배열

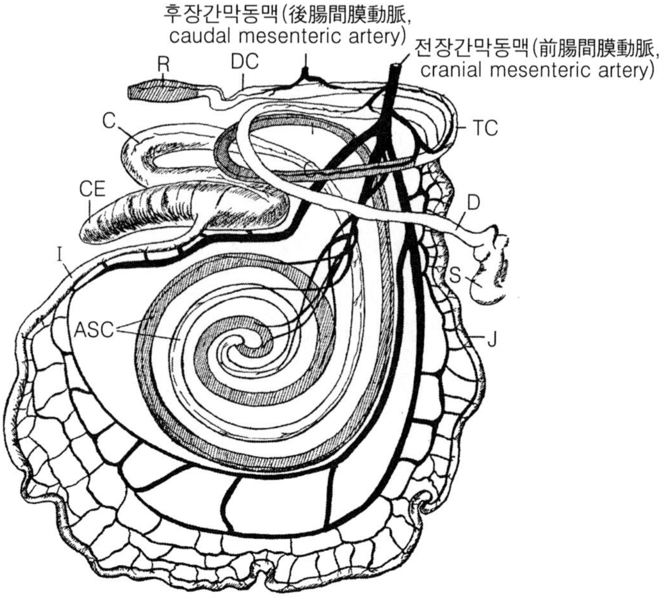

그림 15-14. 소의 장관

S: 위(胃, stomach) D: 십이지장(十二指腸, duodenum) J: 공장(空腸, jejunum) I: 회장(回腸, ileum) CE: 맹장(盲腸, cecum) C: 결장(結腸, colon) ASC: 원반상결장(圓盤狀結腸, ansa spiralis) TC: 횡행결장(橫行結腸, transverse colon) DC: 하행결장(下行結腸, descending colon) R: 직장(直腸, rectum)

되어 있다. 평면상을 타원판상으로 2～3회 회전하여 중심부인 나선계제(螺旋係蹄, spiral coil)에서 발전되어 원심회전으로 되므로 원반상결장이라고 한다. 결장은 골반입구 근처에서 S자를, 그리고 직장으로 이행한다. 면양과 산양의 장관배열은 소의 장관배열과 비슷하다.

7) 소화관의 일반배열

전체 소화관을 관(체관) 내의 관으로 기술하고 있고, 태생시 발생된 관벽배열은 평생을 두고 영속되며, 체벽의 배열은

① 상피피개(上皮被蓋, epithelisl covering, the epidermis)
② 결합조직층(connective-tissue layer, the dermis and super ficial fascia)
③ 근육층(skeletal muscle)
④ 장막(漿膜, serous membrane lining, parietal peritoneum) 등의 순으로 되어 있고, 복강내의 소화관도 같은 층으로 되어 있으나 순서는 반대로 되어 있다. 소화관층의 배열은

① 장막(漿膜, serosa, visceral peritoneum)
② 근육(mostly smooth muscle)
③ 점막하결합조직(submucosa connective tissue)
④ 점막상피(mucous membrane) 등의 순서로 배열되어 있다.

㉠ 복막(腹膜, peritoneum) : 중피(mesothelium)라 부르는 연속된 단층편평상피로 구성되어 있고 결합조직에 의해 지지되어 있다. 복막은 전복강을 싸고있는 장막으로 복강내 모든 장기를 덮고 있다. 복강을 내피하고 있는 복막은 체벽을 피개(被蓋)하고 있기 때문에 벽측복막(壁側腹膜, parietal peritoneum)이라 부른다. 장기를 덮고 있는 복막을 장측복막(臟側腹膜, visceral peritoneum)이라 한다. 벽측복막과 장측복막은 연속되어 있기 때문에 이중막이라고도 한다.

㉡ 장간막(腸間膜, mesentry) : 장을 지지해주는 이중의 복막으로서 배측복벽(背側腹壁)과 유착되어 있다. 장간막은 장을 지지하고 있는 부위에 따라 십이지장간막(mesoduodenum), 공장장간막(mesojejunum), 회장장간막(mesoileum), 결장장간막(mesocolon) 등으로 세분한다.

㉢ 망막(網膜, omentum) : 다른 조직과 위를 연결해주는 복막이다. 그물망처럼 짜여져 있다. 보다 큰 망막은 위(胃)의 대만(大彎)과 접촉되어 있다.

㉣ 인대(靭帶, ligamentum) : 인대는 복강내 장기들을 서로 연결시켜 주거나 혹

은 체벽의 벽측복막에 연결시켜 주는 복막 부속조직이다. 이 인대는 연결되는 구조물에 따라 명칭이 주어진다. 예를 들면, 간십이지장인대(肝十二指腸靭帶, hepatoduodenal ligament) 혹은 위비인대(胃脾靭帶, gartrosphenic ligament)이다.

8) 부속 소화기관

소화작용을 돕는 선(腺)은 동물종 간에 있어서 매우 비슷하다. 위장벽에 존재하는 많은 작은 선 이외에 부속선은 타액선, 간장 및 췌장 등이 있다.

(1) 타액선

타액선(唾液腺, salivary glands)은 잘 발달된 3쌍의 선(glands)과 구강 주위에 산재되어 있는 타액조직으로 구성된다. 중요한 타액선은 그 위치에 따라 이하선(耳下腺, paratid gland), 악하선(顎下腺, mandibular gland), 설하선(舌下腺, sublingual gland) 등이 있다. 이하선에서 나온 이하선관은 제3~4상구치(上臼齒) 근처의 볼점막에 구멍을 연다. 악하타액선은 하악 바로 후부에 위치한 이하선 복측에 위치한다. 악하선관은 악하선 전면에서 혀 복측을 따라 전진하여 설하소구(舌下小口)에 구멍을 개구(開口)한다. 설하선은 구강상(口腔床) 주위에 설측 표면의 복측을 따라 연해있는 점막하에 깊숙이 위치해 있고, 설하선관은 설하선에서 바로 혀의 복측에 구멍을 연다. 타액선은 분비하는 타액의 성장에 따라 장액선(serous gland), 점액선(mucous gland) 및 혼합선(mixed gland)으로 나눈다. 이하선은 장액선이며, 악하선과 설하선은 혼합선이다.

표 15-3. 타액선의 특징

장액선	점액선	혼합선
· 이하선(耳下腺, 어린 육식동물과 새끼양에서는 점액선 종말부를 지니고 있음) · 소의 복부협선(腹部頰腺)과 면양과 산양의 복부협선 · 유곽유두(有廓乳頭)와 엽상유두(葉狀乳頭) 하에 Ebner's 선	· 면양, 산양, 육식수의 순선(脣腺)과 설선(舌腺) · 소의 중 및 배협선(背頰腺) · 육식수의 복협선(腹頰腺)과 면양 및 산양의 배부선(背部腺)	· 악하선(顎下腺), 설하선(舌下腺), 말 혀의 녹선(綠腺) · 면양과 산양의 소대선(小帶腺) · 말과 소의 설근선(舌根腺) · 말과 돼지의 협선(頰腺) · 점액 혹은 장액선으로 언급되지 않은 모든 선

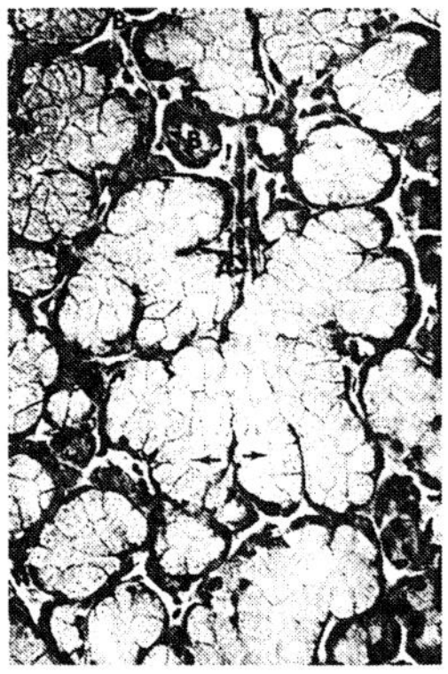

그림 15-15. 설하타액선(개)

(2) 췌장

췌장(膵臟, pancreas)은 내분비선부(endocrine portions)와 외분비선부(exocrine portions) 등 양자를 지니는 복합관상포상선(compound tubulo-alvealar gland)이다. 외분비선에서는 $NaHCO_3$와 소화산소를 분비하여 췌관을 통해서 담관 개구부 가까이 있는 십이지장으로 내보낸다.

내분비선부는 엷게 염색된 세포군의 고립군으로 구성되어 있고, 결합조직 기질에 산재해 있다. 이 군집을 랑게르한스섬(islands of Langerhans)이라 하며, 여기에서 insulin(β-세포)과 glucagon(α-세포)라는 호르몬을 분비하여 직접 혈류로 보낸다. 췌장은 위(胃)의 후방에서 십이지장의 기시부를 따라 위치하며, 불규칙한 소엽으로 되어 있다.

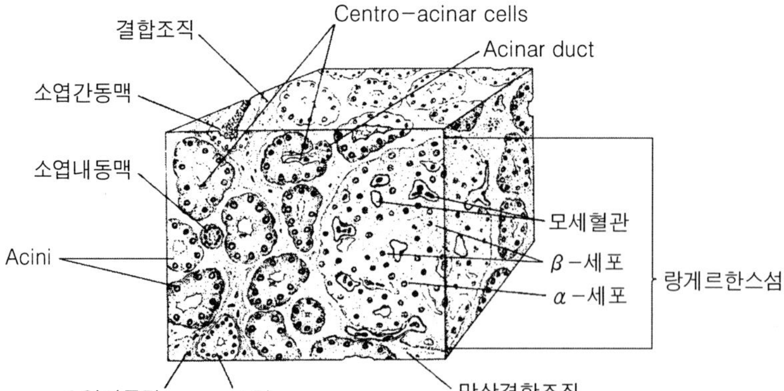

그림 15-16. 췌장의 단면

주췌장관(main pancreatic duct)은 총담관과 같이 십이지장에 개구한다. 부췌장관(accessory pancreatic duct)은 주체관의 다소 후방에 개구한다. 췌장의 외분비선부는 현미경학적으로 보면 이하타액선과 비슷하다. 소포(小胞, alveolus, acinus)는 체장의 분비단위이다. 이 세포들은 포도와 같이 집합된 pyramidal cells로서 개재관(介在管, intercalated duct)을 둘러싸고 있다. 분비세포의 핵은 세포저부에 가깝게 위치하고 있다.

산성효소원 과립은 핵과 세포첨부 사이의 세포질 내에서 불 수 있다. 이 과립들은 소화작용 동안은 관내로 배출되어 분비가 계속되면 그 수가 줄어든다(자세한 내용은 p392 참조).

(3) 간장

간장(肝臟, liver)은 체내에서 가장 큰 선기관(腺器管)이며, glycogen 생성, 담즙분비, 해독작용, 뇨소생성, 기타 조혈작용 등 동물에 있어서 가장 중요한 기관의 하나이다. 동물에 따라 간의 엽수(葉數)와 위치가 다르나 간은 항상 횡격막 바로 밑에 위치하고, 우측으로 치우쳐 있다. 특히, 반추동물에서 거대한 반추위나 복강의 좌측을 차지하므로 간은 우측으로 치우쳐 있다. 간은 복강동맥의 분지인 간동맥을 통하여 영양을 공급받는다.

문맥(門脈, portal vein)은 위(胃), 비(脾), 췌(膵), 장(腸)으로부터 간으로 혈액을 운반한다. 이 운반되어진 문맥혈은 간의 유동혈관(sinasoids)에서 해독, 변형되어 짧은 간정맥을 떠나 후대정맥으로 들어간다. 말을 제외한 모든 가축은 담즙을 저장하는 담낭(gall bladder)을 지니고 있다. 담즙은 간에서 간관(肝管, hepatic duct)을 통하여

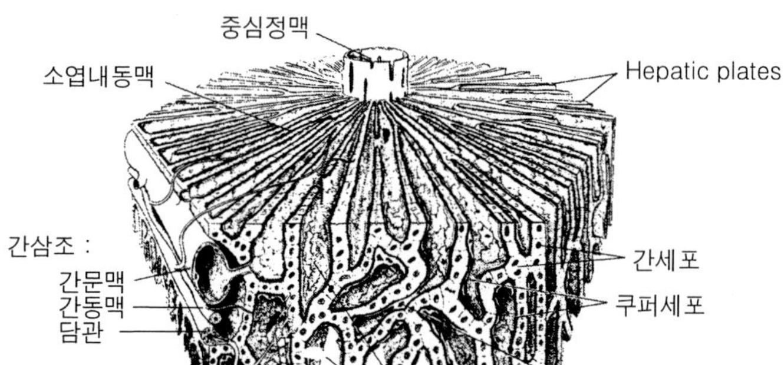

그림 15-17. 간소엽의 세포배열의 모형도

담낭에서 나온 담낭관(cystic duct)과 결합 후 총담관(common bile duct)이 되어 십이지장에 배출된다.

소의 간은 대좌우엽과 작은 미상엽(尾狀葉), 유두엽(乳頭葉) 등 4개로 나누어지며, 10~14 Lbs의 무게를 갖는다. 돼지는 좌・우엽이 다시 내・외엽으로 나누어지고, 다시 미상엽(尾狀葉)과 방형엽(方形葉)을 합하여 6개의 엽으로 나누고, 성돈(成豚)의 간장은 4 Lbs 정도의 무게를 갖는다.

간은 복합관상선으로 분류되지만, 간세포의 배열은 관상보다는 삭(索, cords) 혹은 판(板, plates)으로 나타난다. 간세포 배열 사이에는 작은 담세관이 있고, 이 세관의 내피는 인접된 간세포의 세포막에 의해서 형성된다. 간세포판은 소엽(小葉) 내에 방사성으로 배열되어 있고, 소엽 중앙에는 간정맥에서 분리된 중심정맥(central vein)이 있다.

간류동(肝類洞, liver sinusoids)은 간소엽 모세혈관으로서 중심정맥과 연결된다. 간류동은 문정맥과 간동맥으로부터 혈액을 받아 간세포와 접촉하게 된다. 간동맥혈은 간기질(stroma)의 결합조직에 주로 공급되고, 문맥으로부터 들어온 혈액은 간실질(liver cells)에 의해 작용을 받는다. 문정맥의 분지, 간동맥의 분지, 작은 담관은 간소엽들의 경계부의 결합조직 내에 공존한다. 이 관들의 군집을 문삼각주(門三角柱, portal trinity, triad)라 한다.

간류동은 Kupffer's cells라 하는 큰 대식세포에 의해서 내의되어 있다. 이 세포들은 망상내피계층의 세포들로서 식균작용을 한다. 돼지의 간소엽은 두꺼운 결합조직층에 의해서 둘러싸여 있으며, 기타 동물과 사람은 돼지보다 두껍지 않은 결합조직에 의해서 둘러싸여 있다.

림프관은 결합조직 피막, 소엽간 결합조직, 문정맥 주위 결합조직, 간정맥 주위 결합조직 내에서 볼 수 있다.

제 16 장

소화기의 생리

1. 소화관의 운동

1) 채식과 저작

사료를 입안으로 집어넣는 행동을 채식(採食, prehension)이라 하며, 채식기관으로서는 치아・입술・혀가 관계되며, 말은 입술, 소와 면양은 혀가, 그리고 돼지는 주둥이(snout)가 큰 역할을 한다.

저작(咀嚼, mastication, chewing)은 채식 직후에 일어나며, 동물마다 치아의 형태 및 배열상태에 따라 다르다. 육식동물은 단순한 치아를 가지고 있어 먹이를 토막내고 저작은 별로 하지 않는다.

초식동물은 적어도 몇 개의 넓은 치아를 가지고 있으며, 특히 상악(上顎)의 치아가 하악(下顎)의 치아보다 넓어서 사료를 잘게 분쇄하는 데 편리하다.

치아의 enamel, dentine 및 cementum 층은 마모율이 다르기 때문에 일정치 않은 면을 갖게 된다. 에나멜질은 치아 중 가장 단단한 질로서 솟아올라 예리한 끝을 형성한다. 상악의 치아는 볼측을 향하고, 또 하악의 치아는 혀쪽을 향하여 높고 날카롭게 솟아 있다. 예리한 치아면은 저작에 지장을 주게 된다.

턱에 있는 중앙 익상근, 저작근, 측두근과 측면의 익상근 등이 저작작용을 일으키고, 이두근(digastricus)과 흉골하악근(sternomandibularis) 등이 턱을 구개시킨다. 저작은 수동적인 운동이나 사료가 입에 들어오면 반사적인 저작운동을 한다.

(1) 타액선

타액의 분비는 자율신경의 지배를 받는다. 특히 부교감신경이 흥분하면 타액의 분비는 증가한다. 또 반사작용으로 구강내에 사료의 존재에 의해서도 분비된다. 건조된 사료를 먹었을 때에는 수양성의 타액이 많이 분비되고, 반대로 수분함량이 많은 사료를 먹었을 때에는 점액성의 타액이 소량 분비될 뿐이다.

사료를 보면 구강이 축축하게 침이 흐르는데, 이러한 현상은 대뇌에 관계되어 나타나는 심리반사(psychic reflex)라 한다. 이는 러시아의 과학자 Pavlo에 의해서 연구된 조건반사(conditional reflex)의 좋은 예이다. 가축 중 psychic reflex salivation이 결여되어 있거나 제한된 가축은 말과 반추동물이다. 그러나 개와 돼지에서는 잘 관찰된다. 타액속의 amylase(또는 ptyalin)는 돼지와 개에서만 소량으로 나올 뿐 타가축에서는 거의 인정될 수 없다. 따라서 가축의 타액의 기능은 전분분해보다는 사료를 윤활하게 하여 연하되기 쉽게 하고 점막을 보호한다. 반추동물에 있어서 타액은 제1위 내용물의 습기를 유지시켜 주고, 제1위내에 미생물에서 생긴 산은 중화시키며, 포말형성을 저지시키는 역할을 한다. 반추동물에서는 타액분량이 매우 많아 성우는 하루에 200 ℓ 정도의 다량을 분비하는 경우도 있으나 보통 하루에 100 ℓ 정도를 분비한다.

반추동물의 타액에는 다량의 HCO_3^-이 함유되어(pH 8～9) 있으며, 타액내에 들어있는 뇨소와 인산 및 기타 무기질은 제1위 미생물의 영양소로 이용되기도 한다.

(2) 연하

연하(嚥下, swallowing, deglutition)는 편의상 3단계로 나눈다. 첫단계는 수의적 운동으로 사료가 구강에서 타액과 혼합되어 식괴(食塊, bolus)가 되고, 이 형성 식괴가 혀에 의하여 인두로 보내는 과정이다. 둘째 단계는 인두에 도달한 식괴는 인두 주변을 자극하여 호흡운동을 억제하고, 후두개(epiglottis)가 뒤로 젖혀지면서 후두강을 폐쇄하며, 인두가 수축되면서 식괴를 식도로 보내는 과정이다. 셋째 단계는 식도의 반사적 연동운동으로 식괴를 위(胃)로 보내는 과정이다.

말에 있어서 고형과 반고형 사료는 연동운동에 의해 초당 35～40 cm의 율로 식도를 통과 이동한다. 액상먹이는 입과 인두의 배출작용에 의해 고형먹이보다 5배 빨리 운반된다.

2) 위의 운동

(1) 단위

분문부 이완(relaxation of cardia)은 먹이가 위(胃)로 들어가는 데 필수적인 것이다. 단위(simple stomach)를 지닌 동물은 사람, 돼지, 말 그리고 개 등으로서 처음 들어온 먹이는 유문부에 정체되고, 또 다음에 들어온 먹이가 자리잡아 층을 이룬다. 가

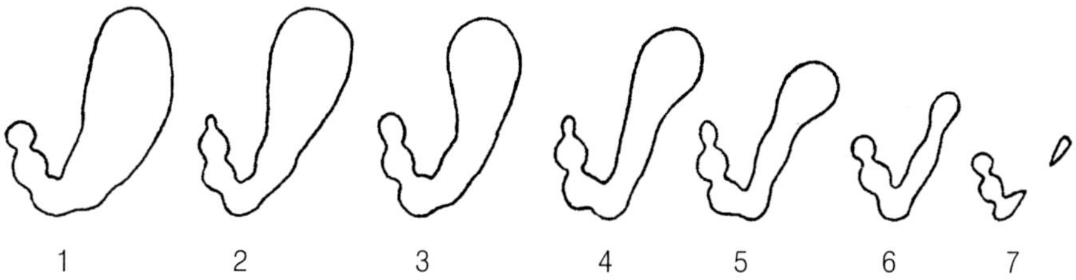

그림 16-1. 소화기간 동안 1시간 간격으로 나타나는 위 모양의 변화(고양이)

장 후의 연하된 것일수록 분문부에 가깝게 위치한다. 말에서 다양한 색상의 먹이로서 실험한 결과 확실하게 증명할 수 있었다.

위(胃)의 운동은 유문동(幽門洞, pyloric antrum) 부위에서 가장 활발하며, 위액과의 혼합이 가장 많이 일어난다. 다음으로 강력한 연동운동(peristaltic movement)에 의해 십이지장으로 이동해 간다. 유문괄약근(pyloric sphincter)이 십이지장으로 미즙(糜汁, chyme)의 통과를 조절한다.

미즙이란 위(胃)에서 사료와 위액이 혼합되고 반죽되어 균질화된 반유동체인 죽을 말한다. 십이지장내의 미즙량과 이 미즙의 구성성분에 따라 유문괄약근의 운동은 조절된다. 사료의 위내 정체시간은 사료의 형태와 동물의 종류에 따라 다르다. 유문부의 활동은 위장반사(enterogastric reflex)와 cholecystokinin이라는 hormones에 의해 조절된다. 수분은 만복시 위내용물에 영향을 주지 않고 빠져 나가지만, 공복시에는 위내용물과 쉽게 혼합된다. 위내용물의 수분함량이 많을수록 정체시간은 짧다.

육식동물은 사료의 위내 정체시간이 비교적 짧지만 초식동물은 길다. 특히, 말과 돼지는 위가 완전히 빈 상태로 되려면 24시간이 걸린다. 유문괄약근의 운동은 십이지장 점막에서 분비되는 enterogasterone과 secretin에 의해서도 영향을 받는다.

위내용물이 있을 때 일어나는 전형적인 위수축 이외도 공복시 일어나는 수축운동도 있다. 공복시 일어나는 기아수축(hunger contraction)은 식도부에서 유문부를 향한 강한 수축운동으로 혈당농도와 깊은 관계가 있다. 즉, 혈당농도가 낮으면 기아수축이 일어난다. 돼지나 말과 같은 동물은 사료섭취 후 5시간 정도면 기아수축이 일어나는데, 이때 위에는 먼저 먹은 사료로 채워져 있는 상태이다. 즉, 혈당농도의 저하로 사료섭취를 요구하게 된다.

(2) 반추위의 운동

가) 제 1, 2위 운동

제 1위(rumen)와 제 2위(reticulum)는 단강골(單腔骨)보다 복잡한 수축운동을 한다. 매분당 여러 차례의 수축운동을 한다. 먼저 제 2위가 수축하여 유동체를 제 1위로 보내고, 다시 2번째의 수축을 시작한다. 제1위 전방의 근주(筋柱, muscular pillar)는 두 번째의 제 2위 수축이 끝나기 전에 수축하여 제 2위에서 이동한 내용물은 배맹낭(背盲囊, dorsal blind sac)의 앞부분으로 이동시킨다. 제 1위 수축은 전근주(前筋柱, cranial pillar)에서 시작하여 종근주(縱筋柱, longitudinal pillar), 후근주(後筋柱, caudal pillar), 배관상근주(背冠狀筋柱, dorsal coronary pillar)와 그리고 제 1위벽의 순으로 일어난다.

제 1위의 복관상근주(腹冠狀筋柱, ventral coronary pillar)와 복낭(腹囊)은 배낭(背囊, dorsal sac)과 부속 배근주가 이완되자마자 곧 수축된다.

제 2위의 수축이 끝난 후 제 1위의 수축이 전방에서부터 후방으로 일어난다. 제 2위의 수축에서부터 제 1위 수축후 확장까지를 1운동 주기(cycle)라 한다. 소는 휴식시 매분당 약 1.8회 위운동을 하며, 반추시는 2.3회, 사료 채식시는 2.8회 위운동을 한다. 반추가축은 반추를 하기 때문에 대량의 사료를 빨리 섭취할 수 있다. Glucose 주입으로 생긴 고혈당(hyperglycemia)시는 제 1위 운동의 활동이 억제되고, insulin 주입으로 인한 저혈당(hypoglycemia)시는 제 1위 운동을 촉진시킨다.

반추(rumination)는 위내의 식괴를 역류시키는 작용(regurgitation), 재저작(remastication), 타액을 다시 받는 작용(reinsalivation), 재연하작용(redeglutition)의 4과정으로 나눈다.

식괴 역류작용(regurgitation)은 먼저 제 2위가 수축하여 거친 사료를 분문부 근처로 이동시킨 후 성문(聲門, glottis)을 폐쇄하고 흡식하여 폐내와 식도내압을 음압으로 만들어 압력의 차이에 따라 사료가 구강으로 토출됨으로써 일어난다. 이때 토출되는 속도는 아주 빨라서 소는 매분당 110 cm 정도이고, 양은 45 cm 정도이다. 이렇게 빠른 속도로 토출할 수 있는 것은 반추류의 식도가 횡문근이기 때문이다.

재저작(remastication)은 채식시보다 천천히 저작한다. 재저작시 턱은 매분당 55회 정도 운동하나, 채식시는 78～94회 정도 운동한다. 재저작시는 악하선의 타액은 별로 분비되지 않는다. 농후사료는 보통 물리적인 형태의 변화없이 소화관을 통과한다. 소는 하루 8시간 정도 반추하며, 1회 반추시간은 약 1분 정도이고, 1분 중 3～4초는 재토출과 재연하를 하고, 나머지 시간에 재저작을 한다. 거친 조사료의 제 2위 자극과 분문부의 자극은 반추를 위한 가장 중요한 자극이다.

나) 식도구의 긴축

어린 반추동물에서 식도구(esphageal groove)의 긴축은 매우 중요하다. 포유자극

(哺乳刺戟)은 식도구 긴축을 일으켜 유즙이 제1, 2위를 거치지 않고 바로 제3위를 거쳐 제4위로 가서 소화효소의 작용을 받게 된다.

송아지가 물통에 담은 우유를 섭취할 때에는 소량의 유즙이 제1위로 들어가나, 유두로 섭취할 때에는 제1위로 들어가지 않는다. 어린 송아지에서는 식염이나 중탄산소다와 같은 나트륨염이 식도구의 긴축반사(reflex closure)를 일으키며, 양에서는 황산동(copper sulfate)에 의하여 수초간 식도구 긴축을 일으킬 수 있다. 식도구 긴축은 인두 부위의 자극에 의한 반사작용으로서 성장해감에 따라 점차 미약해져 2세 이상 된 소에서는 아주 없어진다.

다) 제 3위 운동

제3위(omasum)는 소가 죽은 후에 검사해보면 다소 건조한 조사료들이 꽉 차있는 상태로 되어 있다. 제3위엽의 모양은 짧은 가시와 같은 유두로 장식되어 있는데, 거친형의 분쇄기(grinder)를 연상할 정도이다. 제3위의 내용물은 다른 위의 내용물보다 수분함량이 적다.

제3위엽은 사료 중 비교적 큰 입자가 제2, 3위구(reticuloomasal oritice) 통과를 억제하여, 제3위를 통과하는 사료의 입자를 작게 만드는 기계적 작용이 있다고 생각된다.

제3위엽의 운동은 미주신경(vagus nerve)의 자극에 의해서 일어나지 않고 제한되어 있다. 제3위벽은 미주신경이 자극을 받을 때 강한 수축을 일으킨다. 제3위의 수축운동은 제3위내용물 중 수분을 제4위로 짜서 보내고, 고형물을 어느 정도 분쇄하여 제4위로 보내는 작용을 한다.

라) 제 4위 운동

제4위(abomasum)는 단위동물의 위의 운동과 비슷하나 위저 부위의 운동이 약하고, 위체의 수축운동이 뚜렷하다. 연동운동 파(wave)는 유문부에서 볼 수 있다. 제4위의 운동성은 십이지장내의 내용물에 의해 영향을 받는다. 또한 운동성은 약염산과 지방유미(fat emylsion)에 의해 억제되나, 고장염류액(高張鹽類液, hypertonic saline solution)과 십이지장의 빈 상태에서는 촉진된다.

마) 제 1위의 미생물

제1위 내에는 많은 미생물이 존재하여 단위동물에서 소화되지 않는 섬유소도 분해한다. 이들 미생물의 대부분은 세균과 원생동물(protozoa)이다.

세균은 내용물 1ml당 $10^9 \sim 10^{11}$개 정도이며, 원생동물은 $10^5 \sim 10^6$개 정도로서 주

로 섬모충류(infusoria)이며, 편모충류도 소수 존재한다. 이들 미생물은 탄산화물을 분해하여 휘발성 지방산(volatile fatty acid, V.F.A)과 가스 등을 생산하며, 휘발성 지방산은 제1위 벽에서 바로 흡수되어 반추동물이 필요로 하는 에너지의 70%를 담당한다. 또한 단백질과 지방의 소화에 관계하며, 특히 비단백태질소(non-protein nitrogen, NPN)로부터 단백질을 합성한다. 제1위 미생물은 비타민 B군과 K를 합성하므로 정상적인 반추동물은 이들 비타민을 급여할 필요가 없다.

사료가 이들 미생물에 의하여 발효될 때 다량의 CO_2와 CH_4가 생성된다. 가스가 많이 생성될 때에는 1분에 1～1.4 ℓ 까지도 생성되며, 이들 가스는 트림을 통하여 배출된다. 다량의 가스가 제1위 내에 정체되면 고장증(鼓腸症, bloat)을 유발한다.

3) 소장의 운동

반추동물과 비반추동물과의 소장운동에는 별 차이점이 없다. 소장의 운동은 소장강내의 내용물 자극에 의한 반사운동이다. 장의 운동은 내용물을 이동시킬 뿐만 아니라 내용물과 소화액의 혼합을 돕고 장벽의 흡수를 촉진하며, 소화관내의 혈액과 림프액의 순환을 돕는다.

소장의 운동에는 율동분절운동(rhythmic segmentation)과 연동운동(peristalsis) 등이 있다. 율동분절운동은 소장에 미즙이 유입하면 이완하여 있던 곳이 수축하고, 다시 수축하였던 곳이 이완하고 하는 운동이 율동적으로 일어나는 것으로 염주모양의 운동이다. 율동분절운동은 장내용물을 이동시키는 것이 아니고 소화액과 혼합을 촉진하고, 흡수면적을 넓게 하여 흡수가 잘 되도록 하며, 장벽의 혈류와 림프액순환을 촉진하는 작용을 한다.

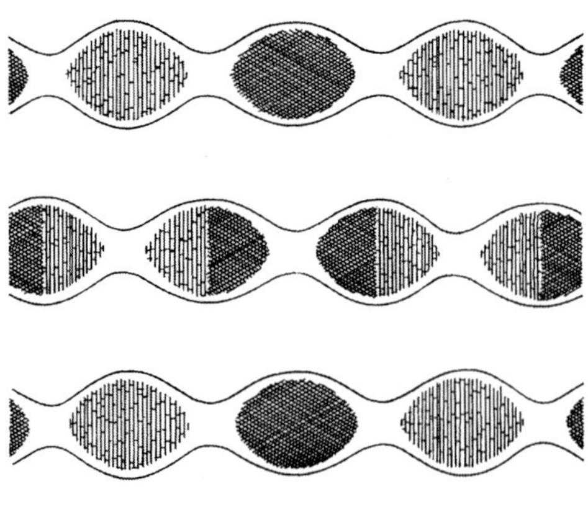

그림 16-2. 소장의 율동분절운동

연동운동은 항문을 향하여 내용물을 밀어내는 운동으로 내용물의 상부는 수축하고, 하부는 이완되므로서 일어난다. 하부의 이완은 내용물의 이동에 따라 장의 확장에 의한 것으로 믿어진다. 연동파(peristaltic wave)는 매분 1.5～2.5 cm의 속도로 진행된다. 연동운동 방향은 구강에서 항문을 향하나 반대방향을 향한 운동도 볼 수 있는데, 이 현상을 역연동운동(reverse perstalsis)이라고 한다. 역연동운동은 십이지장과 회맹부에서 일어나며, 지속시간은 매우 짧고, 내용물이 소화액과 잘 혼합되도록 한다. 이 운동은 장관벽내에 존재하는 자율신경총과 호르몬분비자극에 의해서 증가되거나 감소된다. 장융모(腸絨毛, intestinal villi)도 연동운동에 따라 운동을 하며, 내용물과의 접촉이 좋아지고, 혈류와 림프류 순환이 촉진된다.

4) 대장의 운동

대장의 운동은 소장에 비하여 미약하다. 소장과 같이 분절운동은 일어나나 주로 혼합운동이 일어난다. 결장(結腸, colon)에서는 혼합운동과 추진운동이 서서히 일어나고, 소장에서 마찬가지로 수축운동도 일어난다.

결장 장벽의 윤상근(輪狀筋)과 종주근(縱走筋)이 여기저기에서 수축하는데, 수축되지 않은 부분이 주머니와 같이 불룩하게 팽기(hustration)하는데, 이를 팽기수축(膨起收縮, sacculation)이라고 하며, 90초 정도 지속 후 다시 다른 부위에서 팽기한다. 이 작용은 내용물의 혼합과 흡수(주로 수분흡수)를 촉진한다.

소장에서 불 수 있는 전형적이고 느린 연동운동파는 대장에서는 거의 나타나지 않는다. 그러나 내용물을 결장을 통하여 항문으로 밀어내는 집단운동(mass movement)이 하루에 여러 번 일어난다. 집단운동은 결장이 강력히 수축하여 팽기가 소실되고 대장의 길이가 짧아져서 대량의 내용물이 저작으로 이동하는 것을 말한다. 이 운동으로 배분반사(defecation reflex) 작용이 일어난다.

2. 사료의 흡수와 소화효소

1) 흡 수

사료가 위(胃)에 도달하기 전에는 영양소가 흡수되지 않는다. 소량의 영양소는 위내에서 소화되어 흡수된다. 단백질과 탄수화물은 위내에서 부분적인 소화가 이루어지고, 지방은 사료가 장내로 들어가기 전에 다만 약간의 가수분해가 이루어진다. 대부분의 흡수작용은 거의 모든 동물에 있어서 특히 육식수와 잡식수에 있어서 소장에서 나타난다.

대장에서 흡수는 단위초식동물에 중요하며, 대부분의 소화가 결장에서 이루어지고 사료가 소화되지 않으면 흡수가 되지 않는다. 소량의 수분이 대부분의 동물의 대장에서 흡수된다. 점막을 보호하고 윤활하게 하는 점액이 배세포(goblet cells)에 의해 흡수된다.

수분은 염(특히 sodium)의 능동적인 재흡수작용, 즉 삼투작용에 의해 결장에서 흡수된다. 변비는 대부분 결장에서 일어나는데 내용물이 오래 머무르면 많은 수분이 흡수되어 건조, 경결하게 되어 일어난다. 반추동물의 전위[forestomach(제 1, 2, 3위)]에서는 수종의 약물, 염류와 소화산물인 포도당과 휘발성 지방산(acetic acid, butyric acid, propionic acid) 등을 흡수한다. 장점막은 탄수화물, 단백질 및 지방의 거대분자는 흡수할 수 없으나 소화 최종산물인 단당류, 아미노산, 지방산 및 glycerol 등을 쉽게 흡수한다.

(1) 아미노산과 단당류

일반적으로 아미노산과 단당류 등은 문정맥(portal vein)의 지류인 혈관으로 들어가 간류동(liver sinusoid) 내로 운반된다. 그곳에서 간세포의 작용을 받는다. 다시 간류동으로부터 중심정맥을 거쳐 간정맥으로 들어가, 후에는 후대정맥(caudal vena cova)에 합류하게 된다.

(2) 지방

사료내의 지방은 대부분 중성지방(neutral fat, triglycerides)이고, 기타 phospholipids와 cholesterol 등이다.

지방은 bile salt에 의해 큰 지방적이 보다 작은 지방적으로 유화되어 lipase에 의해 diglycerides, monoglycerides, free fatty acid 그리고 glycerol로 분해된다. 다음 bile salts는 free fatty acid, monoglycerides와 cholesterol를 micelle(일종의 choroid)로 집합시킨다. Micelle는 수용성으로 장의 호흡세포내로 쉽게 들어간다. 흡수상피 속에서 다시 triglycerides로 합성되어 유미관(lacteal)을 거쳐 림프관으로 이동한다. 유미관은 모세혈관과 같은 장융모의 림프관이다. Triglycerides는 1 mm 이하의 유미과립(chylomicron)이라는 작은 지방구가 되어서 유미관으로 들어간다. 유미과립은 triglycerides와 소량의 phospholipid, cholesterol, 유미지방산, 단백질 등이 포함되어 있다. 유미관은 점차 큰 림프관으로 이행하여 흉관을 통하여 전대정맥이나 후대정맥으로 들어가 정맥순환에 합류한다.

전자현미경 연구와 생화학적 실험에서 검증된 바에 의하면, 작은 지방구는 직접 흡수작용에 의하여 장점막 상피세포에 흡수되며, 같은 방법으로 유미관에 들어간다고 한다. 지방산 중 약 10% 정도는 장점막의 흡수세포에서 triglyceride로 재합성되지 않고 glycerol과 같이 문맥혈에 들어간다. Glycerol은 다시 ATP와 glycerokinase(enzyme)의 작용에 의하여 glycolysis의 기구에 참여하여 3-P-glyceric acid를 형성한다.

지방산은 탄소원자수 2개가 적은 acetyl-coenzyme가 되어서 krebs cycle시 이용된다.

(3) 흡수의 기전

장점막과 장벽의 평활근 수축은 장내용물을 뒤섞고, 장관의 혈액과 림프액을 추출하므로서 소화흡수를 돕는다. 흡수의 기전은 여과, 삼투압, 확산, 흡착 및 호흡작용 등의 물리화학적 작용에 기인한다. 흡수된 영양소는 조직에 이동되고, 여기에서 재분해, 합성 또는 저장이 된다.

흡수가 수동적이라기 보다는 능동적이라는 것은 상피세포가 포도당이나 과당, galactose 등이 각기 다른 농도로 선택적으로 흡수된다는 사실로서 증명할 수 있다. 상피세포가 살아있거나 파괴되지 않는 한 glucose는 galactose보다, 또 galactose는 fructose보다 빨리 흡수된다. 그러나 상피세포가 파괴되었을 때에는 glucose, galactose, fructose는 같은 속도로 흡수된다. 흡수되는 동안 산소의 소비가 증가되는 것으로서 상피세포의 대사활동이 증가됨을 알 수 있다. 비타민 B_{12}를 제외한 모든 수용성 비타민의 흡수는 수동적 확산에 의한다. 그러나 엽산(folic acid)과 비타민 B_1(thiamine)은 섭취량이 적을 때는 능동적 작용에 의하여 흡수되기도 한다. 지용성 비타민인 A, D, E 그리고 K는 흡수되기 전 micelle 상태로 되어 담즙의 존재와 작용에 의해 흡수율이 달라진다.

2) 소화효소

(1) 타액(침)

침샘에는 3개의 주타액선이 쌍으로 되어 있으며, 이 외에도 동물에 따라서 구강내 점막에 작은 선이 있는 경우도 있다.

3개의 타액선이란 이하선(parotid gland), 악하선(submaxillary gland), 그리고 설하선(sublingual gland) 등이다. 침의 주기능은 소화작용은 물론 저작과 연하를 원활하게 하기 위한 기능도 있다. 침의 화학적 조성은 동물의 종류에 따라 다르나, 일반적으로 다음과 같은 성분으로 되어 있다. 수분 99.4%, 건물 0.6%, 비중 1.003, pH 6.35～6.95, 무기물로는 Cl^-, HCO_3^-, PO_4^{-2}, Na^+, K^+, Ca^{2+} 등이 함유되어 있고,

mucoprotein, amylase, mucin 등과 반추동물에서는 이외에 뇨소가 함유되어 있다. 돼지와 개의 타액은 ptyalin(salivary amylase)이 있어 전분을 맥아당으로 분해하나 소와 양은 이 효소가 없으며, 말에는 약간 있다.

(2) 위액과 분비

위선(胃腺, stomach gland)에는 분문선(噴門腺, cardiac gland), 위저선(胃底腺, fundic gland) 그리고 유문선(幽門腺, pyloric gland) 등이 있다. 분문선과 유문선은 주로 점액소를 분비하고 소량의 기타 효소가 분비된다. 점액은 상피세포를 보호하고, 특히 염산의 작용에 대해 효과적인 보호막 역할을 한다.

위저선에는 체벽 주세포(body chief cells), 경주세포(頸主細胞, neck chief cells), 부세포(副細胞, parietal cells)라고 하는 분화된 세포들을 지니고 있다. 체벽 주세포에는 pepsinogen을 분비 합성하고, 다시 pepsinogen은 hydrochloric acid(HCl) 작용에 의하여 pepsin이라는 효소로 전환된다. Pepsin은 위내 단백질을 peptides로 분해시킨다.

동시에 pepsin은 분비 증가되는 pepsinogen에 자가촉매인자(autocatalytic factors)로 작용하여 pepsin으로 전환시킨다. Pepsin에는 pepsin I, II, III의 3가지 형태가 있는데 pepsin II form이 가장 풍부하다고 한다. 경주세포(頸主細胞)는 mucous cells로

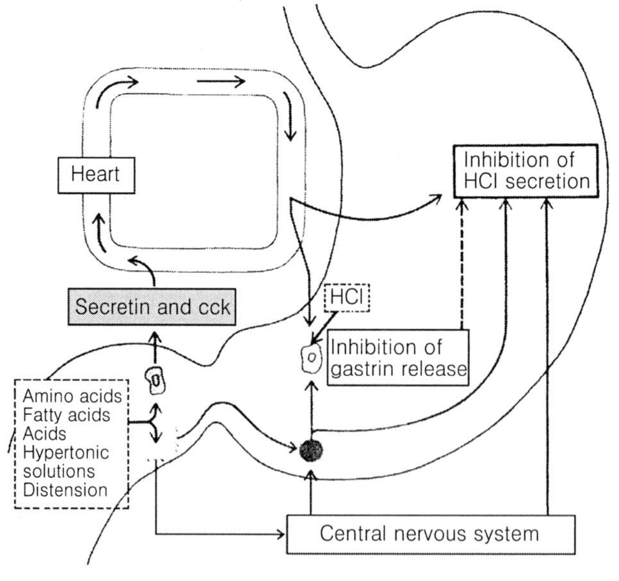

그림 16-3. 위액분비 조절경로의 요약

서 분문선세포와 유문선세포와 비슷하다. 부세포(副細胞)는 HCl을 분비한다. 위(胃)의 H^+ 이온농도가 혈중보다 약 3백만배 정도 높고(0.00004 mEq/L에 비해 150 mEq/L), 내재성인자인 glycoprotein을 분비한다. 이 물질은 비타민 B_{12}와 결합하여 회장에서 흡수된다.

위액(gastric juice)은 점막세포에 분비되는 물질로서 수분, cations(양이온), anions(음이온), HCl, 내재성인자, pepsinogen, rennin, gastric lipase, amylase, urease 그리고 gastrin 등의 소화효소가 혼합된 것이다. Pepsin은 pH가 산성이면 위내에서 protein을 proteose나 peptone으로 가수분해하며, 가장 유리한 pH는 1.3～5이다. 단백질소화는 소장 내에서 완성된다.

Renin은 어린 반추동물에서 Ca^{2+}이온의 도움을 받아 우유를 응고시키는 효소이다. Duke(1977)는 이 반응을 다음과 같이 표시하였다.

$$\text{Casein} + \text{Rennin} \rightarrow \text{Paracasein(soluble)}$$

$$\text{Paracasein} + Ca^{++} \rightarrow \text{Calcium paracaseinate(coagulum)}$$

응고된 유즙은 액체상태의 유즙보다 위내 정체시간이 길다. Gastric lipase는 췌장 lipase 보다 기능이 훨씬 미약하며, 대부분의 지방소화는 소장 내에서 이루어진다.

육식동물은 가장 많은 gastric lipase를 지니고 있고, 초식동물은 보다 적은 gastric lipase를 지니고 있다. Gastrin은 유문부에 있는 gastrin cells에 의해 분비・합성되고, 또한 부세포로부터 보다 많은 HCl을 분비하도록 자극을 준다. 위액분비의 촉진은 사료를 보고 냄새를 맡고 생각하고 맛을 느낌으로서 뇌상(腦相, cephalic phase), 또한 위내의 사료의 존재에 의해서 위상(胃相, gastric phase), 혹은 십이지장의 자극에 의해서 장상(腸相, intestinal phase)이 촉진된다.

뇌상(腦相)은 먹이가 위에 들어가기 전에 분비되는 것을 말하고, 미주신경(vagus nerve)이 parietal cells를 자극하거나 gastrin cells을 자극함으로써 분비된다. 위상(胃相)은 사료가 위내에 들어가면 위액의 분비가 항진되는 것을 말한다. 장상(腸相)은 내용물이 십이지장에 들어가거나 팽창하면 분비량은 적으나 위액분비가 촉진되는 현상을 말한다. 이때 십이지장 점막에서 분비되는 장 gastrin이라는 호르몬이 위액분비를 촉진한다. 초식동물에서는 뇌상이 인정되지 않았고, 위상은 위액분비의 75%를 차지하며, 수시간 지속된다. 화학적으로는 위내용물 중 단백질의 분해산물인 peptide가 위액분비를 자극하고, 지방과 탄수화물은 거의 자극을 주지 않는다.

위액분비와 운동성의 조절은 십이지장으로부터 위(胃)에로의 feed back이 직・간접의 영향을 미치게 하는 신경작용과 호르몬작용 기전에 의한다. 이들 feed back mechanism의 촉진은 십이지장의 팽창, 십이지장내의 유미의 유동성, 아미노산의 농도, 지방산과 유미의 산도에 의해서 이루어진다.

(3) 췌장액의 분비

췌장은 내·외분선을 다같이 소유하는 선기관이다. 내분비선(endocrine gland)은 insulin, glucagon 등의 호르몬을 분비하고, 외분비선(exocrine)에서는 2종류의 분비액을 분비한다.

첫째의 분비액은 소화효소로서 acinar cells에서 분비되고, 두번째의 분비액은 관을 싸고있는 세포에서 분비되는 고도로 농축된 중탄산나트륨($NaHCO_3$) 소화효소는 탄수화물·지방·단백질을 소화하는 효소이고, 중탄산소라는 위액을 중화하는 역할을 한다. 췌장에는 1～2개의 췌관이 존재하여 십이지장에 개구한다.

외분비췌액은 약알칼리성(pH 7.16～8.04)의 액체로서 비중은 1.01이며, 열을 가하면 응고한다. 조성을 보면 수분 98.04%, 고형물 1.95%, 유기물 1.27%, 회분 1.08% 등으로 되어 있다. Enzymes ribonuclease와 deoxyribonuclease는 각각 RNA와 DNA에 작용하여 nucleic acid를 nuclestides로 분해시킨다. 단백질분해효소(protealytic enzymes)에는 trypsin chymotrypsin(불활성의 전구물질인 trypsinogen, chymotrypsinogen으로 분비된다)과 carboxypoly peptidase 등이 있다. Trypsinogen은 장점막에서 방출되는 enterokinase에 의해 활성화되고, chymotrypsinogen은 trypsin에 의해 활성화된다. 이들 효소들은 위액내에서 pepsin에 의해 시작된 단백질 소화를 계속한다.

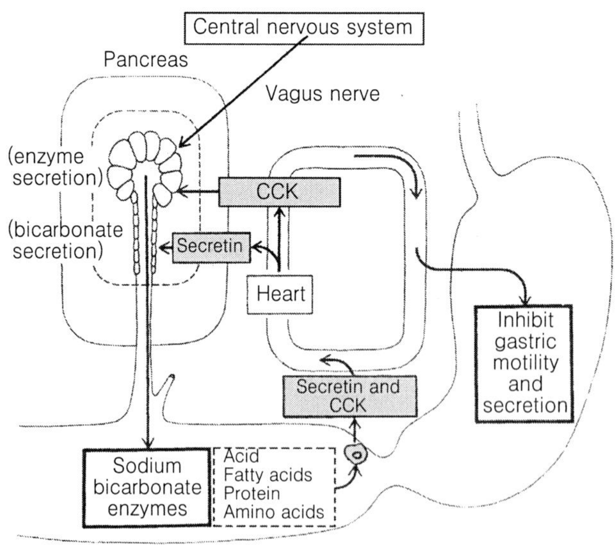

그림 16-4. 취액분비 조절기구(과정)

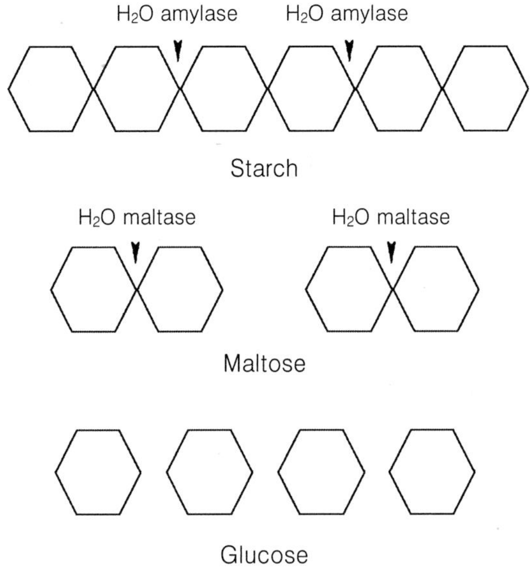

그림 16-5. 전분의 가수분해

단백질 소화의 최종산물은 amino acid이다. 그러나 pancreatic proteolytic enzymes는 peptides가 하나 혹은 두 개 이상의 amino acid의 길이에 도달할 때는 소화작용을 중지할지라도 모른다. Trypsin과 chymotrypsin은 전단백질을 분해하고, carboxypolypeptidase는 최후로 amino acid로 분해시킨다.

Pancreatic amylase는 전분을 disaccharide sugar maltose로 전환시키고, 췌액 중에 존재하는 maltase는 maltose를 glucose으로 가수분해시킨다. Pancreatic lipase(steapsin)은 지방을 fatty acids와 glycerol로 분해시킨다. 이 작용은 지방이 담즙에 의해 유화된 후에 더욱 효과가 증가된다. 췌장효소의 최적 pH는 8이다. 외분비선의 작용은 췌장에 분포되어 있는 미주성 자율신경(vagus autonomic nerve)의 자극과 십이지장에서 분비되는 cholecystokinin(CCK)과 secretin, 그리고 위세포에서 분비되는 gastrin 등에서 이루어진다. 미주신경의 자극에 의한 신경조절은 대부분 먹이를 보거나 냄새를 맡거나, 혹은 구강내로 먹이를 취할 시 나타나는 뇌상(腦相, cephalic phase) 내에서 나타난다. 이때 췌장에서의 분비효소가 증가된다.

Gastrin은 먹이가 위(胃)로 들어갈 때 위상(胃相, gastric phase)이 발현하는 동안 위에서 분비되고, 다시 췌장관 세포로부터 중탄산액의 분비가 증가된다. 췌장의 외분비선액이 가장 많이 분비될 때는 장상(腸相, intestinal phase)이 나타날 때 나는데, 십이지장 점막세포로부터 CCK와 secretin의 분비 등이다.

(4) 장액

장액(intestinal juice)은 소장 전역에 산재되어 있는 lieberkiihn선과 십이지장에 분포하는 brunne선(brunner gland, duodenal gland)에서 분비된다. 장와선(intestinal crypt gland)에 의한 분비는 장내의 내용물 존재에 의해서 반사적으로 일어난다.

수분, 염류, 점액 이외에 장세포에서는 다음과 같은 여러 종류의 소화효소를 분비한다.

① Enterokinase : Trypsinogen의 활성

② Interting Enzymes(전화산소)

- Maltase : Maltose를 glucose로 분해
- Sucrase : Sucrose를 glucose와 fructose(levulose)로 분해
- Lactase : Lactose를 glucose와 galactose로 분해

③ Peptidase : Peptides를 amino acid로 분해

④ Ribonuclease : Ribonucleic acids를 분해

⑤ Deoxyribonuclease : Deoxyribonucleic acid를 분해

(5) 담즙

말과 사슴 이외에 대부분의 동물에 있어서 담즙(bile)은 간세포에서 만들어진 후 담낭(膽囊, gall bladder)에 저장된다. 담낭이 없는 동물은 담즙을 간으로부터 담관을 통해서 직접 십이지장으로 보낸다. 담낭은 담즙을 저장할 뿐만 아니라 점액을 첨가한다. 담즙은 황록색의 염류용액으로서 주로 담즙산염(bile salts), cholesterol, phospholipid lecitin 그리고 담즙색소 등으로 구성되어 있다. 담즙산염(sodium and potassium salts of glycocholic and taurocholic acids)은 담즙의 가장 중요한 성분으로 지방의 소화와 흡수에 관여하고 있다.

십이지장내의 유미 중에 있는 중성지방(triglycerides)을 불용성인 long-chain fatty acid groups으로 결합시키는 경향이 있다. 담즙은 이 지방산군을 분해시켜 십이지장, 기타 소장 내에서 흡수될 수 있도록 한다. 또한 담즙은 지용성 비타민의 흡수를 도우며, 췌액 중 lipase의 작용을 도와 주는 역할을 한다. 담즙산염은 염기성으로 장내 유미를 잘 흡수될 수 있도록 pH를 알칼리성으로 조절해 준다. 담즙내의 cholesterol 성분은 채식된 사료에 의해 보충되거나 간장에 의해서 형성된다. Cholesterol은 물에 불용성이지만 담즙산염이나 lecithin에는 용해되어 담즙내에 존재한다. 그러나 때로는 cholesterol이 담낭이나 담관에 침전되어 담석(gall stones)을 형성하기도 한다. 이러한 현상은 담즙산염이나 혹은 lecithin이 부족되면 나타난다.

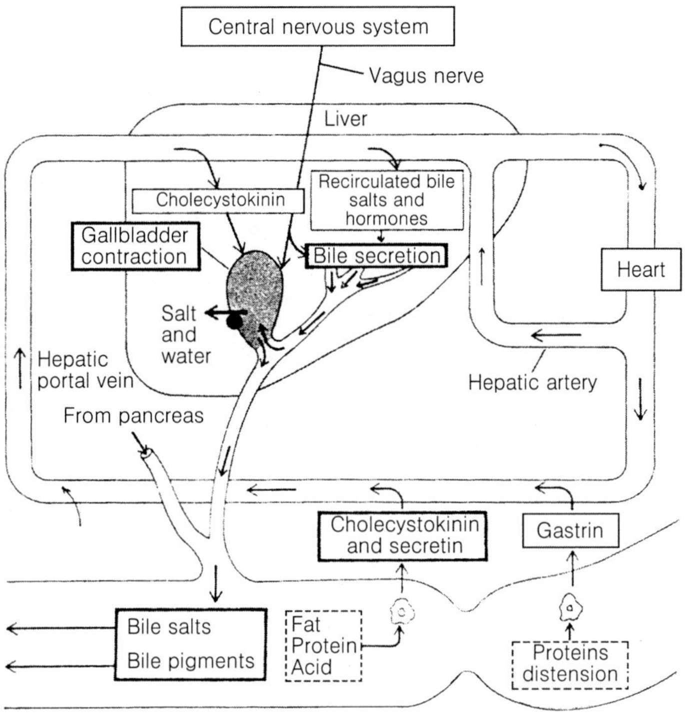

그림 16-6. 담즙분비 조절경로

사람에 있어서 혈중에 과량의 cholesterol이 존재하면 맥관의 이상[고령성 동맥경화증(athersclerotic plagues)과 동맥경화증(arteriosclerosis)]을 일으킨다고 한다.

담즙분비의 조절기전에는 다음과 같은 것이 포함된다.

① Hormones secretin, cholecystokinin, gastrin

② 담즙산염의 혈당 level

③ 미주신경에 의한 자극(stimulation)

Cholecystokinin(pancreozymin)은 미주신경자극과 같이 우선적으로 담낭에 작용하여 저장된 담즙을 십이지장으로 밀어내는 역할을 하며, 담즙은 유미내의 지방을 유화시키는 작용을 한다. 간장으로부터 담즙산염의 분비는 간장을 통과하는 혈액내에 담즙산염의 함량에 따라 좌우된다. 즉, 혈중의 담즙산염의 농도가 증가하면 간장으로부터 담즙의 분비가 증가된다. 담즙산염이 분비세포를 직접 자극하기 때문이다.

(6) 미생물에 의한 소화

일반 포유동물에서는 glucose를 결합해 주는 glucopyronosyl bonds를 깨는 데 필요한 cellulase라는 효소를 생성하지 못하기 때문에 cellulose나 혹은 hemi cellulose를 소화시키지 못한다.

그러나 반추포유동물은 전위(fore stomach, 제1, 2, 3위)가 cellulose를 분해시킬 수 있는 세균, 원충, 기타 미생물들이 생존할 수 있는 훌륭한 환경을 유지하기 때문에 소화작용이 이루어진다. 미생물에 의한 산물이나 혹은 미생물 자체가 숙주에 대해서 에너지원으로서 고질의 단백질과 수용성 비타민 합성에 이용되고 있다. 또한 이들 미생물들은 urea와 ammonia와 같은 비단백태질소물(nonprotein nitrogen sources)을 미생물 자체의 원형질로 통합시켜 단백질로 전환시킨다.

제1위와 제2위의 내용물은 3개의 층을 형성하는데,

① 가장 아래층에는 곡류를 포함해서 부분적으로 소화된 액상 내용물이 존재하고,
② 중간층에는 채식 후 곧 들어온 사료괴들이 함유되어 있고,
③ 상층에는 미생물에 의하여 끊임없이 생성되는 CO_2와 CH_4(methane)로 구성되어 있다.

1일에 200ℓ 이상 분비되는 타액은 제1위 내용물에 수분을 보충해주고 탄수화물의 혐기성 발효시에 생기는 유기산의 pH를 중화시키는 역할을 한다. 초산(acetic acid)으로 제1위벽을 통해 흡수된 휘발성 지방산의 하나이다. 이 지방산은 에너지원으로 근육과 유선(乳腺)에 의해서 이용된다. Acetic acid는 또한 유선을 위한 지방산의 생성과 지방침착 또는 acetyl-coenzyme A의 일부분으로 이용된다.

말의 대장 내에서 cellulose 소화는 소의 제1위 내에서의 cellulose 소화와 유사하다. 그러나 단백질, 수용성 탄수화물, 지방 등을 위시해서 다른 영양소는 cellulose가 맹장이나 결장에 들어가기 전에 소화·흡수된다.

말에 있어서 휘발성 지방산은 대장에서 생성되고, 흡수되어 이용되나 미생물 자체의 이용과 비단백태질소물을 단백질원으로 이용할 수 있는 능력에 대해서는 다소 의문이 제기되고 있다.

제 17 장

사료 및 기본화학

1. 영양소

영양소의 중요한 기능의 하나는 성숙한 동물에서는 조직을 대치하고, 어린 동물과 임신한 동물에서는 새로운 조직을 구축한다. 그러므로 동물체의 구성성분을 먼저 염두에 두어야 한다. 동물체의 주요한 구성성분은 수분・단백질・지방・무기물 그리고 소량의 탄수화물이며, 이 성분들의 구성비율은 동물의 종류, 연령, 성별 및 동물의 상태에 따라 다르다.

Ensminger와 Olentine(1978) 등은 소화관의 내용물이 없는 돼지 714두의 체의 조성을 분석한 근사치를 다음과 같이 소개했다.

- 수분 : 30～80%
- 단백질 : 8～20%
- 지방 : 1～60%
- 무기질 : 1～6%
- 탄수화물 : 1% 이하

수분함량은 소에 있어서 배(胚, embryo)의 초기에 있어서는 95%로 높으나, 성숙시에는 40～60%로 낮게 감소된다. 일정한 연령에 도달하면 동물체의 구성성분 중 지방함량의 변화가 가장 심하며, 지방함량의 변화가 체내의 다른 물질의 함량비에 영향을 미치게 된다. 영양소는 조직을 형성하는 이외에 에너지원으로 반드시 필요하며, 선체(腺體) 내에서 분비물을 형성하는 근원이 된다.

영양소는 에너지를 공급하는 주영양소(탄수화물・단백질・지방)와 생명에는 필요하나 에너지를 공급하지 않는 부영양소(수분・무기염류・비타민)로 분류한다. 초식동물(herbivorous animals)의 경우에는 영양소를 식물에서 직접 얻으며, 육식동물(carnivorous animals)의 경우에는 식물에서 간접적으로 얻는다. 엽록소(chlorophil)를 함유하고 있는 식물들은 에너지원으로 햇빛을 이용하여 탄산가스와 물로 부터 탄수화물을 합성하는 능력이 있다. 식물체 내에는 다량의 탄수화물과 보다 소량의 단백질, 지방 그리고 무기물을 함유하고 있는 반면, 동물체 내에서는 소량의 탄수화물과 보다 많은 양의 단백질, 지방, 무기물을 함유한다.

1) 탄수화물

탄수화물(carbohydrates)에는 당(sugar), 전분(starch), 섬유소(cellulose), gum과 유사한 물질(similar substances) 등이 포함되어 있으며, 이들 물질들의 복잡성이 증가함에 따라 소화율이 감소된다. 식물에 있어서 주로 탄수화물을 구성하는 cellulose는 사료에 있어서 조섬유의 주요한 구성성분이며, cellulose를 많이 함유하는 사료는 건초(hay), silage, 짚(straw) 등이 포함되며, 이들을 조사료라고 하는데 소화율은 낮은 편이다. 식물의 씨앗이나 대부분의 부산물은 섬유소의 함량이 매우 낮으나 소화율은 높은 편인 이들 사료를 농후사료(concentrates)라고 한다.

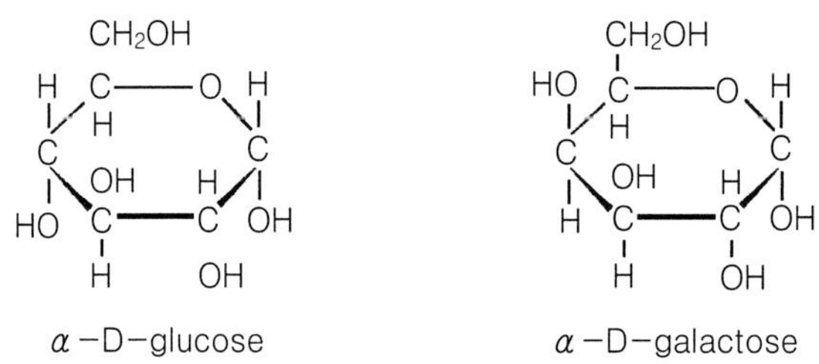

그림 17-1. 단당류의 구조

표 17-1. 탄수화물의 분류

I. 단당류(Monosaccharides) 1. Pentoses Arbabinose Xylose Ribose 2. Hexoses Glucose(포도당) Fructose(과당) Galactose(갈락토오스) Mannose II. 이당류(Disaccharides) Sucrose Maltose	Lactose(유당) Cellobiose III. 삼당류(Trisaccharides) IV. 다당류(Polysaccharides) 1. Pentosan 2. Hexosan Dextrin Starch(전분) Cellulose(섬유소) Glycogen Insulin 3. Mixed pilysaccharides

표 17-1에는 주요한 영양상의 탄수화물을 복잡성의 순서에 따라 분류하였다. 탄수화물은 명칭에 함축된 바와 같이 탄소에 수소와 산소가 결합되어 있는 영양소로서 수소와 산소는 물에서와 같이 대개 동률로 존재한다. 탄수화물의 분류에는 monosaccharides, disaccharides, trisaccharides, polysaccharides 등으로 분류한다. 대부분의 탄수화물은 간장과 근육에서는 glycogen의 형태로 전환되어 존재한다. Glycogen은 물에는 녹으나 전분은 용해되지 않는다. 그렇지만 glycogen은 전분과 비슷하다.

2) 단백질

단백질(protein)은 이미 기술된 바와 같이 무겁고 큰 교질성의 분자들로 구성된 아미노산(amino acid)이 중합된 화합물이다. 단백질 분자내의 amino acids의 결합은 peptide linkage에 의해서 이루어져 있고, 한 분자의 물이 배제된 1개의 아미노산의 아미노기(amino group)와 다른 아미노산의 carboxyl(NH_2) group의 결합이다. Peptide linkage에 의해 연결된 많은 아미노산이 복합물을 형성한 상태를 polypeptide라 한다.

단백질은 탄소, 수소, 산소 및 질소를 함유하고 있으며, 어떤 단백질은 유황(S), 인(P), 철(Fe)과 같은 성분도 함유하고 있다. 단백질을 단순성 단백질, 결합성 단백질, 유도성 단백질 등으로도 분류할 수 있다.

① 단순성 단백질은 단순한 아미노산이나 혹은 가수분해에 의해서 얻어진 것으로, 예를 들면 다음과 같은 것들이 있다.

- Albumins(plasma albumin, milk lactalbumin)
- Globumins(plasma globulins, globulins in plant seeds)
- Protomines(in sperm cells)
- Protomines(zein of corn, gliadin of wheat)
- Histones(with nucleoproteins of somatic cells)
- Albuminoids(collagen and elastin of connective tissue)

② 결합성 단백질은 비단백질이나 혹은 비아미노산 성분과 결합된 단순단백질로서 배합군이라 하며, 예를 들면 다음과 같은 것들이 있다.

- Glycoproteins : Carbohydrate prosthetic group(in connective tissue and saliary mucous)으로서 mucopolysaccharides와 oligosaccharides 등이 포함된다.
- Lipoproteins : Lipid prosthetic group(in blood plasma and egg yolk)
- Nucleoproteins : Nucleic acid prosthetic group(in cell nudei, chromosomes and viruses)

- Chromoprotein : Fe-porphyrin prosthetic group(hemoglobin, cytochromes)
- Metalloproteins : Contain Fe, Zn 혹은 Cu(blood transferritin, ferritin, carbonic anhydrase)
- Phosphoproteins : Phosphate prosthetic group(casein in milk, vitellin in eggs)

③ 유도성 단백질은 천연적으로 생성된 단백질이 분해된 것으로,

- Primary protein derivatives : Proteins, metaproteins, coagulated proteins.
- Secondary protein derivatives : Proteoses, peptones, peptides.

④ 아미노산

아미노산은 대부분 탄소・수소・산소로 구성되어 있으며, 때로는 1~2개의 아미노기(amino groups, NH_2)가 결합하고 있다. 동물이 성장하는 데 필요한 10여개의 아미노산을 체내에서 전혀 합성할 수 없는 종류가 있는데 이를 필수아미노산(essential

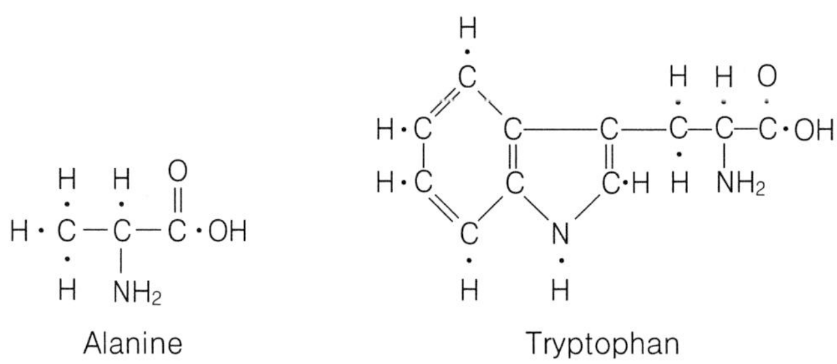

그림 17-2. 아미노산의 구조의 예

표 17-2. 아미노산의 분류

필수아미노산	비필수아미노산
Arginine	Alanine
Histidine	Asparagine
Isoleucine	Aspartic acid
Leucine	Cysteine
Methionine(may be replaced in part by cystine)	Cystine
Phenylalanine	Glutamic acid
Threonine	Glycine
Tryptophan	Hydroxyproline
Valine	Proline
	Serine
	Tyrosine

amino acids)이라고 한다. 나머지 아미노산은 체내에서 충분히 합성되어 정상적인 성장을 하는 데 지장이 없기 때문에 비필수아미노산(nonessential amino acids)이라고 한다.

3) 지 질

지질(lipids)은 지방과 이와 유사한 물질이 포함되며, 지방용매인 ether, chlorofo-

$$CH_3-CH_2-CH_2-CH_2-CH_2-CH_2-CH_2-CH_2-CH_2-CH_2-CH_2-CH_2-CH_2-CH_2-CH_2-COOH$$

$$CH_{15}-CH_{31}-COOH$$

Palmitic acid

$$CH_3-CH_2-CH_2-CH_2-CH_2-CH_2-CH_2-CH_2-CH=CH-CH_2-CH_2-CH_2-CH_2-CH_2-CH_2-CH_2-COOH$$

$$CH_{17}-CH_{33}-COOH$$

Oleic acid ; 9-octadecenoic acid

그림 17-3. Palmitic산은 포화지방산, oleic산은 불포화지방산

표 17-3. 지방내에 함유되어 있는 지방산

Acids	분자식	융점(℃)
포화지방산:		
Butyric(butanoic)	$C_4H_8O_2$	Liquid
Caproic(hexanoic)	$C_6H_{12}O_2$	Liquid
Caprylic(octanoic)	$C_8H_{16}O_2$	16
Capric(decanoic)	$C_{10}H_{20}O_2$	31
Lauric(dodecanoic)	$C_{12}H_{24}O_2$	44
Myristic(tetradecanoic)	$C_{14}H_{28}O_2$	54
Palmitic(hexadecanoic)	$C_{16}H_{32}O_2$	63
Stearic(octadecanoic) α	$C_{18}H_{36}O_2$	70
Arachidic(eicosanoic) α	$C_{20}H_{40}O_2$	76
Lignoceric(tetracosanoic)	$C_{24}H_{48}O_2$	86
불포화지방산:		
Palmitoleic(hexadecenoic)	$C_{16}H_{30}O_2$	Liquid
Oleic(octadecenoic)	$C_{18}H_{34}O_2$	Liquid
Linoleic(octadecadienoic)	$C_{18}H_{32}O_2$	Liquid
Linolenic(octadecatrienoic)	$C_{18}H_{30}O_2$	Liquid
Arachidonic(eicosatetraenoic)	$C_{20}H_{32}O_2$	Liquid
Clupanodonic(docosapentaenoic)	$C_{22}H_{34}O_2$	Liquid

표 17-4. 대표적인 식용유지의 지방산 조성

구성 지방산의 종류	버터유	돼지기름	코코넛유	대두유	옥수수기름	면실유
I. 포화지방산:						
Butyric acid	3.2					
Caproic acid	1.8	-	0.2			
Caprylic acid	0.8	-	8.2			
Capric acid	1.4	-	7.4			
Lauric acid	3.8	-	47.5	-	-	2.0
Myristic acid	8.3	-	18.0	8.5	7.0	19.0
Palmitic acid	27.0	32.2	8.0	3.5	2.4	2.0
Stearic acid	12.5	7.8	2.8	21.1	9.4	24.4
Total	58.8	40.0	92.8			
II. 불포화지방산:						
Oleric acid	35.0	48.9	5.6	17.0	45.6	20.1
Linoleic acid	3.0	11.0	1.6	54.4	45.0	55.5
Linolenic acid	0.8	0.6	-	7.1		
융점(℃)	28～36	35～45	20～35			
요오드가	26～38	40～70	8～10	130～137	105～125	100～115
비누화가	220～241	193～220	250～260	190～194	87～93	190～200
Reichert-Meissl가	23～33	-	6～8			

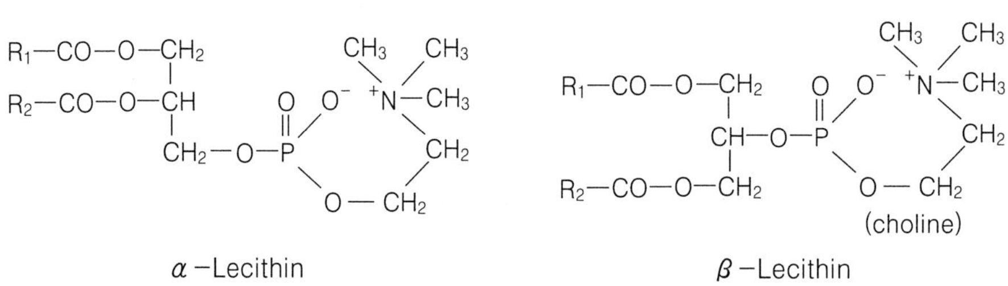

그림 17-4. α와 β-Lecithin의 구조

rm, zylene 등에는 용해되나 물에는 녹지 않는다.

지질은 단순지질, 복합지질, 유도지질로 분류한다.

① 단순지질은 지방산과 알코올이 결합된 것과 waxes 등이 있다.

② 복합지질은 지방산과 알코올의 결합물 이외에 phosphoric acid, nitrogen, carbohydrates 등과 결합된 상태이다.

③ 유도지질은 단순지질이나 복합지질이 분해되어 생긴 화합물이다.

포화지방산(saturated fatty acids)은 수소원자가 탄소원자의 2배 함유되어 있고, 각 분자의 지방산에는 2원자의 산소를 지니고 있다. 지방산은 다른 유기산(organic acids)처럼 COOH가 배치되어 있다. 불포화지방산(unsaturated fatty acids)에는 수소원자가 탄소원자의 2배 이하 함유되어 있고, 1~2쌍의 인접한 탄소원자는 이중결합에 의해 연결되어 있다. 표 17-3에는 가장 흔한 포화 및 불포화지방산이 수록되어 있다.

Cholesterol은 sterol 핵을 기초로 해서 이루어져 있으며, 세포 표면과 세포막의 필수성분이다. 신경조직 내에 myelin의 구성성분이며, 담즙산과 많은 steroid hormone의 전구물질이기도 하다. 사람에 있어서는 맥관과 심장질환에 관계되는 성분이기도 하다. 외인성 cholesterol은 사료로부터 유래되고, 내인성 cholesterol은 간장세포에 의해서 합성된다.

4) 광물질

광물질은 모든 동물체내에 존재하고 있고, 비록 양은 많지 않더라도 정상적인 생명현상을 영위하기 위해서 없어서는 안 되는 필수영양소이다. 체내에서 필요로 하는 광물질을 기능상 필요에 따라 다량광물질(macro minerals)과 미량광물질(micro minerals)로 구분하고 있다.

다량광물질에 속하는 것은 Ca, P, Na, Cl, K, Mg 및 S 등이고, 미량광물질은 Co, I, Fe, Zn, Mn, Se, Cr, F, Mo 및 Si 등이다. 이들 광물질은 원소형태 또는 특수화합

표 17-5. 동물체에 있어서 미네랄의 분류

Major or Macro	체중(%)	Micro or Trace
Calcium(Ca)	1.33	Chromium(Cr)
Phosphorus(P)	0.74	Cobalt(Co)
Potassium(K)	0.19	Fluorine(F)
Sodium(Na)	0.16	Iodine(I)
Chlorine(CI)	0.11	Iron(Fe)
Magnesium(Mg)	0.04	Manganese(Mn)
		Molybdenum(Mo)
		Selenium(Se)
		Silicon(Si)
		Zinc(Zn)

물과의 결합형태로 존재하면서 그 기능을 다하고 있다.

비교적 많은 양이 체내에 축적될 때 중독현상을 일으키는 광물질로서는 selenium (Se), fluorine(F), arsenic(As), lead(Zn), copper(Cu), molybdenum(Mo), 등이 있다. Calcium(Ca)과 phosphorus(P) 등과 같은 광물질은 치아와 뼈를 구성하고 있고, 근육의 수축운동을 한다. Na, K 및 Cl과 같은 광물질은 체액 내에서 산-염기 평형을 위해 단독 또는 공동으로 작용하기도 한다.

5) 비타민

비타민은 소량 또는 아주 미량으로 동물에 반드시 필요한 유기성분으로서 동물세포의 대사작용에 필수적인 물질이지만, 비타민 자체가 에너지를 발생하지 않고 대부분은 조산소의 형태로 대사촉매물질로 작용한다.

대부분의 비타민은 체내에서 생성되지 않으나 몇 종류 비타민의 소화관 미생물에 의해 형성된다.

지용성 비타민은 지방에 의해서 용해되거나 지방으로 흡수되는데, 비타민 A, D, E 및 K 등을 지용성 비다민이라 헌다.

수용성 비타민은 물에 용해되거나 물에 흡수되기도 한다. 여기에는 비타민 B_1, B_2, B_{12}, C, niacin 및 엽산(folic acid) 등이 있다.

(1) 지용성 비타민

지용성 비타민(fat-soluble vitamins)은 대부분의 척추동물에서는 필요하나 무척추동물에서는 절실하게 요구되지 않는다.

가) 비타민 A

비타민 A(antixerophthalnic vitamin)는 생화학적 alcohol, retinol이며, 고등척추동

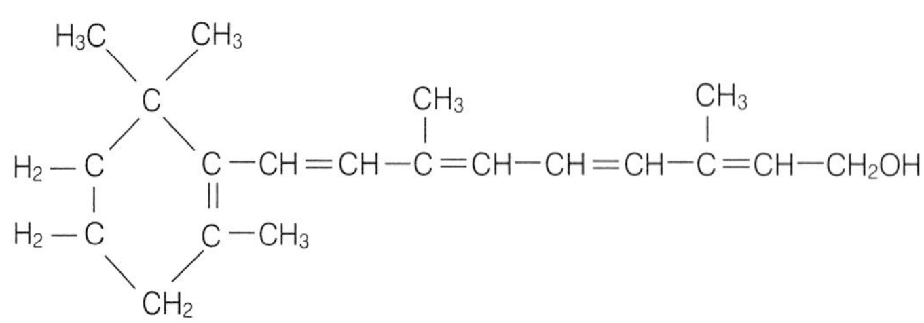

그림 17-5. 비타민 A_1

표 17-6. 비타민의 기능 및 결핍증

비타민	화학명	결핍증	주요 기능
A	Carotenoid	Growth interference, night blindness	Part of visual purple in retina; growth
D	Sterol	Bone defects	Not known; mobilizes salt in gut
E	Tocopherol	In rat, defective implantation and testis development	Unknown
B_1	Thiamine	Beriberi	Coenzyme for pyruvate metabolism
B_2	Riboflavin	Cataract	Prosthetic group of flavoprotein enzyme
Niacin	Nicotinic acid amide	Pellagra	Part of dehydrogenase coenzyme
Pantothen	Pantothenic acid	Dermatitis and spectacle eye	Part of coenzyme A
B_6	Pyridoxine	Need not demonstrated	Coenzyme for amino acid
H	Biotin	Need not demonstrated	Coenzyme in CO_2 fixation in C_4 acids
Inositol	Cyclic compound	Need not demonstrated	Unknown
Folic acid	Pteroylglutamic acid	Anemia	Coenzyme functining in "one"carbon metabolism
B_{12}	Cyancobalamin(tetrapyrrole with cobalt in center	Anemia	Coenzyme of an enzyme involved in methyl transfer and nucleic acid metabolism
Protogen	Thioctic acid	Need not demonstrated	Coenzyme in pyruvate oxidation
C	Ascorbic acid	Scurvy	Maintains optimal oxidation reduction potential
K	1,4-naphthoquinone acetate	Hemorrhage	Prothrombin formation in blood
P	A mixture of substance*	Capillary fragility	Maintains cement of capillary walls
Essential amino acids	Essential amino acids †	Failure in growth or normal function Wasting of tissue	Structure of cells, etc.
Essential fatty acids	Linoleic, Linolenic and arachidonic	Failure in growth or functioning	Structure of cells, etc.
Methyl compounds	Choline, methionine	Failure in growth, etc.	Structure of cells, etc.
Sulfhydry-containing compounds	Cysteine, glutathione	Failure in growth, etc.	Structure of cells, etc.

* Eriodictin, hesperidin, rutin.

† Tryptophan, phenylalanine, lysine, histidine, leucine, isoleucine, threonine, methionine, valine and arginine are required by the rat. The requirement is not always the same for all types of animals.

물과 바다고기에서는 비타민 A_1으로, 그리고 담수어에서는 비타민 A_2로 나타난다. 많은 식물색소(α, β, γ-carotene and cryptoxanthin)들은 비타민 A로 전환되는 전구물질들이다. 이들 전구물질은 황색이나 비타민 A는 무색이다. 비타민 A의 전구물질들은 장이나 간장에서 비타민 A로 전환되어 간장이나 망막(retina)에 저장된다. 비타민 A는 시력에 필요한 망막색소(retinal pigment)를 형성하는 데 필수적이다. 그리고 상피조직과 골조직의 정상적인 성장에도 필요하다. 비타민 A가 부족시에는 야맹증(night blindness, nyctalopia), 상피세포의 변성, 중층편평상피의 각화, 또한 부신피질의 기능이상으로 인한 전염병의 감수성이 증가한다.

나) 비타민 D

비타민 D(antirachitic vitamin)는 주로 비타민 D_2와 D_3로 구성되어 있다. 비타민 D_2(ergocalciferol)는 식물성 ergosterol이 자외선조사에 의해서 형성된 식물성 비타민 D_2이다. 비타민 D_3(cholecalciferol)은 7-dehydrocholesterol이 자외선빛에 조사를 받음으로써 피부 내에서 합성되어진다. 또한 cholecalciferol(비타민 D_3)은 사료 중에 어간유가 함유되어 있다면 보충받을 수 있다.

비타민 D는 3가지 중요한 작용을 한다.

① 소장으로부터 칼슘의 흡수를 촉진시킨다.

② 뼈로부터 칼슘의 호흡을 유도할 수 있다.

③ 신장으로부터 인산염(phosphate)의 배출을 증가시킬 수 있다.

부갑상선호르몬과 같이 비타민 D는 calcium의 blood level을 증가시킨다. 그러나 비타민 D_3가 작용을 일으키기 전에 활성화가 되어야 한다.

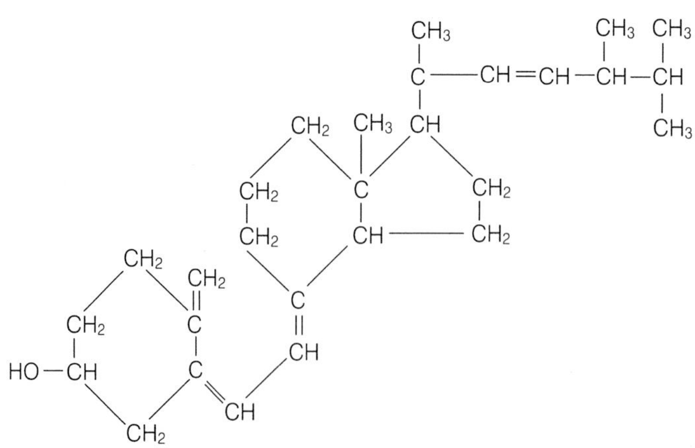

그림 17-6. 비타민 D_2

간장내에서 부분적인 활성화가 일어나 25-hydroxycholecalciferol으로 전환된다. 다음 신장으로 수송되어 그곳에서 1.25-dihydroxycholecaliferol[1.25-$(OH)_2D_3$]형으로 더욱 hydroxylation되어 완전히 활성화된다. 혈중에서 활성화된 비타민 D는 장점막세포에 작용하여 특이한 mRNA를 합성한다. 이 mRNA는 다시 calcium carrier protein을 만들어 장으로부터 Ca의 흡수를 증가시킨다. 그러므로 비타민 D는 Ca의 흡수를 촉진하여 뼈의 석회침착(calcification)을 가속시킬 수 있다.

비타민 D가 부족하면 calcium 흡수가 잘 되지 않기 때문에 구루병(rickets)을 일으킨다. 비타민 A와 마찬가지로 비타민 D도 체로부터, 즉 담즙을 통해서 서서히 배출된다. 비타민 D가 너무 많이 섭취되면 독성을 일으킬 수 있다. 혈중 비타민 D level이 증가되어 신경증상과 연조직내에 Ca침착을 증가시킨다.

다) 비타민 E

비타민 E(tocopherol)는 심근 또는 골격근 내에서 cytochrome reductase에 대한 조인자(cotactor)로서 작용한다. 쥐, guinea pigs와 hamster에 있어서 비타민 E는 암수 다 같이 정상적인 번식을 위해 필수적인 성분이지만 말·소·사람에서는 번식에 대해 필수적인 성분은 아니다. 비타민 E는 자연계에 존재하는 우수한 항산화제(antioxidant)로서 특수한 작용을 하는 것으로 알려지고 있다.

비타민 E가 부족하면 닭·개·guinea pigs·hamster·쥐 등에서는 고환위축(testicular atrophy), 불임증 및 암쥐에서 난소장해(ovarian failure) 등을 일으킬 수 있다. 쥐·돼지 등에서는 간괴사(liver neorosis), 밍크·원숭이·쥐 등에서는 신장변성(kidney degeneration)이, 그리고 특히 병아리에서는 뇌연화증(encephalomalacia)과 삼출성소질(exudative diathesis)이, 성장 중의 새끼양·송아지·돼지·병아리·칠면조·토끼 등에서는 영양성근육위축증(nutritional muscular dystrophy, NMD) 등이 일어날 수 있다.

라) 비타민 K

비타민 K는 간장에서 prothrombin을 합성하는 데 필요하며, 이는 혈액응고에 필수적 인자이다. 비타민 K는 혈액응고에 관여하는 혈장 thromboplastin 성분(factor IX), 조직 thromboplastin 성분(factor VII), staurt factor(factor X) 및 prothrombin (factor II) 등 적어도 4개의 혈액 응고인자의 합성에 필요한 효소의 조산소로서 역할을 한다. 비타민 K는 소화관 내에서 미생물에 의하여 합성되며, alfalfa와 같은 녹색식물과 어류 등에 함유되어 있다. 비타민 K가 부족하면 혈액응고가 되지 않아 계속 출혈을 일으킨다.

(2) 수용성 비타민

수용성 비타민(water-soluble vitamins)은 대사작용시 효소로서 기능을 한다. 동물의 필요량은 부분적으로 비타민을 합성하는 능력, 또는 합성에 관여하는 미생물들의 소화관내에 상존 여부에 따라 달라진다.

가) 티아민

티아민(thiamine, 비타민 B_1)은 탈탄작용에 있어서 보효소(coenzyme)로서 광범위하게 작용한다. 티아민은 ATP와 결합하여 cocarboxylase라는 보효소를 형성하는데, 이 보효소는 pyruvic acid와 다른 keto acid의 산화성 탈탄작용을 일으키는 데 관여한다. 티아민 결핍시 사람에는 각기병(beriberi)을, 조류에는 다발성신경첨(polynuritis)을 일으킨다. 반추동물과 기타 포유동물에서는 소화관 내에서 미생물에 의하여 필요 이상의 티아민을 합성하기 때문에 사료에 더 이상의 티아민을 첨가할 필요는 없다.

티아민 결핍에 의해서 혈액 또는 조직 속에 pyruvic acid나 유산(lactic acid) 등의 축적은 지극성, 식욕상실, 피로, 신경섬유의 변성, 심근쇠약 그리고 위징징해 등을 일으킨다. 티아민은 돼지고기, 곡류, 견과(호두・밤 등), 난황 등에 많이 함유되어 있다.

나) 코발아민

코발아민(cobalamin, 비타민 B_{12})은 cyanide의 유도체, cyanocobalamin으로 알려진 것으로 코발트 성분을 함유하고 있는 비타민이다. 비타민 B_{12}는 단백질 합성과 핵산대사에 관여하고 있고, 1개의 탄소원자를 함유한 복합물이다. 비타민 B_{12} 결핍시는 적혈구 성숙을 이룩하지 못해 빈혈을 일으킨다. 비타민 B_{12}는 우유, 육류 그리고 장기조직 등과 같은 대부분의 동물성 식품에서 발견된다.

다) 비오틴

비오틴(biotin)은 oxaloacetate의 합성과 요소, 지방산 및 purines 형성에 관여하고 있다. 사실 비오틴은 유기물과 탄산가스를 결합시키는 보효소로서 작용한다. 장내세균에 의해 biotin이 합성되고, 난황 중에 많이 함유되어 있다. 그러나 생난백에는 항비오틴인자를 지니고 있어 이 비타민의 작용을 불활화시킨다. 비오틴 결핍증으로는 탈모, 체중감소를 일으키고, 닭에서는 높은 치사율이 있고, 어린 병아리에서는 골격근 변성을 일으킨다.

라) 리보플라빈

리보플라빈(riboflavin, 비타민 B_2)은 정상세포 대사시에 산화반응을 하는 데 필요한 flavoprotein coenzymes(보효소)의 배합군을 형성한다. 위장관내의 미생물들이 동물의 필요한 양의 riboflavin을 충분히 합성한다. 만일 송아지에서 위내에 미생물이 없는 경우에 결핍증상을 일으킨다. 리보플라빈의 결핍증상은 탈모, 피부손상, 구토, 설사, 눈병 등이다. 리보플라빈은 효모, 유제품, 간, 생선 그리고 녹색채소 등에 많이 함유되어 있다.

마) 니아신

니아신(niacin, nicotinic acid)은 조효소 I으로 알려진 NAD(nicotinamide adenine dinuclestide)의 한 부분을 형성한다. 또한 조효소 II로 밝혀진 NADP(nicotinamide adenine dinuclestide)의 일부분을 형성하기도 한다. 이 조효소는 flavopratein과 같이 세포호흡(대사)에 관여하고 있다. Niacin은 탄수화물의 흡수 및 대사에 중요한 역할을 한다. Tryptophan(amino acid)은 포유동물과 미생물에 의하여 niacin 합성에 이용된다.

송아지는 위장내에 미생물이 없어도 niacin을 합성할 수 있다. 동물에서 niacin의 소재는 주로 심장, 간장, 신장이고, 식물에서는 소맥강, 미강, 해바라기박, 땅콩박 등에 함유되어 있다. Niacin의 결핍은 개의 흑설병(黑舌病, black tongue), 사람의 피부병인 펠라그라(pellagra)병을 일으킨다. 또한 ATP형성을 감퇴시켜 체내의 대사작용 장해를 일으키고, 혀의 종창 및 피부염과 더불어 위장장해와 근쇠약 증상을 유발하기도 한다.

바) 피리독신

피리독신(pyridoxine, 비타민 B_6)은 단백질대사에 중요한 역할을 하며, pyridoxine phosphate는 조효로서 아미노기 전이와 탈탄작용 등과 같은 단백질대사에 관계하는 여러 화학작용을 한다. Pyridoxine은 위장관내 미생물에 의해 합성되며, 이것의 결핍증으로는 성장장해, 피부염, 그리고 빈혈 등을 일으킬 수 있다.

비타민 B_6은 식품이나 사료내에 널리 분포되어 있고, 효모, 간, 근육, 우유, 곡류와 그 부산물 및 푸른야채 등에 함유되어 있다.

사) 판토텐산

판토텐산(pantothenic acid)은 에너지 대사과정에서 많은 화합물을 acetyl화하는 데 필요한 coenzyme A(CoA)의 성분으로서 중요한 대사 역할을 한다. 특히, coenzyme

A는 지방산 분해에 참여하여 acetyl-CoA를 형성한다. Pantothenic acid는 coenzyme의 일부로서 pyruvate의 탈탄작용으로 acetyl coenzyme A를 형성하여 Krebs cycle에 이용되게 한다.

판토텐산은 위장내의 미생물에 의하여 합성되며, 결핍이 되면 피부염, 성장장해, 털의 퇴색, 여러 장기의 병소, 탄수화물과 지방산화작용의 부진 등이 있다.

마) 엽산

엽산(folic acid)은 purines과 thymins의 합성을 통하여 핵단백질대사에 작용한다. 엽산도 역시 장내 미생물의 작용에 의하여 합성된다. 엽산의 결핍은 조혈의 장해와 세포재생의 지연 등에 관계가 있다. 장내세균의 활동을 억제하는 sulfonamide와 같은 약품의 투여는 엽산의 결핍증을 간접적으로 유발시킨다. 엽산결핍의 주요 증상은 성장장해와 빈혈이고, 체내의 기생충 감염은 엽산흡수를 감소시킬 수 있다. 육류와 푸른잎을 지닌 야채류에는 엽산이 많이 함유되어 있다.

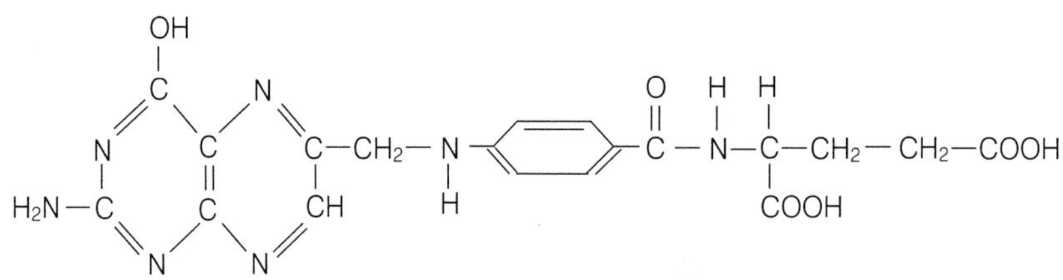

그림 17-7. 엽산

자) 아스코르브산

아스코르브산(ascorbic acid, 비타민 C)은 조효소의 어떤 부분은 아니지만, 그러나 결합조직의 구조상의 단백질인 collagen을 합성하는 데 관여하고 있다. 또한 이 비타민은 여러 환원-산화반응에 관계하고 있다.

대부분의 척추동물과 많은 식물들이 아스코르브산(ascorbic acid)을 합성할 수 있다. 그러나 guinea pigs, 원숭이 및 사람은 먹이로부터 ascorbic acid를 공급받아야 한다. 비타민 C는 신선한 야채와 과일 중에 많이 함유되어 있으며, 이것이 부족되면 괴혈병(scurvy)을 일으킨다.

이 증상은 collagen 합성에 필요한 비타민 C의 결핍과 관계가 있다. 그러므로 구내의 혈관과 모세혈관층이 약화되어 출혈을 일으키고 치아와 치육에 상처와 괴양을 일으키게 된다. 기타 증상으로는 근육과 간장내 출혈, 지방침윤, 괴사 및 비장과 신장에도 출혈소를 나타낸다.

2. 에너지 및 대사

동물은 성장하고 정상적인 체온을 유지하기 위하여 규칙적으로 늘 사료를 채식해야 한다. 대사가 이루어지면 많은 열(energy)을 발생하고 물과 탄산가스를 발생시킨

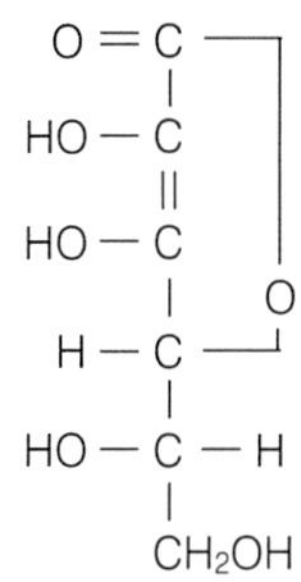

그림 17-8. Ascorbic acid

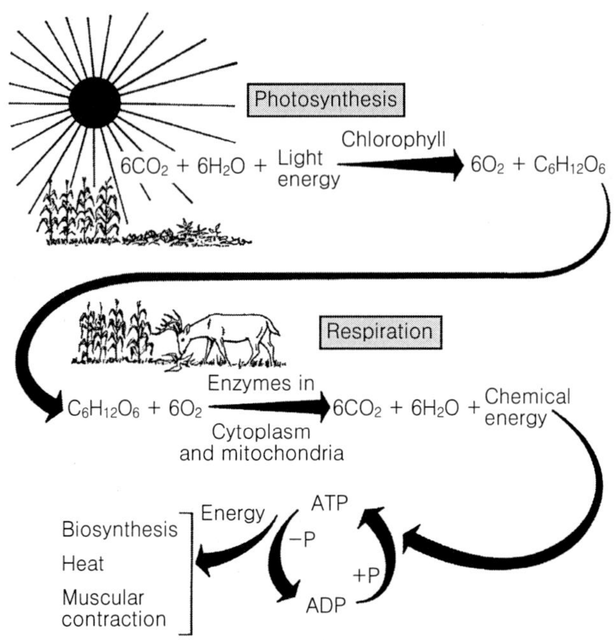

그림 17-9. 생활에 관련되는 에너지

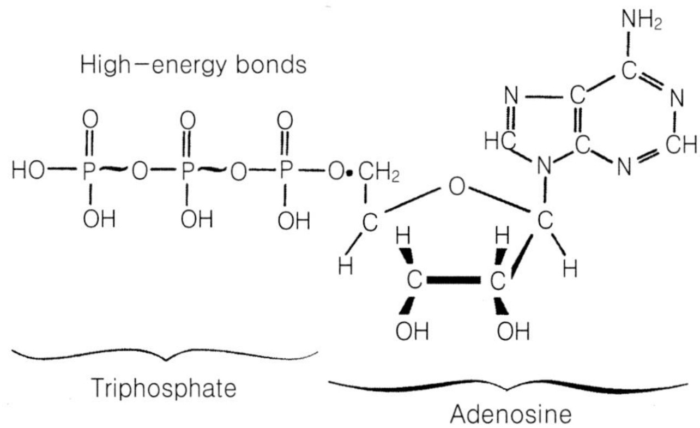

그림 17-10. ATP의 분자 모형도

다. 동물이 똑같은 한 가지의 사료를 섭취하는데 있어서 체내에서는 두 가지의 현상이 일어나고 있다. 사료를 통하여 동물체조직의 유지, 성장 그리고 필요한 에너지를 저장하는 작용(동화작용, anabolism)과 동시에 체조직 및 흡수한 영양물질의 분해, 그리고 에너지의 방출(이화작용, catabolism)을 들 수 있다. 동물에 이용될 수 있는 모든 에너지는 궁극적으로 태양으로부터 유도되어진다고 할 수 있다.

초식동물은 필요한 에너지를 식물로부터 얻는다. 풀은 잎의 엽록소에서 햇빛, 탄산가스, 그리고 물의 광합성작용을 함으로써 에너지를 저축한다.

잡식동물은 동식물성 사료를 섭취함으로써 에너지를 얻고, 육식동물은 다른 동물의 육류를 먹어야 에너지를 얻지만 식물성 사료도 섭취해야 한다. 대부분의 상품용 개사료에는 다량의 곡류들이 함유되어 있고, 심지어 늑대 같은 야생동물도 그들이 살상한 초식동물의 소화관 내용물을 먹는다.

탄수화물 · 지방 · 단백질 등은 동물체의 모든 생활을 위하여 에너지를 공급해 준다. 이 에너지는 ATP(adenosine triphosphate)내에 phosphorus와 산소원자의 결합된 high-energy bond의 형태로 일시적으로 저장된다. ATPase의 존재하에서 ATP는 하나의 phosphate기가 에너지 방출과 더불어 인산전환작용 시 분리되어 ADP로 되고, 이 ADP는 phosphate와 energy가 추가됨으로써 쉽게 다시 ATP로 전환될 수 있다.

1) 영양소의 분해

영양소의 화학적 분해의 초기단계에는 지방, 탄수화물, 그리고 단백질, 섭취한 사료의 종류에 따라 차이가 있으나 TCA cycle(Krebs cycle, citric acid cycle)에 들어가면 똑같은 방법으로 에너지를 생산한다.

탄수화물이 pyruvic acid로 분해되면 그 잠재 에너지 10%가 방출되나, 나머지 90%의 에너지는 pyruvic acid가 citric acid cycle 중에서 산화되어 방출된다.

지방은 glycerol과 fatty acid로 가수분해되고, glycerol은 triose phosphate와 phosphoglyceric acid로 변화되어 결국 pyruvic acid로 TCA cycle에서 산화되어 버린다. 지방산은 한때 이탄원소(2-carbon atoms)로 분해되었다가 acetyl-CoA로 되어 TCA cycle의 초기단계에서 이용되어진다.

단백질의 분해는 더욱 복잡해서 단백질이 소화되어 생긴 amino acid는 다시 전환되기 전에 탈아미노작용을 하여 pyruvic acid로 되어 TCA cylce에 들어간다. 그러나 아미노산으로부터 탄수화물의 합성이 이루어질 수 있는데, 이 현상을 글리코겐 생성(glycogenic)이라고 하며, 이어 aceto-acetic acid와 acetyl-coenzyme를 형성되는데 이 현상을 케톤체 생성(ketogenic)이라고 한다. Glycogenic amino acids는 glycosis scheme에 참여 glucose와 glycogen을 다시 형성한다. Ketogenic amino acids는 곧 citric acid cycle에 참여한다.

체내에서 열을 내기 위해서 이루어지는 산화작용은 산소의 추가, 수소의 제거 그리고 전자의 상실 등을 의미할 수 있다. 그러나 환원작용은 산화작용의 반대현상이지만 항상 공존하므로 대개 산화환원반응이라고 부른다.

(1) 탄수화물의 대사

탄수화물의 대사는 다당류, 이당류 및 단당류가 화학작용과 에너지축적 및 이용 등을 포함하고 있다. 전분, glycogen 및 이당류 등은 단위동물의 소화관에서 효소에 의하여 단당류로 가수분해되어 체내에 흡수된다. Cellulose와 pentosans과 같은 보다 복잡한 탄수화물은 소화관내의 미생물에 의해서 소화되어 이용된다. 이러한 소화작용은 초식동물에서만이 현저하며, 탄수화물을 단당류 전환보다 오히려 지방산으로 전환시킨다. 반추동물에 있어서 대부분의 starch와 sugar는 제1위내의 미생물에 의해 지방산으로 전환된다.

Acetic acid, propionic acid, 그리고 butyric acid는 어느 정도 제1위벽에서 흡수된다. 세포내에 탄수화물의 이화작용(catabolism)의 중요한 효과는 많은 에너지를 방출하고 산물로 CO_2와 H_2O를 생성한다. 해당작용(glycolysis)을 하는 세포대사 시에도 또한 에너지가 필요하게 된다. 이 에너지는 세포의 사립체(mitochondria) 내에서 생성된 ATP의 형태로 공급된다.

해당작용은 glucose가 pyruvic acid로 전환되는 진전된 작용이다. Glycosis가 세포질 내에서 수행되는데는 단계별로 작용을 촉진시키는 enzyme이 필요하지만, O_2가 없

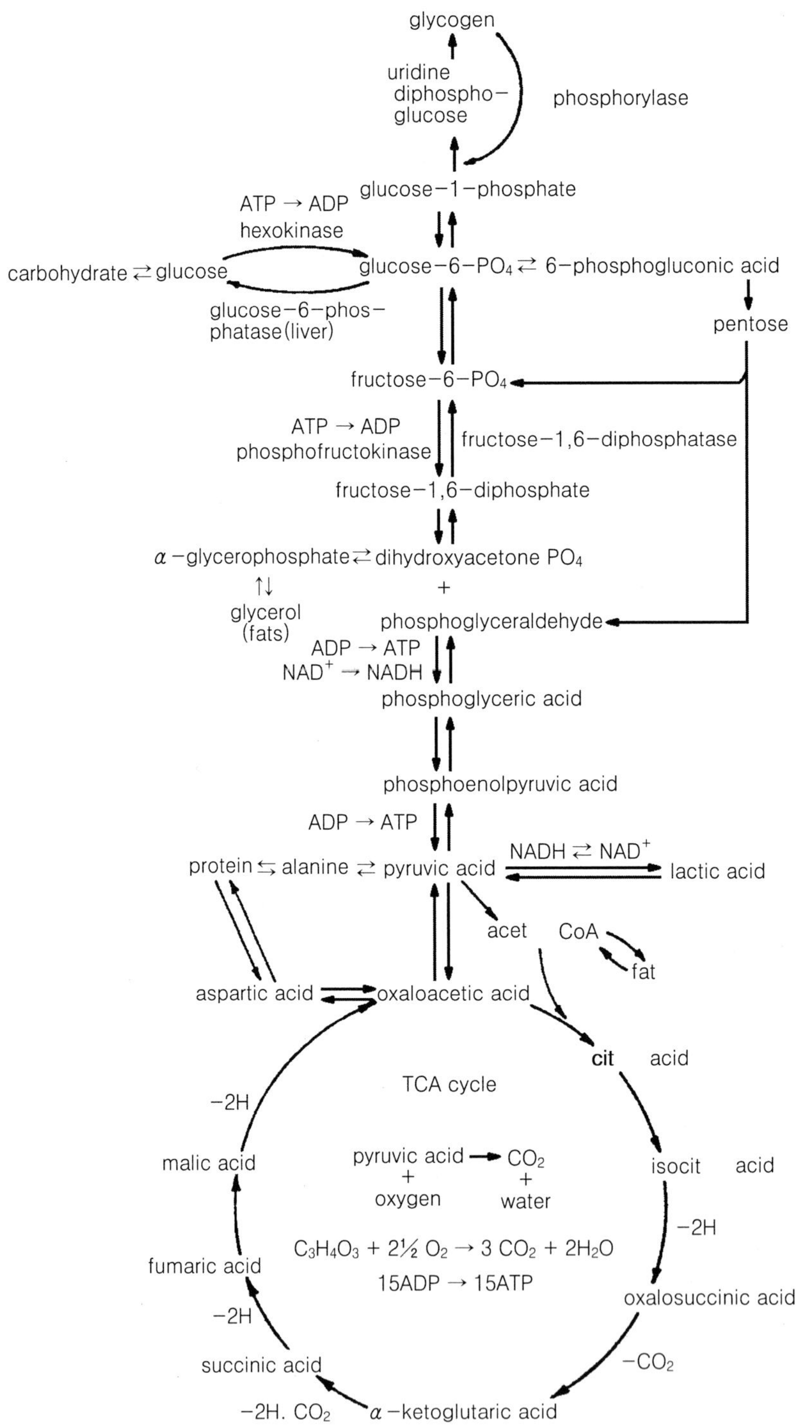

그림 17-11. 세포내에서 탄수화물의 대사와 효소

어도 이루어질 수 있으므로 혐기성과정이라고 한다. 더욱 특이한 것은 glycosis는 glucose가 혈액으로부터 세포내로 들어가면 시작한다. 이때 포도당(glucose)은 glucokinase(hexokinase)의 존재하에 glucose-6-phosphate가 된다. 이러한 작용이 처음으로 일어날 때 ATP로부터 에너지 공급을 받으면 ADP로 된다.

이러한 현상은 연소를 일으키기 위하여 하나의 성냥개비에 불을 붙여 이용하는 것과 같다. 다음 효소의 작용에 의하여 glucose-6-phosphate는 fructose-6-phosphate로 전환된다. 다시 이것은 또 다른 ATP와 작용하여 fructose-1,6-diphosphate와 ADP를 형성한다. Fructose-1,6-diphosphate는 aldolase라는 enzyme의 존재하에 3-glyceraldehyde phosphate와 dihydroxyacetone phosphate라는 두 개의 triose phosphate로 분리된다. 그후 각종 효소와 다른 과정의 작용이 진행되어 최종적으로 pyruvic acid가 생성되어 Krebs cycle에 들어가 산화와 ATP 합성, 환원되어 유산, 글리코겐 생성에 의한 탄수화물의 재생성, 그리고 아미노기 전이에 의한 amino acid와 alanine 형성이 유도된다.

1분자의 glucose가 2분자의 pyruvic acid로 되는 과정에서 4ATP가 합성되나, 초기에 2ATP가 소비되었으므로 결과적으로 순생산은 2ATP라고 할 수 있다. Cytochrome system에서 $NADH_2$로부터 산소에 전자이동이 생겨 물이 생성될 때 많은 에너지가 방출된다. 이 에너지는 ATP 합성에 중요하게 이용된다. 한 분자의 $NADH_2$가 산화되거나 한 산소원자의 결합은 3분자의 ATP를 합성한다. 이러한 비율을 P/O비율이라고 하며, $NADH_2$의 이 비율은 3인 것이다.

그러나 다른 electron donors가 가지는 P/O 비율은 $NADH_2$의 것과 다르다. 예를 들면, succinate로부터 flavoprotein에 NAD의 중재역이 전자의 직접 이동에 의한 succi-nate 산화에서 P/O 비율은 2인 것이다. TCA cycle의 pyruvic acid의 완전한 산화로 $4NADH_2$와 CO_2가 생성된다. 각 $NADH_2$는 electron-tranport system을 통하여 NAD로 산화되면서 3ATP를 합성한다. 그 외 succinal-CoA의 산화로 GTP가 생성되어 나중에 한 분자의 ATP로 바꾸어지며, 또 이 산화는 NAD의 중재없이 한 electron-transport particle인 flavin에 전자를 이동시켜 2ATP를 생산한다. 그래서 한

표 17-7. Glucose의 혐기성 및 호기성 산화로부터 생산되는 ATP의 비교

	Glycolysis	Citric acid cycle	Total
혐기성 산화	2ATP	비진행	2ATP
호기성 산화	2ATP(기질수준인 산화) 6ATP(산화적인 산화)	6ATP(기질수준인 산화, succiny-CoA) 24ATP(산화적인 산화)	38ATP

번의 TCA회로에 15ATP 분자가 생산되며, 한 분자의 glucose로부터 두 분자의 pyruvic acid가 생기므로 TCA회로를 두 번 생각할 수 있으므로 glucose 한 분자가 오직 TCA회로에서 30ATP를 생산하는 것이다. Glucose가 pyruvate로 되는 해당과정에서 생산된 $2NADH_2$가 electron transport system에 의하여 6ATP를 생성하며, 기질수준 인산화에 따라 생긴 2ATP와 모두 합하면 한 분자의 glucose는 모두 38ATP를 합성하여 266 kcal(38×7 kcal)의 에너지를 저축한다.

그러나 glucose의 한 분자가 갑자기 한 과정에서 완전히 연소되어 탄산가스와 물로 변할 때 686 kcal의 에너지가 나온다.

$$C_6H_{12}O_6 + 6O_2 \rightarrow 6CO_2 + 6H_2O + 686\ kcal$$

그러나 체내의 세포에서 호흡작용의 산화에 의한 에너지는 ADP의 인산화를 통하여 ATP를 생성하기 때문에 한 분자의 glucose는 420 kcal를 열로서 방출한다.

$$C_6H_{12}O_2 + 38Pi + 38ADP + 6O_2 \rightarrow 6CO_2 + 6H_2O + 38ATP + 420\ kcal$$

그러므로 266 kcal(686 - 420)의 에너지는 38분자의 ATP에 함축되어 있는 것이다(7 kcal/mol ATP).

(2) 지방의 대사

지방은 잠재적 에너지의 저장형으로 대부분 지방조직에서 볼 수 있고, 지방형성 작용에 의하여 합성된다. 저장된 지방이 체내에서 이용될 때에는 가수분해에 의하여 지방산과 glycerol로 분해된다. Fatty acid는 다음에 β-oxidation에 의해 acetoacetic acid로 분해되어지는데, 이는 β-hydroxybutric acid와 aceton으로부터 형성되어진 ketone body이다. 대부분의 지방분해는 간에서 이루어지는데, ketones과 glycerol은 간을 떠나 순환으로 들어가 체내에 다른 세포로 옮겨지면 glycerol은 glycolysis-to-pyruvate의 기전에 들어갈 수 있고, 그리고 ketones은 tricarboxylic acid cycle에 참여함으로써 acetyl-CoA로 전환될 수 있다.

지방의 동화작용과 이화작용의 조절은 체의 필요성에 따르고, 탄수화물 대사와 관계가 있는 hormonal activity에 의하여 이루어진다. 지방산은 coenzyme A와 관계가 있는 일련의 반응에 의하여 acetyl-CoA로 산화되어 Krebs cycle(citric acid cycle)로 들어간다.

(3) 단백질의 대사

단백질의 대사는 에너지 생성에 직접 관여하지 않고 오히려 체세포와 조직의 혈액

단백질, 구조상의 성분, 호르몬, 그리고 효소를 만드는 데 관여하고 있다. 단백질의 세포내 합성은 polypeptides를 형성할 수 있는 amino acids를 이용함으로써 달성할 수 있다.

단백질의 분해는 다시 아미노산을 만들고, 다음 아미노산은 간세포 내에서 산화성인 deaminaltion에 의해서 제거된 NH_2 amino기를 지니고 keto-acid도 잔류한다. 이어 keto-acid는 저장된 탄수화물이 고갈되면 에너지 형성을 위하여 TCA cycle로 들어가거나 궁극적으로 glucogenesis에 의해 lipogenesis 과정으로 들어갈 수 있게 된다. 간세포 내에서 deamination의 결과로서 암모니아(NH_3)가 형성되고, 다음 뇨소(urea)형성에 기여한다. 지방과 탄수화물의 경우와 마찬가지로 단백질대사도 여러 호르몬의 활성화에 의해서 지배된다.

(4) 글리코겐, 지질 및 단백질의 합성

글리코겐, 지방 및 단백질의 합성작용은 각기 catabolic cycle에 있어서 거의 어느 단계에서도 이루어진다. 이 anabolic process(synthesis)는 성장 시나 혹은 에너지가 지방이나 glycogen의 형태로 저장될 때는 어느 곳의 조직 내에서도 나타난다. 이들 유기물을 합성하는 데 필요한 에너지도 ATP의 가수분해에 의해서 발생된다.

2) 대사와 열

1700년대 말 Lavoisier는 10시간 동안 한 마리의 guinea pig가 3.3 gm의 carbon을 연소시킬 때 발생되는 것만큼의 같은 양의 체열이 발생된다는 것과 10시간 동안에 생긴 CO_2가 carbon 3.3 gm의 연소시에 생긴 것과 같은 용적이었다고 증명하였다.

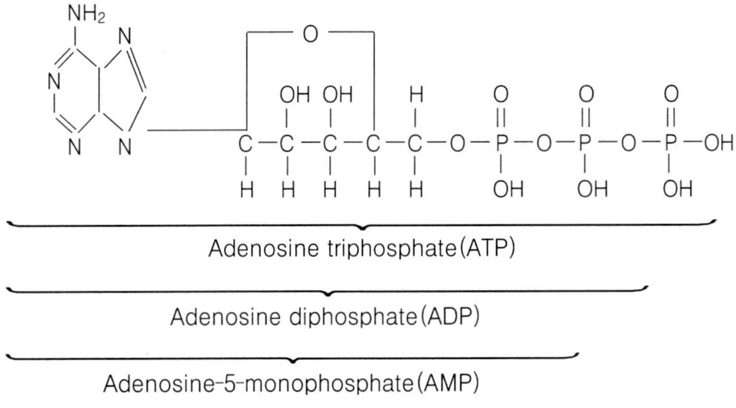

그림 17-12. 고에너지 인산합성물질

Crawford는 carbon이 체내나 혹은 체외에서 연소됨과 관계없이 산소소비와 열발생 간에는 같은 관계가 있다고 이미 증명하였다.

Lavoisier는 guinea pig에 의해서 발생된 체열을 측정하기 위해 ice calorimeter를 사용하였다. 이 calorimeter는 guinea pig을 위한 chamber로 구성되었으나 ice로 채워진 또 다른 chamber에 의해 둘러싸여 있다. 생성된 열량을 주어진 시간동안 녹은 얼음의 양을 측정함으로써 간접적으로 측정하였다.

지방 1 g의 대사는 9.3 kcal의 열을 생산하며, 이 열량은 체외에서 1 g의 지방을 연소시켰을 때에 얻어지는 열량과 거의 같은 것이다. 탄수화물 1 g는 체내에서나 체외에서 연소될 때 약 4.1 cal의 열량을 생성한다.

그러나 단백질은 체외에서 1 g의 연소 열량은 5.3 cal이나, 체내에서 대사에 의한 열량은 4.1 cal로 그 차이를 보이고 있다. 이러한 단백질 열량의 체내에서의 다른 점은 단백질 대사에서 생기는 질소 노폐물의 분비에 기인되는 것이다. 그러므로 오줌이나 대변에서 나오는 단백질 노폐물은 연소하여 나오는 열량을 단백질 대사열에 더함으로써 체외 단백질 연소의 열량에 평형을 볼 수 있는 것이다.

동물의 대사열을 측정하기 위하여 직접 calorimetry와 간접 calorimetry를 이용하며, 이 두 방법에 의한 열량의 차이는 1% 내에서 일치한다. 직접 calorimetry는 동물을 calorimetry 속에 넣어서 측정하며, 간접 calorimetry는 산소의 소비와 탄산가스의 생산을 측정하는 것이다.

3) 사료의 에너지 값

사료의 에너지가(energy value)는 물로 둘러싸여 있는 금속실로 되어 있는 bomb calorimeter의 사용에 의하여 결정된다. 이 금속실에 많은 산소와 건조된 사료의 샘플을 놓은 다음 이 사료 샘플을 전기휴즈로 점화시켜 생산된 열을 그 금속실 주위에 있는 물의 온도 상승으로부터 산출한다. 생리작용 시에 열의 단위는 calori(cal 또는 kcal)이다. 이 calorie는 1 kg의 물을 15℃에서 16℃로 1℃ 올리는 데 필요한 열량인 것이다. 이는 1 g의 물을 1℃의 온도로 올리는 데 필요한 열량(1 calorie)의 1000 이내에 해당하는 것이다.

기초대사율(basal metabolic rate, BMR)은 가벼운 채식후 12～14시간 동안 완전 휴식을 시키면서 소요된 열량을 말한다. 표면 면적이 기초대사에 미치는 영향이 체중보다 더 중요한 요소로서 사람에 있어 기초대사율은 개인의 산출된 표면 면적과 관계가 있다. 기초대사는 체가 대사균형을 유지하는 데 필요한 calorie의 수치를 의미하며, 이 기초대사율(BMR)은 폐활량측정법(spirometry)에 의하여 측정된다.

4) 호흡상

호흡상(respiratory quotient, R.Q)은 배기된 CO_2의 양을 흡기된 O_2의 양으로 나누어진 비율이다. Glucose의 R.Q는 1분자의 O_2가 체내에 흡입 이용되어 1분자의 CO_2가 배출되기 때문에 1이다.

$$R.Q = \frac{\text{단위시간에 생성된 m/}CO_2}{\text{단위시간에 사용된 m/}CO_2}$$

이것은 일반적으로 어떠한 탄수화물에도 적용되는 사실로서 분자내에 있는 수소와 산소가 같은 비율로 되어 있으며, 오직 탄소만이 산소에 의하여 산화되기 때문이다. 지방중에 탄소나 수소가 완전히 산화되지 않기 때문에 생산된 CO_2의 분자보다도 더욱 많은 O_2의 분자가 요구된다. 얼마간의 O_2는 일부분의 H가 H_2O을 형성하는 데 이용된다. 이때 R.Q는 약 0.71(지방)이 되고, 단백질의 R.Q는 0.80이다. 그러므로 R.Q는 대사를 받아야 하는 어떤 식품의 종류를 알려 주는 지시다라고 할 수 있다.

(1) 탄수화물(glucose)

$$1\text{ mole } C_6H_{12}O_6 + 6\text{ mole } O_2 \rightarrow 6\text{ mole } H_2O + 6\text{ mole } CO_2$$

$$R.Q = \frac{6\text{ mole } CO_2}{6\text{ mole } O_2} = \frac{6\text{ vol. } CO_2}{6\text{ vol. } O_2} = 1.00$$

(2) 지방(tripalmitin)

$$1\text{ mole } C_{51}H_{98}O_6 + 72.5\text{ mole } O_2 \rightarrow 49\text{ mole } H_2O + 51\text{ mole } CO_2$$

$$R.Q = \frac{51\text{ mole } CO_2}{72.5\text{ mole } O_2} = \frac{51\text{ vol. } CO_2}{72.5\text{ vol. } O_2} = 0.703$$

(3) 단백질(alanine)

$$4\text{ mole } CH_3CH(NH_2)COOH + 15\text{ mole } O_2 \rightarrow 12\text{ mole } CO_2 + 14\text{ mole } H_2O + 2\text{ mole } N_2$$

$$R.Q = \frac{12\text{ mole } CO_2}{15\text{ mole } O_2} = \frac{12\text{ vol. } CO_2}{15\text{ vol. } O_2} = 0.8$$

위 단백질 R.Q는 alanine이 완전히 산화되었을 때의 예로 본 것이지만 체내에서 질소는 요소나 기타 질소화합물로 되어 배설되기 때문에 완전히 산화되지는 않는다. 따라서 alanine이 완전 분해되지 않고 요소가 생성되는 과정에서의 R.Q를 보면 다음과 같다.

$$14\ \text{mole}\ \ CH_3CH(NH_2)COOH + 12\ \text{mole}\ \ O_2 \rightarrow 10\ \text{mole}\ \ CO_2 + 2\ \text{mole}\ \ CO(NH_2)_2$$

$$\text{R.Q} = \frac{10\ \text{mole}\ \ CO_2}{12\ \text{mole}\ \ O_2} = \frac{10\ \text{vol.}\ \ CO_2}{12\ \text{vol.}\ \ O_2} = 0.83$$

이상과 같이 호흡상의 값에 따라 체내에서 산화되는 물질이 다르기 때문에 이 호흡상의 값을 알면 체내에서 산화되고 있는 영양소의 종류를 대략 추정할 수 있다.

제 18 장

비뇨기의 해부

비뇨기는 2개의 신장(kidneys), 2개의 뇨관(ureters), 방광(bladder), 뇨도(urethra)로 구성되어 있다.

1. 신장의 해부

신장은 혈액으로부터 혈장과 혈장성분을 여과하고, 여과물로부터 수분과 영양분을 선택적으로 재흡수하고, 그리고 나머지 수분과 혈장 노폐물을 배설하는 기관이다.

소의 엽성신장(葉性腎臟, lobulated kidneys)과 말의 심장형 우신장(heart-shaped right kidneys) 이외에 대부분의 가축에 있어서 신장의 형태는 대개 완두형이다. 신장은 복강 배측내에 처음 수개의 바로 복면에 양측 대동맥과 대정맥상에 위치한다.

소・면양・산양에 있어서 특히 완전한 제1위를 가진 가축에 있어 좌신(左腎)은 가능한 한 중앙면이나 혹은 중앙면 밖 우측으로 밀려 있다. 이들 동물에 있어서 좌신은 우신보다 엉성하게 체벽에 유착되어 있고, 결국 좌신동맥과 정맥은 우측혈관보다 길다. 다른 복강 장기와 신장은 후복막(retroperitoneal), 즉 복강 외측에 위치한다. 그러나 신장은 다른 장기보다 복막, 근막, 혈관에 의하여 복벽에 보다 치밀하게 유착되어 있다.

① 신문(腎門, renal hilus) : 신장의 중앙연에 압흔이 뚜렷하게 함요(陷凹)되어 있고, 혈관신경이 들어가고 요관과 림프관이 떠나는 곳이다.

② 신우(腎盂, renal pelvis) : 신장내에 요관의 팽창부를 말하고, 신장의 집합관으로부터 오줌을 받는다. 신우를 포함하는 신장내의 강을 신동(腎洞, renal sinus)이라고 한다. 신우는 골격부분에서 기술된 골반과는 관계가 없다.

③ 집합관(集合管, collecting tubules) : 말・면양・개에 있어서 신우내로 돌출된

종융기(縱隆起)와 연결되며, 이 융기를 신릉(腎稜, renal crest)이라고 한다. 소와 돼지의 신장에 있어서 각개의 pyramids는 소신배(小腎杯, minor calyces, 제2차 신배) 내로 돌출, 다시 대신배(大腎杯, major calyces, 제1차 신배)와 연결된다. 돼지의 신장에 있어서 이들 대신배는 신우로 연결되고 다음 요관으로 들어간다. 소의 신장에는 신우가 없고 대신배가 직접 요관으로 연결된다.

④ 수질(髓質, medulla)이 신우를 둘러싸고 있고 집합관이 방사상으로 배열되어 있기 때문에 무늬가 나타난다. 이 관들은 신장의 삼각주에 기초를 이루고, 이들

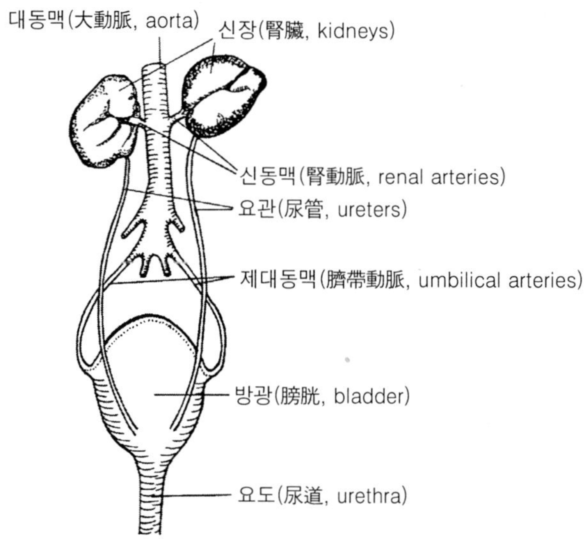

그림 18-1. 말 비뇨기의 구조

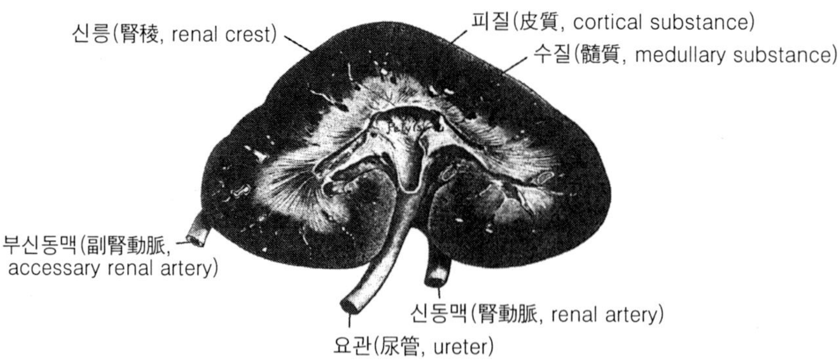

그림 18-2. 말 신장의 수평단면

의 정점은 신우이고, 기저는 피질에 의해 피복되어 있다. 수질부에는 집합관 이외에 Henle 계제(係蹄, loops)를 지니고 있다.

⑤ 피질(皮質, cortex)은 수질과 얇은 집합조직 피막 사이에 위치하고, 다수의 신사구체(腎絲球體, gromeruli) 때문에 과립모양으로 나타난다.

⑥ 근위곡세뇨관(近位曲細尿管, proximel convoluted tubles)과 원위곡세뇨관(遠位曲細尿管, distal convoluted tubles)은 신사구체와 많은 Henle 계제대와 아주 밀접하게 관계되어 위치한다.

2. 혈관과 신경분포

신장에 공급되는 혈액은 신장의 크기에 비해 더욱 많은 혈액을 처리한다. 2개의 신동맥(腎動脈, renal arteries)은 총 순환혈액의 1/4에 해당하는 양을 운반한다. 신동맥은 신문(腎門)으로 들어가 비교적 많은 분지인 엽간동맥(葉間動脈, inter-lobular arteies)으로 갈라진다. 이들 소엽동맥은 피질부에 삼각주 사이 주변을 지나 갑자기 구부러지고, 궁형으로 갈리기 때문에 궁형동맥(弓形動脈, arcuate arteries)이라고 부른다. 각개의 궁형동맥은 다수의 신사구체 소엽동맥을 낸다.

이 수입소동맥들은 수입세동맥초를 형성하고, 각개의 수입세동맥초의 분지는 신사구체라 부르는 모세혈관망을 형성한다. 수출세동맥초(efferent arterioles)는 모세혈관

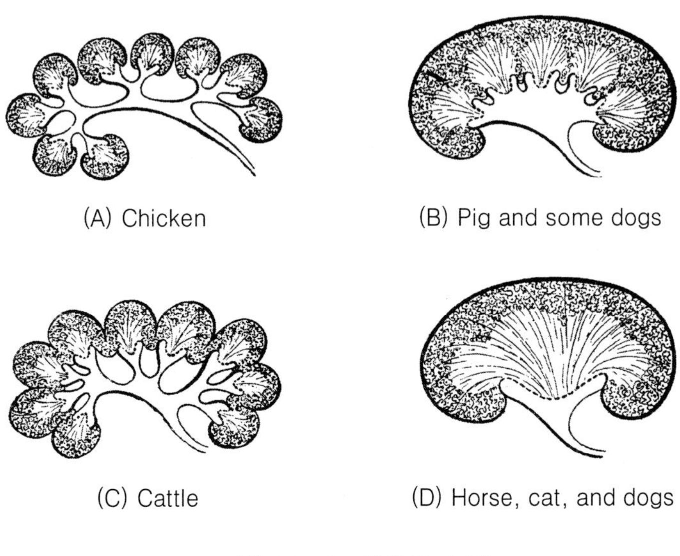

(A) Chicken (B) Pig and some dogs

(C) Cattle (D) Horse, cat, and dogs

그림 18-3. 신장의 소엽

그물망으로 갈라져 신원(腎元, hephron)의 나머지 부분을 둘러싼다. 수질부 근처에 신사구체를 떠나는 세동맥은 직세동맥(arteriae rectae)으로서 직접 수질부로 들어가고, Henle 계제와 집합관 주위에서 모세혈관 그물망을 형성한다.

피질과 수질부로부터 혈액을 내보내는 궁형정맥(弓形靜脈, arcuate veins)은 엽간정맥으로서 수질부를 통해 지나와서 신정맥으로 들어간다. 림프는 신장으로부터 신장의 림프절로 들어간다.

파충류, 조류, 양서류의 신장은 정맥으로부터 일부분의 혈액을 받아 체벽이나 혹은 후지(後肢, hind legs)로 보낸다. 이 계통을 신문맥계(腎門脈系, renal portal system)라고 하며, 대부분의 포유류에서는 볼 수 없다. 그러나 포유동물에서는 고환으로 연결되는 만상정맥총(蔓狀靜脈叢, pampiniform plexus of veins)이 보다 원시적인 신문맥계의 잔여물이라 믿고 있다. 신장의 신총(renal plexus)으로부터 유도된 교감신경(sympathetin nerves)으로 갖추어져 있고, 혈관벽에 분포되어 신사구체 세동맥에 종말한다. 미주신경(vagus nerves)의 분지가 또한 신장에 분포되어 있고, 혈관수축신경(vasoconstrictor)과 혈관확장신경(vasodilators)도 신장내에 존재한다.

3. 요관, 방광, 요도

요관(尿管, ureter)은 근육성관으로서 신우로부터 방광까지 오줌을 운반한다. 각 요간은 서경 삼각부라고 하는 근경부 가까운 방광내로 들어가기 위하여 후부를 통과 연결된다. 요관은 방광벽을 통하여 비스듬하게 지나가며, 신장으로 오줌이 역류하는 것을 방지하는 효과적인 판막을 형성한다.

방광(膀胱, urinary bladder)은 빈 근육성 기관으로서 크기와 위치는 방광내에 함유되어 있는 오줌의 양에 따라 차이가 있다. 골반 저부 상에 수축된 방광은 벽이 두

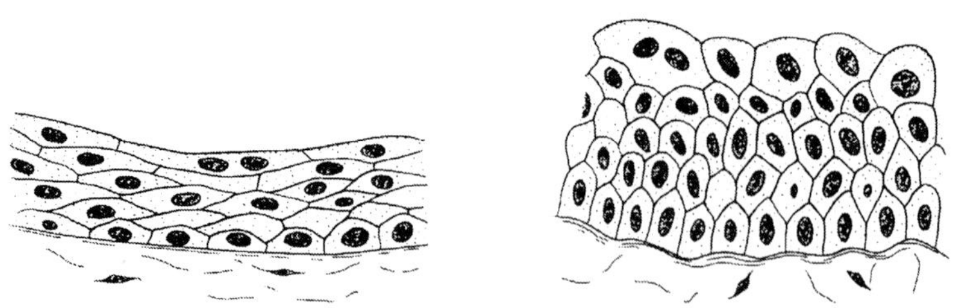

(A) 충만된 방광벽 (B) 이완된 방광벽

그림 18-4. 이행상피

껍고, 서양배 모양의 장기로서 골반 저부 상에 위치한다. 방광이 오줌으로 가득 차게 되면 벽은 보다 얇게 되고, 대부분의 방광은 복강내에서 변위를 일으킨다. 복막은 오줌의 충만도에 따라 변형된 방광 전부(前部)를 피복한다. 방광 후부는 골반 근막으로 피복되어 있다.

방광경(膀胱頸, nock of bladder)은 요도 후부에 연결되고, 방광벽의 근은 방광경부에 윤상(輪狀)으로 배열되어 요도내로 오줌의 출입을 조절하는 괄약근을 형성한다.

신우(pelvis), 요관(ureter), 방광(bladder) 및 요도(urethra) 등은 모두 이행상피로 피복되어 있다. 이 피복상피는 강이 매우 확장되는 부분에서 유용하게 확장된다.

방광이 비어 있을 때 강은 작고 벽은 두텁고, 내피상피는 심히 겹쳐져 많은 층을 형성한다. 그러나 방광이 팽창될 때 강은 증대되고 벽은 보다 얇아지며, 피복세포는 이행되거나 낮은 층으로 나타난다. 이 피복상피가 탈락, 이행됨으로 이행상피라는 이름이 주어졌다. 방광벽의 내의상피(lining epithelium)와 평활근 사이에 일정치 않은 양의 결합조직으로 되어 있는 고유층(lamina propria)이 있다. 보다 많은 결합조직은 평활근의 종주섬유와 윤주섬유상에서 볼 수 있다. 이 결합조직성 외층을 외막이라 하고, 방광체와 정점상은 복막에 의하여 피복되어 있다.

골반요도(pelvic urethra)는 방광으로부터 좌골궁(ischial arch)까지 파급되어 있다. 수컷에 있어서 부성선으로부터 분비관과 정관(ducts deferens)을 받는다. 이는 횡문요도관에 의하여 둘러싸여 있고, 부분적으로 해면부분(pars spongiosa, penile urethra)으로 둘러싸인 구해면체근(球海綿體筋, bulbo cavernosus muscle)과 연결되어 있다. 정맥총(靜脈叢, plexus of vein)이 주변 근육과 내의상피 사이 해면조직을 형성한다.

이 음경요도(penile urethra) 주위에 해면조직이 잘 발달되어 있어 이를 음경해면체(corpus spongiosum, corpus cavernosum urethra)라 부른다. 음경해면체의 전면에는 해면체선과 연속되어 있고, 후면에는 음경구(陰莖球, bulbous penis, urethral bulb)와 연결이 되어 있다. 음경근(crura of penis) 사이에 위치하는 음경구(陰莖球)는 구의 동맥으로부터 혈액을 공급받는다.

4. 배 뇨

배뇨(排尿, micturition)는 방광으로부터 오줌이 만출되는 상태를 말한다. 배뇨는 정상적으로 요간에 의해서 유입되는 오줌이 방광을 팽창시키므로 야기되는 반사활동이다. 방광은 척수(spinal cord) 내에 있는 반사중추가 자극을 받아 압이 충분히 올라갈 때까지 오줌의 유입을 서서히 조절하고, 다시 척추의 부교감신경에 의하여 방광의 근육벽이 수축을 일으킨다. 그러나 방광의 반사공(反射空)은 방광경부 주변 외부 괄약근의 수의 조절에 의해서 저지될 수 있다.

5. 네프론의 미세구조와 생리

네프론(nephron)은 신장의 기능과 구조상의 단위이다. 여기에는 신사구체, Bowman낭, 근위세뇨관, Henle 계제(係蹄), 원위세뇨관(집합관에 의하여 연속됨) 등이 있고, 신사구체(glomerulus)는 세동맥 노선상에 삽입된 모세혈관망이다.

보우만 낭(Bowman's capsule)은 신사구체 주위에 팽출되어 있는 관으로서 거의 신사구체를 둘러싸고 있다. 보우만 낭의 장층(visceral layer)은 모세혈관을 둘러싸고 있고, 보우만 낭의 벽층(parietel layer)은 근위세뇨관과 연속된다. 이 복잡한 신사구체와 보우만 낭의 내·외층을 Malpighian 소체(corpuscle)라고 한다. 보우만 낭의 내·외층 사이의 강은 근위세뇨관과 연결되어 있다. 신사구체는 혈액으로부터 오는 액체를 여과하는 주요 부분이다.

이 여과장치를 통해 나가는 액의 대부분인 거의 100배 정도가 결국 오줌으로서 배출된다. 이 여과장치가 효과적으로 작용하기 위하여 신사구체의 모세혈관내에 혈압이 비교적 높아야 한다. 이러한 현상은 동맥과 정맥 사이보다는 오히려 동맥노선상에 있는 모세혈관, 즉 모세혈관층에 의하여 잘 이해가 될 수 있다.

신사구체로 들어가는 수입세동맥과 신사구체를 떠나는 수출동맥은 평활근으로 갖추어져 있기 때문에 신사구체로 들어가는 혈장과 신사구체 내에 압이 수입세동맥이거나 수출동맥, 또는 양자 다 수축에 의하여 조절될 수 있다.

수입세동맥이 신사구체에 가까워지면 어떤 면에서는 평활근의 특징 또는 어느 면에서 상피의 특징을 갖는 근원상피세포(myoepithelial cells)의 띠(culf)에 의하여 둘러싸여 있다. 이 세동맥을 둘러싸는 cuff를 근방사구체장치(近旁絲球體裝置, juxta-glomerular apparatus)라고 한다. 이 곳은 수입세동맥내에 혈압이 떨어질 때, 혈중 sodium 농도가 감소될 때, 원위세뇨관의 투과성이 감소될 때, 수입세동맥에 분포되어 있는 교감신경섬유가 자극을 받을 때 혈액내로 분비되는 renin을 만드는 곳이다. 혈액 중 renin은 혈관 수축작용을 일으켜 혈압을 증가시키는 angiotensin을 만들어 α-globulin, angiotensinogen으로 역할을 하고, 부신을 자극하여 aldosterone을 분비한다. Aldosterone은 다시 신장에 작용하여 Na^+ 이온을 보존케 한다.

사람의 한쪽의 신장에는 약 100만개의 신단위(腎單位)를 지니고 있다. 정상적인

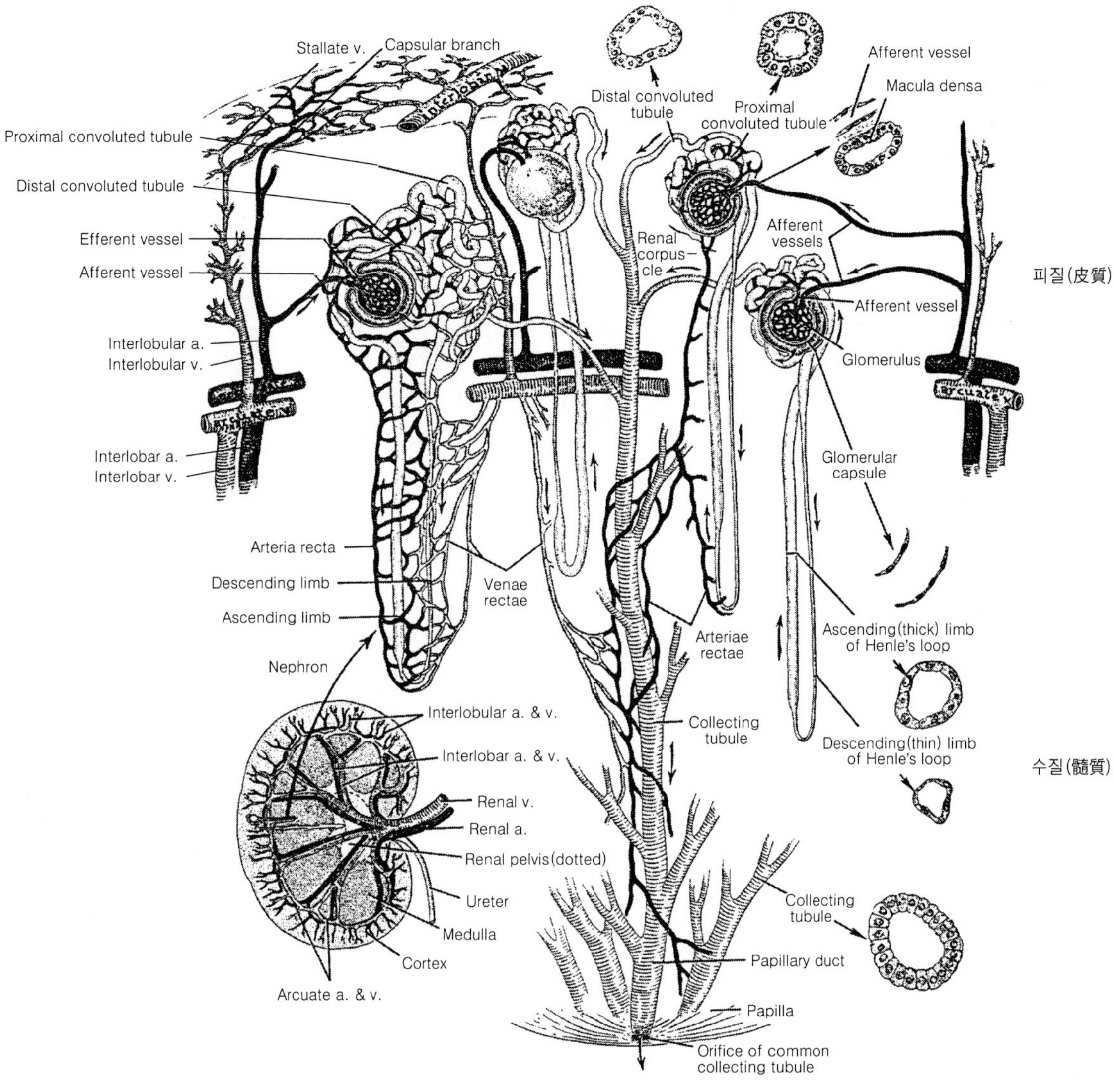

그림 18-5. 신소엽

조건하에서 신장의 신단위(nephron)의 약 1/4 만이 주어진 시간에 기능을 한다. 특수한 신단위가 기능을 하는지 혹은 하지 않는지의 여부는 대개 수입과 수출세동맥의 상대적 수축에 의한다.

신사구체 이외에 네프론은 근위세뇨관, Henle 계제대(係蹄帶), 원위세뇨관으로 구성된다. 이 부위에 분포되어 있는 모세혈관은 수출세동맥으로부터 유도된다. 수출세동맥내의 혈액이 약 20%의 수분을 상실하기 때문에 더욱 농축되어 세뇨관으로부터

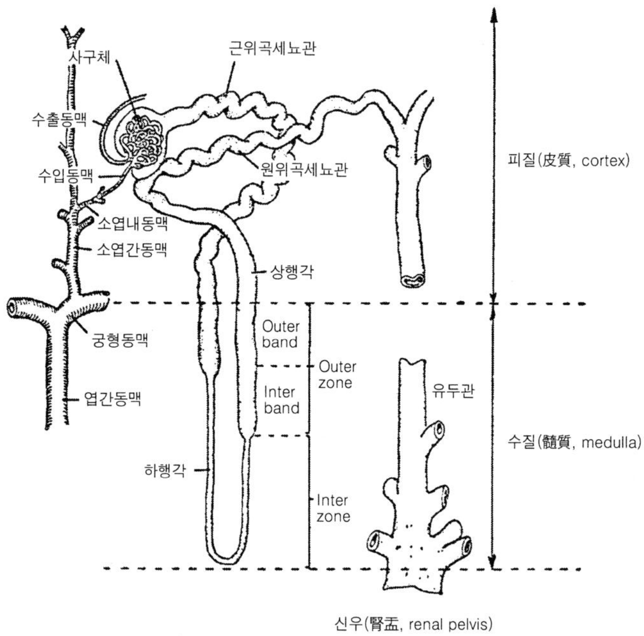

그림 18-6. 세뇨관 분질의 모형도

수분의 재흡수가 더욱 용이하게 된다.

근위세뇨관(proximal convoluted tubule)은 보우만 낭의 외층과 직접 연결되거나 짧은 경부에 삽입된다. 어쨌든 근위세뇨관은 신단위 중 가장 길고, 그리고 가장 구불구불한 부분으로서 신피질조직의 대부분을 이룬다. 근위세뇨관내의 세포는 원주 혹은 입방형이고, 세포의 유리표면에 소위 쇄자연(刷子緣, brush border)이라는 선대(線帶)가 있다. 유리표면은 관강(管腔)으로 향해 있고, 쇄자연(brush border)은 소장의 흡수세포의 쇄자연과 비슷하다. 근위세포관은 약 7/8의 sodium chloride(NaCl)과 물을 위시해서 동물체가 필요로 하는 대부분의 신사구체의 여과물을 재흡수한다. 이 작용은 세포관 주변에 있는 모세혈관이 신사구체의 수출세동맥으로부터 받는 농축된 혈액에 의하여 촉진된다. 신사구체 여과물로부터 선택적으로 재흡수하는 외에 근위곡세뇨관 분절세포는 혈액으로 부터 관강을 통하여 노폐물을 배출시킬 수 있다.

Henle 계제(係蹄)는 근위곡세뇨관과 원위곡세뇨관에 개재되어 있고, U자형으로서 근위곡세뇨관의 연속으로서 신사구체 근처에서 시작한다. 하행각(下行脚, descending limb)은 아주 얇은 관으로서 수질부내 일정하지 않은 거리로 파급되어 있고, 그 곳에서 Henle 계제의 두터운 상행각(上行脚, ascending limb)으로 되돌아온다.

얇은 하행각은 단층편평상피세포에 의해 피복되어 있고, 두터운 상행각은 입방상피세포에 의하여 둘러싸여 있다. Henle 계제는 가장 농축된 오줌을 함유하고 있고, 특히 수질부내 혹은 수질부 가까이 가장 낮은 부위에 있는 계제(係蹄)가 가장 농축되어 있다. 이는 역류작용(countercurrent mechanism) 때문이다. 역류작용은 사구체 여과액이 고장성 오줌으로 농축되어 근위곡세포관, Henle 계제의 하행각 및 상행각 그리고 원위곡세뇨관, 마지막으로 집합관을 통해서 순서적으로 이동된다.

Sodium은 sodium 펌프작용에 의해서 부분적으로 Henle 계제와 집합관 주위에 간질액내로 이동되어 가고, 그리고 부분적으로 chloride ions이 chloride pump에 의해서 유도된다. 막을 지나 간질액으로 이동된 수분은 관 주위의 수입세동맥으로부터 유도된 혈관(vasa rectae)에 의해서 재흡수된다. 집합관으로부터 간질액내로 수분을 빼앗기면 혈액보다 더 농축된 고장성뇨(高張性尿)로 된다. 원위세뇨관은 근위세뇨관보다 짧으면서 덜 꼬여 있으며, Henle 계제의 상행각의 종말로부터 집합관까지 파급되어 있다. 궁형관(弓形管, arched tubules)이라 하는 시발 집합관은 신장의 피질내에 있어서 수직집합관(straight collecting tubules)과 연결된다. 이들의 각 수직관은 수질부로 들어가기 전 여러 개의 궁형관을 받는다. 이 수직관은 결합되어 신장의 신우로 유입되는 유두관(乳頭管, papillary ducts)을 형성한다. 집합관의 내피세포는 궁형관 내에서의 입방상피로부터 유두관 내에서의 원주상피로 점차적으로 변형이 된다.

6. 신장의 기능

비뇨기(urinary system)는 신체 내에서 생산되는 많은 노폐물을 배출하는 역할을 한다. 또한 비뇨기는 신체의 내부환경의 비교적 불변의 조건, 즉 동적평형(homostasis)을 유지케 하는 주요 요인이 된다. 이에는 수분평형, pH, 삼투압, 전해질 수준, 기타 많은 물질의 농도 등과 같은 다양한 요인들이 조절에 관여한다.

이 조절은 신사구체를 통해서 다량의 혈장과 작은 분자의 여과에 의해서 얻어진다. 다음에 일정치 않은 각개의 물질들은 삼투작용과 확산작용과 같은 힘에 의한 수동적인 또는 요세관세포에 의하여 능동적으로 재흡수된다.

신장작용에 영향을 미치는 중요 요인으로서 혈액의 구성성분, 동맥혈압, 신경 등이 있다. 혈액의 구성성분으로서 적당한 농도의 혈장단백이 포함되어 있고, 혈장단백의 희석은 일반적으로 수분, NaCl, 중탄산 등의 보다 많은 배설을 위시해서 이뇨(利尿, diuresis)를 증가시킨다. 혈액이 묽어져 삼투압이 낮아지면 ADH(the antidiuretic hormone of the neurophypophysis)의 방출을 억제한다. 혈액의 삼투압이 높아지면 대개 ADH 또는 다른 성분들의 방출 때문에 오줌이 보다 농축되어 배뇨가 감소된다.

체내로 물질이 주입되거나 섭취되어 대사산물이 형성된 후에는 오줌의 배설을 증가시키고, 혈중에 비교적 일정한 성분을 유지시킨다.

혈액 중 한 물질의 농축 증가는 그 물질의 배설을 증가시키는 경향이 있다. 혈액내에 용해된 물질의 배설 증가는 일반적으로 오줌의 용적을 증가시키며, 이러한 식의 용적증가는 삼투압성 이뇨(osmotic diuresis)라 하며, 전해질(electrolytes)의 감소를 일으킬지 모른다. 신장에 대해서 여러 가지 물질을 주입한 후 어떠한 반응이 나타나는가를 알기 위한 많은 실험연구를 수행한 결과, 극적인 결과는 다량의 물질이 주어질 때 나타나고, 정상동물에 있어서 어느 물질이 소량 초과될 때에는 대개 과량의 배설이 별로 없게 된다. 동맥압은 사구체압을 결정하고, 혈액으로부터 여과되는 액의 양을 결정하는 요인이 된다.

혈장의 사구체 삼투압과 피막 내압이 신사구체 정수압으로부터 감축이 될 때 결과는 효과적인 여과압이 된다. Dukes는 개에 있어서 평균 여과압은 78 mmHg라 하였고, 사람에 있어서는 약 24 mmHg라고 하였다.

7. ADH와 Aldosterone

ADH(신경뇌하수체에서 분비되는 항이뇨호르몬)과 aldosterone(부신의 사구체 내에서 분비되는 나트륨이온 호르몬)은 정상적으로 신장에 가장 영향을 미치는 호르몬이다. 이 두 호르몬은 대개 원위곡세뇨관과 집합관에 작용을 일으키고, ADH는 수분의 재흡수를 증가시키며, aldosterone은 Na^+ ion의 재흡수를 증가시킨다.

수분 재흡수의 증가는 집합관에 수분의 투과성을 증가시키기 때문이라고 하며, 반면에 Na ion의 재흡수 증가는 세포막을 지나 능동적인 수송을 함으로써 이루어진다고 한다. 근위곡세뇨관에 의한 수분의 재흡수는 주로 수동적이거나 혹은 의무적이고, 사구체 여과액의 약 80%를 재흡수한다고 한다. 5%는 Henle 계제로부터 재흡수가 되고, 사구체 여과액의 나머지 15%는 ADH와 aldosterone의 영향을 받을 수 있다.

시상하부(hypothalamus)에 있어서 삼투수용기(osmoreceptors)는 내부 경동맥내에 혈액의 삼투압이 증가될 때에는 언제든지 뇌하수체 후엽으로부터 ADH를 방출하게 한다. 이 기전은 수분의 재흡수를 증가시킴으로써 수분 보존을 돕고, 결과적으로 오줌을 더욱 농축시킨다. 자극과 어떤 약물의 사용은 하수체 후엽으로부터 ADH의 방출을 촉진시키며, 이들 약물에는 acethylcholine, nicotine, adrenaline, barbiturates 등이 있다.

8. 사구체 여과

사구체 여과액은 사구체 모세혈관 내피와 보우만(Bowman) 낭 내에 보우만 낭 장층(visceral layer)을 형성하는 단층편평상피를 통하여 사구체내에 혈액으로 나온 액체성분이다. 사구체 여과막은 다음과 같은 세 가지로 구성되어 있다.

① 사구체의 모세혈관내피(구멍이 나있는 내피로 되어 있음)

② 공(孔)을 갖지 않는 기저막

③ 열공(裂孔, slit-like pores)을 지니는 1층의 족세포(podocytes, foot-cells)가 있다.

족세포들은 사구체낭의 장층을 형성하는 상피세포이다. 이들 3층이 있음에도 불구하고 체내에 어떤 다른 모세혈관의 투과성보다도 100배 이상의 큰 투과성을 지니고 있다. 이 투과성이 큰 원인은 모세혈관 내피세포를 사이에 공(fenestration), 족세포들 사이에 열공(slit-pores), 그리고 사구체의 넓은 표면을 지니고 있기 때문이다. 그러므로 전막은 체와 같은 역할을 하고, 약 7Å 크기까지의 모든 물질과 분자량이 65,000까지의 물질은 쉽사리 형질막을 통과해 여과액이 된다.

사실상 각개의 혈장물질들은 크기와 차이 뿐만 아니라 전기충전과 모세혈관벽의 충전이 다르다 하더라도 쉽사리 막을 통과 여과된다. 물과 교질 크기보다 더 작은 대부분의 분자는 혈장으로부터 사구체 여과액을 형성하여 여과될지 모른다.

혈구세포, 교질단백질, 그리고 지방은 정상적으로 막을 통과하지 못한다. 여과액은 적혈구와 많지 않은 단백질이 같지 않는 외에는 혈장의 성분과 삼투성이 대개 비슷하다. 이들 성분에는 glucose, amino acids, urea, uric acids, creatinine, 그리고 Na^+, Cl^-, H^+, K^+ 등의 ion이 함유되어 있다.

사구체 여과는 고압성 모세혈관층을 갖는 사구체 외에 체내에 어느 곳에서나 마찬가지로 같은 hemodynamics의 모세혈관의 여과작용에 의해서 나타난다. 사구체로 여과되는 여과액의 양은 여과압에 의하고, 사구체낭의 강내에 있어서와 같은 정도의 압력과 비교하면 사구체 모세혈관내에 있어서 삼투압(osmotic pressure)과 정수압(hydrostatic pressure, fluid pressure) 간의 차이의 결과라고 할 수 있다.

사람에 있어서 사구체 모세혈관내의 정수압은 정상적으로 약 60 mmHg이고, 반면에 사구체낭의 압력은 약 18 mmHg이다. 또한 모세혈관내의 교질삼투압은 약 32 mmHg이다. 따라서 큰 분자의 단백질은 사구체막을 통과하지 못한다. 사구체낭 내에 있어서 교질삼투압은 교질이 사구체낭에 들어갈 수 없기 때문에 0에 가깝게 된다. 사구체막을 자유로 통과할 수 있는 보다 작은 분자에 의하여 삼투압은 사구체상에서와 같이 모세혈관 내에서도 같기 때문에 이 삼투압은 여과압에 산정되지 못한다.

사구체 내에서 혈압은 약 60 mmHg로서 액을 사구체로부터 사구체낭으로 밀어낼 수 있다. 사구체내의 교질삼투압(32 mmHg)과 사구체낭의 혈압(18mmHg) 등의 양압은 사구체로부터 사구체낭으로 액의 유입을 저지하는 경향이 있다. 내압 간의 정미차이(60 mmHg-32 mmHg-18 mmHg=10 mmHg)와 같고, 이 혈과 수치만큼의 양이 사구체로부터 사구체낭으로 밀려가는 여과압이다.

사구체 여과액의 양은 여과압에 정비례한다. 여과압에 차이를 일으키는 어떤 변화는 자동적으로 여과액 양에 영향을 미친다. 일반적으로 혈압의 증가는 사구체압을 증가시킬 수 있고, 결과적으로 여과를 증가시킨다. 또한 사구체압의 증가는 수출세동맥이 수축될 때와 그리고 수입세동맥이 수축되지 않을 때 나타난다. 과량의 수분을 섭취하면 혈액이 묽어지고 삼투압도 낮아진다.

사구체의 교질삼투압이 감소되면 여과압이 증가되어 사구체 여과액이 보다 많아진다. 반대로 전신에 혈압이 떨어지면 수입세동맥의 수축, 탈수(혈액의 삼투압을 증가시키는 결과가 됨) 등은 모두 여과압을 감소시켜 사구체의 여과작용이 감소된다.

9. 사구체 여과량

사구체 여과량(glomerular filtration rate, GFR)이란 단위시간에 있어서 신장 전체의 사구체로부터 흐르는 혈액으로부터 여과되는 액량을 말한다. 만약 사구체를 흐르는 혈액으로부터 쉽게 여과되고, 요세관으로부터 재흡수도 이루어지지 않으며 분비되지도 않는 물질이 있다면 이 물질의 단위시간내 오줌 속에 배설된 양은 그 시간에 사구체에서 여과된 혈장량 안에 포함되어 있다고 생각된다. 그러므로 이 물질을 혈액내에 주입하여 오줌 속에 나타나는 양과 그 물질의 혈액 중 농도를 측정함으로써 GFR를 계산할 수 있다.

이러한 물질로서 인슐린(inulin)이 이용된다. 인슐린은 fructose가 중합된 다당류이며 분자량이 약 5,800이다. 이 인슐린을 정맥내에 주입하여 동맥혈장 중의 농도가 계속 일치되도록 주입을 계속한다. 이때의 인슐린은 생체내에서 대사되지 않으므로 정맥혈장내 농도로 대용하여도 된다. 인슐린 혈장농도 P가 일정하게 되었을 때 일정시간의 오줌분비량 V와 인슐린의 요중 농도 u를 측정한다.

여기에서 단위시간에 사구체에서 여과된 액량을 v라 하면 단위시간에 여과된 인슐린 양은 $v \times P$로 나타낼 수 있다. 이 양은 단위시간에 오줌 속에 배설된 인슐린 양 $V \times u$와 같다.

$$v \times P = V \times u$$

따라서 사구체 여과량 GFR = v는 다음 식으로 구할 수 있다.

$$v = \frac{V \times u}{P}$$

여기에서 만약 P = 2 mg/dl, V = 2 ml/min, u = 80 mg/dl라 하면 v = 80 ml/min로 된다. GFR을 측정하는 데 이용되는 물질로서 인슐린 이외에 mannit, creatinine, sodium thiosulfate 등이 사용된다. GFR은 혈압의 저하에 의하여 감소하고 혈장의 교질삼투압 저하에 의하여 증가한다.

10. 혈장 청소율

혈장 청소율(plasma clearance)은 신장에 의하여 1분 동안 주어진 물질을 정화시키는 혈장량의 수치이다. 신장의 기능이 정상적이어야 정확하게 측정할 수 있다. 청소율을 정확하게 측정하기 위해서 한 측정물질을 일정한 율로 혈액내 주입하고, 다음으로 검색 혈액과 오줌을 계속해서 채취한다.

이 검사는 일반적으로 너무 시간이 걸리고 까다롭고 비용이 들기 때문에 크레아티닌(creatinine)의 청소율은 대개 임상적으로 많이 이용한다. Creatinine은 동물의 근육내에서 creatine phosphate 대사시에 정상적인 내인성 종산물이다. Creatinine은 사구체막을 마음대로 여과되고, 소량만이 네프론(nephron)의 관내로 분비되어진다.

혈장농도와 1일 총 배설량은 사료의 변경에도 불구하고 일정하다. 그러므로 creatinine의 이용은 대부분의 임상목적으로 적당하다. 병리학적으로 신장질병은 기능상의 nephron 수가 감소될 때 creatinine의 청소율은 감소되고 혈장농도는 증가된다.

혈장 청소율을 계산하는 공식은

$$\frac{\text{mg/ml of substance in urine} \times \text{ml of urine/min}}{\text{mg/ml of substance in plasma}} = \text{plasma clearance of substance}$$

청소율은 요중에 나온 완전히 제거된 물질을 plasma의 ml/min로 나타낸다. 그러나 plasma의 실제량은 아니지만 사실상의 수치이다.

예를 들면, 550 ml의 plasma가 매분당 신장을 통하여 흐른다. 이 중 20%의 plasma만이 정상적으로 여과액이 된다. 예를 들어 요소(尿素)의 청소율이 매분당 70 ml라 하면, 총 650 ml 중에서 70 ml만이 매분당 전적으로 청소된다고 할 수 있다. 매분당 필요한 청소용적이 완전히 청소된다면 요중에 실제상으로 배설된 양만큼의 율로 액이 보충된다. GFR은 신사구체를 마음대로 통과하는 polysaccharide인 inulin의 혈장 청소율을 측정함으로써 결정할 수 있다. 이 물질은 요세관(尿細管)에 의해 분비도 또한 흡수도 되지 않는다.

11. 화학적 평형

근위세뇨관(proximal tubules)은 약 80%의 수분, sodium(Na), chloride(Cl), bicarbonate 등의 전해질을 재흡수하고, 또한 대부분의 glucose와 amino acid도 재흡수한다. 근위세뇨량을 떠나는 액은 pH가 약 7.4이다. 여기에는 혈장 내에서와 마찬가지로 대략 같은 농도로서 sodium, chloride, bicarbonate를 함유하므로 이 액은 혈장과 대략 같은 등장액이다. Glucose가 사구체막을 통과할 수 있을지라도 정상적으로 혈액내에 있어서 glucose의 농도는 완전한 재흡수에 의해서 이루어진다. 사실상 오줌 속에 glucose가 존재하는 것은 대개 비정상적이다.

세뇨관으로부터 혈액으로 다시 glucose의 능동적 수송이 이루어지는 것을 재흡수로 설명할 수 있다. 능동적 수송은 sodium 수송에 의존되어 이루어지고, 다시 기존하는 glucose 양에 의해서도 이루어지는데 이 물질들은 서로 보완작용을 한다. Glucose의 재흡수는 근위세뇨관에서 이루어지며, 정상적인 경우에는 거의 재흡수된다. 만일 수송능력이 여과액 내에 존재하는 glucose에 의하여 초과된다면 수뇨관(水尿管)의 수송 최대치는 초과되어 초과분은 오줌 속에 남는데, 진성당뇨병(diabetes mellitus)의 경우에 나타난다.

Sodium의 재흡수는 대부분의 세뇨관과 집합관 내에서 이루어지고, 원위세뇨관과 집합관에 있어서 Na^+ ion은 흔히 hydrogen, potassium, ammonium ion으로 교환된다. Sodium ion이 재흡수될 때는 언제든지 음이온(anion)을 동반하거나 혹은 다른 양이온(cation)으로 교환된다. Sodium이 hydrogen이나 ammonium으로 이온교환을 일으키면 산성뇨를 형성하여 신단위(腎單位)의 주위 세뇨관과 원위부에 나타난다.

고장성뇨(高張性尿, hypertonic urine)의 농축은 원위세뇨관과 집합관 내에서 이루어진다. 오줌의 최종 pH는 오줌속 중 여러 이온량에 의한다. 중탄산의 증가는 오줌이 보다 높은 알칼리성을 띠게 한다.

산성뇨(酸性尿, acid urine)는 sodium이 hydrogen과 ammonium ion을 교환함으로써 형성되고, 1염기성(monobasic) Na-phosphatere 혹은 염화암모늄의 형태로 배출된다. pH가 6 이하인 산성뇨에는 titratable acid와 ammonium ion의 존재와 bicarbonate ions이 결여되어 있다. 신관세포는 아미노산의 탈아미노로부터 암모니아(NH_3)을 형성할 능력을 갖는다. 이 암모니아는 관내로 확산 즉시 hydrogen ions과 반응하며 ammonium(NH_4^+)를 형성하고, 다음에 염화물이나 혹은 다른 음이온과 결합하여 오줌으로 배설된다. 이 현상은 수소이온과 염화물을 중성염, 염화암모늄을 제거하는 수단으로서 여과액의 pH를 정상적으로 유지시키는 데 도움이 된다. 혈장내에 중탄산염과 Na ion의 재흡수는 체의 acid-base의 균혈을 조절하는 데 주요 요인이 된다. pH가 7 이상인 알칼리성뇨(alkaline urine)는 중탄산염을 함유하나 적정할 수 있는 산이나 ammonium은 없고, 또한 sodium과 potassium을 함유한다.

이뇨(利尿, diuresis)는 단순하게 형성된 요량이 증가되어 일어나고, 이는 수분을 위시해서 1개 혹은 2개 이상의 오줌성분이 혈액내에 상승함으로써 야기된다. 수분이뇨는 혈장의 삼투압이 ADH의 방출을 촉진하지 못할 정도로 감소할 때에는 언제든지 나타난다. 수분 이외에 과량의 물질은 용액상태로 보존되어야 하거나 그렇지 않으면 배설될 수가 없다. 용매로서 역할을 하는 필수 수분은 오줌의 용적을 증가시킨다. 이뇨제(diuretics)는 오줌생산의 양을 증가시키는 물질이다.

섭취수분의 증가는 뇌하수체(pituitary gland)의 신경하수체(neurohypophysis)로부터 ADH의 방출이 억제됨으로써 이뇨제로서 역할을 하게 된다. 대부분의 이뇨제는 신관(kidney tubules), 특히 원위대(遠位帶, distal loop)에 의한 수분의 재흡수를 직·간접적으로 억제한다. 가장 유용한 이뇨 요인으로서 sodium의 상실을 들 수 있다. 이뇨제는 수종(水腫, edema)과 hypertension(high blood pressure)의 치료시에 이용된다.

12. 재흡수와 분비

신장은 체내의 세포외액의 성분과 용적을 직접 조절하고, 세포내액과 성분을 간접적으로 조절한다. 수분과 용액섭취가 광범위하더라도 체액의 용적과 성분은 거의 일정한 수준으로 유지된다. 관세포를 통과하는 수분과 물질의 수송은 신장의 기본적인 기능상의 기전이다. 만일 물질들이 관강(管腔)으로부터 간질액으로 운반되어진다면 이 과정을 재흡수(reabsorption)라고 한다. 물질들이 관강으로 운반되어진다면 이 과정을 분비(secretion) 혹은 배설(excretion)이라고 한다.

수동적 운반은 확산이나 삼투압에 의해서 이루어지는 것이고, 능동적 운반은 물질들이 운반자인 분자와 같이 연관되어 관세포에 의하여 공급되는 에너지를 이용하기 때문에 재흡수나 혹은 분비되는 동안 세포를 통하여 효과적으로 운반된다.

대개 신사구체에 의하여 여과된 물질이 계속 이용되기 위하여 순환으로 돌아오고, 과량의 이들 물질과 유용하지 않은 물질들은 오줌으로 배설되고 재흡수는 되지 않는다. 일정한 양으로 정상시 혈액 중에서 발견되는 물질들은 관세포를 통해서 일정시간에 얼마만큼 재흡수나 분비될 수 있는지 한계가 있다. 그러므로 물질의 재흡수나 분비에 대한 최대 수송량(transport maximum, TM)이 있다. 근본적으로 각 물질들은 한계가 있고, 여과액 중 남아 있는 한계치 이상의 재흡수할 수 있는 물질의 과다는 오줌으로 분비된다. 한계치 이상의 사구체 여과액 내에서 발견되는 대부분의 이들 물질은 관에 의해 재흡수되고 다만 나머지 양만 배설된다.

제 19 장

자성생식기의 해부

1. 자성생식기의 해부

자성(雌性)의 번식은 모든 동물체에서 일어나는 복잡한 과정이며, 자성생식기관은 한 쌍의 난소(卵巢, ovaries), 한쌍의 난관(卵管, uterine tube), 자궁(子宮, uterus), 질(膣, vagina) 및 음문(陰門, vulva) 등으로 이루어진다.

난자는 난소로부터 방출되어 누두부(漏斗部, infundibulum)에 수용되었다가 난관으로 운반되며, 난관에서 수정된다. 수정된 난자는 자궁내에서 배(胚, embryo)로 발육하여 태아(fetus)로 자라서 신생아로서 질과 음문을 통해 만출하게 된다.

1) 난 소

난소(ovaries)는 웅성(雄性)에서 정소(精巢)가 주된 생식선인 것과 같이 자성(雌性)에서 주된 생식기관이다. 난소는 직접 혈류로 흡수되는 호르몬을 생산하므로 내분비선(endocrine)이라고도 하며, 난자를 생산하는 세포발생간(cytogenic stem)의 역할도 한다. 난소는 쌍을 이루고 있는 선체로서 좌우 난소로 구성되어 있으며, 오른쪽 난소는 오른쪽 신장 뒤에, 왼쪽 난소는 왼쪽 신장 뒤에 위치한다. 신장으로부터 난소 사이의 거리는 동물과 종류에 따라 다르다.

대부분의 동물들에 있어서 난소는 약간 편도상(almond-shaped)의 구조이나, 말의 난소는 난소에 부착된 경계의 함요(陷凹)로서 배란와(排卵窩, ovulation fossa)가 존재하기 때문에 콩 형태를 나타낸다. 돼지의 난소는 난포(follicles)와 황체(corpora lutea)가 많이 존재하기 때문에 엽상(葉狀)으로 나타난다.

직장벽을 통하여 촉진할 때 난소는 많은 결합조직이 선체의 기질을 이루고 있어서 매우 단단하게 느껴지며, 표면은 파열하는 낭포성의 난포와 배란 후에 형성된 많은

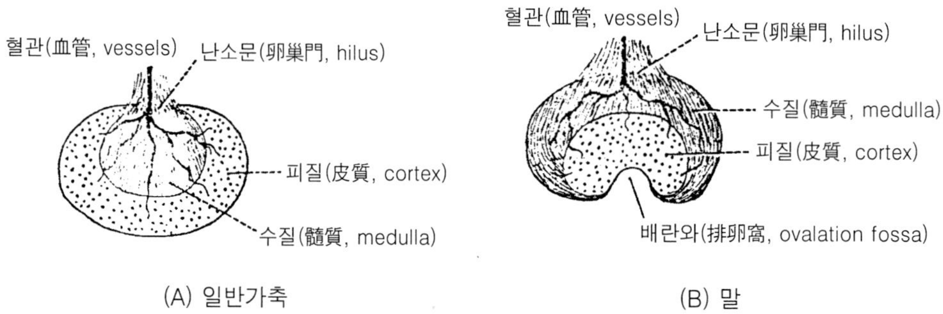

그림 19-1. 난소의 피질과 수질

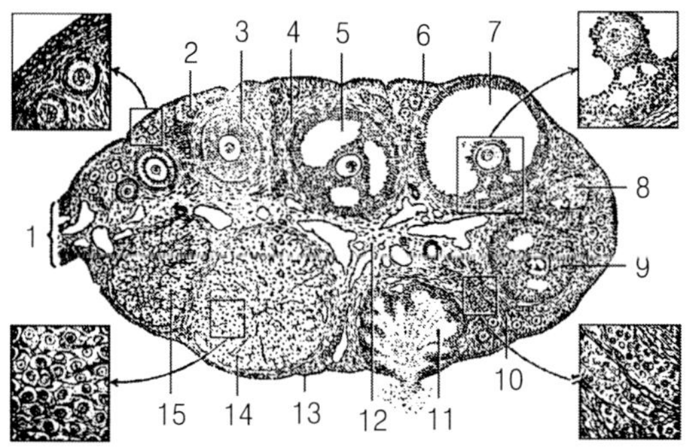

그림 19-2. 난소의 단면

1. 난소문(卵巢門, hilus) 2. 제 1차 난포(卵胞, primary follicle) 3. 성장난포(成長卵胞, growing follicle) 4. 난포막(卵胞膜, theca folliculi) 5. 성숙난포(成熟卵胞, maturing follicle) 6. 백막(白膜, tunica albuginea) 7. 그라아프난포(Graafian follicle) 8. 백체(白體, corpus albicans) 9. 폐쇄난포(閉鎖卵胞, atretic follicle) 10. 간질조직(間質組織, interstitial tissue) 11. 파열난포(破裂卵胞, ruptured follicle) 12. 수질(髓質, medulla) 13. 배아상피(胚芽上皮, germinal epithelium) 14. 황체(黃體, corpus luteum) 15. 퇴화황체(退化黃體, retrogressive corpus leteum)

황체의 실질이 있어서 불규칙하게 느껴진다. 정상적인 난소의 크기는 동물종에 따라 다르며, 동일한 동물종이라도 약간 다르다. 예를 들면, 젊은 말은 낭종이 없을 때 직경이 약 2.5 cm 보다 작으나, 몇 개의 낭종이 있을 때는 약 10 cm 정도는 된다.

난소의 중심부인 수질(medulla)은 혈관이 가장 많은 부분이며, 피질의 대부분은 치밀하고 불규칙적인 결합조직이 표면으로부터 이주된 실질 상피세포가 산재되어 있다.

피질의 외층을 치밀한 결합조직성인 백막(白膜, tunica albuginea)이며, 태아의 경우 가장 바깥쪽은 원시생식세포인 일층의 배상피(胚上皮, germinal epithelium)로 구성된다. 배상피세포의 삭(索, cords)은 난소의 기질에 침입하여 원시난포(primary follicles)로 알려진 세포괴를 형성한다. 난포내에 있는 하나의 큰 세포는 난포세포층에 의해 둘러싸고 난모세포(oocytes) 또는 난자(ovum)이다. 원시난포에서 난자는 크기가 증가하고, 난포세포는 여러 층으로 증식하여 성숙난포를 형성한다. 두꺼운 막인 투명대가 성숙난포의 난포세포 내층과 난자 사이에 있고, 액체가 가득 채워진 상태, 즉 난포강(antrum)이 난포세포군에 생기는데, 이 난포를 그라아프 난포(graafian follicles, vesicular follicle)라고 하며, 난포세포의 층을 과립층(stratum granulosum)이라 한다.

난소의 기질에 나온 2층의 세포는 과립층을 둘러싸서 난포막(theca folliculi)을 형성한다. 난포막내층(tunica interna, 내막)은 상피세포를 닮은 불규칙한 모양의 세포층이며, estrogen(자성생식호르몬)의 근원이 되며, 난포액에 함유되어 있다. 난포막외층(tunica externa, 외막)은 결합조직의 세포층이며, 내면은 내막과 섞여 있고, 외면은 기질과 혼합되어 있다.

과립막 세포의 일부는 난구(卵丘, cumulus oophorus)라 불리는 난자 주위의 융기를 형성한다. 난구의 최대층인 방사관(corona radiata)은 둥근 난포세포로 구성되어 있으며, 투명대의 전 표면에 방사선상으로 배열되어 있다. 방사관의 세포는 투명대를 통하여 난자의 난황막(vitelline membrane, 세포막)으로 돌기를 내어 난자에 난황물질을 공급한다. 그라아프 난포(포상난포)는 액체가 적당하게 형성된 후에는 크기가 계속 증가하여 난소의 표면으로 밀려 나오는데 하나의 낭(cyst)처럼 촉진된다.

말・소와 같은 단태동물(monotocous animals)은 한 번 임신에 다만 한 마리의 자축을 가지며, 발정기간에는 하나의 난포가 다른 난포보다도 더 빠르게 성장하여 난포

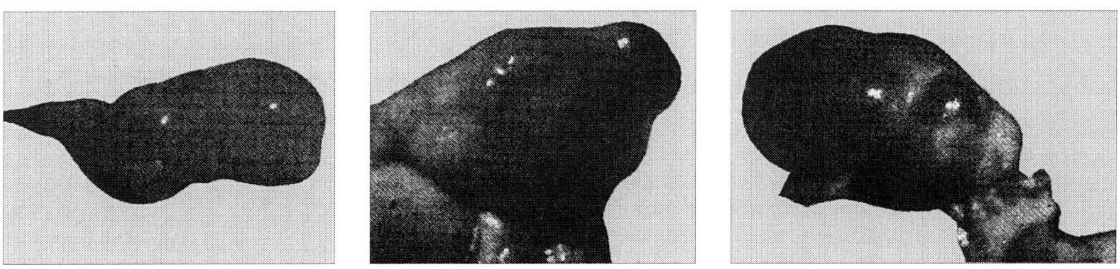

(A) 성숙난포 (B) 잘 발육된 황체 (C) 완성난포를 지닌 난소

그림 19-3. 소의 난소

가 파열할 때 다만 한 개의 난자가 방출되고, 나머지의 난포는 퇴축하여 폐쇄난포(atretic follicles)로 된다. 육식동물·돼지와 같은 다태동물(polytocous animals)은 한 번 임신에 두 마리, 또는 그 이상의 자축을 생산하는데, 보통 여러 개의 난포가 거의 동시에 파열하며, 한 난소에서 모든 난자가 방출되거나, 각 난소에서 여러 개의 난자가 나온다.

배란시에 난포가 파열되는 직접적인 원인은 잘 알려져 있지 않으나, 대부분의 동물에 있어서 국소빈혈(ischemia)로 난포벽에 있는 세포가 사멸하게 됨으로써 연유되는 느린 삼출과정으로서 일어나는 것 같다. 배란이 일어난 다음 난포강내에는 혈액과 림프가 채워져서 출혈체(corpus hemorrhagicum)가 형성되는데, 면양·소에서 보다 돼지에서 더 크게 형성된다. 출혈체는 점차적으로 재흡수되어 황체로 대치되게 된다.

과립세포(granule cell, 난포세포)는 빨리 증식하여 황체가 주부(主部)가 되며, 약간의 황체세포는 내막에서 유래된다. 황체는 말, 소와 육식동물에서는 황색이나, 양과 돼지에서는 녹색을 띤 흰색 또는 살색이다. 황체는 크기가 감소하여 흰 흔적인 백체(corpus albicans)를 형성하여 난소의 표면에 남는다.

2) 난 관

난관(uterine tube)은 쌍을 이루는 나선상의 관으로서 난소에서 자궁각으로 난자를 운반하며, 또한 난자에 대한 정자의 수정(fertilization) 부위가 되기도 한다. 난소에 인접하는 난관부는 확장되어 깔때기 모양의 구조를 이루는데 누두(漏斗, infundibulum)라 하고, 누두의 변연(邊緣)을 난관채(卵管采, fimbria)라고 한다. 난관채는

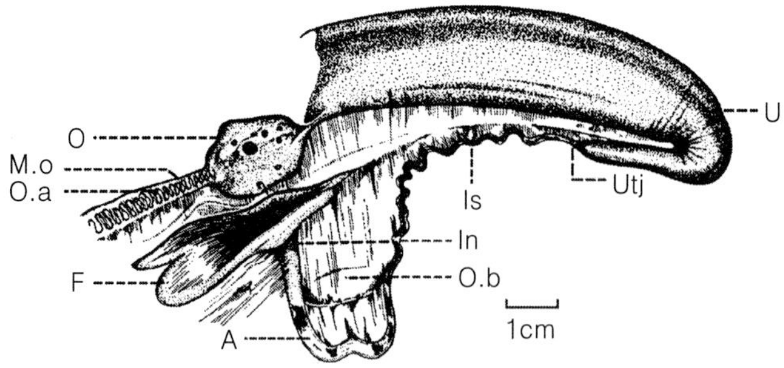

그림 19-4. 양의 난소와 수란관

A. 팽대부, F. 난관채, In. 누두부, Is. 협부, M.o. 난소각막, O. 난소, O.a. 난소동맥, O.b. 난소낭, U. 자궁, Utj. 자궁난관 접속부

난소를 부분적으로 또는 완전히 싸고 있으며, 난자를 난관의 복강 개구부로 이동시키며, 배란에 적극적으로 활동을 한다.

난관의 내층은 주름이 많은 점막으로서, 주로 단층원주섬모상피로 덮여 있다. 발정과 분만 전에는 비섬모세포로 왕성한 분비능력을 갖는다. 난관벽의 나머지 부분은 결합조직으로 된 점막하조직과 내윤환평활근층과 외종주평활근층, 표층은 복막으로 덮인 결합조직으로 되어 있다. 섬모와 근육은 난자의 운동에 작용하고, 정자의 운동에도 작용하는 것으로 추측된다.

3) 자 궁

가축의 자궁(uterus)은 자궁체(子宮體, corpus uteri), 자궁경(子宮頸, cervix uteri) 및 두개의 자궁각(子宮角, cornua uteri)으로 구성되어 있으며, 자궁각의 모양이나 배열이 서로 다른 것처럼 각 부분의 상대적인 크기의 비율도 동물에 따라 다르다.

자궁체는 말이 가장 크고, 소·양은 비교적 넓지 않으며, 돼지와 개는 작다. 외형상으로 소의 자궁체는 자궁각의 미부가 간막인대에 의하여 서로 부착되어 있기 때문에 실제보다 커 보인다. 속이 빈 대부분의 다른 내부 장기와 같이 자궁벽은 점막상의 내층과 중간의 평활근층과 외층의 장막층(복막, peritoneum)으로 되어 있다.

자궁의 점막은 선(腺)이 많은 구조를 이루는 자궁내막이며, 자궁내막의 두께와 혈관분포는 난소의 호르몬 분비와 임신경과에 따라 변한다. 점막의 상피는 말과 개에서는 단층원주상피로 되어 있고, 돼지와 반추동물에서는 중층원주상피로 되어 있다.

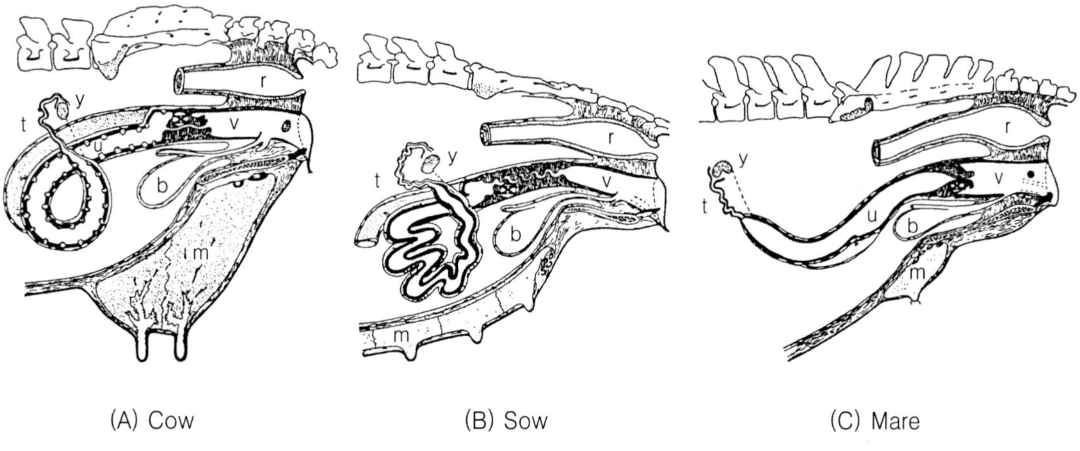

(A) Cow (B) Sow (C) Mare

그림 19-5. 생식기관의 비교

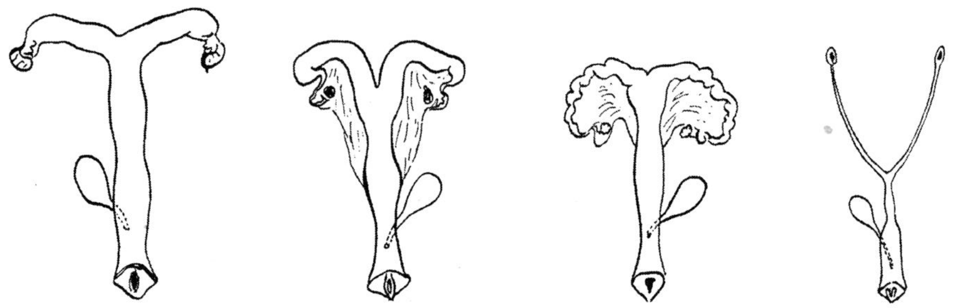

(A) 암말 (B) 암소 (C) 암퇘지 (D) 암캐

그림 19-6. 가축의 자궁

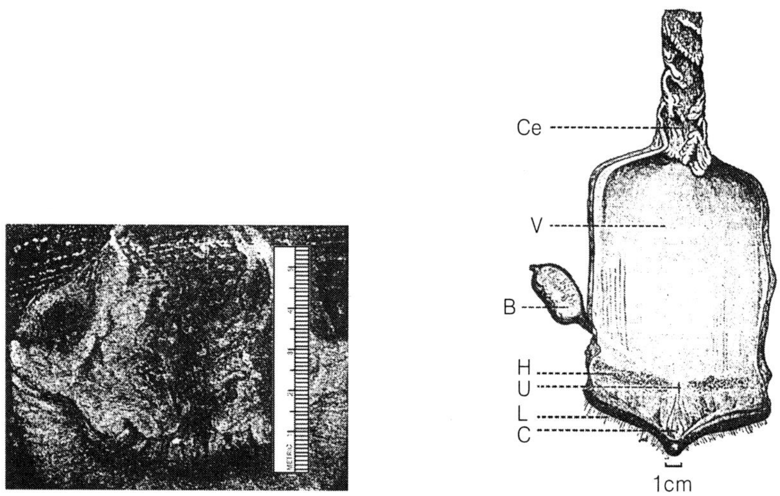

(A) 처녀우의 발정후 4일째의 자궁경 (B) 비임신 양의 자궁경 질 및 외부생식기

그림 19-7. 처녀우와 비임신 양의 자궁경 및 외부생식기

Ce. 자궁경(子宮頸, cervix), V. 질(膣, vagina), B. 방광(膀胱, urinary bladder), H. 처녀막(處女膜, hymen), U. 외뇨개구(外尿開口, external urethral opening), L. 음순(陰脣, labia), C. 음핵(陰核, clitoris)

자궁선(子宮腺, uterine gland)은 상당히 꼬여있는 단순, 분지, 관상선이며, 이들 선(腺)은 반추동물을 제외하고는 전 자궁의 점막에 산재되어 있다. 반추동물에는 예외적으로 자궁소구(子宮小丘, caruncles)는 비선상(非腺狀)이다. 자궁소구는 태막(胎膜)이 부착하는 반추동물의 자궁 내면에서 돋아나온 버섯과 같이 생긴 돌기이다.

자궁경(子宮頸)은 질의 후부에 돌출되어 있다. 사실상 자궁경은 두터운 평활근성 괄약근이며, 발정시나 분만시를 제외하고는 치밀하게 닫혀 있는데, 발정기간에는 약간 이완되어 정자의 통과가 가능하다. 이때 약간의 점액이 자궁경으로 부터 분비되어 음부로 배출되는 것이 보통이다. 임신시에는 자궁경의 배세포(goblet cells)에서 다량의 점액이 분비되어 질에서 자궁경으로 전염물질이 들어가는 것을 막는다.

반추동물과 돼지에서는 어느 정도 자궁경의 내면이 경우에 따라서는 환상추벽(anular folds)이라 하는 일련의 윤상(輪狀) 융기(隆起)가 배열되어 있다. 암말의 자궁경은 비교적 평활하나 상당한 거리까지 질(膣) 후부로 돌출되어 있다.

자궁근층은 자궁벽의 근육부분이다. 자궁근층은 안쪽의 두꺼운 윤상층과 바깥쪽의 얇은 종주상평활근층으로 혈관층에 의해 분리되어 있다. 임신 중에는 자궁벽의 근육은 세포의 소와 크기가 크게 증가한다.

장막(漿膜, tunica serosa)은 광인대(廣靭帶, broad ligament)라고 하는 복막과 연속되어 있으며, 내부생식기를 지지하고 있다. 광인대는 난소를 지지하는 난소간막(卵巢間膜, mesovarium)과 난관을 지지하는 난관간막(卵管間膜, mesosalpinx), 자궁을 지지하는 자궁간막(子宮間膜, mesometrium)으로 구성되어 있다. 대부분의 비반추동물에서는 광인대가 요(腰) 하부에서 벽측복막과 연결된다. 자궁각, 난관, 난소는 정중선에 대해 2열로 평행하며, 난소는 신장 직후방에 위치한다. 반추동물에서는 광인대의 부착이 장골부위에서 배측방(背側方)으로 되어 있고, 난소는 골반의 가장자리에 위치한다.

4) 질

질(膣, vagina)은 자궁과 음순 사이의 골반내에 위치하고 있는 산도(產道)이며, 교미시에 웅성의 음경을 수용하는 곳이기도 하다. 질의 점막은 소의 경우를 제외하고는 분비선이 없는 중층편평상피로 되어 있고, 소에서는 자궁경 후부, 즉 질두부의 약간의 점액세포가 있고, 이 부분은 소량의 estrogen이 순환하고 있기 때문에 질의 표면이 각화되지 않는다. 점막하 조직은 소성결합조직층이며, 다음에 원상평활근층과 종주상 평활근층이 있고, 장막(漿膜)은 질의 전부(前部)에만 존재하고, 질의 후부(caudel portion)는 골반막(pelvic fasica, connective tissue)에 의해 피복되어 있다. 질의 원개(圓蓋, fornix)는 자궁경부가 질내로 돌출되어 형성된 각(角, angle)이다. 원개(fornix)는 말에서 처럼 자궁경 주위에 완전한 원을 형성할 수도 있고, 돼지에서처럼 완전히 결여되어 자궁경의 후단이 질과 연결될 수도 있다. 소·면양·산양에서는 배측원개(背側圓蓋)만이 뚜렷하게 존재한다.

5) 음 문

음문(陰門, vulba, pudendum femininum)은 자성생식기의 외부로서 질에서 외부로 뻗어 있다. 질과 음문의 연결부에는 외뇨도구(external urethral oritice)가 있고, 외뇨도구의 바로 전연(前緣)에는 처녀막(hymen)이 있으며, 때로는 처녀막은 교미가 불가능할 정도로 완전할 수도 있다. 음문의 전정(前庭, vestibule)은 질과 음진(陰唇, labia) 사이에 있는 생식기의 관부이며, 음문의 일부분이라고 할 수 있다. 음문의 음진은 사람에서는 대음진(major labia)과 소음진(minor labia)으로 구성되어 있는데 반하여 가축에는 단순하며, 음문의 하부에는 음핵(clitoris)이 있으며, 웅성의 음경(陰莖, penis)과 같이 발생기원(embryonic origin)을 갖는다. 음핵은 2개의 근(crura, root), 체(body) 및 귀두(glans)로 되어 있다. 또한 중층편평상피에 의해서 피개되어 있는 발기성 조직(erectile tissue)으로 구성되어 있고, 감각신경종말부가 잘 분포되어 있다.

6) 자성생식기의 혈관과 신경분포

대부분의 가축에서 자궁은 한 쌍의 전자궁동맥, 중자궁동맥, 후자궁동맥에서 혈액을 공급받는다. 전자궁동맥[craninal uterine(ramus uterinus) artery]은 난소에 혈액을 공급하는 난소동맥의 가지이며, 자궁각의 전단에도 혈액을 공급한다. 난관도 난소동맥에서 혈액을 공급받는다. 말을 제외한 대부분의 가축에서 난소동맥과 난소정맥은 아주 가까이 주행하여 자궁으로부터의 물질이 난소의 같은 쪽에 도달하는 동정맥 경로를 이룬다.

Luteolysin(probably PGF2a)이 임신이 되지 않은 자궁으로부터 생성되면 황체의 퇴행을 촉진시킨다. Luteotropin이 임신한 자궁이나 도는 감염된 자궁으로부터 생성되면 황체의 잔류를 촉진시킨다. 중자궁동맥(middle uterine artery)은 내장골동맥(internal iliac artery)이나 외장골동맥(external iliac artery)의 분지이며, 흔히 제동맥(臍動脈, umbilical artery)을 가지고 있는 총간(總幹, common trunk)에서 나오기도 한다.

자궁동맥은 태아가 발육하는 자궁에 혈액을 공급하며, 임신이 진행됨에 따라서 크게 확장되는데, 소에서 임신시 임신 징후는 명백한 진동음과 진동을 직장을 통해서 촉진할 수 있다. 후자궁동맥[caudal uterine(ramus uterinus) artery]은 내회음동맥(內會陰動脈, internal pudendal artery)의 분지이며, 질, 음문 및 항문에 혈액을 공급한다. 난소, 난관 및 자궁의 신경분포는 자율신경이며, 회음신경(會陰神經, pudendal nerve)으로서는 질, 음문 및 음핵에 부교감신경섬유와 지각신경섬유가 분포된다.

표 19-1. 성숙된 임신하지 않은 가축의 자성(雌性) 번식기관의 비교 해부

기 관	동 물			
	소	양	돼 지	말
난관				
길이(cm)	25	15~19	15~30	20~30
자궁				
형태	양 분	양 분	쌍 각	양 분
자궁각의 길이(cm)	35~40	10~12	40~65	15~25
자궁체의 길이(cm)	2~4	1~2	5	15~20
자궁내막의 층	70~120 소구	88~96 소구	약간의 계상추벽 (桂狀皺襞)	현저한 계상추벽 (桂狀皺襞)
자궁경				
길이(cm)	8~10	4~10	10	7~8
외부 직경(cm)	3~4	2~3	2~3	3.5~4
자궁각				
형태	2~5 환상의 윤(輪)	환상의 윤(輪)	코르크뽑기 비슷	현저한 추벽
자궁경				
길이	작고 돌출	작고 돌출	뚜렷하지 않다	뚜렷하다
질 외부				
길이(cm)	25~30	10~14	10~15	25~35
처녀막	뚜렷하지 않다	잘 발달됨	뚜렷하지 않다	잘 발달됨
질전정(膣前庭)				
길이(cm)	10~12	2.5~3	6~8	10~12

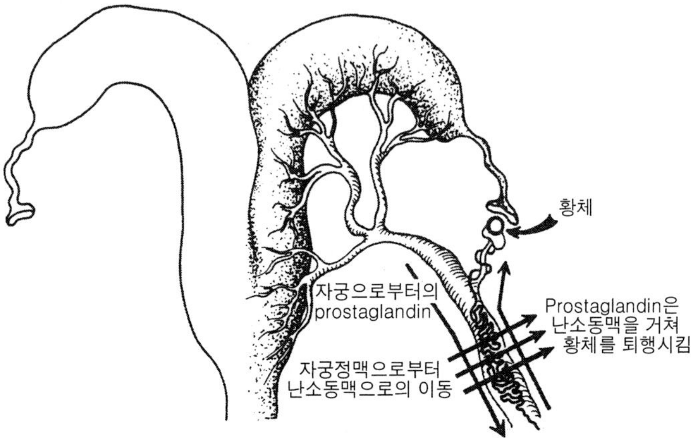

그림 19-8. 양과 기타 다른 가능한 종에서 prostaglandin의 자궁으로부터 자궁정맥 및 난소동맥으로의 이동, 그 후 황체로의 이동

제 20 장

자성 생식생리

1. 자성 생식생리

1) 춘기 발동기(성성숙)

춘기(春期) 발동기(puberty)는 생식기관이 처음으로 기능을 나타내는 시기로서 성성숙(sexual maturity)은 동물종 간에 따라 다르다. 암말은 대개 2살이 지나서, 처녀우는 7개월 내지 15개월경에서 성숙에 달한다. 양, 돼지 및 개는 6개월경에서도 번식이 가능하나 단일종 내에서도 기후조건, 영양상태, 유전 및 분비되는 호르몬의 양에 따라서도 큰 변이를 나타낸다. 성성숙에 관련된 난소의 발육은 원시 성세포로부터 난자의 발생(oogenesis), 배란, 황체형성의 과정이 포함되며, 이들 과정은 순서에 따라 주기적으로 발정주기를 나타내면서 다른 번식기관에도 영향을 미친다.

2) 난자 형성

성성숙시에 웅성의 성세포는 제1차 성세포에서 4개의 정자를 형성하는 것과는 대조적으로 자성의 1차 성세포는 다만 하나의 성숙난자(mature ovum)와 극체(polar bodies)라고 하는 3개의 극세포(polocyte)로 된다. 처음 극체를 생산하는 분열을 성숙분열 또는 감수분열(meiotic division)이라고 하며, 이때 염색체 수가 반감된다. 난자는 그후 유사분열(有絲分裂, mitotic division)에 의해서 제2극체를 생성한다. 또한 제1극체는 퇴화되기 전에 간접 핵분열이나 직접 핵분열로 분열하며, 대부분의 동물에 있어서 제1극체는 난소에서 생기고, 제2극체는 배란이 일어난 후에 방출된다.

3) 배란과 황체 형성

난소의 난포는 다량의 액체가 생산되므로 크기가 증가됨에 따라서 난소의 백막(白

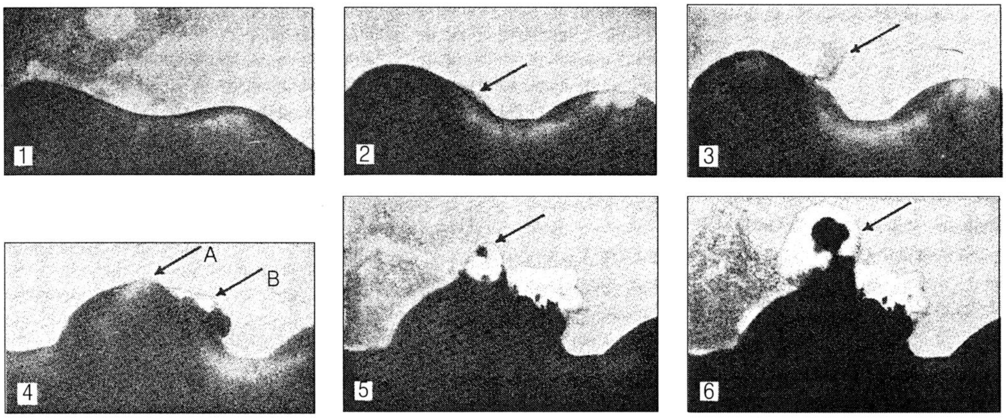

그림 20-1. 토끼의 배란

1. 난포파열 1시간 30분전(2개의 난포가 보임), 2. 난포파열 30분전, 3. 난포파열 초기 상태[맑은 액이 보임(화살표)], 4. (A) 난포파열이 다가옴에 따라 새로운 난포가 원추형을 이룸, (B) 3에서 파열된 난포에서 방출물이 증가하고 얼마의 혈액(어두운 부분)이 나타남. 5. 4(A)에서의 난포가 파열 시작, 4(B)에서의 난포파열 후 방출물이 부분적으로 보임. 6. 4 (A)에서 난포파열(5와 6 사이의 시간은 8초 경과) 난자는 파열된 난포로부터 최종 분출액과 같이 수송

膜, tunica albuginea)에 압력을 가하게 되면 팽창 융기되어 난포 표면이 얇아져서 부푼 부분이 난소체 표면을 향하여 마침내 터지게 된다.

난포액과 난자(ovum)는 난관(oviduct, uterine tube)의 누두부(漏斗部, infundibulum) 부근의 복강(腹腔)으로 방출되면 배란의 과정을 마치게 된다. 대부분의 포유동물에 있어서 배란 바로 직전의 다량의 estrogen이 혈류에 흡수되기 때문에 발정과 밀접한 관계가 있다. 배란시에 흔히 소혈관은 파열되고, 이때 난포강은 혈괴(血塊, blood clot)로 채워지는데, 이를 출혈체(出血體, corpus hemorrhogicum)라고 한다. 출혈체가 형성되는 여부에 관계 없이 비어있는 난포강의 내층을 이루는 상피세포는 뇌하수체의 전엽에서 분비하는 황체형성호르몬(luteinizing hormone, LH)의 영향하에서 증가하기 시작하여 황체(corpus luteum)를 형성한다. 대부분의 동물에 있어서 황체는 난소의 난포가 돌출된 것과 마찬가지로 난소 표면에 돌출되고, 파열된 난포는 정상적으로 황체에 의해 대치된다. 난포와 황체는 크기가 비슷하나 육안이나 촉진에 의해 구분할 수 있다.

난포는 액체로 채워져 있는 하나의 낭(sac)이며, 하나의 수포(blister) 모양이나 촉감을 가지고 있는 반면에 황체는 견고하고 단단한 느낌을 준다. 난자가 수정이 되지 않는다면 발정황체(corpus luteum of estrus)라 불리는 이 황체로 퇴행하고, 백체(corpus albicans)라고 하는 반흔(瘢痕, scar)만을 남기고 없어진다. 난자가 수정되고 임신이 확실시 되면 황체는 임신황체(corpus luteum of pregnancy)로 남아 임신기간 동안 지속된다.

실제로 황체는 임신을 유지하는 데 필요한 호르몬인 progesterone을 분비하는 내분비선이다. 때때로 발정황체가 퇴화하지 못해서 가임신현상을 나타내기도 하는데, 이런 형태의 황체를 유잔황체(遺殘黃體, retained corpus luteum)라고 하며, 젖소의 경우 일시적인 불임의 원인이 된다. 또한 난포가 파열되지도 않고 퇴축되지도 않아 비정상적으로 다수의 난포가 계속 발달하는 경우 불임을 초래하기도 한다. 이것을 난소낭종(卵巢囊腫, cystic ovaries)이라고 하는데, 소와 말에 있어서 이를 낭종 또는 비정상 난포를 직장을 통해 촉진할 수 있다. 난소낭종에 이완된 동물은 발정이 오래 지속되기 때문에 사모증(思牡症, nymphomaniac)이라고 한다.

4) 발정주기

가축의 자성(雌性)은 같은 종이라 하더라도 서로 다른 규칙적인 간격으로 발정이

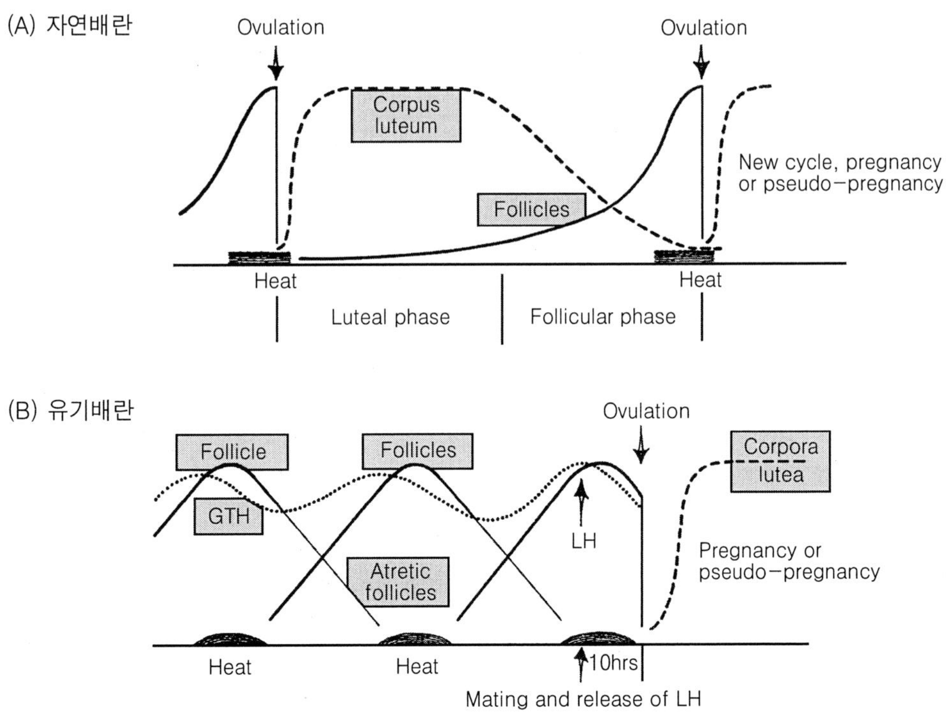

그림 20-2. 발정주기의 비교

오며, 한 발정이 시작하여 다음 발정이 개시되는 이 간격을 발정주기(發情週期, estrous cycle)라고 한다. 발정주기는 직접적으로 난소에서 분비하는 호르몬에 의하여 조절되며, 간접적으로는 뇌하수체전엽(adenohypophysis of pituitary galnd)에서 분비되는 호르몬에 의해서 조절된다. 발정주기의 기본형태는 동일하나 각 주기에 있어서는 동물종에 따라서 차이가 있다. 발정주기는 아주 뚜렷하게 여러 단계로 나누어지는데 발정전기, 발정기, 발정후기 및 발정휴지기로 구분한다.

(1) 발정전기

뇌하수체 천엽에서 분비되는 난포자극호르몬(follicle-stimulating hormone, FSH)과 황체형성호르몬(luteinizing hormone, LH)의 자극에 의해서 난소는 estorgen 생산량을 증가시켜서 자궁, 질, 난관 및 난소의 난포 발달을 촉진시키는데, 이러한 발정전기(發情前期, proestras)를 증강기(增强期, building up phase)라고 한다. 이 시기에 난자를 둘러싸고 있는 난소의 난포는 주로 발정호르몬(estrogenic hormone)을 함유하고 있는 난포액을 증가하므로서 크기가 증가한다. 난포에서 혈류로 흡수되어진 estrogens은 혈관확장과 생식선관(生殖腺管)의 세포성장을 촉진해서 발정 및 임신에 대비한다.

(2) 발정기

발정기(發情期, estrus)는 자성에 있어서 성적 수용기이며, 대개 순환되고 있는 estrogen의 양에 의하여 결정된다. 이 기간이나 이 기간 직후에 배란(ovulation)이 일어난다. 배란은 혈액내 FSH의 양이 감소되고, LH의 양이 증가되므로서 일어나게 된다. 배란 직전에는 난포가 커지고 팽창하며, 난포에 의해 둘러싸인 난자는 성숙 변화를 일으킨다. 발정은 대개 난포의 파열 또는 배란이 일어날 때 끝난다. 이때 난자는 난포에서 방출되며 난관(uterine tube)의 상부로 이동한다. 대부분의 동물에서 난포의 파열은 자발적으로 일어나나 고양이, 토끼, 밍크 및 족제비 등에서는 교미 자극에 의하여 난포의 파열이 일어난다. 이들 동물에서는 교미에 의한 자극을 받고, 뇌하수체로부터 호르몬 방출에 관여하는 신경내분비반사(neuro endocrine reflex)가 지연됨으로써 배란이 일어나기 때문에 이들을 반사배란동물(reflex ovulators)이라고 한다. 만약 교미(coitus)가 일어나지 않으면 난포에 둘러싸인 난자는 퇴축하며, 불임 수컷을 이용한 교미에 의해서 이를 반사 배란축(동물)에서 가임신(假姙娠, pseudo pregnancy)이 될 수 있다.

(3) 발정후기

발정후기(發情後期, metestrus)는 배란이 일어난 후 황체가 기능을 발휘하는 시기이다. 발정후기의 길이는 황체자극호르몬(luteotrophic hormone, LTH)이 뇌하수체로부터 분비되는 시간의 길이에 따라 달라진다. LTH가 분비되는 동안 난소에서 생산되는 estrogen은 감소하고, progestrone은 증가한다. 발정후기 동안 난포의 파열에 의해 생긴 공동(空洞)은 재조직되기 시작한다. 파열된 난포의 내층의 세포는 강(腔) 내에 혈관의 분포가 증가함에 따라서 내부로 성장하기 시작한다.

이들 세포는 커지고 증식하여 지방구로 채워지는데, 이렇게 새로 재조직된 구조를 황체(corpus luteum)라고 한다. 황체는 progestrone을 분비해서 다른 난포의 발육을 억제하고, 다음 발정기간이 일어나지 않도록 한다. 활동중인 황체가 존재하는 한 발정은 일어나지 않는다. 만약 임신이 되면 기능적인 황체에서 나오는 분비물은 자궁에서 수정난이 적당하게 착상하는 데 필요하고, 발생중인 태아의 영양공급 및 유선의 유선포(乳腺胞) 발육에 필요하다.

(4) 발정휴지기와 비발정(발정정지기)

발정휴지기(發情休止期, diestrus)는 다발정동물(polyestrus animals)에 있어서 발정주기만의 비교적 짧은 휴지상태의 기간이며, 발정정지기(發情靜止期)는 번식계절 사이의 장기간의 휴지상태를 말한다. 완전히 발육한 황체는 자궁에 현저한 영향을 미치며, 자궁내막세포층의 비후, 자궁선 크기의 증가, 자궁근육의 증식 등의 영향을 나타내는데, 이 모든 반응은 태아의 영양공급을 의한 지지구조를 제공하게 되는 것이다. 만일 임신이 되면 이와 같은 현상은 전 임신기간을 통해서 나타나고 황체는 계속 존재한다.

만일 임신이 되지 않으면 황체는 퇴화한다. 소와 양과 같은 몇 종의 동물에서는 번식계절 동안 황체의 퇴화는 새로운 난포를 성장시켜서 새로운 발정전기(proestrus)를 시작한다. 번식계절 말기에 비임신양의 난소는 발정정지기에 들어가고 기타 난관, 자궁, 질은 호르몬의 영향을 받지 못해서 위축하는 경향이 있다. 다음의 번식기간이 올 때 다시 난소는 활성화되고 새로운 주기가 시작된다. 개에 있어서 교미는 되지 않았지만 황체는 정상 임신기간과 같은 기간동안 존속한다.

(5) 발정주기의 요약

가) 발정주기는 다음과 같이 요약할 수 있다.

① 발정전기(proestrus) : 증강기(준비기)로서 난포의 크기가 증가하고, 질벽의 비

후 및 자궁맥관층의 증가 등이 나타난다.

② 발정기(estrus) : 발정을 나타내며, 웅축(雄畜)에 대한 고도의 민감성을 나타내고, 대부분의 가축에 있어서 난포가 파열되는 기간이다.

③ 발정후기(mestrus) : 황체의 형성, 질벽과 자궁이 변화한다.

나) 발정후기에 수반되는 변화

① 발정휴지기(diestrus) : 다발정동물(多發情動物)의 번식기간에 있어서 다음 발정전기 전의 짧은 불활성기간(단휴지기)이다.

② 임신(pregnancy) : 임신의 기간

③ 가임신(pseudo pregnancy) : 임신과 유사한 변화가 나타나고, 배아와 태아가 존재하지 않는다.

④ 비발정(발정정지기, anestrus) : 번식기간 사이에 긴 불활동기(장휴지기)이다.

1년에 단 한번의 발정주기를 가지는 동물을 단발정동물(單發情動物, monoestrus animals)이라 하며, 반면에 여러 번의 발정주기를 가지는 동물을 다발정동물(多發情動物, polyestrous animals)이라고 한다. 발정주기가 계속되는 기간을 번식기간(breeding season)이라고 한다. 그러나 번식기간이란 말은 임신이나 비유(lactation)까지도 포함되어질 수 있기 때문에 생식기간(sexual season)이라고 하는 것이 더 타당할 것이다. 어떤 동물에 있어서 성적계절 사이가 상대적으로 더 긴 기간을 발정정지기(發情靜止期)라고 하는데, 이는 성주기의 일부가 아니다. 몇 종의 동물에서 적어도 발정정지기는 계절적 변화에 의한 일장(日長)의 변화에 의해 결정되는데, 일장(日長)은 시상하부에 영향을 미치고, 이는 다시 뇌하수체로부터 호르몬 분비에 미친다는 설이 있다.

고유성 주기에는 두 기간이 있다.

① Estorgenic phase(follicular phase)는 발정전기와 발정기가 포함된다.

② Luteal phase(황체기)는 발정후기와 발정휴지기가 포함된다.

이 양 기간에서는 호르몬의 분비가 중복된다. 비번식계절(비발정휴지기)은 양과 개에서는 연중보다 긴 기간을 더 차지한다. 이후에 번식계절이 오고 1회 내지 2회 이상의 발정이 나타난다. 발정주기는 임신이 되지 않는 한 다발정동물에서는 번식계절 기간 중 몇 번이고 반복한다. 발정기간 중에 수태가 되면 발정후기 또는 발정휴지기라 하기보다는 임신기라 할 수 있다. 임신기 다음에는 다른 성주기가 시작되는 발정전기나 발정정지기가 수반된다.

가임신(假姙娠, pseudo pregnancy)은 수태가 되지 않았을 경우 설치류나 육식동물에 있어서 발정 후에 일어나는 증후를 말한다. 개는 불임성 교미 여부에 관계없이 가임신이 일어나며, 그러나 몇몇 설치류는 교미나 자궁경의 인공적인 자극을 가해야 임신이 유기된다. 이때 황체가 난소에 잔류해 있고, 자궁의 변화는 임신자궁의 변화와 같다. 유선은 활동적이고 가임신 말기에 유즙이 분비되는데, 정상 임신기간과 거의 동일하거나 약간 짧은 기간 비유한다.

(6) 자성 생식호르몬

난소에서 생산되는 호르몬은 난포에서 분비되고, estrogen과 황체에서 분비되는 progesterone이 포함된다. 난소의 분비활동은 뇌하수체 전엽에서 분비되는 성선자극호르몬(gonadotrophic hormone)의 조절하에 이루어지며, 이들의 작용은 다음에 전형적인 되먹이 기구(feedback mechanism)를 통한 난소호르몬에 의해 부분적으로 조절된다.

가) 난포호르몬

난포호르몬(estrogen)은 자성(雌性)의 생식호르몬으로서 작용하는 복합물질의 일군으로서 자성의 부생식선을 자극한다. Estrone, estradiol(17 B와 17 A) 및 estrol은 포유동물의 난소 및 태반에서 생산되는 천연 estrogens이며, diethylstilbestesterol은 가장 일반적인 합성 estrogen이다. 개, 비육우와 같은 동물에서 유산을 일으키는 호르몬으로 이용되며, 비육가축에 사료첨가제나 약제로서 사용된다. 또한 많은 식물에서도 estrogen 활성을 갖는 물질을 생산한다. 난소 이외에도 부신피질(副腎皮質, adrenal cortex), 정소(精巢, testes) 및 태반(胎盤, placenta) 등에서 estrogen을 생성한다.

사람의 융모막성 성선자극호르몬(human chorionic gonadotropin, HCG)의 이용은 동기화(同期化) 배란을 유지시키는 데 이용, 그리고 수정시에 필요한 교미의 회수를 줄이는 데 활용되고 있다. Prostaglandins은 황체를 파괴시켜 발정을 유기시키는 데 이용될 수 있다.

부생식기관(accesory sex organs)에 대한 estrogen의 작용은 전형적인 발정 징후와 상관관계를 가지며, estrogen은 난관과 자궁의 근활동을 촉진시키고, 이들 두 기관이 progesterone의 작용에 대해 감수성을 갖도록 한다. Estrogen에 의해 촉진되는 자궁의 또 다른 변화는 세포내 수분함량, DNA, RNA, 단백질 합성과 효소활성의 증가를 들 수 있다. 질, 음부의 내층을 싸고있는 상피는 estrogen에 의해 자극을 받고, 어떤 종에서도 발정시 각화변성(角化變性)을 일으킨다. Estrogen의 양이 증가하게 되면 발정시에 자성(雌性)이 웅성(雄性)을 수용하는 것과 관계되는 성 충동(sex drive), 즉 성욕(libido)이 일어나는 데 중요한 요인이 된다.

Estrogen은 임신 자궁이 뇌하수체 후엽(neurohypophysis of pituitary gland)에서 방출되는 oxytocin의 작용을 민감하게 된다. 여성화(feminity)와 관계되는 제2차 성징은 estrogen의 작용에 의해서 이루어진다. 포유가축에 있어서 제2차 성징은 유선관의 성장 및 발달과 관계되고, 수컷보다 골격의 약화와 근육을 유연하게 하며, 사람에 있어서는 털이 많이 나고 체지방의 분포, 음성이 변화되는 것은 제2차 성징에서 일

표 20-1. 자성생식

Animal	Onset of puberty	Av. Age first service	Length estrous cycle	Length estrus	Gestation period
Mare	18 mo (10～24 mo)	2～3 yrs	21 days (19～21 days)	5 days (41/2 ～71/2 days)	336 days (323～341 days)
Cow	4～24 mo	14～22 mo	21 days (18～24 days)	18 hrs (12～28 hrs)	282 days (274～291 days)
Ewe	4～12 mo (1st fall)	12～18 mo	161/2 days (14～20 days)	24～48 hrs	150 days (140～160 days)
Sow	3～7 mo	8～10 mo	21 days (18～24 days)	2 days (1～5 days)	114 days (110～116 days)
Bitch	6～24 mo	12～18 mo	6～12mo	9 days (5～19 days)	63 days (60～65 days)

	Time of Ovulation	Optimum time for service	Advisable time to breed after parturition
Mare	1～2 days before end of estrus	3～4 days before end of estrus or the second or third day of estrus	About 25～35 days or second estus. About 9 days or first estrous only if normal in every way
Cow	10～15 hours after the end of estrus	Just before the middle of estrus to the end of estrus	60～90 days
Ewe	12～24 hours before the end of estrus	18～24 hours after the onset of estrus	Usually the following fall
Sow	30～36 hours after the onset of estrus	12～30 hours after the onset of estrus	First estrus 3～9 days after weaning pigs
Bitch	1～2 days after the onset of true estrus	2～3 days after onset of true estrus; or 10～14 days after onset of proestrous bleeding	Usually the first estrus or 2～3 months after weaning pups

어나는 변화이다.

나) 황체호르몬

황체호르몬(progesterone)은 주로 황체에서 생산되나, 부신피질, 태반 및 정소에서도 분비된다. 일반적으로 progesterone은 estrogen과 동시에 작용을 하며, 대량의 progesterone과 estrogen은 작용시에 길항적 작용을 하지만 progeterone은 estrogen의 작용을 받은 조직에 작용한다. Progesterone은 수정란이 착상하기 전에 자궁내막을 비후하게 하고, 자궁선을 발달시키므로 임신호르몬이라고도 한다. Progesterone은 착상기간이나 임신기간에 자궁이 과도하게 운동하는 것을 조절한다. Estorgen과 progesterone 함량비에 변화가 있게 되면 oxytocin에 대한 자궁을 민감하게 하고 분

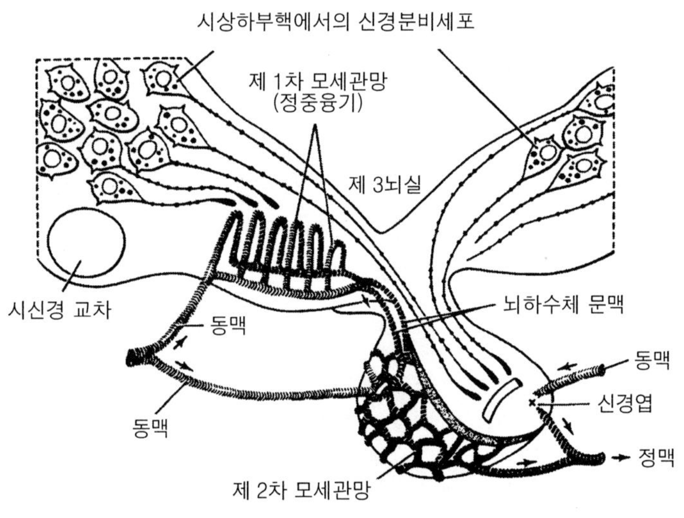

그림 20-3. 시상하부(視床下部)와 뇌하수체선(腦下垂體腺) 사이의 해부학적 연관관계 모식도

신경분비세포는 시상하부핵 내에 있다. 어떤 분비 축삭(軸索, axon)은 누두병을 따라 내려가서 신경엽에 있는 혈관 가까이에까지 신장된다. 다른 분비 축삭은 정중융기(正中隆起)의 모세총의 첨단부근에까지 신장한다. 신경뇌하수체의 호르몬(vasopressin과 oxytocin)은 시상하부 신경분비세포의 산물이고, 신경엽(신경액기관)에 저장되었다가 분비된다. 뇌하수체 문합세정맥(吻合細靜脈)은 정중융기의 1차 모세관망에서 출발해서 전엽의 2차 모세관망(sinusoids)으로 혈액을 수송한다. 정중융기의 시상하부 축삭은 다량의 방출인자(펩티드)를 뇌하수체 문맥으로 방출하고, 이 신경인자는 뇌하수체 전엽의 기능 조절에 관련한다. 모든 뇌하수체선은 뇌의 시상하부 부분에서 부분으로 진화하여 전체적으로 확산한다.

만을 유도하게 할 수 있다. 그러나 분만을 개시하는 원인에 대해서는 아직 의심이 많다. Progesterone이 임신을 유지하는 데 중요하다는 것은 임신시에 난소를 제거하게 되면 progesterone이 감소하게 되어 몇몇의 동물에서 특발성 유산이 일어난다는 사실로서 알 수 있다.

임신기간 동안 progesterone은 뇌하수체 전엽에서 방출되는 FSH(난포자극호르몬)와 LH(황체형성호르몬)의 되먹이 억제작용(feedback inhibition)으로 배란을 억제한다. 또한 FSH는 난포의 성숙에 중요한 역할을 하며, LH는 배란에 중요한 역할을 한다. Progesterone은 estrogen에 의해 이미 작용을 받았던 유선에 작용하며, 또한 유선포(乳腺胞)의 완전한 발육을 촉진시킨다. Progesterone은 체온을 상승시키는 경향이 있고, 이러한 사실은 사람에 있어서 배란의 시간을 결정하는 지표로서 이용되고 있다. 체온 상승은 배란과 황체에서 분비되는 progesterone의 방출과 관계가 있다.

다) 기타 호르몬

① Relaxin

Relaxin은 난소에 의해 형성되는 수용성 비steroid polypeptide 호르몬이다. Relaxin은 황체와 자궁내막과 동물에 따라서는 태반에서 추출된다. Relaxin은 자궁인대의 이완 및 출산시 자궁경의 이완을 일으키는 요인이 된다고 믿고 있다. 뇌하수체와 난소는 모든 동물에 있어서 수태와 착상을 유기하는 데 필요하다.

임신 후반기에 있어 뇌하수체와 난소에 대한 필요성은 동물종에 따라서 상당히 다르며, 어떤 동물은 뇌하수체나 난소를 제거하게 되면 즉시 유산하지만, 다른 동물에서는 뇌하수체나 난소, 또는 이 두 기관을 제거하여도 태아의 유산없이 견디게 된다. 후자의 동물에 있어서는 태반이 임신을 유지하기 위하여 성선자극호르몬인 estrogen과 progesterone을 충분히 분비한다.

② 융모성 성선자극호르몬

융모성 성선자극호르몬(chorionic gonadotrophin)은 glycoprotein이며, 착상되어 발육하고 있는 수정란 막(zygote membrane)의 영양막세포(trophoblastic cells)에서 분비한다. 이 호르몬은 사람에서는 황체형성호르몬과 비슷한 기능을 한다.

융모성 자극호르몬은 임마혈청(妊馬血清, pregnant mare serum, PMS)에서 발견되는데, PMS는 FSH와 같은 작용을 한다. 임부뇨(妊婦尿)에서 발견되는데, 이것을 융모성 성선자극호르몬(human chorionic gonadotrophin, HCG)이라고 하며, 이들 성선자극호르몬은 말과 사람에서 임신진단의 기초로 이용되고 있다. 임신말경에 estrogen과 progesterone은 유선관계(乳腺管系)와 유선포(乳腺胞)의 유선을 완전히 발육

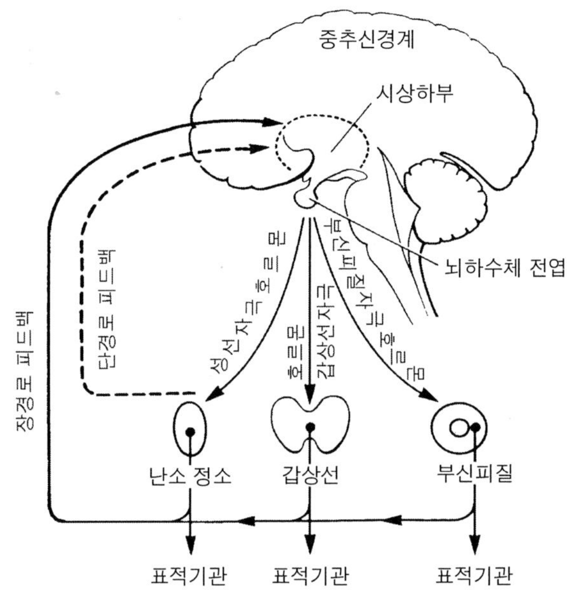

그림 20-4. 중추신경계와 어떤 내부기관 사이의 상호 상관관계를 설명하는 모식도

혈액내 난소, 정소, 갑상선, 그리고 부신피질호르몬은 뇌의 주요 통제 중추인 시상하부에 대해 작용함으로써 각 기관의 필요에 따라서 뇌하수체호르몬의 방출을 조절한다. 이것은 자기 평형계를 형성하고 종종 장경로 피드백이라 한다(굵은 선). 자극호르몬은 단경로를 통하여 시상하부에 영향한다(점선).

하도록 촉진한다.

분만시 시상하부에 존재하는 것으로 믿어지고 있는 prolactin 억제인자(PIF)가 방출되어 뇌하수체 전엽내 prolactin 호르몬에 대한 억제작용이 해소되어 prolactin이 다량으로 혈류에 방출된다. Prolactin은 비유를 자극해서 유선을 유즙으로 채우게 한다. 임신기간 동안 유선발달의 억제로 순환혈액 중에 있는 progesterone에 의하여 이루어진다.

초생축이 흡유하게 되면 반사적으로 뇌하수체 후엽(neurohypophysis, posterior pituitary)에서 oxytocin의 방출이 촉진되어 oxytocin은 유선포을 둘러싸고 있는 근상피 세포의 수축에 의해서 유선관을 통하여 유즙을 유두로 방출시킨다(때로는 이 과정을 유즙배출이라고 한다). 포유(哺乳, nursing)가 계속되면 계속해서 prolactin이 방출되어 필요한 만큼의 유즙이 공급된다. 그러므로 prolactin과 oxytocin의 방출은 포유동안 감각충동에 의해 유지되고, 이 감각충동은 시상하부로 전달, 이어서 뇌하수체 호르몬 방출을 지속시킨다.

원시난포(原始卵胞, primordial follicle)는 뇌하수체호르몬 없이도 발육할 수 있는 것이 확실하다. 난포막(thecae)과 난포강(antrum)을 위시해서 난포의 성숙은 FSH와 LH가 적당한 균형이나 시간적으로 적절한 분비의 배합이 조절되어야 한다. 난포에서 estrogen의 방출량이 증가함에 따라서 이 estrogen에 의하여 FSH의 분비는 억제되면서 이 작용이 동시에 일어나는데, 혈액 수준의 되먹이 기구(feedback mechanism)에 의하여 뇌하수체에서 FSH의 분비는 감소되고, LH의 분비는 증가되며, FSH와 LH가 적당한 비율로 분비될 때 배란이 일어나게 된다. 어떤 동물(쥐・흰쥐・면양)에서 luteotropin(prolactin)은 황체를 유지하며, progesterone의 분비를 조장시킨다고 한다.

태반에서 분비되는 융모성 성선자극호르몬도 황체를 자극하는 효과가 있어서 황체에서 progesterone의 분비를 촉진시킨다. 번식에 관련된 호르몬의 조절은 복잡해서 잘 이해되지 않는 부분이 많다. Feedback mechanism은 호르몬 조절의 중요한 수단으로서, 순환혈액 중 호르몬 수준은 같은 호르몬의 방출을 자극하거나 억제한다. 다른 호르몬에 의해서 내분비선의 통제 이외에도 신경계는 신경 체액성 반사의 구심지로서 작용하여 내분비를 조절하는 데 관여하고 있다.

대부분의 예에서 신경충동은 시상하부에 전달되어 뇌하수체호르몬을 방출시키며, 이러한 방법을 간접적으로 다른 호르몬의 방출을 조절한다. 이러한 신경내분비 반사기구의 예로서는 토끼나 고양이에 있어서 교미를 한 다음에 배란이 일어난다든가, 포유시에 prolactin과 oxytocin이 방출되는 것들이 이에 속한다.

2. 임신과 분만

1) 임 신

임신(pregnancy)은 태아가 자궁에서 발육하는 자성(雌性)의 상태를 말하고, 임신기간(gestation period)은 난자(ovum)가 수정하여 태아가 출산할 때까지의 기간이며, 임신기간 중에는 수정(난자와 정자의 융합), 수정란의 착상(nidation-자궁벽 胚에 착상), 태반형성(태막의 발육) 및 계속적인 태아의 성장 등이 이루어진다. 정상적인 임신기간은 동물종 간에 크게 다르며, 같은 종에서도 개체 간에 따라 상당한 차이가 있다. 평균 임신기간은 말이 336일(약 11개월), 소 282일(약 9.5개월), 양 150일(약 5개월), 돼지 114일(3개월 3주 3일), 그리고 개 63일(약 2개월)이다.

만약 태아가 정상적인 임신기간 동안 임신이 유지된다면 만기임신(full-term pregnancy)이라 하며, 비정상적으로 조기에 임신이 끝나는 것을 유산(abortion) 또는 조산(premature birth)이라고 한다. 가축의 경우 미성숙 분만은 거의 태아의 치명적인 사망을 초래한다. 수정시 난자에 정자의 침입은 제2극체(second polar body)가 형성되고, 새로운 개체의 염색체는 반감된다. 물리적이나 화학적 자극은 난자의 분열을 촉진시킬 수 있다. 정자가 난자의 침입되는 기전에서 왜 하나의 정자만이 난자에 침입되는 이유에 대해서 아직도 의심의 여지가 있다. 그러나 간혹 다수의 정자가 원난강(園卵腔, perivitelline space : 난황막과 투명대 사이)에서 발견되기도 하며, 1개 이상의 정자가 난자 내에서 발견되기도 한다.

이와 같이 하나 이상의 정자가 난자를 침입하는 경우는 비정상적이라고 볼 수 있다. 수정(fertilization)의 시기는 아주 중요하며, 정자는 난자와 수정하기 위하여 일정 시간 동안 암컷의 생식기관인 자궁이나 난관에 머물러 있어야 하는데, 이러한 과정을 정자의 수정능(capacitation of the spermatozoa)이라고 한다. 수정능 획득은 정자 두부의 첨체(尖體, acromosome)로부터 효소가 방출될 수 있도록 첨체 외막과 원형질막이 부분적으로 파괴되는 것으로부터 시작된다.

다음에 방출된 효소는 투명대(zona pellicida)를 용해시켜 정자 침입을 용이하게 한다. 또한 수정능 획득은 정자 세포내의 해당작용 속도(rate of glycolysis)와 산화대사(oxidative metabolism)를 증가시킴으로써 정자의 대사활동을 활성화시킬 수 있다. 정자는 암컷의 자궁에서 수정능 획득을 시작해서 난관에서 완료된다. 수정된 난자가 난관에서 자궁으로 이동하는 것은 난관의 융모작용과 근육수축에 의해서 이루어진다. 한 번에 여러 마리의 새끼를 출산하는 다태동물(多胎動物, polytocous animals)은 자궁에서 배반포(blastocysts-발육하는 胚)는 일정한 간격으로 착상된다. 이 간격이 유지되지 않으면 상호간의 착상을 억제하게 된다. 난관 가까이에서 발육하는 수정란은 자궁경관 근처에 수정란보다 다소 빠른 경향이 있다. 토끼의 배반포(胚盤胞)는 교미 후 7일까지 자궁에 고르게 분포된다. 자궁의 수축은 대개 배반포의 운동에 관여하므로 배반포는 능동적이라기 보다는 수동적으로 이동하게 된다.

(1) 수정

난관채(卵管采, fimbria)는 난소와 밀접한 관계를 유지하고 있으며, 난관채에 연결된 누두부(漏斗部, infundibulum)는 난소로부터 배란된 난자를 받아들인다. 그 다음 난자는 난관벽의 근수축과 난관 상피세포의 점막에 존재하는 섬모의 공동작용으로 난관을 경유하여 자궁으로 이동한다. 이때 난관벽의 근수축은

① Estrogen과 progesterone의 비율(estrogen의 수준이 높으면 수축이 증가)

② Prostaglandins 의 level

③ 자율신경계의 교감신경의 분지에 의한 난관의 자극정도 등에 영향을 받는다.

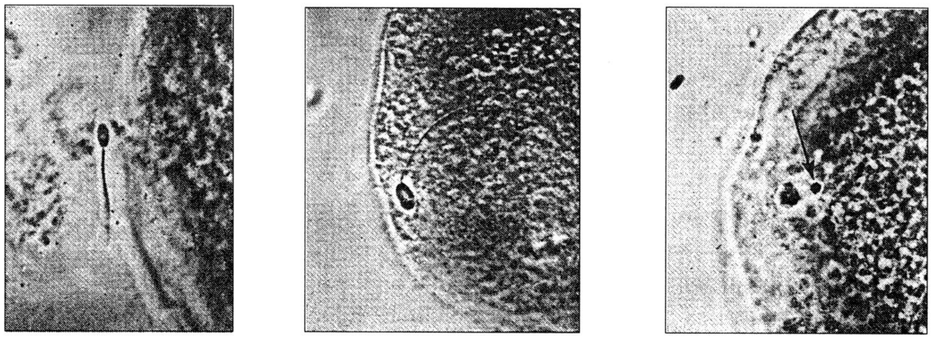

(A) 투명대 중에 있는 미수정 정자 (B) 난황 중에 침입한 정자 두부의 팽창 (C) 난자의 핵장치와 그 좌측의 제 2 극체, 그 우측에는 자성전 핵

그림 20-5. 돼지난자의 수정과정(×450)

난자는 난관 내에서 약 12시간쯤 생존할 수 있으며 수정이 가능하다. 수정은 정상적인 경우에 난관팽대부(ampulla of uterine tube)에서 이루어진다. 배란 후에 난자가 생존하는 기간 내에 정자가 침입하지 않으면 정상적으로 임신이 이루어지지 않는다. 정자와 결합하기 전에 장시간 난관에 체류한 난자는 수정률이 낮을 뿐만 아니라 이상태아와 기형의 비율이 높게 나타난다. 말과 개의 난자는 제1차 난모세포(primary oocytes)의 상태로 난관내로 들어가 성숙하게 된다.

반면에 소·양·돼지에 있어서 난자는 이미 제1극체(first polar body)가 형성되고, 배란시에 제2차 성숙분열(second maturational division)의 중기(mataphase) 상태에 있다. 극체는 분해될 때까지 난자와 투명대 사이의 난황층에서 볼 수 있고, 제 2차 분열은 정자와 수정을 일으킨 후에 이루어진다. 배란 후 즉시 난황막(vitelline membrane, ovular membrane) 내의 난자는 두터운 mucopolysaceharide 막인 투명대(zona pellucida)와 투명대 외측에 방사관(corona radiata)을 구성하는 수층의 과립세포(granulosa cells)로 둘러싸여 있다. 투명대는 난포의 난구(卵丘, cumulus oophorus) 일부분인 과립세포의 가장 내층의 생산물로 밀고 있다. 난자의 난황막으로부터 미세융모(microvilli)가 마치 난포세포에서 유도된 돌기처럼 투명대에 천입되어 있다. 투명대는 난자를 보호하는 반투과막(semi permeable membrane)으로 간주하고 있다. 난자가 난관을 하강할 때 투명대에 점착되는 점액층은 자궁벽에 난자의 부착을 돕는다.

투명대를 둘러싸고 있는 난구세포(卵丘細胞, cumullus cells)의 수는 동물에 따라서 차이가 많다. 명확한 방사관(放射冠, corona radiata)은 개와 몇 종의 다른 동물에서는 존재하지만, 소, 양, 돼지 및 말에서는 존재하지 않는다. 정자는 수정능 획득(capacitation) 후 난자와 접촉하면 투명대를 침입할 수 있다. 소, 말, 양 및 돼지에 있어서 난자를 싸고 있는 난구세포는 배란 후 곧 상실된다. 정자의 난자 침입은 두부에서 방출되는 trypsin과 유사한 첨체효소인 acrosin과 투명대의 hyaluronic acid-protein matrix를 파괴하는 hyaluronidase에 의해 이루어진다. 정자가 난자에 침입하면 정자는 난황막에 부착하게 되며, 아울러 난자의 제2차 감수분열을 자극하여 제2극체(second polar body)의 형성을 초래하고, 이때 난자의 염색체는 전핵(前核, pronucleus)을 형성한다.

다음 정자의 두부는 확장되어 웅성전핵(雄性前核, male pronucleus)을 형성한다. 그 다음 2개의 전핵(pronuclei)은 서로 접근하여 하나의 세포를 형성함으로써 자성과 웅성 염색체의 DNA 물질이 결합하게 된다. 이 새로운 세포는 난분할(cleavage)을 하여 배반포(blastocyst)를 형성한다. 대개 하나의 정자만이 난자를 침입하는데, 침입된 후에 다정자진입(polyspermia)을 저지하는 투명대의 변화가 일어나 정자의 진입을 억제할 수 있다. 간혹 소수의 정자가 투명대를 통과하여 난황층에 존재하기도 하지만, 하나 이상의 정자가 난자내로 진입하는 경우는 드물다. 진입하지 못한 다수의 정자는 투명대 표면에 부착한다. 이와 같이 하나의 정자가 난자내 진입함에 있어서 다정자 진입이 저지되는 현상에 대해서 아직도 그 원인이 명확히 밝혀지지 않고 있다.

(2) 착상

수정 후 수정란(zygote)은 난관을 통하여 자궁에 도달한다. 수정란이 자궁에 도달하는 기간이 소와 양은 발정 후 4일, 돼지는 이보다 다소 빠르고, 개는 다소 늦다. 이러한 수정란의 이동속도는 내분비액의 수준, 특히 estrogen과 progesterone의 비율에 따라서 차이가 있다.

소에 있어서 수정란이 태반포 단계까지 발육하는데 약 8일, 돼지와 면양 및 산양은 약 6일이 소요된다. 착상(着床, implantation, nidation)이란 수정란이 자궁내막(endometrium)에 발육지점을 선정하여 태아로 발달하는 과정을 말한다. 착상이 될 때까지 배반포의 분열과 성장을 난황과 자궁분비액에 의해 필요한 영양분이 공급된다. 착상과 그 이후에는 태반(placenta)을 통하여 영양분이 공급된다. 착상전에 태반포(胎盤胞)의 투명대는 벗겨지며, 자궁내막은 배반포를 받아들여 영양분을 공급하기 위하여 증식하고 동시에 혈관분포가 더욱 많아지며 분비기능이 발달한다. 수정란을 받아들이기 위한 자궁의 이러한 변화는 여러 가지 물리적 혹은 화학적 요인이 관여한다.

수정란이 자궁내막에 출현하면 자궁내막 하층의 결합조직에서 먼저 반응을 일으킨다. 수정 후 착상까지 소요기간은 돼지가 약 11일, 개는 약 15일, 양은 약 16일, 소는 약 35일, 그리고 말은 약 55일이다. 자궁내막과 발육중인 태아막 간의 관계는 매우 복잡할 뿐만 아니라 동물종에 따라서 매우 다양하다.

(3) 번식장해

Casida(1953)는 가축에 있어서 수정실태와 태아 사망으로 인한 번식장해는 잠정적으로 약 50%에 육박하고 있다고 보고하였다. 한 집단의 정상적인 암돼지로 시험한 결과는 수정과 난관의 장해가 2.3%, 불명확한 이유로 인한 장애가 9.5%, 태아 사망이 32.4%, 그리고 분만시 정상적인 태아의 출생률이 55.8%였다.

또 다른 번식장애의 예를 들면, 1회 인공수정시 수태되지 않고 반복적인 수정을 요하는 한 집단의 암소의 시험결과, 배란과 난관의 장애가 6.0%, 불명확한 이유로 인한 장애가 39.3%, 태아 사망이 32.5%, 그리고 임신 34일까지 정상적인 태아 생존율이 22.2%로서 번식 장애율이 매우 높았다. 암소에 있어서 재발정시 수태 성공률은 현저히 감소한다. 한편, 태아 사망의 원인으로서는 유전성 치사인자(inherited lethal factors), 감염, 영양결핍, 내분비 기능의 장애 및 수정전 난자와 정자의 결함 등이 있다.

(4) 태반형성

수정란의 크기가 증가할수록 영양을 공급받는 과정은 생명유지와 계속적인 성장에 부적합하게 된다. 따라서 배체외막(胚體外膜, extraembryonic membrane), 즉 태반(placenta)이 발달되어 성장중인 태아가 필요로 하는 더 많은 양의 영양을 충족시키게 된다. 이러한 과정을 태반형성(placentation)이라 한다.

태반에는 모체의 영양분을 태아에게 공급할 뿐 아니라 태아로부터 생산된 노폐물을 모체로 보내는 기능을 유지하는 막이 존재한다. 가축에 있어서 태아막(fetal membrane)은 태아태반(fetal placenta)으로 간주되고 있지만, 이 두 용어는 병행해서 사용되고 있다. 어떤 동물에 있어서 일부분의 자궁내막이 분만시 분리되는데, 이것을 모체태반(maternal placenta) 또는 탈락막(decidua)이라고 한다. 태아태반은 융모막(絨毛膜), 요막(尿膜), 양막(羊膜) 및 흔적물인 난황낭(卵黃囊, vestigial yolk sac)으로 구성되어 있다.

태반의 제일 외막인 융모막(chorion)은 모체의 자궁과 접촉해 있는 반면에 양막(amnion)은 제일 내측의 내막으로서 태아의 가장 가까이에 존재한다. 요막(尿膜, allantois)의 양측 사이에 공간인 요막낭(尿膜囊, allontoic sac)은 융모막(chorion)과 양막(amnion) 사이에 위치하며, 때로는 제1태포(胎胞, water bag)이라고 한다.

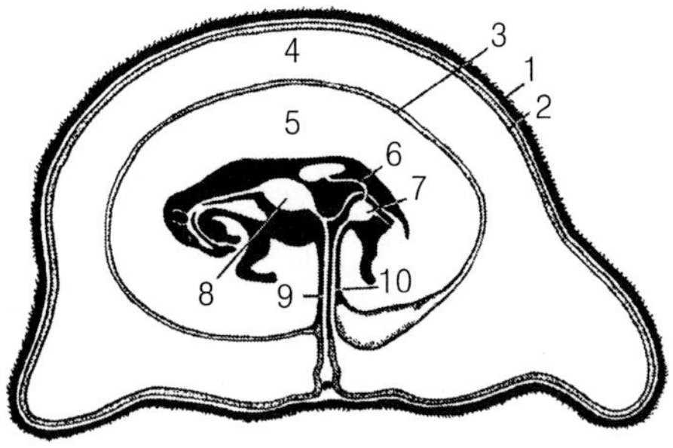

그림 20-6. 말의 태반

1. 융모막(絨毛膜, chorion) 2. 요막(尿膜, allantois) 3. 양막(羊膜, amnion) 4. 요막강(尿膜腔, allantoic cavity) 5. 양막강(羊膜腔, amniotic cavity) 6. 요관(尿管, ureter) 7. 방광(膀胱, bladder) 8. 소화관(消化管, digestive tract) 9. 난황경(卵黃莖, yolk stalk) 10. 요막관(尿膜管, urachius)

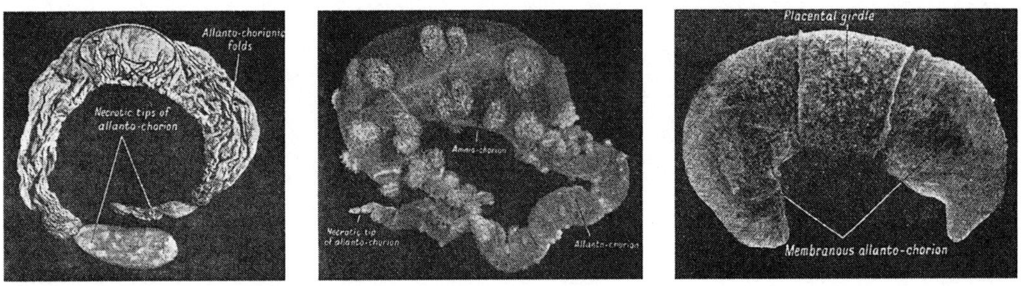

(A) 암돼지의 상피융모막성 확산 (B) 암소의 상피융모막성 태반엽 (C) 암고양이의 모체혈액과 융모막 외배엽의 대층

그림 20-7. 태반의 형태(종류)

요막낭은 제대(臍帶)를 통과하는 요막관(尿膜管, urachus)을 거쳐 방광의 전단까지 연결되어 있다. 요막의 외층은 결합조직에 의해서 융모막(chorion)과 융합되어 있으며, 그 내층은 양막(羊膜, amnion)과 접합되어 있다. 때로는 태아를 둘러싸고 있는 제2태포(the second water bag)라고 부르기도 한다. 제1 및 제2라는 용어는 분만시 요막낭이 먼저 배출되고, 그 다음에 양막낭이 배출되기 때문이다. 제대동맥의 분지와 정맥은 요막과 융모막 사이의 결합조직 내에 분포되어 있는데, 이들 혈관은 태아의 혈액순환에 있어서 중요한 역할을 한다. 제대동맥과 제대동맥의 분지는 산소불포화혈액(unoxygenated blood)을 태아로부터 태반으로 운반하는 반면에 제대정맥의 분지는

산소포화혈액(oxygenated blood)을 태반으로부터 태아로 운반한다.

일반적으로 태아의 혈액과 모체의 혈액과는 혼합되지 않는다. 그러나 이 두 순환계는 융모막과 자궁내막의 결합부에서 상호간에 매우 가까이 있으므로 모체 혈액의 산소와 영양분이 태아 혈액으로 전달되며, 태아 혈액의 노폐산물은 태아 혈액으로부터 모체 혈액으로 전달된다. 태아 혈관과 모체 혈관간에 정확한 상호관계는 품종과 태반의 형태에 따라서 좌우된다.

어떤 설치류에서는 태아의 혈관내피만이 태아와 모체의 순환계를 분리할 수 있도록 태아의 혈관이 모체의 혈액저유(blood pools)로 들어간다. 이러한 양상의 태반배열을 모혈내피성(hemo endothelial)이라고 부른다.

모혈융모성형(hemochorial type)의 태반은 사람과 하등설치류에서 볼 수 있다. 이 태반에서는 태아의 혈관뿐만 아니라 태아의 융모막까지도 모체 혈액의 저유(pools)로 함몰된다. 모혈융모성 태반(hemochorial placenta)과 모혈내피성 태반(hemoendothelial placenta)은 자궁내 원반같은 부위에 부착한다. 이러한 부위를 원판상(discoidal)이라 기술하고 있다. 고양이와 개와 같은 육식동물은 태아태반의 융모막이 모체의 혈관내피와 접촉해 있다. 이러한 형을 내피융모성(endotheliochorial)이라 할 때 일종의 띠와 같은 인대에 부착되어 있는데, 이러한 부착을 대층(帶層, zonary)이라 한다.

태반부착의 원반형(discoidal type)과 대층형(Zonary type) 등은 다 같이 탈락막성(deciduate)이므로 분만시 모체의 자궁내막이나 태반부분이 탈락하게 된다. 기타 다른 가축의 태반은 탈락막성 태반이 아니므로 분만시에 모체 조직의 상실은 없다. 반

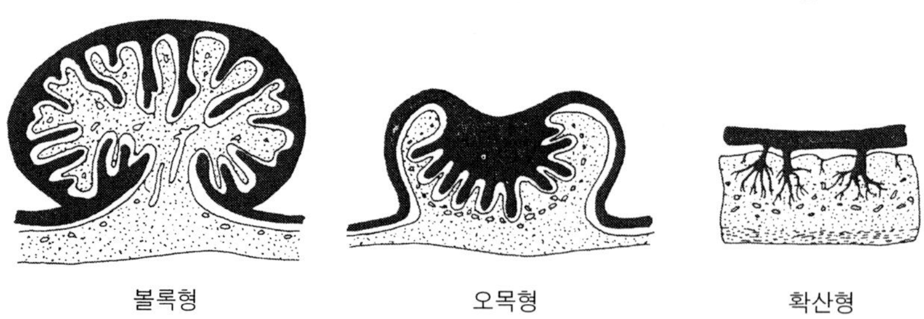

그림 20-8. 소, 양 및 말의 상피융모막성(上皮絨毛膜性) 태반

융모요막(絨毛尿膜)의 융모(검은 부분)는 모체의 자궁상피세포 소낭성(점각 부분)을 침입한다. 모체와 태아조직 간의 부착은 확산성(말)이거나 태반종으로 국부적으로 연결(소, 양)되어 있다.

표 20-2. 모세혈액과 태아혈액을 분리하는 조직층을 근거로 한 포유동물 태반의 분류

태반의 미세구조			
형 태	모체조직 태아조직	총 형태	품종
상피 융모성	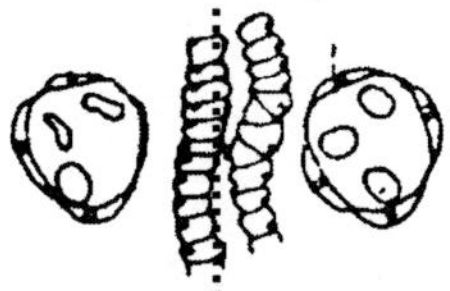	확산	돼지, 말
	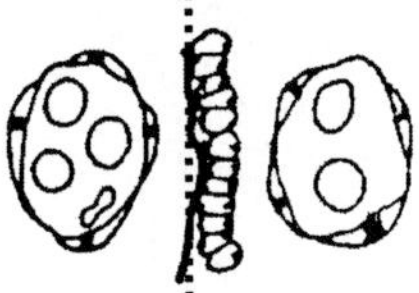	태반엽 또는 다발성	양, 염소, 말
내피융모성	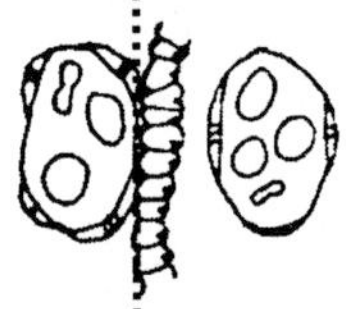	대층	개, 고양이
모혈융모성	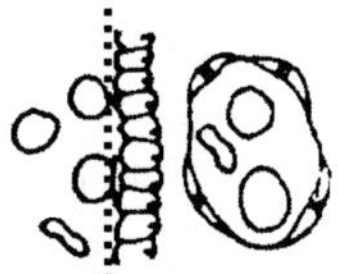	원판상	사람, 생쥐, 흰쥐, 기니아피그, 토끼
모혈내피성	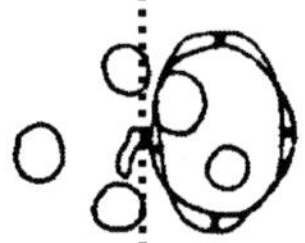	원판상	토끼

추동물의 태반 유착은 상피융모막형(epitheliochorid type)으로서, 부착부위는 성질상 태반분엽(胎盤分葉, cotyledon)이라 한다. 이러한 형의 태반은 태아의 융모막이 모체의 자궁상피에 직접 부착되어 있다. 이러한 부착부위를 자궁소구(子宮小丘, caruncleo)라 하며, 그 형태는 버섯과 같은 모양을 하고 있다. 자궁소구는 자궁표면에 돌출해 있으며, 그 크기는 직경이 약 13 mm이지만, 임신을 하면 약 100 mm까지 커진다. 자궁소구는 임신이 진행될수록 커지며, 자궁소구는 비임각(非妊角)에서 보다 임각(妊角)에서 더 크다.

자궁수구의 상피면은 소와(小窩, crypts)로 덮여 있고, 태아태반의 융모(villi)가 돌출해 있다. 소구와 소구 사이의 공간은 태아태반과 모체자궁 간에 부착이 전혀 이루어지지 않은 상태에 있다. 면양의 자궁소구 형태는 소의 자궁소구와는 다소 차이가 있으며, 면양의 자궁소구는 융기부의 중앙부가 함몰되어 있다. 돼지와 말에서 태반의

부착은 확산성 또는 융모성이다. 태아태반의 많은 부분을 덮고 있는 융모막의 융모(chorionic billi)는 자궁의 전 자궁내막에 산재되어 있는 소와(crypts)로 돌출해 있다. 조직학적 배열은 상피융모막성이므로 태아태반의 융모막은 자궁내막의 상피와 접촉해 있다.

2) 분 만

분만(parturition, labor)이란 임신의 종식에 이른 태아의 만출(娩出)을 의미하며, 일반적으로 분만을 3기로 구분하여 설명할 수 있다.

① 제 1기는 자궁의 수축으로 태포(胎胞)가 자궁경관 쪽으로 밀치면서 자궁경관의 확장을 야기시킨다. 이 시기의 지속기간은 소와 양에 있어서는 2～6시간, 말은 1～4시간, 그리고 돼지와 개에 있어서는 2～12시간 정도이다.

② 제 2기는 태아가 산도(產道)를 통과하는 과정이며, 제 1파수(破水) 또는 제 2파수와 함께 태아가 자궁경관을 경유하여 질을 통과함으로써 반사적으로 腹근(abdominal muscles)의 뒤틀림과 수축을 일으킨다. 이와 같이 자궁과 복근의 수축이 공동으로 작용하여 산도를 통해 태아가 배출된다.

③ 제3기는 태아의 반출에 뒤이어 진행되는 태반의 배출을 의미한다. 분만의 개시는 여러 가지 요인, 특히 모체의 혈액내 각종 호르몬의 수준변화에 의해 지배된다.

㉠ 소에 있어서 분만 48시간 전에 혈액내 progesterone의 수준이 급격히 떨어지는 반면에, 동시에 estrogen의 수준은 상승하나 분만 직전에 급격히 떨어진다. 이 시기에 부신피질호르몬(corticosteroid hormone)과 prolactin의 수준은 estrogen의 변화 양상과 거의 비슷하다. 한편 LH의 수준은 비교적 변화하지 않는다.

㉡ 말의 경우에 있어서 혈액내 progesterone의 수준은 분만 30일경 전부터 증가하여 분만 하루 전에 급격히 감소한다. 한편 estrogen 수준은 분만 30일경 전부터 서서히 감소하여 분만시에 급격히 그 수준이 저하된다.

㉢ 양의 경우에는 혈액내 progesterone의 수준이 소보다 며칠 빨리 서서히 감소한다. Estrogen과 부신피질호르몬의 수준은 분만전 24시간경에 매우 증가하는 반면, prolactin의 수준은 임신 최종일에 상승한다.

㉣ 돼지에 있어서 혈액내 progesterone의 수준은 분만 4～5일경부터 점차적으로 감소하여 48시간 경에는 급격히 떨어진다. 한편 estrogen의 수준은 분만 1주일 전에 증가하며, 부신피질호르몬의 수준은 분만 2일 전에 증가한다.

㉤ 개의 경우에는 estrogen과 progesterone의 수준은 2～4일에 감소한다. 분만 후기에 왜 호르몬 수준이 변화하고 자궁수축이 일어나는지에 관해서는 아직 정확히 그 원인이 규명되지 않고 있다. 그러나 이 시기에 태아의 뇌하수체(hypophysis)로부터 방출되는 부신피질자극호르몬(adreno corticotropic hormone, ACTH)의 양적 증가가 이러한 현상과 관련이 있다고 추측하고 있다.

즉, 태아로부터 이 호르몬의 증가는 태아 자체의 부신 steroid의 분비를 상승시켜 모체의 자궁으로부터 porstaglandin(PGF2a)의 방출을 증가시킨다. 이러한 prostaglandin은 자궁근의 수축을 개시할 뿐만 아니라 자궁근의 수축을 일으키는 oxytocin의 분비를 자극한다. 사실상 뇌하수체 전엽의 추출물은 분만 지연시 이완된 자궁의 수축을 촉진시키는 데 많이 이용되고 있다. 또한 estrogen은 자궁수축을 증가시키는 반면에 progesterone은 수축을 감소시킨다.

(1) 분만의 징후

분만에 가까워질수록 복부가 커지고 유선(乳腺)이 발달하며, 분만 며칠 전에는 유선이 분비되기 시작한다. 이 시기에 특히 초임축(初任畜)에서 복부에 약간의 유종(乳腫)이 형성된다. 외음부는 종창되고 진한 점액이 누출된다. 기타 다른 징후는 옆구리와 복부 및 둔부가 내려앉아 복부벽이 처진다. 분만이 임박해지면 임신축은 불안해하고 은신처를 찾으며, 배뇨가 잦고, 빈번히 누웠다가 일어나며 마침내 분만을 하게 된다. 개나 돼지는 분만 전에 분만자리를 만든다.

(2) 정상 태위

송아지의 정상 태위는 앞다리와 머리가 모체의 외부 생식기로 향하고 있으며, 복부는 모체의 골반과 연결된 천골(薦骨, sacrum)과 접촉해 있다.

이러한 위치를 전두태위[前頭胎位, cranial(anterior) presentation]라 하며, 태아의 만곡과 산도의 만곡이 적절하므로 분만이 용이하다. 한편 전두태위와는 반대로 분만시 뒷다리가 먼저 나오는 미부태위[caudal(posterior) presentation]는 빈번히 발생하는 태위로 정상적인 것으로 간주하고 있다. 자궁의 수축은 태아태반(태포, water bag)을 자궁경관쪽으로 밀어내며, 이때 계속적인 압력으로 자궁경관이 확장되어 태아가 골반쪽으로 통과하게 된다. 태포가 터질 때 자궁은 더욱 강하게 수축하고 동시에 복근이 수축하기 시작하여 산도를 통하여 태아를 배출하게 된다.

복압(腹壓, straining)으로 간주되는 복근의 수축은 질내에 태아의 존재로 인하여 유발되는 반사반응이다. 따라서 복압은 분만시에 사람의 팔을 질내로 삽입하여 인위

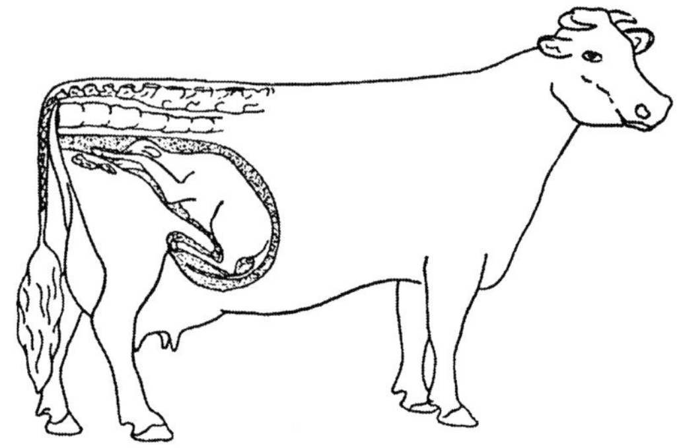

그림 20-9. 정상적인 분만시 자궁내 태아의 위치

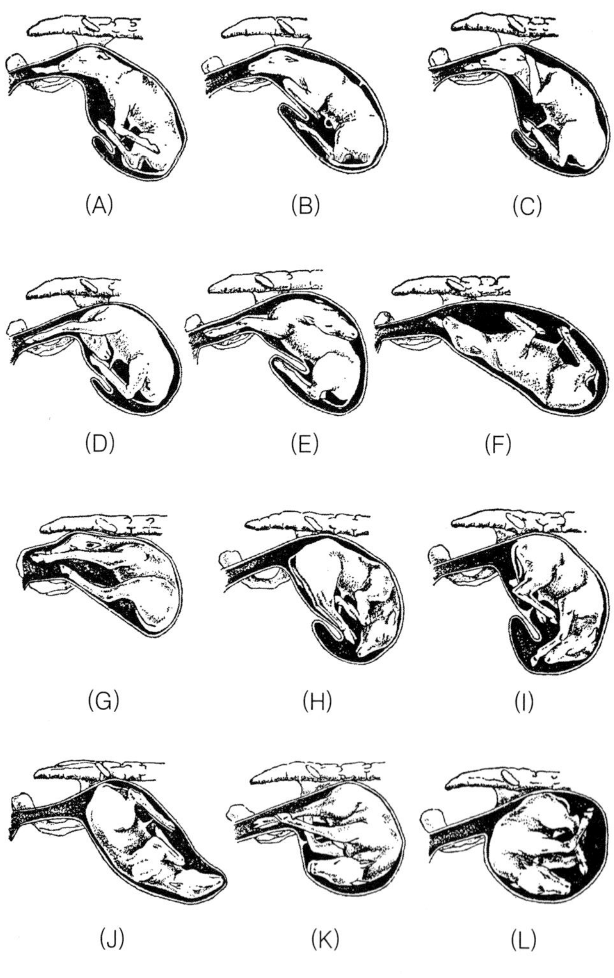

(A) (B) (C)

(D) (E) (F)

(G) (H) (I)

(J) (K) (L)

그림 20-10. 분만시 송아지의 비정상 태위

적으로 야기시킬 수 있다. 이런 경우는 분만중인 소가 적절한 국소마취를 받지 않는 한 활용될 수 있다. 또한 이러한 신경자극은 시상하부에 대한 feed back 작용으로 oxytocin 분비를 증가시킨다.

면양과 산양의 자궁은 소의 자궁과 비슷할 뿐아니라 임신생리도 아주 비슷하다. 단지 소에 비하면 쌍태 생산빈도가 더욱 높다는 점이 다른 점이라 할 수 있다. 망아지의 다리가 송아지의 다리보다 비교적 길기 때문에 망아지는 송아지에 비해서 모체의 자궁 점유 범위가 넓다. 모체 내에서 망아지와 송아지의 태위(胎位)는 거의 같다. 돼지와 개의 태아는 모체의 양쪽 자궁각에 모두 존재하며, 태위는 전두 또는 후위 태위일 수도 있다. 일반적으로 태반은 태아의 만출에 뒤이어 비교적 빨리 만출되지만 간혹 태아와 함께 나오거나, 드물게는 먼저 배출되는 경우도 있다.

소와 양의 태반(후산)은 정상적인 경우 24시간 내에 반출되지만, 만약 태아의 만출과 태반의 배출간의 시간이 길면 태반이 병적으로 인해서 정체된 것으로 간주할 수 있다. 말의 자궁은 자궁염에 대해 감수성이 높기 때문에 분만 후 2～3시간이 경과되어도 태반이 정체되어 있으면 그 원인으로서 자궁염을 의심할 수 있다. 돼지와 개는 분만시 태반이 태아에 붙어있기도 하며, 태아가 태반에 완전히 둘러쌓여 있기도 하다. 후자의 경우 태아의 기도를 개방시켜 정상적인 호흡을 할 수 있도록 출산 즉시 콧구멍을 막고 있는 태반을 제거해 주어야 한다. 대부분의 어미가 본능적으로 이 일을 수행한다. 소에 있어서 태반정체가 되면 인위적으로 제거해 주어야 한다.

청정(淸淨, cleaning)이라고 하는 방법은 숙련자에게는 비교적 간단하지만, 사전에 예방을 잘 하지 않으면 소 뿐만 아니라 사람에게도 위험하다. Brucella abortus(bangs disease)에 감염된 소가 후산정체(retained placenta)의 발생빈도가 높다. 후산정체를 치료하는 데 합성발정호르몬인 stilbestrol이 간혹 이용되지만 그 성공률은 일정치 않다. 소 이외에 다른 동물에 있어서 후산정체는 아주 심각할 뿐만 아니라 생명을 위협하기도 한다. 이러한 경우에 초기 치료는 우선 태반을 제거한 후 감염된 자궁의 국소치료와 체계적인 치료가 요구된다.

제 21 장

웅성생식기의 해부

1. 웅성생식기의 해부

웅성생식기(雄性生殖器, male reproductive system)는 발생학적으로 비뇨기(urinary system)와 밀접한 관계를 맺고 있어서 가끔 비뇨생식기(urogenital system)라는 제목으로 함께 다루어지고 있다. 특히 웅성생식기의 요도는 비뇨와 생식기의 통로로 함께 이용되고 있다.

가축의 웅성생식기는 음낭(陰囊, scrotum) 내에 들어있는 2개의 정소(精巢, testes, testicles), 정관과 분비선을 포함하고 있는 부생식선, 그리고 음경(陰莖)으로 구성되어 있다. 정소는 정자(精子, spermatozoa, sperm)와 testosterone(웅성 성호르몬)을 생성한다.

음낭은 체온보다 낮은 온도를 유지하여 정자생산이 용이하도록 해준다. 나머지 기관들은 모두 정자가 최종 목표인 난자(ovum)에 도달해서 수정(fertilization)하기 좋은 조건을 만들어 주도록 도와 준다. 이들 구조에는 정소상체, 정관, 부생식선(정낭, 섭호선과 요도구선)과 그리고 요도와 음경이 포함된다.

1) 정 소

정소(testis)는 동물에 따라 형태・크기・위치 등이 다양하지만 기본적인 구조는 모두 같다. 좌우의 정소는 백막(白膜, tunica albuginae)이라고 부르는 두꺼운 섬유성 막에 의해 싸여진 곡세정관(曲細精管, semini qerous tubules)으로 구성되어 있다. 다수의 섬유성 중격(fibrous septa)들이 백막으로부터 망상구재(網狀構材) 또는 기질을 형성하여 정소 내부 쪽으로 향하면서 곡세정관을 지지해 준다. 말을 제외한 모든 가축에서 이 섬유성의 중격(中隔)은 정소의 중심부에서 굵은 섬유성 삭(fibrous co-

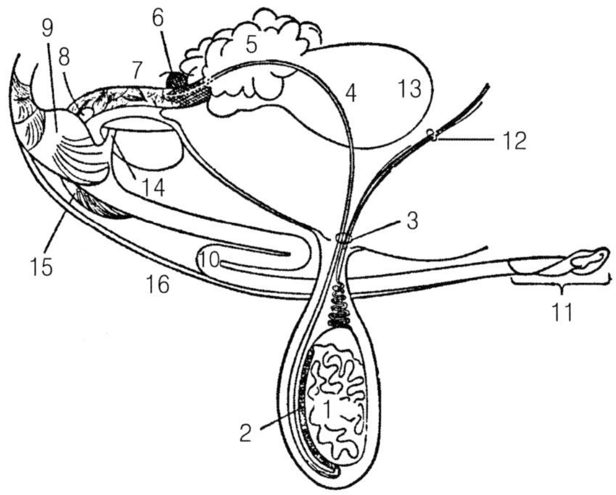

그림 21-1. 웅성생식기

1. 정소(精巢, testicle) 2. 정소상체(精巢上體, epididymis) 3. 정삭(精索, spermatic cord) 4. 정관(精管, ductus deferens) 5. 정낭선(精囊腺, seminal vesicle gland) 6. 전립선(前立腺, prostate gland) 7. 요도근(尿道筋, urethral muscle) 8. 요도구선(尿道球腺, bulbourethral gland) 9. 좌골해면체근(坐骨海綿體筋, ischiocavernosus muscle) 10. S형만곡부(S形彎曲部, sigmoid flexure) 11. 음경귀두(陰莖龜頭, glans penis) 12. 내정계혈관(內精系血管, internal spermatic vessel) 및 신경(神經, nerves) 13. 방광(膀胱, bladder) 14. 음경제인대(陰莖提靭帶, suspensory ligament of penis) 15. 구상해면체근(球狀海綿體筋, bulbocavernosus muscle) 16. 음경후인근(陰莖後引筋, refractor penis muscle)

rd)을 형성하는데, 이를 정소종격(精巢縱隔, mediastinum testis)이라고 한다.

고환망(睾丸網, rete testis)은 정소종격 내에 문합관(吻合管, anastomosing canals)으로 구성되어 있고, 이들 관은 세정관과 정소상체 두부 내에 정소상체관을 연결하는 수출관들 사이에 삽입되어 있다. 웅성호르몬, 즉 testerone을 분비하는 Leyding's cells은 곡세정관 사이의 결합조직 내에 존재한다.

세정관(혹은 곡세정관)과 세정관 사이에는 치밀하지 않은 결합조직이 있어 혈관, 림프관, 신경, 그리고 간질세포(interstitial cells) 등을 지지해 주고 있다.

2) 정소상체

정소상체(精巢上體, epididymis)는 정자의 운반, 농축, 성숙 및 저장이라는 특수기능을 가진 중요한 기관으로서 두부(頭部), 체부(體部), 미부(尾部)로 되어 있다.

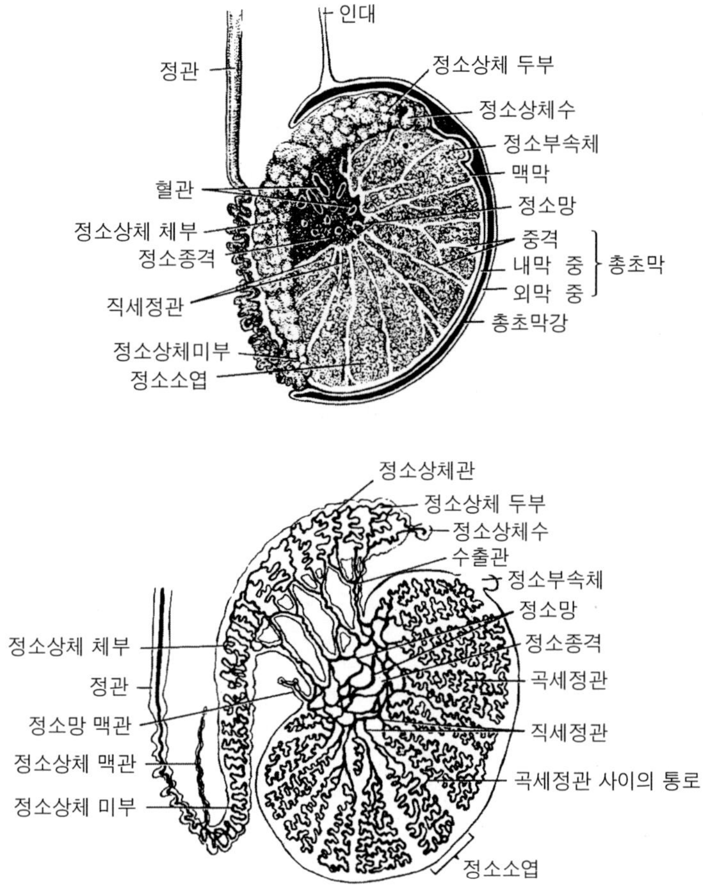

그림 21-2. 정소, 정소상체, 정관의 모식도

정자는 정소수출관을 경유하여 곡세정관으로부터 정소상체 두부까지 도달한다. 정소상체는 정관(ductus deferens, vas deferens)과 정소수출관을 연결하는 길고 꾸불꾸불한 세관(細管)이다. 정소상체 두부는 혈관과 신경이 정소상체(精巢上體)로 들어가는 부위에 부착되어 있다. 정소상체 체부는 정소의 종축과 평행하며, 정소상체 미부는 정관과 연결되는 부분으로 체부를 따라 두부가 있는 부분까지 다시 거슬러 올라가서 정삭(精索, spermatic cord)으로 들어간다.

정소상체(부고환)는 정자가 사출(ejaculation)되기 전에 성숙하는 장소인데, 난자와 수정이 이루어지기 위해서 정소를 떠난 미숙정자는 정소상체에서 성숙기간을 거쳐야 한다.

3) 정 관

정관(精管, ductus deferens, vas deferens)은 관벽이 두꺼운 근육층으로 되어 있는 관으로서, 사정시에는 정자를 정소상체로부터 전립선 요도부(prostatic urethra)에 있는 사정관으로 내어 보낸다.

정관은 정소상체 미부에서 시작되어 혈관, 림프관, 신경 등과 함께 정삭(精索)을 형성하고, 이 정삭은 서혜륜(鼠蹊輪, inguinal ring)을 지나 골반강(骨盤腔)으로 들어간다. 2개의 정관이 요도에 가까워지면 서로 합쳐지고 방광이 후배부(後背部)에 연결되면서 자성가축의 광인대(廣靭帶, broad ligaments)와 비교되는 복막의 주름, 즉 비뇨생식기추벽(urogenital fold, genital fold)으로 둘러싸인다.

실제로 어떤 동물에서는 자궁과 발생학적 기원이 같은 상동체(相同體, homologue structures)인 자궁웅핵(子宮雄核, uterus masculins)이 2개의 정관 사이에 있는 비뇨생식기 추벽내에 존재한다.

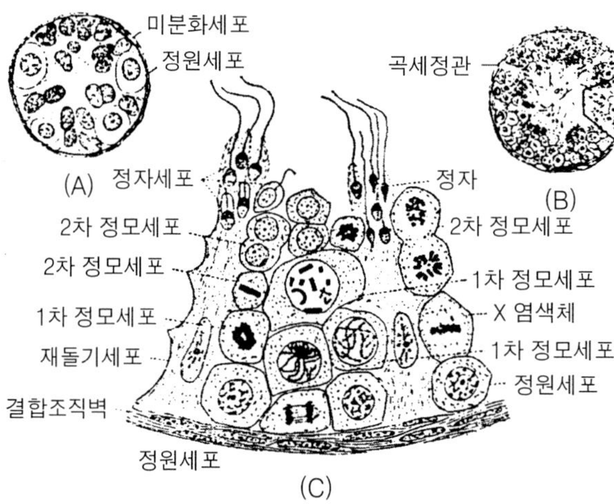

그림 21-3. 포유류의 세정관 단면도

4) 음 낭

음낭(陰囊, scrotum)은 정소를 싸고있는 주머니로서 정소에 따라서 음낭의 크기, 형태 및 위치가 결정된다. 음낭의 피부는 얇고 유연하며, 피모가 비교적 적은데, 정소의 온도를 조절하는 작용이 있다. 피부 안쪽에는 탄성섬유와 평활근섬유가 혼합된 육양막(肉樣膜, tuniea dartos)이 있는데, 날씨가 추울 때에는 이러한 육양막 근육섬유가 위축되어 정소를 복벽에 가깝게 유도한다.

육양막은 음낭의 정중선 하부에서 위로 뻗어 내강(內腔)을 좌우 양쪽으로 하는 중간 벽, 즉 음낭중격(scrotal septum)을 형성하여 음낭봉선(陰囊縫線)과 연결된다. 이 좌우 강내에는 각각 1개씩의 정소가 들어있다. 육양막과 하층에 있는 심재근막(深在筋膜) 사이에는 표재성 근막(superficial fascia)이 있다. 3개의 복근으로부터 유래된 것이라 할 수 있는 해부에 의해서 분리가 어려운 3개의 심재성 근막이 있다. 이들은 각기 외복사근(外腹斜筋, external abdominal oblique muscle), 내복사근(內腹斜筋, internal abdominal oblique muscle)과 복횡근(腹橫筋, transversus abdominal muscle) 등이다. 정소를 덮고 있는 복막의 바깥층인 총초막(總鞘膜, tunica vaginalis communis)은 음낭의 심재근막과 혼합되어 있다. 일부 학자들은 총초막을 음낭의 일부분이라고도 한다.

음낭인대(scrotal ligament)는 태아의 정소 도대(導帶, gubernaculum)에서 유래된 것으로 정소상체 피부에서 음낭까지 퍼져 있는 띠 모양의 결합조직이다. 도대는 복강(腹腔)의 외측에 있기 때문에 총초막과 고유초막(tunica vaginalis propria, visceralis) 주위에서 반전된다.

(1) 정소의 하강

웅성이나 자성 태아의 생식선(gonads)은 모두 신장의 직후방인 하요부(下腰部)에서 기원한다. 자성의 생식선인 난소는 발생장소 근처의 복강내에 계속 머물러 있지만, 정소는 웅성호르몬인 testosterone의 영향을 받아 발생장소로부터 먼거리를 이동한다. 이와 같은 정소의 하강은 대개 출산 시나 출산 직후에 완료된다.

정소의 하강은 정소로부터 서혜(鼠蹊, inguinal canal)를 거쳐서 음낭이 될 부위의 피부까지 퍼져있는 섬유성 삭(索)인 도대에 의해서 인도된다. 즉, 태아는 계속 발육하는데, 도대의 길이는 그대로 있거나 오히려 짧아져서 정소를 복강으로부터 음낭으로 견인되어지게 된다. 정소가 음낭으로 내려갈 때 이미 복강에서 서혜관을 지나 음낭으로 이동된 초막돌기(鞘膜突起, vaginal process)가 정소를 둘러싼다.

음낭을 싸는 복막의 표층은 총초막(tunica vaginalis communis)라 부르는데, 이는 복강의 외측복막에 해당된다. 보다 깊숙이 있는 복막을 고유초막(tunica vaginalis communis)이라 부르며, 정소의 백막과 정소상체 그리고 정삭(精索)의 내용물을 둘러싸고 있다.

정소간막(精巢間膜, mesorchium)은 장측복막과 벽측복막을 연결하는 장간막과 같이 내장 총초막과 체벽 총초막을 연결하는 2개의 섬세한 복막층이다.

정관과 연결되는 2중복막 부분을 중정관(中精管, mesoductus deferens)이라고 한다. 소와 양의 정소는 음경의 S형 만곡이 형성된 윗부분에 위치한다. 정소의 장축은 거의 수직으로 위치해서 음낭은 배복측(背腹側)으로 늘어져 있다. 말과 개에 있어서 각 정소의 장축이 거의 수평에 가깝기 때문에 정소는 외측 성경륜[external(superficial) inguinal ring]에 가까운 복벽에 거의 밀착되어 있다.

돼지의 정소는 어떤 다른 동물보다 많이 내려오는데 항문에 가까운 복부쪽, 즉 음경의 S형 만곡[sigmoid(S-shaped) flexure]이 끝나는 부분에 부착된다. 정소의 장축은 거의 수직에 가깝지만, 정소상체 미부는 소나 양에서처럼 북쪽보다는 뒤쪽으로 향하고 있다.

(2) 정삭

정소가 신장의 미부쪽에서 하강할 때 胚(胚, embryo)에 존재하였던 혈관, 신경 및 림프관도 함께 하강한다. 이와 같은 정소혈관과 신경 등이 정소와 신체를 연결하는 정삭(精索, spermatic cord)을 이룬다. 또한 정삭에는 정소상체 미부와 전립선요도부를 연결하고 있는 정관도 포함하고 있다.

정삭에 퍼져 있는 평활근 섬유는 내현수근(內懸垂筋, internal cremaster muscle)을 이루어 정삭을 만드는 정소혈관이나 정관 등을 함께 유지시켜 준다.

(3) 서혜관

서혜관(鼠蹊管, inguinal canal)은 복강에서 내서혜륜을 거쳐 외부서혜륜으로 나가는 외부통로의 하나이다. 말과 소에서 내서혜륜은 내복사근의 미부 가장자리와 외복

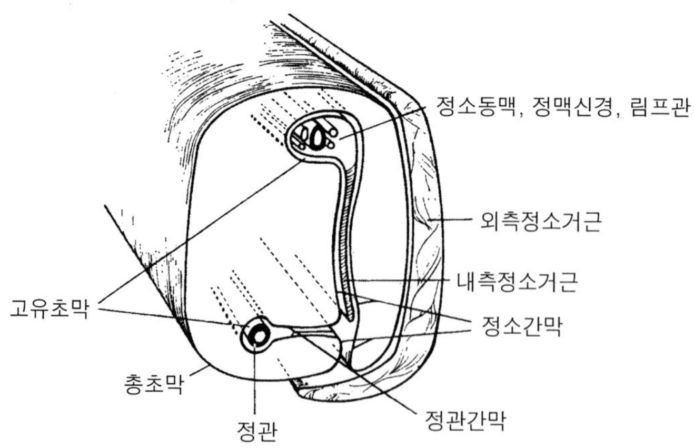

그림 21-4. 정삭(精索)

사근의 건막(腱膜, aponeurosis) 안쪽 사이의 중간을 말한다.

외부서혜륜은 단순히 외복사근의 건막세극(腱膜細隙)을 말하며, 이 관은 외복사근의 건막후부에 의해서 표면적으로 얕게 묶여 있다. 말·소·면양·돼지에서는 이 관의 내벽이 주로 내복사근으로 되어 있으며, 개에서는 횡복근의 건막(aponeurosis)이 내벽을 만들고 있다. 서혜관은 잠재적으로는 매우 넓지만, 보통은 정삭, 서혜혈관과 신경이 통과할 수 있을 정도로 되어 있다. 내부륜과 관이 너무 이완되면 창자의 고리가 관을 통해 음낭으로 내려오면서 정소로 나가는 혈관을 압박하여 그 결과 서혜헤르니아(inguinal hernia)를 일으킨다. 이러한 현상은 특히 교배시에 자주 나타난다.

(4) 잠복정소

정소가 음낭으로 하강하지 못하고 복강내에 머물러 있는 것을 잠복정소(cryptorchid testis)라고 하고, 이러한 상태에 있는 가축을 "cryptorchid(잠복고환)"라 부른다. 대부분의 동물에서 정소는 출생시나 출생 직후에 음낭으로 하강한다. 정소가 서혜관으로 하강하나, 음낭내로 내려오지 못한 상태로 있는 동물을 "high flanker"라고 부른다.

2개의 정소가 모두 복강내에 머물러 있는 잠복정소는 불임이 되기 쉬운데, 음낭에 의해서 정소가 체온보다 약간 낮게 온도가 유지되지 않으면 정상적인 정자형성(spermatogenesis)이 되지 않기 때문이다. 그러나 복부의 온도가 비교적 높더라도 testosterone의 형성 장해를 받지는 않는다. 따라서 잠복정소는 정소가 충실하지 못하고 정상적으로 정자가 생성되지 못하는 것을 제외하고는 정상적인 웅성의 행동과 형태를 나타낸다. 정소하강의 장해를 받는 요인으로서는 유전적 소인을 생각할 수 있으며, 주로 말과 돼지에서 많이 나타난다.

(5) 제 2차 성징

웅성(雄性)의 제 2차 성징(male secondary sex characteristics)을 체내에서 충분한 양의 testosterone 분비에 의해 일어난다. 일반적인 제2차 성징을 보면 수소에서는 머리와 어깨가 커지고, 말에서는 뼈의 능(稜, crest)이, 양에서는 뿔이, 돼지에서는 송곳니가 발달하기 시작한다. 또한 피하지방과 근육내 지방침착이 적어지는데, 모든 가축에서 유선 (乳腺)의 발달은 거의 일어나지 않는다. 수컷의 도체를 보면 서혜부에 지방이 침착되어 있고, 골반결합 부위에서 음경이 시작되며, 암컷의 경우는 골반 부위에 지방이 침착되어 있는데 반해 수컷에서는 근육이 발달되어 있고, 서혜부 부분에서는 유선조직을 볼 수 없다.

(6) 거세

거세(去勢, castration)는 일반적으로 수컷의 정소를 제거한다는 말인데, 암컷의 경우에는 난소를 제거하는 것도 거세(spaying)라고 한다.

거세는 혈통이 열등한 가축의 번식을 막기 위해 응용되며, 바람직한 품종개량을 위해서 중요하게 이용된다. 초기 거세는 바람직하지 못한 2차 성징을 억제하기 때문에 가축의 사료 이용성을 증가시켜 도체의 질을 효과적으로 개선시킬 수 있다. 거세시와 거세후의 위생처리도 중요하지만, 성공적인 거세를 위해 가장 중요한 것은 정삭(精索)과 강내막(腔內膜)의 성공적인 거세이다. 또한 절개부로부터 액체를 배출하기 위한 장치도 중요하다. 수술 후에는 주변을 청결히 하고 운동을 시킨다.

거세축(去勢畜)을 지칭하는 용어를 보면 말 : gelding, 소 : steer, 돼지 : barrow, 양 : wether, 닭 : capon, 사람 : eunuch 등이다.

"stag"란 말은 제거되기 전에 대부분의 2차 성징을 획득한 동물을 가리키며, "proud-cut"이란 말은 정소는 제거되었지만 정소상체는 제거되지 않은 상태의 말을 뜻한다. 이러한 말은 불임성이 된다. 그러나 거세하지 않은 말의 특징은 마치 잠복 정소상체 같이 된다.

정관절제는 정관의 한 부분을 제거하는 것으로 정소상체로부터 정자가 이동하는 것을 막는다. 그러나 가축의 외모는 행동양식에는 아무런 영향을 미치지 않는다. 정관절제술은 실험적으로나 발정이 온 암컷을 찾기 위한 시정축(試精畜)에 이용된다.

난관절제술은 암컷 난관의 한 부분을 제거하는 것으로 난소로부터 자궁으로 향하는 난자의 이동을 막는다. 난관절제를 한 동물에서 기타의 다른 영향은 미치지 않는다. 자궁절제술은 자궁만을 제거하며, 난소자궁절제술은 난소와 자궁을 같이 제거하는 수술방법이다.

5) 부생식선

웅성 부생식선(male accessory sex glands)에는 정관팽대부, 정낭선, 전립선, 요도구선등이 있고, 이곳에서 분비되는 정장은 정자의 이동과 영양소 공급, 그리고 암컷 생식기 내에 과도한 산성에 대한 완충제의 역할을 한다.

가축의 종류에 따라서 부생식선의 형태와 크기에는 상당한 차이가 있지만, 상대적인 위치는 거의 비슷하다.

(1) 정관팽대부

정관팽대부(精管膨大部, ampullae)는 정관의 말단부분이 굵어진 선(腺) 조직이다.

정관팽대부는 말, 소, 면양에서 잘 발달되어 있고, 개에서는 작으며, 돼지에는 결여되어 있다. 정관팽대부의 선(腺)은 정관으로 연결되며, 정액에 액체성분을 공급한다.

(2) 정낭선

정낭선(精囊腺, seminal vesicles)은 정관팽대부의 양쪽에 있는 한 쌍의 포도송이와 같은 분엽화된 선체(腺體)이며, 개개의 소엽에서 나온 분비관은 서로 모여 주배출관(主排出管)이 된다. 한 쌍의 배출관은 요도의 개구부에서 합류되어 두 개의 사출구가 되어 요도와 정관에 개구해서 액체를 분비하는데, 이 액은 정액의 일부로서 약 15~20%(소는 50%)를 형성하여 정자를 보호한다. 말의 정낭선은 속이 비어 있는 서양배 모양의 자루와 같이 생겼으며, 소, 면양, 돼지의 정낭선은 상당히 큰 분엽화(分葉化)된 선체(腺體)이고, 개와 육식동물에는 정낭선이 없다.

(3) 전립선

전립선(前立腺, prostate gland)은 골반요도를 거의 둘러싸고 있으며, 쌍을 이루지 않는 선(腺)이다. 개와 말의 전립선은 호도모양의 분리된 구조로 되어 있다. 다른 가축에서는 요도근으로 덮여 있는 골반요도를 따라 확산되어 있다. 전립선 개구부는 요도의 양쪽벽을 따라 평행선을 이루면서 나란히 위치하고 있다. 나이가 든 가축에서는 전립선이 비대해져서 배뇨(排尿)에 장애를 받기도 한다. 전립선은 알칼리성 분비물을 분비하며, 이 분비물은 정자의 운동과 대사에 필요한 성분을 함유하고 있고 정액의 특유한 냄새를 내게 한다.

(4) 요도구선

요도구선[尿道球腺, bulbo urethral(cowper's) gland]은 작고, 쌍으로 된 선체로서 골반요도의 양면에 하나씩 위치한다. 요도구선은 개를 제외한 모든 가축에서 볼 수 있으며, 돼지의 요도구선은 크다. 요도구선의 분비액은 사정에 앞서서 배출되는데, 수소가 승가(乘駕) 전에 포피(包皮)에서 배출되는 누출액은 주로 이것이며, 교배 전에 요도를 세척해서 중화시켜 정자를 보호하는 작용을 한다.

6) 음 경

음경(陰莖, penis)은 수컷의 교미기관으로서 다음의 3부분으로 나눌 수 있다.

① 귀두(龜頭, glans) 혹은 유리선단부(遊離先端部, gree extremity)

② 체부(body)

③ 골반의 좌골궁(ischial arch)에 부착된 2개의 음경각(crura) 또는 음경근(roots)이다.

음경의 내부구조는 중격(中隔)이라고 하는 결합조직에 의해서 분리된 분엽성, 동양혈관(洞樣血管, blood sinusoids)을 이루는 해면조직(또는 발기성 조직)으로 되어 있다. 중격은 음경 주위의 치밀한 섬유성 피막인 백막(tunica albugina)에서 유도된 것이다.

음경의 두 음경각(근)은 좌골궁의 미부 표면에서 기원되어 골반결합의 양측에 하나씩 부착되어 있다. 이들은 합체되어 음경의 체부를 형성한다. 음경체의 복측에는 음경해면체(corpus spongiosum penis, corpus cavernosum urethrae)에 의해 둘러싸인 요도가 있고, 음경해면체(陰莖海綿體)는 또한 음경근 사이에 위치하는 음경귀두(glans penis)의 발기성 조직에 연속되어 있다. 대부분의 동물에 있어서 음경해면체 조직은 앞으로 계속 진행되어 음경귀두의 발기성 조직이 된다.

음경귀두는 가축의 종류에 따라서 다양한 변이를 나타낸다. 말과 면양은 귀두 밑으로 돌출해 있는 요도의 유리부인 요도돌기(urethral process)가 있다. 소와 면양은 귀두 외엽(外葉)이라고 하는 철모모양의 귀두를 가지고 있으며, 소의 요도외구(尿導外口)는 꼬불꼬불한 긴 홈에 개구되어 있다.

개의 음경귀두는 음경과 귀두근의 2부분으로 되어 있으며, 이 부분은 음경골인 홈파인 뼈로 둘러싸여 있다. 돼지의 음경 끝은 꼬여 있으며, 귀두는 없다. 교미를 하기 위한 음경의 발기는 음경내에 충혈되어 일어나는데, 정맥보다는 동맥이 충혈되어 일어난다. 개의 경우는 암컷의 질내에 음경이 삽입된 후에 귀두구에 혈액이 충만된다. 이러한 교미현상은 발기가 가라앉을 때까지는 분리가 곤란하게 된다.

말의 음경구조는 비교적 간단한데, 결합조직에 비해 해면체조직이 많기 때문에 발기된 경우 매우 커지게 된다. 소·양·돼지와 같은 S형 만곡부의 음경을 갖는 동물은 해면체조직보다 결합조직이 훨씬 많이 차지하고 있다. 그렇기 때문에 발기된 경우 말처럼 팽창하지 못하고 물 호스에 물이 찼을 때 늘어나는 것처럼 S형 만곡부가 늘어나는데에 불과하다.

7) 포 피

포피(包皮, prepuce)는 음경의 유리선단부(free extremity)를 완전히 둘러싸고 있는 함입된 피부주름이다. 포피의 외피는 아주 전형적인 피부로 되어 있으며, 반면에 점막과 비슷한 내층은 포피를 덮고 있는 포피층과 음경의 유리선단 표면을 덮고 있는 음경층(penile layer)으로 되어 있다.

말의 포피는 겹주름을 이루고 있어서 수축되어 있을 때에는 2개의 포피층이 음경을 둘러싼다. 돼지의 포피는 포피공의 위쪽에 게실(憩室, diverticulum)이 있다. 그곳에 오줌, 분비물 및 죽은 세포 등이 축적되어서 성돈의 특이한 냄새를 발산한다.

8) 웅성생식기의 근육

(1) 외정소거근(外精巢擧筋, external cremaster muscle)

외정소거근은 내복사근의 말단섬유로부터 형성되어진다. 이 근육은 질돌기(膣突起)와 함께 서경관을 통과해서 총초막(總鞘膜)의 체측판에 부착된다. 대부분의 동물에서 추운 기후에 정소가 몸체에 달라붙는 것은 이 근육에 의한다. 양이나 사슴과 같은 동물에 있어서 번식계절을 제외하고는 정소가 이외 정소거근에 의해서 복강내로 유도되어진다.

(2) 내정소거근(內精巢擧筋, internal cremaster muscle)

내정소거근은 정삭(精索) 내에 퍼져 있는 평활근섬유로 구성되어 있다.

(3) 요도근(尿道筋, urethral muscle)

요도근은 방광의 평활근벽이 골반으로 연속된 근육으로서 요도의 골반부를 싸고 있으며, 연동운동에 의해 오줌과 정액 등을 수송토록 한다. 소와 양의 요도근은 횡문근이다.

(4) 구해면체근(球海綿體筋, bulbo spongious muscle)

구해면체근은 요도근이 골반 외측끼리 연속된 것으로서 횡문근으로 되어 있다. 근섬유는 요도해면체 표면을 횡으로 달리며, 각측은 음경의 백막에 부착된다. 말의 구해면체근은 음경기저부 사이의 뇨구(尿口)로부터 시작되어 귀두부까지 뻗어 있다. 다른 동물에 있어서는 뇨구를 덮고 음경요도를 따라 짧은 거리까지만 뻗혀 있다. 구해면체근은 연동수축운동에 의해 요도가 비우도록 요도근으로서 작용을 계속한다.

(5) 좌골해면체근(坐骨海綿體筋, ishio cavernous muscle)

좌골해면체근은 횡문근이 쌍으로 되어 있으며, 음경근 표면을 덮고 있다. 좌골궁의 양측면에서 시작된 2개의 근육은 음경체부 쪽으로 향하면서 하나의 근육으로 모인다. 이 근육이 수축하면 음경을 골반골에 대해 후두쪽으로 잡아당기며, 음경으로부터 다량의 혈액을 차단시킴으로써 음경의 발기를 돕는다.

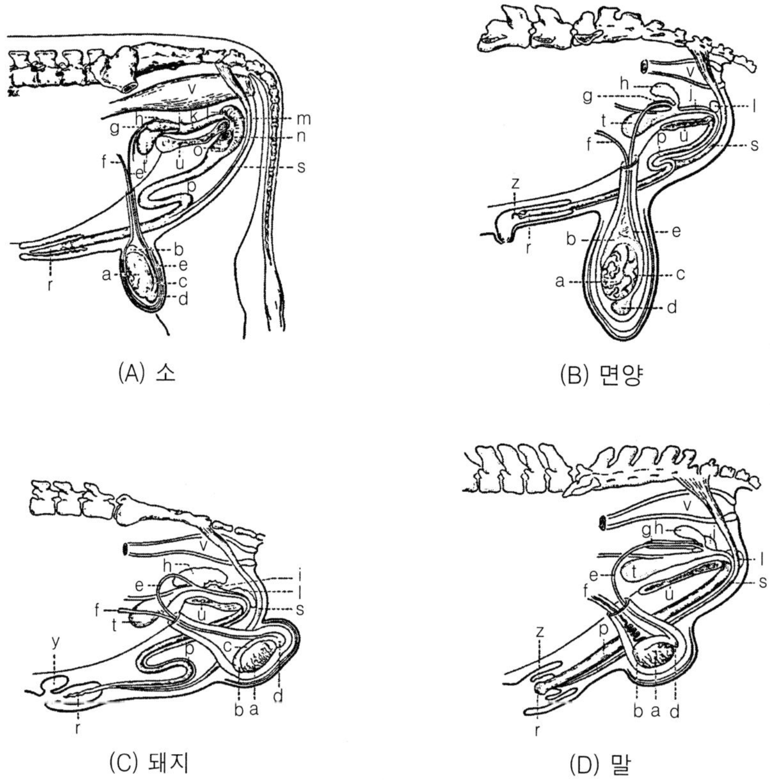

(A) 소 (B) 면양

(C) 돼지 (D) 말

그림 21-5. 각 가축의 웅성(雄性) 생식기관의 해부학적 비교

a. 좌측정소(left testis), b. 정소상체 두부(head of epididymis), c. 정소상체 체부(body of epididymis), d. 정소상체 미부(tail of epididymis), e. 정관(deferent duct), f. 정계(精系)의 혈관(spermatic vessels)과 신경(nerves), g. 정관팽대부(精管膨大部, ampulla of deferent duct), h. 정낭선(精囊腺, vesicular gland), i. 전립선 체부(body of prostate), j. 전립선 전파부(前立腺傳播部, prostate disseminate), k. 요도골반부(尿道骨盤部), l. 카우퍼스선(Cowper's gland), m. 구상해면체근(球狀海綿體筋), n. 좌측음경각(단면), o. 좌골해면체근(단면), p. 음경(陰莖, peins), r. 음경유리부(陰莖遊離部), s. 음경후인근(陰莖後引筋), t. 방광(bladder), u. 골반결합, v. 직장(直腸, rectum), x. 요도돌기(면양), y. 표피게실(돼지), z. 내피표피의 주름(말)

(6) 음경후인근(陰莖後引筋, retractor penis muscle)

음경후인근은 항문의 제인대(提靷帶)로부터 유래한 평활근의 쌍으로 이루어져 있다. 2개의 근육은 항문이 양측에서 복측으로 연속되며, 음경체의 말단부에서 하나로 된다. 2개의 근육은 복부에서 요도를 따라 음경귀두부까지 이르며, 이곳에서 백막(白

膜)으로 삽입된다. 발기된 다음에 음경후인근은 이완된 음경을 포피 뒤쪽으로 잡아당긴다.

9) 웅성생식기의 혈관과 신경

정소는 신장동맥 뒤쪽으로 얼마 떨어지지 않은 대동맥에서 직접 분지한 정소동맥으로부터 혈액 공급을 받는다. 정소정맥은 동맥과 평행한데, 정소 부근을 제외하고 정맥은 더욱 복잡하게 얽혀 있다.

정소 바로 위의 정맥과는 만상정맥총(蔓狀靜脈叢, pampiniform plexus)이라 부르는데, 양서류와 파충류와 같은 하등동물의 신장에서 볼 수 있는 신장문맥순환의 잔류물이다.

내음부동맥(internal pudendal artery)으로부터 분지된 정관동맥은 정관에 혈액을 공급하고, 또한 부고환(정소상체)의 고환에도 혈액을 공급한다.

정소에 분포되어 있는 신경은 주로 신장간막총(腎腸間膜叢, renal mesentric plexus)과 후장간막총(後腸間膜叢, caudal mesentric plexus)을 지나가는 자율신경계로서, 이 신경섬유는 정소동맥(내정소동맥)을 동반한다.

내음부동맥은 소・면양・돼지・개에 있어서 대부분의 음경, 방광, 요도 및 부생식선에 분포된다. 내음부동맥의 종말지는 대개 요도구로 가는 동맥, 음경근(陰莖根)으로 가는 음경의 심동맥(深動脈), 그리고 음경의 배정맥(背靜脈) 및 배신경(背神經)과 같이 주행되고 음경의 배동맥(背動脈)이 포함된다.

말의 음경에 대한 혈액공급은 골반의 폐쇄공(obturator foramen)을 통과한 폐쇄동맥에 의해서 공급받는 배동맥의 후부(後部) 등 보다 광범위하다. 음경의 배동맥 전부

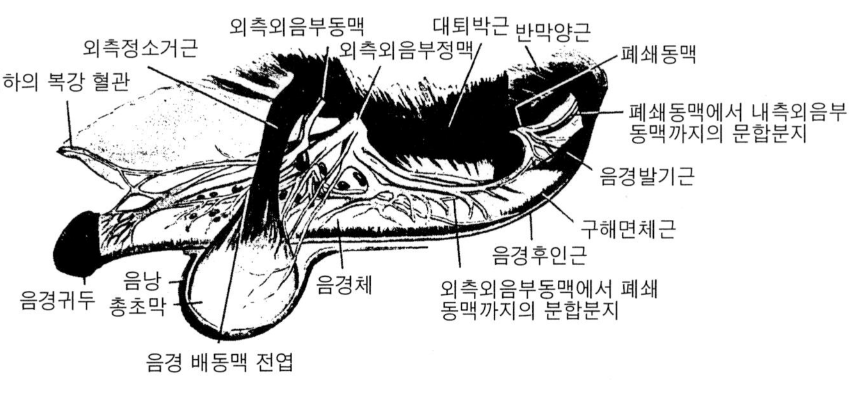

그림 21-6. 말의 음경(陰莖) 측면 모식도

표 21-1. 성숙된 가축의 웅성(雄性) 생식기관의 해부학적 비교

	기 관	소	면 양	돼 지	말
정소 + 정소상체	크기(cm)	14×7×7	10×6×6	13×7×7	11×6×4
	1측 중량(g)	300~500	250~300	250~300	200~300
	위 치	수직	수직	거의 수평	수평
	정소 상체관의 길이(cm)	40~50	45~55	55~65	70~85
부생 식선	정관 팽대부의 길이×두께(cm)	14×1.2	7×0.6	-	24×2
	정낭선 { 구조 크기(cm)	치밀 14×4×3	치밀 4×2×1	치밀 13×7×4	세장한이형 13×5×5
	전립선 체의 크기(cm)	3×1×1 길이 12~14	-	3×3×1	3×1.5×0.5
	전립선 전파부	배측 두께 1~1.5	소와 비슷함	두께 0.4	양측엽
		중심부 두께 0.2~0.3(cm)		매우 발달	8×5×1
	카우퍼선의 크기	호우대	개암대	17×3×3(cm)	호우대
음 경	형 태	탄성 섬유형	탄성 섬유형	탄성 섬유형	맥관성 근육성
	길이(cm)	100	35	55	90
	발기시의 지름(cm)	3	2	2	10
	S-형만곡	음낭 후방	음낭 후방	음낭 전방	-

(Blom, 1972)

(前部)는 서혜관을 통과한 외음부동맥으로부터 유래된다.

음경의 배측신경은 천골신경(sacral nerves)의 복측 분지에서 유래한 음부신경이 연속된 것이다. 이 신경은 좌골궁(ischial arch)을 지나 음경배측을 따라 귀두부에 이르러 분지한다. 귀두부로부터의 감각섬유는 발기(erection)와 사정(ejaculation)의 반사를 전달하는데, 반사중추는 척수(spinal cord)의 요부(腰部)에 위치하고 있다.

제 22 장

웅성생식기의 생리

1. 발 기

음경의 발기(erection)는 혈액의 유출보다는 유입이 많아 이로 인한 기관의 팽창에서 야기되며, 그 결과 음경내의 압력은 상승한다. 동맥의 확장[골반신경총으로부터 유도된 발기신경(nervi erigentes)이라 부르는 골반신경의 자극에 의해서 야기됨]과 음경에서 나오는 정맥혈 유출이 감소되는 것이 발기를 일으키는 요인이 된다.

정맥혈 유출감소는 좌골해면체근이 수축할 때 좌골궁과 음경체 사이에 있는 음경

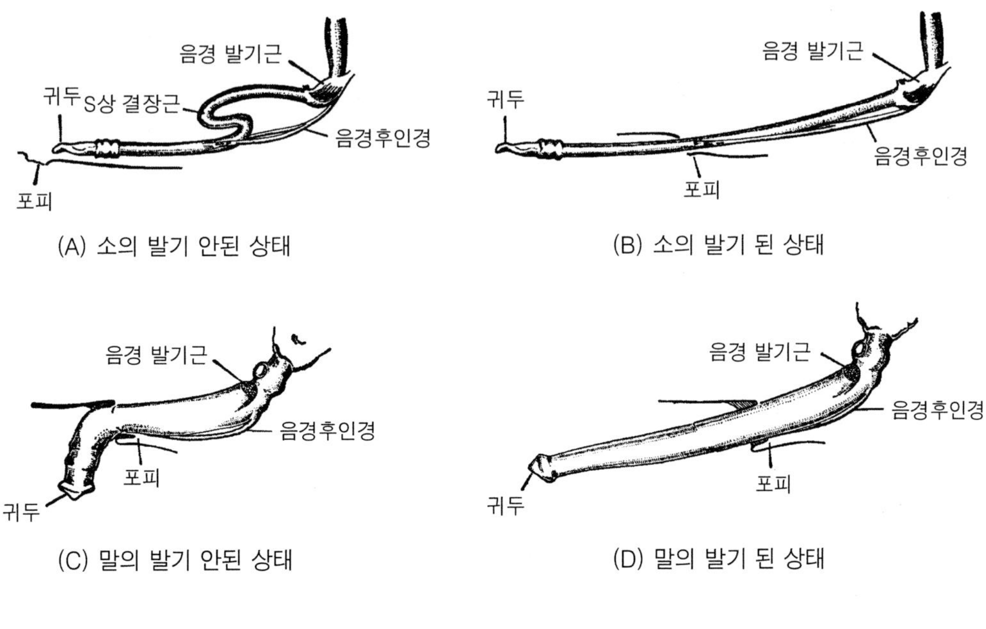

그림 22-1. 소와 말의 음경(陰莖)이 발기 안된 상태와 발기된 상태

의 배정맥(背靜脈)을 부분적으로 압축시키기 때문이다.

말과 개의 음경이 발기할 때에는 직경과 길이가 커지는데, 이것은 백막(白膜)과 다른 결합조직에 비해서 발기조직(erectile tissue), 즉 해면조직이 많기 때문이다.

반추동물과 돼지의 음경은 주로 S형 만곡부(sigmoid flexures)가 신장되면서 발기한다. 음경의 팽창도는 증가되더라도 음경의 길이와 직경은 이완된 상태시와 거의 같은 정도인데, 이는 결합조직량에 비해서 상당히 적은 양의 발기조직이 있기 때문이다.

말의 귀두(龜頭)는 음경체보다 늦게 발기되는데, 그 이유는 귀두가 포피정맥으로부터 많은 혈액을 받아들이기 때문이다. 이 현상은 귀두가 완전히 발기하기 전에 자성의 질(膣)내로의 삽입이 가능하며, 특히 질부가 작거나 미경산자마(未經産雌馬)에 유리하다. 비슷한 현상을 개에서도 볼 수 있는데, 음경이 자성의 질내에 삽입 후 발기가 더욱 확장된다.

수캐의 귀두의 충혈과 암캐의 질과 외음부의 괄약근 수축은 사정 후 음경이 이완될 때까지 교미상태가 분리되는 것을 방지한다.

2. 사 정

사정(射精, ejaculation)은 웅성의 정소상체, 요도 및 부생식선을 비우는 반사작용이다. 이러한 반사작용은 자연교미시나 정액검사나 인공수정용 정액을 채취하기 위하여 인공질을 사용할 때 음경귀두의 자극에 의해서 일어난다. 사정중추는 요수신경(腰髓神經)에 있으며, 직장을 통하여 부생식선을 마사지하거나 전기사출기에 의해서 사정을 야기시킬 수 있다.

그림 22-2는 사람에 있어서 발기와 사정을 포함하는 신경경로를 도시한 것으로 대부분의 동물에서도 같은 기전을 가질 것이다.

3. 웅성생식 호르몬

정소의 내분비기능은 주로 간질세포(間質細胞, interstitial cell, leyding cell)에서 웅성호르몬인 testosterone을 분비하는 것이다. 웅성화 성징(性徵, masculinizing)을 나타내는 testosterone과 같은 호르몬을 androgen이라고 하는데, 이 호르몬은 주로 정소에서 분비되지만 그밖에도 부신피질, 난소 및 태반에서도 생성된다.

Testoeterone의 일부작용은 호르몬이라는 단어가 만들어지기 오래 전부터 알려져 왔다. 왜냐하면 사람과 가축에서 오랜 옛날부터 거세가 실시되었기 때문이다. 거세로

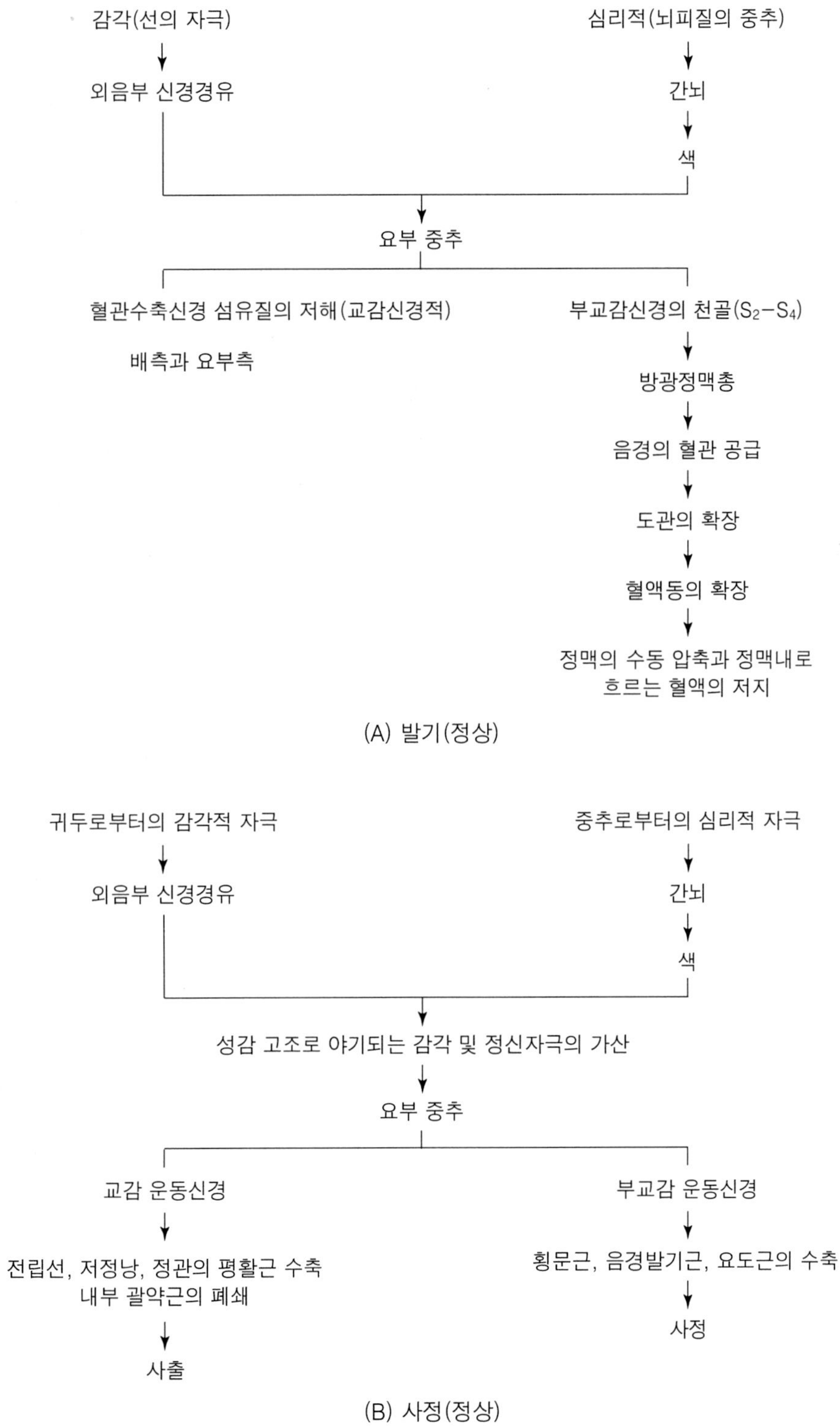
감각(선의 자극)
외음부 신경경유
심리적(뇌피질의 중추)
간뇌
색
요부 중추
혈관수축신경 섬유질의 저해(교감신경적)
배측과 요부측
부교감신경의 천골(S_2–S_4)
방광정맥총
음경의 혈관 공급
도관의 확장
혈액동의 확장
정맥의 수동 압축과 정맥내로
흐르는 혈액의 저지
(A) 발기(정상)
귀두로부터의 감각적 자극
외음부 신경경유
중추로부터의 심리적 자극
간뇌
색
성감 고조로 야기되는 감각 및 정신자극의 가산
요부 중추
교감 운동신경
전립선, 저정낭, 정관의 평활근 수축
내부 괄약근의 폐쇄
사출
부교감 운동신경
횡문근, 음경발기근, 요도근의 수축
사정
(B) 사정(정상)

그림 22-2. 신경경로

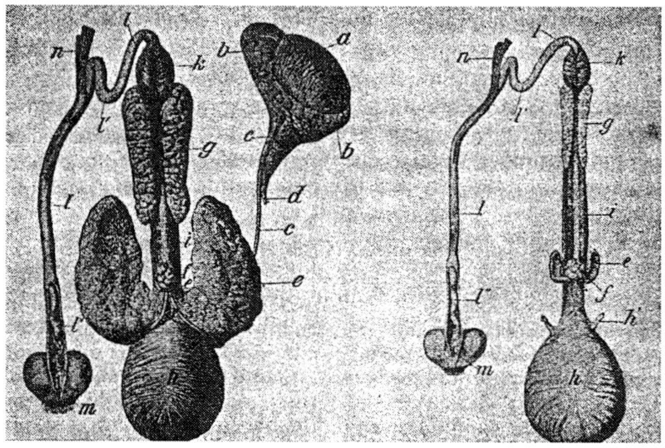

그림 22-3. 정상돈과 거세돈의 생식기관 비교

a. 정소(精巢), b. 정소상체(精巢上體), c. 정관(精管), d. 정삭(精索), e. 정낭선(精囊腺), f. 전립선, g. 요도구선(尿道球腺), h. 방광(膀胱), h'. 요도(尿道), I. 요도근(尿道筋), k. 해면근(海綿筋), l. 음경(陰莖), l'. S만곡부, l''. 음경의 비틀린 부분, m. 포피낭(包皮囊)의 외구, n. 음경후인근(陰莖後引筋)

인해서 나타나는 뚜렷한 현상은 성적충동이 없어지고 후대를 생산할 수 없으며, 또한 testoeterone의 결핍도 일어난다. 하지만 성성숙 이후에 거세된 가축이 만일 거세전 성적 경험을 가지고 있다면 얼마동안 교미를 계속할 수 있다. 성성숙 이전에 거세되면 대부분 웅성의 제2차 성적 특징이 발현되지 못할 뿐만 아니라 거세된 웅성가축은 자성가축을 닮아가는 경향이 있다. 더욱이 아주 어렸을 때 거세를 하면 부생식선이 정상적으로 발달하지 못하고 퇴화된다.

따라서 부생식선과 음경 및 요도가 정상적으로 발육되지 못하면 비육중인 거세우나 거세양에서는 요결석(尿結石, urinary calculi)을 일으키기 쉽다. Testosterone의 기능은 거세한 동물에 testosterone을 주입함으로써 밝혀졌는데, 웅성에 있어서 부생식선의 발달과 기능을 촉진시키고 황체형성호르몬(luteinizing hormone, LH)의 분비를 조절한다. Testosterone은 단백질 동화작용을 촉진시켜 웅성의 체격을 자성보다 크게 하고, 골격도 크고 굵어진다.

정자형성(spermatogenesis)은 뇌하수체 전엽으로부터 분비되는 난포자극호르몬(follicle-stimulating hormone, FSH)에 의해 시작되지만, testosterone은 정자 완성을 위하여 필요하다.

뇌하수체의 성선자극호르몬(gonadotrophins)은 생식세포의 유사분열과 감수분열을 조절하고, 간접적으로 정자세포의 성숙에 관여한다. 황체형성호르몬(LH)에 의하여 간질세포가 testosterone을 생산하는 한 testosterone은 feed back 기전에 의하여 LH가 더 많이 생산되지 않도록 억제한다. FSH는 정자세포를 완숙시키는 데도 필요하다. 그리고 LH는 testosterone의 분비를 조절하며, prolactin은 testosterone의 생산을 유지할 수 있도록 LH의 기능을 강화시켜 준다.

정소는 인지할 수 있을 정도의 estrogen(자성 호르몬)을 생산하는데, 세정관 내에 sertoli 세포로부터 생산되는 것으로 생각하고 있다. 웅성에서 estrogen의 기능은 확실하지 않지만, 뇌하수체 전엽으로부터의 FSH의 분비를 억제하는 것으로 추측하고 있다. 숫말의 오줌은 estrogen level이 높다.

4. 정소기능에 영향을 미치는 요인

FSH와 LH는 주로 정소기능을 조절한다. 뇌의 시상하부에 존재하는 방출인자는 뇌하수체 전엽에 작용하여 FSH와 LH를 분비케 하며, 이들 호르몬의 혈중농도는 feed back기전에 의하여 간접적 혹은 직접적으로 FSH와 LH의 분비를 조절한다. 또한 일조시간은 뇌하수체에 영향을 미치어 정소의 기능과 교배시기에 강한 효과를 나타낸다.

가축은 일조시간에 근거를 두고 3군으로 분류한다.

① 면양·산양과 같이 일조시간이 짧아지는 시기에 뇌하수체가 활성화하는 동물
② 말·당나귀와 같이 일조시간이 길어지는 시기에 뇌하수체가 활성화하는 동물
③ 소·돼지와 같이 일조시간에 별 영향을 받지 않는 동물 등이 있다.

비록 숫면양과 숫산양이 연중 번식을 할 수 있다고 하더라도 정자수와 정자형성기능은 가을이 최상이고, 여름철에는 가장 낮은 수준으로 떨어진다. 그리고 정액량(생존성과 운동성)과 정장(seminal plasma)내 과당(fructose)의 양도 떨어진다.

이러한 계절변화는 일조시간을 인공적으로 조절하므로 변경시킬 수 있다. 수소는 면양이나 산양보다 일조시간의 영향을 적게 받지만 역시 정액량은 여름에 가장 낮고, 겨울과 봄에 가장 많다. 그리고 정액의 과당농도는 3월과 9월에 가장 높다.

종마(種馬)에 있어서 정액량은 번식계절인 4월에 현저히 증가한다. 여름과 같은 고온 환경의 경우에 양, 소 및 돼지 같은 동물은 수정률이 떨어진다. 정자생산 능력이 감퇴되는 것은 열이 정소에 직접적으로 작용하기 때문이다. 영양결핍은 성성숙이 지연되고 젊은 웅성에서는 정소의 기능 장해가 있지만, 성숙동물에서는 정소기능에 덜 영향을 받는다.

5. 성의 결정

포유동물의 성(sex)은 정상적으로 각 태아의 유전적 구성에 의하여 결정되어지는데, 즉 어미(dam)로부터 X염색체를, 아비(sire)로부터는 X염색체나 Y염색체를 제공받아 결정된다.

XX염색체를 갖는 태아는 자성(雌性)이 되고, XY염색체를 가지는 태아는 웅성(雄性)이 된다. 비록 성 결정의 이러한 개념이 기본적으로 사실이라 할지라도 유전적 기전은 매우 복잡하다. 유전적 균형과 호르몬 균형이 양 성간에 일반적으로 존재하나, 웅성화(maleness)와 자성화(femaleness)는 2개의 극단간에 일어날 수 있는 여러 단계의 한 과정이라 할 수 있다.

체세포(somatic cells) 내에 흥미있는 소견으로서 barr body라 불리는 염색질의 작은 덩어리가 존재하는데, 핵막의 내표면에 부착되어 있다. 이와 같은 성염색질(sex chromatin)은 자성의 체세포 핵에는 60~80%가 발견되는데, 웅성의 체세포 핵에서는 10% 이내가 발견된다. 이 성염색질의 존재 여부가 개체의 유전적인 성을 검사하는 데 쓰여질 가능성이 있다.

자성의 특징을 가지는 웅성과 웅성의 특징을 가지는 자성인 자웅동체(雌雄同體, hermaphrodites)에 관한 지식은 소의 freematins에 관한 연구에서 많은 도움을 받았다. Freematin은 정상적인 숫송아지와 함께 같은 자궁내에서 발육된 자성송아지로서 암수 태아의 태막혈관이 문합(吻合)하여 생식력을 상실한 간성의 암송아지가 된 것이다. 만일 태반과 태막혈관이 분리되어 있다면 정상적인 암송아지로 발달된다. Freematin은 대개 자성의 외부생식기를 가지고 있지만, 내부생식기는 어느 정도 웅성화되어 있다. 웅성화 상태의 정도는 쌍태아 사이에 혈관결합이 공유된 정도에 따라 다르다. 그리고 연결이 된 곳에 따라 발달상태가 달라진다.

이성쌍태 중 암송아지의 기형적인 발생은 숫송아지의 정소에서 분비되는 웅성 때문에 나타나는데, 숫송아지의 생식선이 암송아지의 생식선보다 먼저 활동을 개시하여 여기에서 분비되는 호르몬이 암송아지의 생식선 발육을 억제시켜 불완전한 생식기로 만들기 때문에 나타나는 것으로 추측하고 있다.

암송아지가 숫송아지와 쌍태로 태어났는지를 검사하기 위하여 끝이 둔한 작은 시험관을 질내에 삽입해 보는데, 만약 어려움 없이 10 cm정도 삽입되면 정상적인 암송아지이고, 1인치 정도와 또는 개구부에서 막혀 있으면 freemartin이며 번식에 이용할 수 없다.

Freemartin이란 용어가 소에서 독단적으로 사용되고 있지만 비슷한 간성의 자축(intersex females)이 돼지와 양에서 보고되고 있다. 태아의 유전적 성에 관계없이 적절한 시기에 적당한 양의 호르몬을 태아에 투여하면 반대성의 기능을 갖는 동물을 생산할 수 있다. 모든 척추동물의 태아는 어느 성으로도 발달할 수 있는 일정한 발생구조를 갖는 단계를 거친다.

태아에는 뮐러관(Müllerian duct)과 볼프관(wolffian duct)이 존재하는데, 정상적인 웅성호르몬의 자극으로 볼프관은 웅성 생식기관의 일부분이 되고, 뮐러관은 퇴화한다. 또한 정상 자성호르몬의 자극에 의하여 뮐러관은 자성 생식기관의 한 부분이 되고, 볼프관은 퇴화한다.

Freematin의 경우에 있어서 웅성쌍태의 정소는 자성쌍태의 난소보다 먼저 발달하고, 웅성호르몬은 자성생식기 발달을 억제한다.

6. 정자 형성

제1차 웅성 성세포를 포함하고 있는 배상피세포(胚上皮細胞)는 세정관(細精管)의 말초를 구성한다. 이러한 제1차 성세포는 계속적으로 분열하여 새 세포를 형성하고, 관강(管腔)으로 이주함에 따라 꼬리가 발달하여 정자가 된다. 정자형성(spermatogenesis)은 정소에 있는 제1차 성세포가 정자를 생산하므로 진행된다.

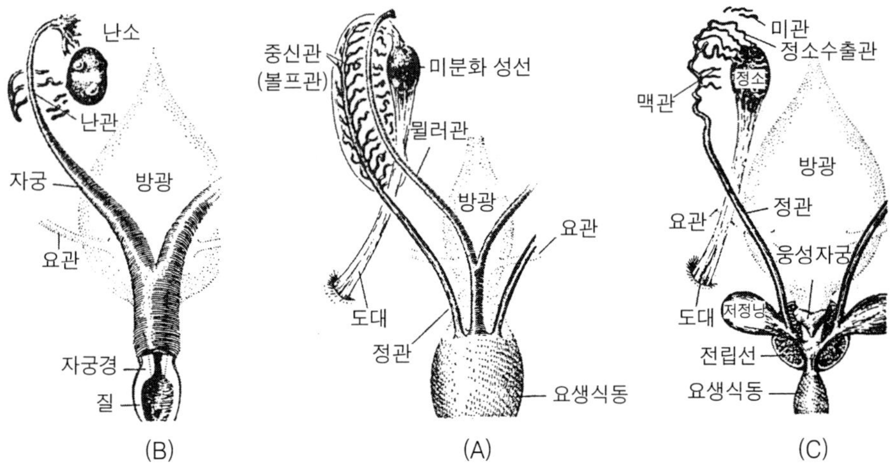

그림 22-4. 분화 번식기관계(A) 자성(B) 및 웅성(C)으로의 번식기관계(繁殖器官系)의 변형

A: 자성 및 웅성 기관계(器官系)가 모두 존재, 웅성: 뮐러관 소멸(자궁근 제외), 자성: 중신관 소멸(난관 부속물 제외)

정자형성시 감수분열(meiosis)하는 동안 염색체의 수는 모든 종의 정상적인 체세포에서 볼 수 있는 수의 반으로 감소된다. 염색체(chromosomes)는 모든 세포의 핵의 구조물로서 유전적 결정인자인 유전자로 구성되어 있으며, 한 세대에서 다음 세대로 전달된다. 이들 인자는 동물과 사람의 고유 특징을 나타내게 하는 단위이다. 이들 특징의 하나하나가 유전되는 양식은 염색체 위에 각 유전자의 위치와 같은 염색체내 유전자들 간의 상호관계에 의하여 좌우된다.

정자 형성은 여러 단계를 거친다.

1) 정조세포(精租細胞, spermatogonia)

세정관(細精管)의 말초에서 볼 수 있는 정조세포는 유사분열에 의하여 수가 증가하며, 낭세포의 세포분열은 모세포의 분열과 거의 유사하다.

2) 제 1차 정모세포(primary spermatocytes)

정조세포에 의하여 만들어진 정모세포(精母細胞)는 관의 중앙으로 이동하여 감수분열을 하며, 이 과정에서 한 쌍의 염색체는 반분되어 2개의 낭세포로 된다. 따라서 정낭세포의 염색체수는 1/2로 된다.

3) 제 2차 정모세포(secondary spermatocytes)

하나의 정모세포로부터 형성된 4개의 정낭세포는 유사분열에 의하여 4개의 정자세포가 된다.

4) 정자세포(spermatids)

정자세포는 정자를 형성하기 위하여 편모를 발생해서 비활동성 세포로부터 활동성 세포로 일련의 핵과 세포질의 변화가 일어난다.

5) 정자(spermatozoa)

정자는 정소상체를 통과하는 동안 성숙되며, 자성에서 수정능을 획득한 후 난자를 수정시킬 수 있는 생식세포가 된다. 이 세포들은 부생식선(정낭선, 요도구선, 전립선)에 의하여 분비된 물질에 노출되므로 운동성을 얻게 된다. 그러나 이들 중 많은 수는 변성되어 정소상체와 정관의 상피세포에 의하여 재흡수된다. 그리고 많은 수는 오줌으로 배설된다. 한 개의 정모세포로부터 발생한 4개의 정자세포 중 Y염색체를 가지

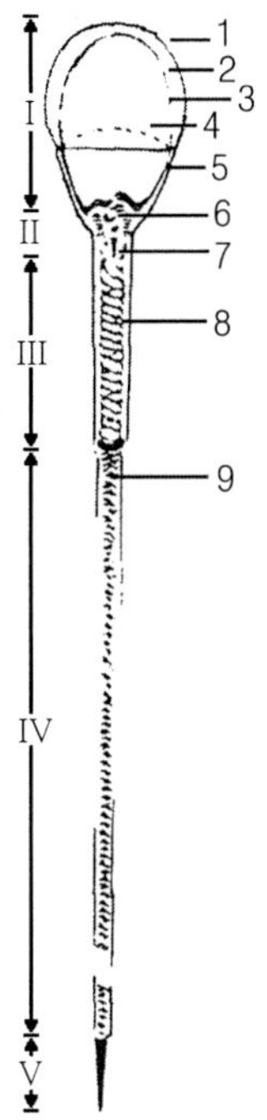

그림 22-5. 소 정자의 모식도

Ⅰ. 두부(頭部, head) Ⅱ. 경부(頸部, neck) Ⅲ. 중편부(中片部, middle piece) Ⅳ. 주부(主部, principle piece) Ⅴ. 종부(終部, end piece)

1. 세포막(細胞膜, cytoplasmic membrane) 2. 첨체(尖體, acrosome) 3. 핵막(核膜, nuclear membrane) 4. 핵(核, nucleus) 5. 후핵모(後核帽, postnuclear cap) 6. 중심섬유(中心纖維, proximal centriole) 7. 축사(軸絲, axial filament) 8. 미토콘드리아 나선초(mitochondrial helix) 9. 섬유초(纖維鞘, fibrous sheath)

고 있는 2개의 정자는 X염색체를 가지고 있는 난자와 만날 때는 웅성 자축(XY)을 생산하게 되고, X염색체를 가지고 있는 2개의 정자는 X염색체를 가지고 있는 난자와 만나서 자성 자축(XX)을 만든다.

정자의 첨체계(尖體系, acrosome system)는 골지체(Golgi body) 내에서 형성된 첨모(尖帽) 소포로부터 유도되었다. 이 소포는 편편하게 되어 두모(頭帽)를 형성하고, 더욱 변하여 첨체(尖體)를 형성한다. 지지세포 또는 양육세포하고 불리는 sertoli cell은 세정관내의 성세포 사이에 분포되어 있다. Sertoli cell은 성숙하고 있는 정자세포에 영양을 공급하며, 배세포(germinal cells)에 androgen을 전달한다. Sertoli cell의

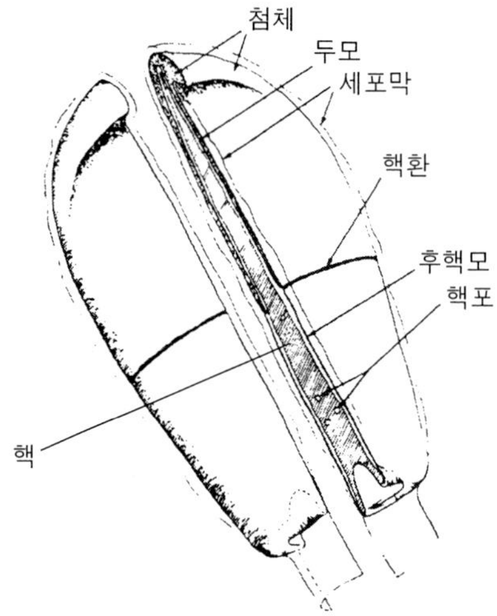

그림 22-6. 소 정자 두부(頭部)의 세부구조

종양이 생길 경우에는 유선(乳腺)의 증대와 지방분포의 여성적 특징이 발달한다.

※ 정자의 1일 생산량

정자의 1일 생산량은 정상 웅축에 있어서 상당히 많다. 이 수는 숫양에서는 4.4×10^9이고, 수소에서는 2.0×10^9이다. 수소에서 1시간 내에 8회 사정을 시키면 사정량은 첫회 4.2 ml에서 8회 2.9 ml로 감소되며, 정자의 수는 1664 million/ml에서 98 million/ml로 감소한다.

7. 정 자

정자(精子, spermatozoa)는 두부(頭部), 중편부(中片部) 및 미부(尾部)로 구성되어 있다. 두부 길이의 약 1/3을 차지하는 핵은 난자의 수정시 필요한 유전물질을 지니고 있다. 정자핵은 체세포의 약 1/2 가량의 DNA를 지니고 있으며, DNA(deoxyribonucleic acid)는 유전적 특성을 전달하는 역할을 한다. 수소 1개의 정자핵내에 DNA의 실제량은 3.3×10^{-9} mg로 산출된다. 불임동물의 정자에는 DNA함량이 정상보다 적은 경향이 있다. RNA(ribonucleic acid)도 정자의 체내에 함유하고 있으나 양은 적다(소의 정자내에 0.1×10^{-9} mg).

1) 중편부(中片部, midpiece)

중편부에는 mitochondria가 농축되어 있기 때문에 정자의 동력실로 기술되고 있다. Mitochondria는 꼬인 이륜(耳輪, helix)을 형성한 나선상에 사상체(絲狀體) 내에서 꼬리와 꼬리를 잇고 있다. 사립체(絲粒體)는 정자의 운동성을 위한 ATP energy를 생산하는 TCA회로(tricarboxylic acid cycle, krebs cycle)와 전자운동 및 산화적 인산화반응을 수행하는 효소계를 지니고 있다.

2) 정자의 미부(尾部, sperm tail)

정자의 미부는 편모(鞭毛, flagellum)와 비슷한데, 2개의 중심체가 중편부 내에 위치하고 있고, 이곳으로부터 섬모와 비슷한 섬유원(fibrils)이 미부까지 퍼져 있다. 9쌍의 말초섬유원의 환(環)에 의해 둘러싸인 2본의 중심 섬유원이 있는데, 이들 섬유원은 수축성이 있어 정자미부의 운동을 일으킨다. 정자의 세포막을 전자현미경으로 관찰해보면 정낭세포의 세포막과 거의 같다. 정소에서 실험적으로 직접 회수한 정자는

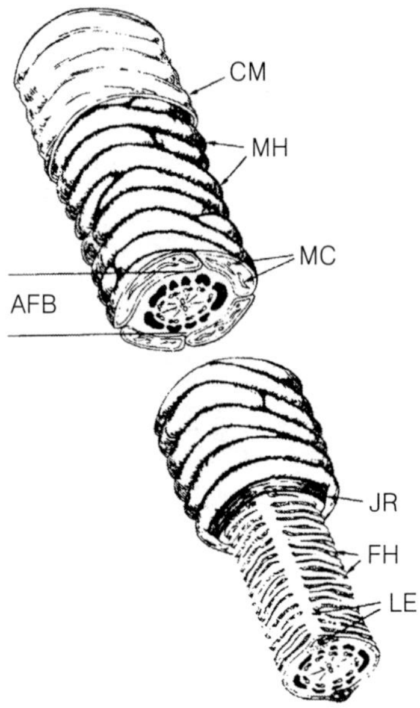

그림 22-7. 중편부(中片部)와 주부(主部) 뒷부분의 세부구조

세포막은 부분적으로 제거되었고, 편모는 내부구조를 보기 위하여 짤려졌다, CM. 세포막(細胞膜), MH. 미토콘드라아초, MC. 젠센환대, JR. 섬유초(纖維鞘), FH. 세로줄기, LE. 축섬유다발, 9개의 외측조강섬유, 9개의 내측복섬유, 그리고 쌍의 중심섬유초로 구성되어 있다.

난자를 수정할 수 있는 능력을 가지고 있을지라도 정상적으로는 성숙된 정자만이 난자를 수정시킬 수 있다. 정자의 성숙은 정자가 정소상체를 통과하는 동안에 완성된다. 이 때에 정자의 수분함량이 감소되고 비중이 증가하며, 이온농도의 변화가 일어난다.

※ 정자의 운동

정자는 웅성생식기관 내에서 수동적인 운동을 하는데, 사정시 부생식선의 분비물과 혼합하면 비로소 현저한 운동성을 얻는다. 세정관내 액체의 흐름에 힘입어 정자가 세정관에서 수출관과 정소상체로 이동된다고 한다. Sertoli's cells의 분비와 평활근의 수축은 또한 정자의 수송을 돕고, 정소상체의 연동운동은 정소상체내 정자운반에 중요한 요소가 된다.

정자가 정소상체를 통과하는 데 소요되는 기간은 면양이 14～20일, 소는 8～11일, 그리고 돼지는 10일이다. 대부분의 정자는 정소상체 미부에 저장되며, 확실하지는 않지만 이곳에서 정지상태로 수주 또는 수개월 이상 생존한다. 사정되지 않은 정자는 결국 정소상체에서 식작용(食作用, phagocytosis)을 당하게 되며, 정관 절제수술을

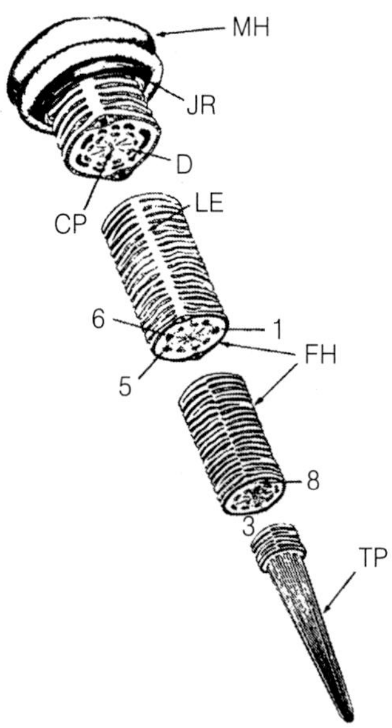

그림 22-8. 주부(主部)와 미부(尾部)의 세부구조

세포막은 제거되었고, 주부(主部)는 내부구조를 보기 위하여 여러 위치에서 짤렸다.
MH. 미토콘드리아초, JR. 젠센환대, CP. 중심원 섬유, LE. 세로줄기, FH. 미초, TP. 미부(尾部)

받은 동물에서도 같은 현상이 나타난다. 정상적인 조건하에서 자성생식기관 내에서 정자의 생존기간은 수시간에 불과하며, 수정능력 보유시간은 면양은 38~40시간, 소는 28~50시간, 말은 144시간이다. 일반적으로 정자의 운동성은 수정능력과 동등하나 운동성은 수정능력보다는 다소 길다. 정자는 사정된 후 자성생식관을 향하여 움직이지만 자궁내에서 정자 이행의 중요 요인은 수정 후 생식기관의 근육운동이다.

자연교미시 암퇘지와 암말에서는 정액이 자궁내에 사정되나 소, 면양 및 개에서는 질내에 사정된다. Oxytocin은 정자의 수송을 돕는데, 소에서는 자연교미시와 인공수정시에 분비된다. Oxytocin은 자궁수축도 일으킨다. 소의 정자는 자체 운동능력(약 100 μ/sec)으로 난관에 도달하는 데는 약 1½시간이 소요된다.

그러나 사실상 자연교미시에 조사된 난관까지 도달하는 시간은 약 2.5분 소요된다고 한다. 인공수정과 자연교미시에 소요범위는 2~4분이다. 이와 같은 짧은 시간이 소요되는 것은 정자 자체의 운동능력이라기 보다는 자성생식기의 수축능력에 의해서 이동된다는 사실을 강하게 암시하고 있다. 난관내 섬모는 자궁쪽으로 파동운동을 하지만, 정자는 주류성에 의하여 난관으로 상행한다. 수정된 난자는 이 섬모운동에 의하여 자궁쪽으로 이행한다.

포유동물의 정자내에 존재하는 acrosin과 hyaluronidase와 같은 효소는 난자를 둘러싸고 있는 세포를 분산시키는 능력을 가지고 있다. 이러한 현상은 정자가 난자를 뚫고 들어가 수정을 용이하게 할 수 있다. 수소는 1회 사정량으로 잘 처리가 되면 500두의 암소를 수정시킬 수 있다. 실제로 한 마리의 우수한 수소에서 채취한 정액으로 1년에 30,000마리 이상의 암소를 수정시킬 수 있다. 정액은 동결시켜 수년간 보존할 수 있다. 교미 후 비교적 생존력이 있는 몇 개의 정자만이 난관에 도달하게 되는데, 사정된 다수의 정자 중 운동성이 있는 정자만이 난자에 도달하게 된다.

8. 부생식선

부생식선(accessory sex glands)은 정장(精漿, siminal fluid)을 분비하는 기능이 있으며, 정장은 자성생식기관 내의 pH가 과도한 산성이 아닌 이상 수정에 절대적으로 필요한 것은 아니다. 실험적으로 정소나 정소상체에서 회수한 정자를 인공적으로 제조한 보존액과 혼합시켰을 때에도 난자를 수정시킬 수 있다.

부생식선의 기능적 작용은 웅성호르몬인 androgen에 의해 좌우되지만, 부신피질에서 분비된 androgen을 거세한 숫가축에 응용하여도 부생식선의 기능을 유지시킬 수는 없다. 부생식선의 평활근섬유는 사정시 부교감발기신경(parasympathetic nervi erigentes)과 교감하복신경(sympathetic hypogastric nerve)을 포함하는 자율신경에 의해서 이루어지는 자극에 반응해서 부생식선액을 배설시킨다.

제 23 장

피부와 부속기

1. 피 부

1) 피 부

피부(皮膚, skin)는 두 층으로 구성되어 있다. 즉, 중층편평상피로 덮여 있는 표층인 표피(表皮, epidermis)와 치밀불규칙성 결합조직의 심층인 진피(眞皮, dermis, corium)의 두 층으로 이루어져 있다. 이와 같은 피부층의 배열은 모(毛), 각(角), 제(蹄) 등과 같은 변형된 표피 구조물을 위시해서 체 전반에 걸쳐 볼 수 있다.

(1) 표피

표피(表皮, epidermis)는 중층편평상피로 이루어져 있으며, 대부분에 있어서 성장하고 있는 심부의 배아층(stretam basale, germinativum) 뿔과 같은 표층의 각질층(stratum corneum)으로 나누어진다.

배아층 다음으로는 치밀하게 유착되어 있는 진피의 유두층(乳頭層, papillary layers)이 있다. 표피세포들의 형태는 입방 내지는 원주형으로 최심층에 있는 세포들은 유사분열 능력이 있고, 과립층의 방추형 세포(spindle-shaped cells)와 각화층의 편평세포 등 다양한 형태의 세포들이 있다.

배아층의 가장 깊숙이 있는 세포는 활발히 유사분열을 하여 진피에 있는 혈관에서 떨어진 표층으로 밀려 나온다. 이 세포들은 영양공급으로부터 거리가 멀어짐에 따라 편평해져서 죽게 된다.

표층의 세포가 건조, 굳어지는 과정을 각화(角化, keratinization, cornification)라고 하며, 이들 세포에 영양이 감소되는 것과 관계가 있다. 사실 각화층은 세포가 편평하고 판과 같아서 중층편평상피처럼 나타난다.

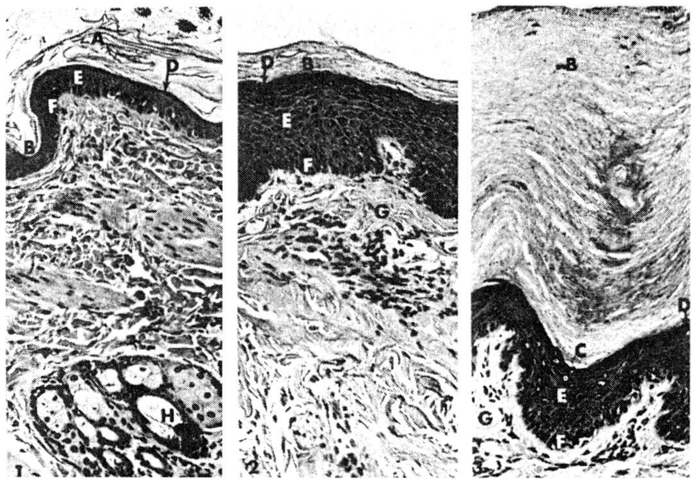

그림 23-1. 고양이의 표피(表皮)

1. 요부(腰部)의 얇은 표피를 가진 유모피층(有毛皮層), 2. 코의 두꺼운 표피를 가진 무모피층(無毛皮層), 3. 두꺼운 각질층(角質層)을 가진 육지(育趾)

A. 박리층(剝離層), B. 각질층, C. 투명층, D. 과립층. E. 유극층(有棘層), F. 기저층(基底層). G. 진피의 천층(淺層), H. 모낭(毛囊), H & E×200

변성된 핵을 지니고 있는 각화된 세포는 비듬(dandruff)의 형태로 되어 피부 표면으로부터 떨어져 나간다. 각화층의 두께는 가골(假骨, calluses)이나 개의 육지(肉趾, foot pad)와 같은 마찰되기 쉬운 부위가 가장 두껍다.

표피의 심층에서 일어나는 세포분열은 여러 가지 요인의 영향하에서 증가되는데, 어떤 원인으로 진피에 혈액 공급이 증가되면 표피세포의 생산이 촉진될 것이며, 자극이나 압력도 가골형성에서 보인 바와 같이 세포형성을 촉진시킨다.

(2) 진피

진피(眞皮, dermis, corium)는 표피의 바로 깊숙이 있는 유두층(乳頭層, papillary layer)과 진피의 대부분을 이루며, 더 깊이 있는 망상층(網狀層, reticular layer)으로 구별하는데 동맥, 정맥, 모세혈관 및 림프관이 집중되어 있다. 감각신경섬유는 진피에 분포되어 있으나 표피에도 짧게 뻗어 있다. 모포(毛包, hair follicles), 특히 촉모포(觸毛包, tactile hair follicle)에는 감각신경이 잘 분포되어 있으며, 교감신경은 피부에 있는 한선(汗腺), 피지선(皮脂腺) 및 입모근(立毛筋)에 분포되어 있다. 이들 조직에는 부교감 신경분포는 되어 있지 않다.

2) 피부의 색깔

피부의 색깔(color of skin)은 색소세포(pigment cells, melanocytes)의 세포질 내에 있는 색소과립인 melanosomes의 존재에 의한다.

색소는 흑색소(melanin)로서, 흑색은 흑색과립이 세포질돌기나 혹은 주위의 조직으로 분산됨으로써 나타나며, 반면에 밝은 색깔은 핵 주위에 과립이 집중되므로 생긴다. 색소가 분산되는 것은 뇌하수체의 중엽(中葉)에서 분비되는 melanocyte-stimulating hormone(MSH)의 영향에 의한다. 하등동물에 있어서 이 호르몬은 피부색을 빨리 변화시키나 고등동물에서는 이러한 능력은 볼 수 없다.

부분적으로 혹은 전적으로 피부의 색소가 결여되어 있는 것(백색증, albinism)은 메밀과 alsike clover 등을 위시해서 어떤 특이한 사료를 섭취한 후 햇빛에 노출되면 감수성을 일으켜 위험스러운 allergy를 야기시킬 수 있다. 이러한 조건은 색소가 없는 피부에 수종변성을 일으켜 피부가 벗겨지기까지 하는데, 이를 감광과민증(photosensitization)이라 한다.

홍채 내에 피부의 결여나 눈 주변 피부에 색소가 결여되어 있는 것은 빛에 대한 감수성을 일으키는데, 이 상태를 'albino'라고 한다. 눈 주변에 백색피부를 가진 소는 눈 주변에 검은 피부를 가진 소보다 안암(眼癌)에 대해 더 감수성이 있다.

2. 털

털(hair)은 대부분의 동물에 있어서 거의 전신을 덮고 있으나, 털의 구조는 종 또는 개체의 부위에 따라서 많은 차이가 있다. 모낭(毛囊, hair follicle)은 처음에 두껍게 발달한 다음 표피의 내부로 성장하여 피부의 진피로 된다. 이 모낭은 상피세포의 주(柱, column)를 이루는데, 심부의 종단은 구상증대를 이루어 결합조직유두(結合組織乳頭)가 감입된다. 모낭은 2층의 상피초(上皮鞘)를 둘러싸는 결합조직초(結合組織鞘)로 구성되어 있다. 내상피근초(內上皮筋鞘)는 깊숙이 위치해 있는 모근을 덮고, 그리고 유두를 피개하는 상피세포와 연속된다.

외상피근초는 내근초(內筋鞘)를 둘러싸고, 그리고 표피와 연속된다. 또한 모낭과 관계가 있는 피지선(sebaceous glands)을 형성한다.

유두를 덮고 있는 상피세포는 사실상 털을 형성한다. 이들 상피의 성장과 증식은 모낭으로부터 털을 발생시켜 성장을 하게 된다. 털이 빠질 단계가 되면 유두 위에 상피세포는 증식이 정지되고 각화가 일어난다. 유두가 위축이 되어 털이 빠지거나 빠질 단계가 되면 상피세포로부터 발육된 새로운 털이 밀고 나오게 된다.

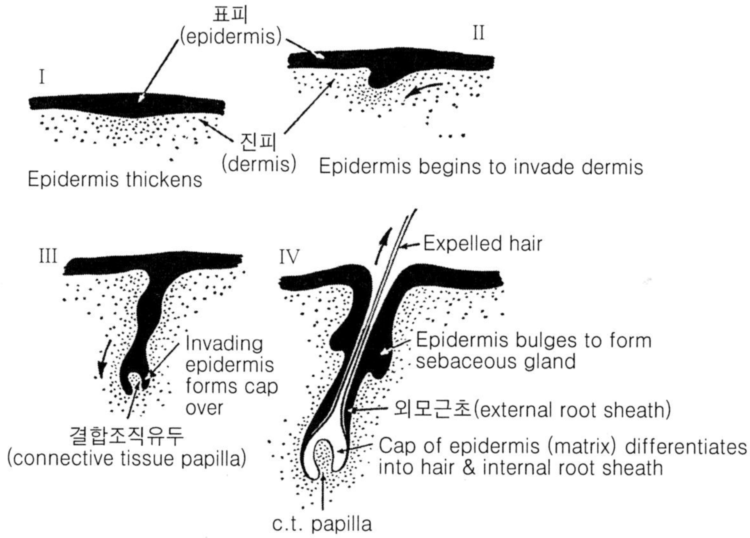

그림 23-2. 모낭(牟囊)과 피지선(皮脂腺)의 태생발생의 모형도

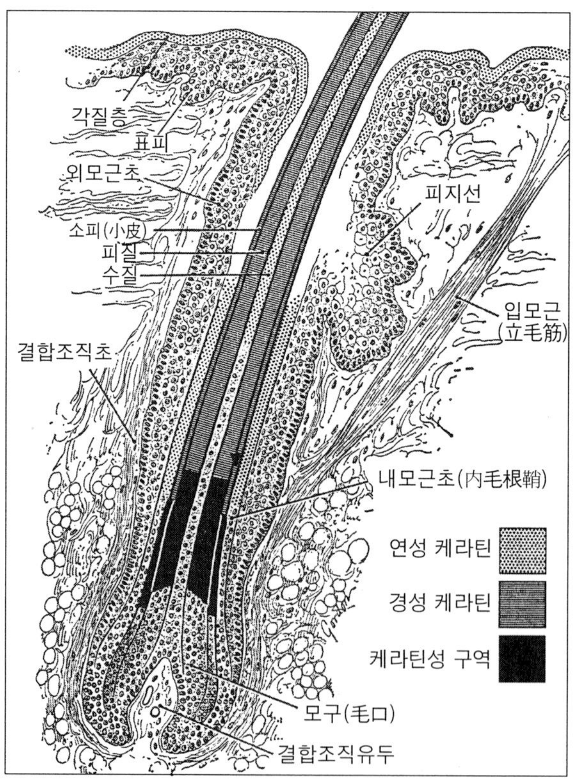

그림 23-3. 모포

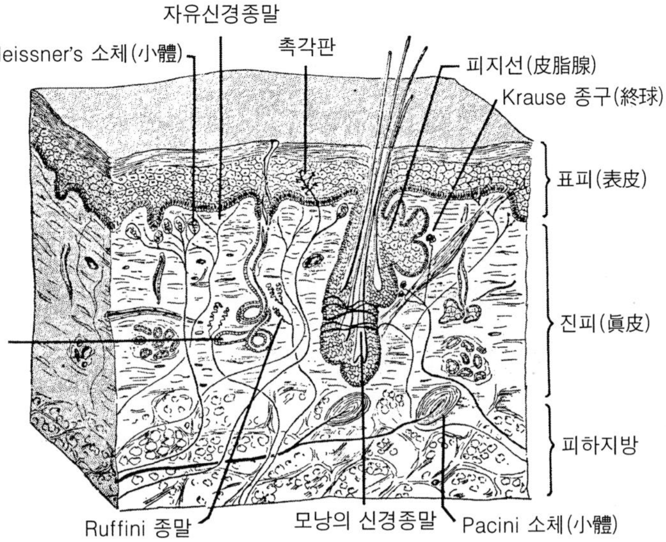

그림 23-4. 피부에 분포되어 있는 신경모형도

전형적인 모(毛)는 내부의 수질(髓質, medulla), 외부의 피질(皮質, cortex), 얇은 피개(被蓋)의 소피(小皮, cuticle)의 3층으로 구성되어 있다. 수질에는 모색에 별로 영향을 주지 않는 색소를 함유하고 있고, 수질세포 사이의 공포(空胞, air vacuoles)는 만일 피질에 색소가 결여되어 있으면 털에 대해 백색 혹은 은색을 띠게 한다. 털의 주부분은 피질로서 여러 층의 각화세포로 구성되어 있다. 피질세포 내에 있는 melanin의 양과 형태는 털에 흑색, 갈색 혹은 적색 등의 색상을 결정한다. 소피(小皮)는 피질을 덮고 있는 얇고 맑은 단층세포이다.

3. 피지선과 한선

피지선(皮脂腺, sebaeous glands)은 선(腺) 내에 상피세포의 분산에 의해서 만들어진 분비산물이기 때문에 전분비선(holocrine gland)으로 분류된다.

모낭에서 유래된 이 선은 모낭, 피부의 표면, 그리고 입모근(立毛筋, arrector pili muscle) 사이에 있는 삼각부에 위치해 있으며, 모낭으로 연속된다. 입모근이 수축되면 선(腺)이 압박되어 피지를 배출하게 된다. 면양의 피부선은 양모지(羊毛脂, lanolin)이라는 분비물을 생산한다. 피부 표면으로 직접 열려 있는 피지선은 이관(耳管), 안검(眼瞼), 항문 주위, 음경(陰莖), 포피(包皮), 음진(陰唇) 등의 피지선이 포함되고, 면양에 있어서 안와낭(眼窩囊) 내 지간낭(指間囊), 서혜낭(鼠蹊囊) 등의 피지선이 포함된다.

몇 가지 예를 제외하고 한선(汗腺, glandulae sudoriferae, sweat glands)은 말, 소, 면양, 돼지 및 개를 위시해서 대부분의 가축은 전신에서 볼 수 있다. 그러나 말은 쉽사리 땀을 분비하는 유일한 동물이고, 개의 코에는 땀샘이 없으나 소의 비순면, 면양의 비경, 돼지의 비경 등 한선으로 분류될 수 없는 관상선(管狀腺)이 존재한다. 발굽 및 뿔을 위시해서 많은 변형된 상피조직에는 한선이 결여되어 있다.

4. 뿔

소의 면양의 뿔(horn)은 두개골의 전두골(前頭骨)에서 돌출된 골심(骨心)인 각돌기(角突起)에서 형성된다. 각(角)의 진피는 각심(角心)을 완전히 덮고 골막과 융합되어 있다. 뿔의 기저부에 진피는 두껍고 고유 피부와 결합되며, 그리고 길고 가느다란 유두를 지닌다. 유두는 보다 짧아지고, 뿔의 첨부(尖部)로 향할수록 드물어지고, 어떤 층은 각의 장축과 평행하게 존재하기도 한다.

각(角) 자체는 대부분 뿔의 기저로부터 첨부(尖部)를 향해 뻗어있는 각관(角管)으로 구성되어 있고, 뿔 내측에 몇 개의 층만이 진피의 층과 연결되어 있다. Epikaras 라 부르는 부드러운 뿔이 기저부에서 뿔의 표면을 덮고 있고, 첨부를 상당한 거리까지 뻗혀 있다. 이 epikaras는 발굽의 각피(角皮, periople)와 비슷하다. 동물의 계절적 영양수준의 차이에 따라 뿔의 성장에도 상당한 영향을 미치는데 일련의 각륜(角輪)

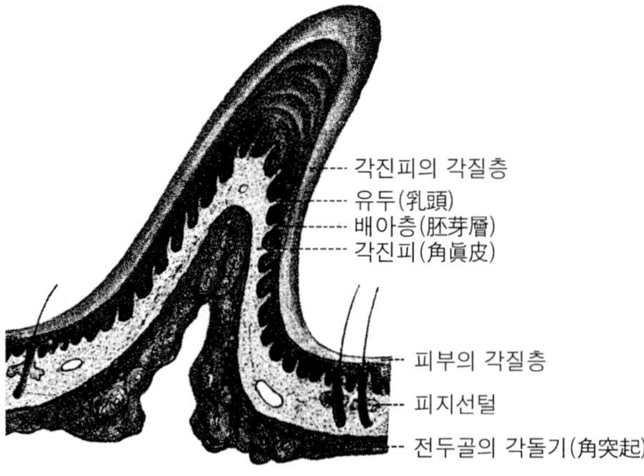

그림 23-5. 자우의 뿔과 각돌기의 종단면

을 남기게 된다. 동물의 나이는 뿔에 생긴 각륜(角輪)의 수로 계산한다.

제각(除角, dehorning)은 다만 button이 존재할 때 진피를 파괴함으로써 성취할 수 있는데, button을 외과적 수술에 의해서 제거하거나, 혹은 불에 달군 철로 소각을 하던가 부식제를 사용해서 제거한다. 뿔이 발육하기 시작한 후에는 완전한 제각을 위하여 뿔 주변에 연해있는 진피와 각심(角心)을 제거해야 한다. 만일 뿔의 기저부에 있는 피부의 1/4 inch가 뿔과 같이 제거되면 뿔의 재형성이 이루어지지 않는다. 그러나 진피가 남아 있게 되면 뿔은 다시 발육될 것이다.

제 24 장

유선의 해부

1. 유선의 해부

유선(乳腺, mammary glands)은 피지선이나 한선과 같이 피부선(cutaneous gland)의 일종이나, 조직학적으로 보면 고등포유동물에서는 세포외층에서 유래된 복합적인 유선포관(乳腺胞管, tubuloalveolar)이다. 유선은 배(胚, embryo)의 유선(milk line)을 따라 발육되며, 유선은 정중선에 평행하게 복벽의 양측에 선을 이룬다.

개와 돼지에 있어서 유선은 전 길이의 유선에서 볼 수 있다. 그러나 대부분의 가축에서는 서혜부 유선만이 발육되고, 한 쌍 혹은 4개의 유선이 발육된다.

1) 소의 유선

소의 유선은 4개의 유구(乳區, quarters)로 이루어져 있으며, 유방의 피부는 미세

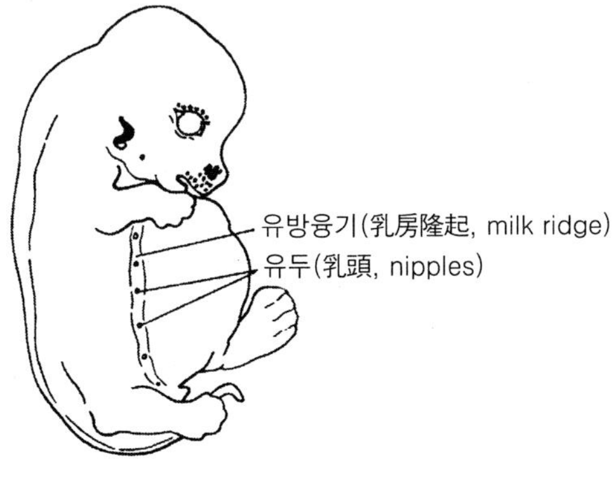

그림 24-1. 돼지의 태아

한 털로 덮여 있으나 유두에는 털이 전혀 없다. 선조직(腺組織)에 관한 한 각 유구는 독립된 실체이며, 우반(右半)과 좌반(左半)은 전유구(前乳區, cranial quarter)와 후유구(後乳區, caudal quarter) 등 4개의 유구로 구분되며, 각 반은 다소 실질조직, 또 다른 반은 혈관분포, 신경분포, 현수장치(懸垂裝置, suspensory apparatus) 등으로 구성되어 있고 완전히 독립되어 있다. 좌우의 경계는 명확히 구분되어 있으나 전후의 경계는 명확하지 않다. 일반적으로 후구는 전구보다 넓고 높게 부착되어 있으며, 4개의 유두가 대칭을 이루며, 복벽에 단단하게 부착되어 있다. 후유구와 전유구의 유생산 비율은 60 : 40으로 보고 있다.

혈관과 신경의 분포, 정맥과 림프관 분포는 양 유구에 공통되어 있다. 유선의 실질조직(상피조직)은 폐조직과 비슷하여 유선관(乳腺管, ducts)과 유선포(乳腺胞, alveoli)를 가지고 있으며, 유선포(alveoli)는 실제적으로 유즙생산에 주요한 구조이고, 여러 유선관(ducts)은 모여서 보다 큰 유선관이 되며, 유선동(乳腺洞, lactiferous sinus)으로 들어가게 된다.

유선동은 유구내에 있는 큰 강소(腔所)인 유선조[乳腺槽, gland cistern(선부, pars glandularis)]와 유두내에 있는 보다 작은 강(腔)인 유두조[乳頭槽, teat cistern(유두부, pars papillaris)]로 나누어진다. 유선동이라는 용어는 때때로 유두조와 또한 유선조와 같은 의미로 사용되기도 한다.

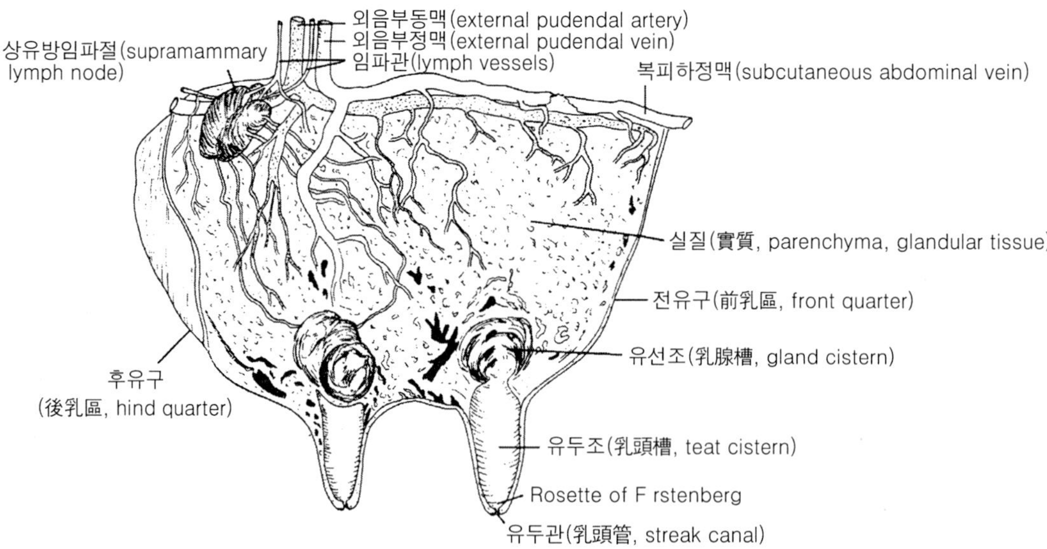

그림 24-2. 소 유방의 시상단면

유구 내에서 유선조는 유두의 기저 위에 위치하는 강이며, 유두조와 연결되어 있다. 유선조와 유두조 사이의 경계부에는 정맥과 평활근섬유를 지니고, 윤상융기부(輪狀隆起部)가 존재한다. 비어 있는 유조의 벽은 다수의 겹쳐진 종주 및 윤주성 추벽을 지니고 있는데, 유두가 유즙으로 채워지면 벽이 팽창되어 추벽은 사라진다.

유두조 벽내에는 또한 소낭(小囊, pockets, diverticula)이 존재하는 경우도 있다. 유두조는 유두구(乳頭口, ostium papillae)에서 열려 있는 유두관(乳頭管, streak canal)을 통하여 유두의 외부와 연속되어 있으며, 유두관은 길이가 약 8.5 mm이고, 유두관벽의 안쪽으로 돌출해 있는 상피추벽에 의해서 밀폐되어 있다.

유두조와 유두관의 연접부에 유두의 내층은 rosette of fürstenberg라고 하는 방사상의 추벽(皺壁)이 집단을 이루고 있다. 유두 내에는 보통 약 8개의 제1추벽과 여러 개의 추벽이 있는데, 비유기간 동안에는 유두벽의 팽창으로 소실되어 있다. 유두 말단부의 유두관은 윤상(輪狀)의 평활근섬유로 구성된 괄약근에 의해 둘러싸여 있다.

(1) 현수장치

유방의 현수장치(懸垂裝置, suspensory apparatus)는 유방의 정중제인대(正中提靭帶, medial suspensory ligament)와 외측제인대(外側提靭帶, lateral suspensory ligament)로 되어 있다.

정중제인대는 복막으로부터 유래된 상당히 많은 양의 황색 탄력조직을 지니는데, 이 결합조직은 외복사근의 표면을 덮고 있는 탄력성 근막과 연속된 것이다. 이 정중제인대는 유방의 정중선으로 연해있어 유방을 좌우로 구분하고 있다. 일층의 인대는 유방의 각 측의 중앙을 덮고 있고, 두 층의 인대는 소량의 소성결합조직에 의해서 단

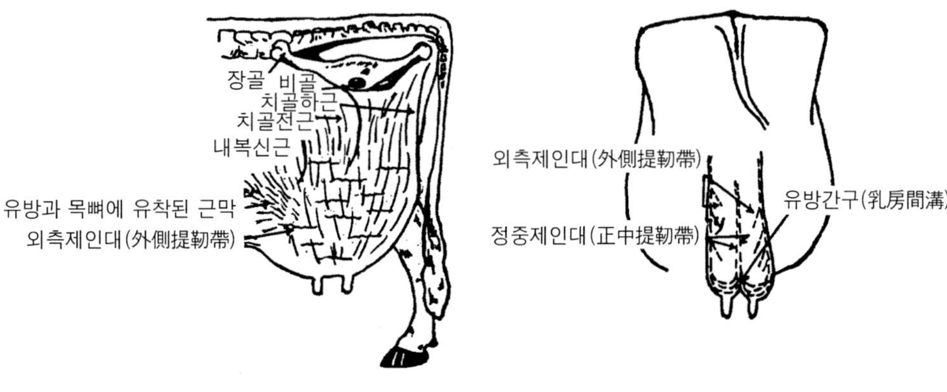

그림 24-3. 유방의 현수장치

지 결합되어 있기 때문에 쉽사리 분리될 수 있다. 사실상 한쪽 유방으로부터 다른 쪽 유방으로 정중인대로 통해 혈관이나 혹은 신경이 통과되지 않고 있다.

정중제인대는 외측제인대의 전후부에서 바깥 방향으로 연속된다. 외측제인대는 주로 백색 섬유소성 결합조직으로 구성되어 있고, 정중제인대보다 비교적 탄력성이 떨어진다. 외측제인대는 대부분 골반하건(骨盤下腱, subpelvic tendon)으로부터 유도된다. 골반하건은 정수직판의 결합조직으로서 골반결합부와 치골전인대에 유착되어 있으며, 부분적으로 대퇴박근과 외전근을 위시해서 대퇴부 중앙근에 기시점을 이루기도 한다. 골반하건으로부터 외측제인대는 양측 유선 주변에서 바깥쪽으로, 안쪽으로 그리고 앞쪽으로 통과하여 양측 전우부(前右部)에서 정중제인대와 만나게 된다.

외측제인대와 정중제인대로부터 결합조직층이 분지를 내어 유선으로 들어간다. 이 결합조직은 선을 큰 구획, 즉 대엽(大葉, lobe)으로 분획하고, 이들 대엽은 다시 소엽(小葉, lobules)으로 구획되며, 이 소엽들은 유방의 기질(基質, stroma, framework)을 형성하게 된다. 정중제인대와 외측제인대는 유방의 해당부분을 피개하며, 유두의 저부에서 종지한다.

(2) 혈관분포

유방의 혈관분포는 대부분 음부상복동맥(陰部上腹動脈, pudendo epigastic truck)의 분지인 외음부동맥(external pudendal artery)에 의해서 이루어진다. 유선동맥은 전유선동맥(前乳腺動脈, cranial mammary arterios)과 후유선동맥(後乳腺動脈, caudal mammary arterios)으로 갈라지며, 다시 세분되어 최후에는 유선포(alveolus)를 둘러싸는 모세혈관이 된다. 유선상피세포는 우유합성에 필요한 영양소를 혈액으로부터 공급받는다. 4개의 유구는 각기 독립되어 있으나 혈관은 공유되고 있다. 내음부동맥(internal pudendal artery)에서 연속되는 작은 회음동맥(會陰動脈, perineal artery)은 양측 유방의 후부에 혈액을 공급한다.

유방으로부터 혈액이 심장으로 가는 통로는 유방의 전・중・후부의 3갈래로 나누어지는데, 중부의 정맥을 유선정맥(乳腺靜脈)이라고 하며, 유선동맥과 나란히 주행되나 혈류의 방향은 반대이다.

양측의 외음부정맥(external pudendal vein)은 동일측의 전・후 유구에서 혈액을 받는다. 앞쪽으로 각 외음부정맥은 복피하정맥(腹皮下靜脈, subcutaneous abdominal vein)과 연속되고, 뒤쪽에서는 회음정맥(perineal vein)과 연속된다. 유방의 전면 혹은 바로 인접한 곳의 두 개의 후복피하정맥[two caudal superficial epigastic(subcutaneous abdominal) veins] 사이의 문합은 정맥륜(靜脈輪, venous circle)을 완성한다.

각 복피하정맥은 고능력우에 있어서 굴곡을 이룬 큰 정맥이며, 하복벽의 정중선을

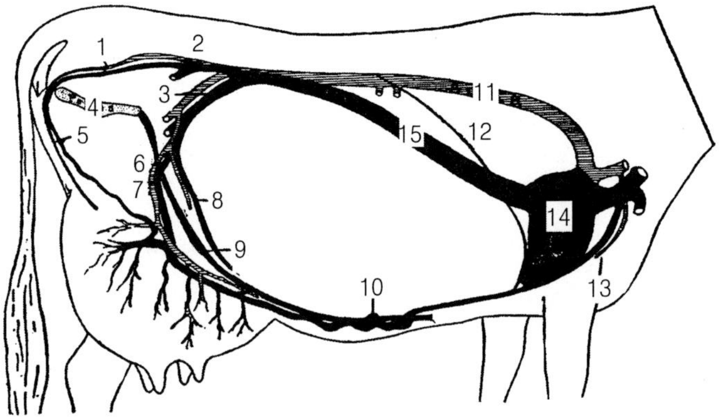

그림 24-4. 소 유방의 혈관분포

1. 내음부정맥(內陰部靜脈), 2. 내장골(內腸骨) 동맥 및 정맥, 3. 외장골(外腸骨) 동맥 및 정맥, 4. 골반(骨盤, pelvis), 5. 회음(會陰) 동맥 및 정맥, 6. 외음부(外陰部) 동맥 및 정맥, 7. 임파관(mammary vessels), 8. 임파관(post abdominal vessels), 9. 복벽(腹壁, abdominal wall), 10. 복피하정맥(腹皮下靜脈, subcutaneous abdominal vein), 11. 대동맥(大動脈, aorta), 12. 횡격막(橫隔膜, diaphragm), 13. 내흉(內胸) 동맥 및 정맥, 14. 심장(心臟, heart), 15. 후대정맥(後大靜脈, post vena cava)

달린다. 복피하정맥은 유와(乳窩, milk well) 내의 공(孔)을 통하여 나와서 내흉정맥(內胸靜脈, internal thoracic vein)에 연결된다.

회음정맥은 유방에 분포되어 있는 정맥으로서 유방으로 혈액을 운반한다고 한다. 회음정맥은 하나이거나 혹은 쌍으로 분포되어 있고, 회음동맥과 동반되어 주행하며 내음부동맥과 연결된다.

(3) 신경분포

St. clair(1942)에 의하면, 지각신경(sensory nerve)과 교감신경(sympathetic nerve)은 제2 요신경(腰神經)의 복지(腹枝)인 서혜신경(鼠蹊神經, 제2, 3, 4 요신경으로부터 유도)과 회음신경(會陰神經, 제2, 3, 4, 천신경으로부터 음부신경을 경유한 신경)에 의해 유방에 도달한다. 유방에는 분비신경(secretory nerves)이 없으나 유즙의 분비는 주로 호르몬의 조절에 의해서 이루어진다.

(4) 림프관

유방에 분포된 림프관(lymph vessels)은 특히 고능력우에서 피부 바로 아래의 표면층에 오히려 잘 나타나 있다. 림프관은 유두를 포함하여 전 유방으로부터 유방기저 후부에 있는 외서혜륜(外鼠蹊輪) 주위에 위치한 상서혜림프절[上鼠蹊淋巴節, superficial inguinal(상유방림프절, mammary or supermammary) lymphnode]로 림프액을 배출시킨다.

2) 유선의 미세구조

유선은 복합관상포상선(複合管狀胞狀腺, compound tubuls-alveolar gland)으로 분류되며, 이 유선은 기질(결합조직), 실질(상피조직), 관계(管系), 혈관 및 신경 등으로 구성되어 있다.

유두의 표면은 중층편평상피로 덮여 있으며, 같은 형의 중층편평상피가 유두관 내면으로 연속되어 있다. 유두관 주위에는 다수의 평활근섬유가 있다. 이들 근육섬유의 대부분은 유두관 둘레에 윤상(輪狀)으로 배열하여 괄약근을 이루고 있다. 유두관과 유두조의 연접부, 즉 rosette of Fürstenberg의 부위에서 상피층은 갑자기 중층원주상피로 바뀌며, 이들 중층원주상피는 유두조와 유선조의 내층을 이루고 있다. 보다 큰 유선관(lactifcrous duct)의 내층은 유선조의 내층과 같은 조직으로 되어 있다. 유신

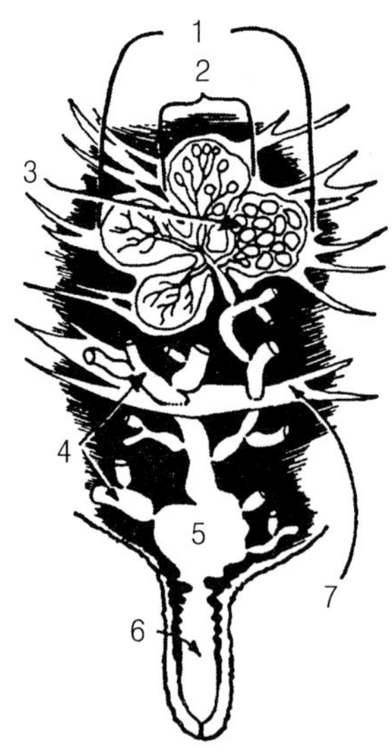

그림 24-5. 유선관의 연결

1. 유선엽(乳腺葉, lobe), 2. 유선소엽(乳腺小葉, lobule), 3. 유선포(乳腺胞, alveoli), 4. 유관(乳管, ducts), 5. 유선조(乳腺槽, udder cistern), 6. 유두조(乳頭槽, teat cistern), 7. 결합조직(connective tissue)

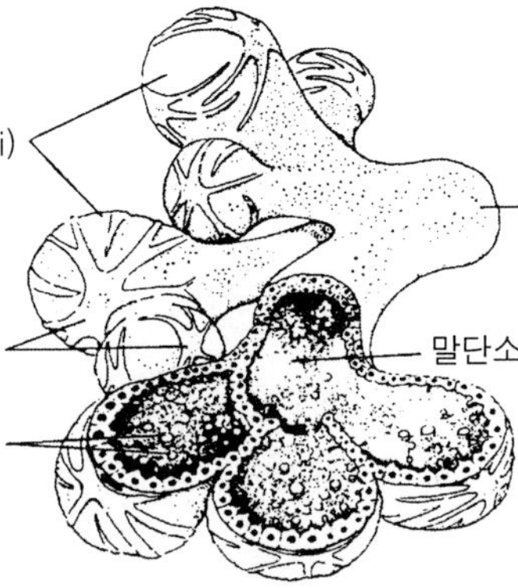

그림 24-6. 활발하게 유즙을 분비하는 유선포

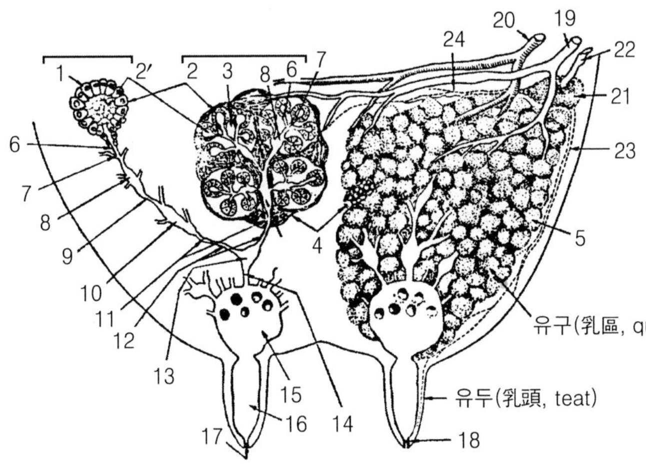

그림 24-7. 유방의 내부구조(모식도)

1. 유선상피세포(乳腺上皮細胞, epithelial cell) 2. 유선포 2′. 유선포강(乳腺胞腔, alveolar lumen) 3. 유선소엽 4. 유선엽 5. 유선 6. 모세유관(毛細乳管, capillary milk duct) 7. 소엽내유관 8. 소엽내집유강(小葉內集乳腔) 9. 소엽간유관(小葉間乳管) 10. 소엽간집유강(小葉間集乳管) 11. 엽내유관(葉內乳管, intralobar milk duct) 12. 엽간유관(葉間乳管, interlobar milk duct) 13. 집유강(集乳腔) 14. 유관(乳管) 15. 유선조(gland cistern) 16. 유두조(test cistern) 17. 유두관(test canal) 18. 유두괄약근(test external pudic artery) 19. 유방동맥(mammary artery) 20. 유방정맥(mammary vein) 21. 상유방임파절(supramammary lymph node) 22. 임파관(lymph duct) 23. 임파관(afferent lymph duct) 24. 임파관(afferent lymph duct)

유즙 배출경로 : 1 → 2 → 3 → 4 → 5 → 6 → 7 → 8 → 9 → 10 → 11 → 12 → 13 → 14 → 15 → 16 → 17

관이 분지되고 보다 작아짐에 따라 상피내층은 처음에는 단층원주상피로 바뀌고, 그 다음에 유선포(alveoli)에서 분비세로 변한다.

유선포상피의 높이는 선(腺)의 분비부의 활동에 따라 매우 차이가 있다. 유선은 대부분의 외분비선과 다른데, 분비부가 가장 작은 유선관의 종말부에 제한되지 않고, 유즙분비 구조가 보다 큰 유선관에 직접 연결되고, 또한 직접적으로 유선조와 유두조로 연속된다. 유선관은 증가된 크기에 따라 소엽내유선관(小葉內乳腺管, intralobular duct), 소엽간유선관(小葉間乳腺管, interlobular duct), 엽내유선관(葉內乳腺管, intralobar duct) 및 엽간유선관(葉間乳腺管, interlobar duct) 등으로 분류되며, 결합조직 중격(中隔)에 의해 둘러싸인 일군의 유선포는 유선소엽(乳腺小葉, lobule)이라 부르는 다소 명확한 단위를 이루고 있다.

소엽내 유선관은 중앙집합관으로 합류하여 소엽간 유선관으로 이행한다. 결합조직 구획내에 일군의 소엽들은 대엽(lobe)을 형성한다. 대엽내 소엽간 유선관이 결합하여 하나의 대엽내 유선관을 형성한다. 대엽간 유선관은 직접 유선조로 들어가거나 유선조에 들어가기 전 1개 혹은 2개 이상의 다른 대엽간 유선관과 합류한다. 유선동(乳腺洞, lacti-ferous sinus) 이외의 대부분 유선관은 비유시에 유즙의 집합강(集合腔)으로의 역할을 하므로 매우 확장되어 있다.

유선포와 유두관은 수축성의 근상피세포(myoepithelial cells)에 의해서 둘러싸여 있는데, 이 세포를 농세포(籠細胞, basket cells)이라고도 한다. 이들 세포는 평활근세포와 비슷하고, 유선 실질의 상피와 접촉하여 유선포와 유선관의 농(籠)과 같은 피개를 형성한다. 이들 세포는 유즙이 비유될 때 수축한다.

유선은 상피성 실질조직과 근상피세포는 물론 백색섬유소성 결합조직과 황색탄력성 결합조직의 기질로 구성되어 있다. 혈관 림프관 및 신경은 상피조직과 관련하여 기질에서 분리되고 있으며, 모세혈관망은 유두관과 유선포를 둘러싸고 있다. 정맥은 판막(瓣膜, valve)이 없으며, 유선과 유두벽 내에서 풍부한 그물망(network)을 이루고 있다.

유두의 맥관층은 웅성(雄性)의 음경발기 조직과 유사하기 때문에 해면체(海綿體, corpus cavernosum)라고 한다. 림프관총(lymphatic plexuses)은 유방의 피부 전반에 걸쳐서 볼 수 있고 유선의 실질조직에 산재하고 있다. 신경은 주로 감각신경과 혈관운동신경(vasomoter)이 분포되어 있다.

제 25 장

비유의 생리

1. 유선의 발육조절

유선의 발달은 성성숙의 개시가 되는 춘기발동기와 관계가 있다. 난소호르몬(overian hormones)은 주로 유선 성장에 기여를 한다. 에스트로겐(estrogen)은 각 발정기와 임신기간을 통하여 유선관계(乳腺管系, ductile system)의 발육에 관여하고 있다. 에스트로겐(estrogen)과 같이 작용하는 프로게스테론(progesterone)은 완전한 유선포를 성장시키는 데 필요하다.

실험적으로 소수의 동물에서 이러한 형의 변형된 사실이 증명되었는데, 반추동물이나 guinea pig에 있어서 estrogen만을 투여한 바 유선관과 유선포의 성장은 되었으나 protesterone이 투여되지 않으면 유선포는 악성이거나 미숙하거나 종양과 같이 되었음을 입증하였다.

난소를 적출한 자성(雌性)의 반추동물에 있어서 에스트로겐(estrogen)과 프로게스테론(progesterone)을 적당하게 병용하면 유선이 발달되고, 유즙의 생산도 정상임신에 의하여 생산되는 유즙과 거의 같은 양이 생산될 것이다. 난소를 제거한 개와 제거하지 않은 개에서 만일 유선관이나 유선포 발육이 되었다면 estrogen의 생리적 수준은 거의 변화가 적을 것이다. 몇 종의 동물에 있어서 태반은 estrogen과 progesterone 형성의 source가 된다.

뇌하수체 전엽은 유선의 발육을 조절하는 데 매우 중요한 역할을 한다. 뇌하수체 전엽이 난소호르몬인 estrogen과 progesterone의 분비를 조절하고, 유선에 영향을 미치게 하는데 대해서는 의심의 여지가 없다. 뇌의 뇌하수체 전엽은 prolactin과 somatotrophin(STH)의 분비로 직접 유선에 영향을 미치게 하며, 간접적으로 갑상선과 부신피질호르몬의 분비를 조절하므로서 영향을 미치고 있다.

Prolactin, 부신피질자극호르몬(adenocorticorophic hormone, ACTH), 성장호르몬(somatotrophic hormone, growth hormone), 갑상선자극호르몬(thyroid stimulating hormone, TSH) 등은 난포자극호르몬(follicle stimulating hormone, FSH)과 황체형성호르몬(luteinizing hormone, LH) 등에 간접적으로 관여하므로 이들 호르몬은 해당 표적기관을 통해서 직·간접적으로 유선의 기능에 영향을 미친다.

난소의 steroids는 물론 뇌하수체 전엽(adenohypophysis)에서 분비되는 대부분의 호르몬은 유선을 충분히 발육하는 데 관여되고 있다. 반면에 thyroxine과 cortisone을 투여하면 유선의 발육은 억제된다. Progesterone과 estrogen의 적절한 비육과 또한 절대량은 유선을 완전히 발육시키는 데 중요하다.

2. 비유의 개시

임신기간 동안 난소와 태반에 의해서 주로 유지되는 estrogen과 progesterone의 농도는 특히 임신 말경에 이르면 유선의 발육을 촉진시키며 동시에 비유개시(lactogenesis)를 억제시킨다. 이들 호르몬의 농도가 분만시(또는 난소를 이출하거나 임신자궁의 제거로 황체가 퇴축하게 되면)에 변하게 되면 비유가 개시되게 된다.

임신기간 동안 progesterone, estradiol, adrenal steroids, placental lactogen 등의 혈중 수준은 비교적 높아지나 prolactin 수준은 대개 낮아져, 이때 유즙의 분비는 거의 되지 않으나 유선조직은 활발하게 발달된다. 분만 후 prolactin 수준은 증가하는 반면 progesterone과 estradiol 수준은 낮아지고, adrenal steroid 수준은 다소 감소된다. 비유는 prolactin, estrogen, cortisone 및 진정제(tranquilizers)인 chlorpromazine 및 reserpine과 같은 여러 가지의 물질을 실험적으로 투여하면 억제될 수 있다.

분만시에는 난소나 태반 스테로이드호르몬의 혈중 역가(titers)는 떨어지고, 태반에서 분비하는 estrogen의 양이 높아짐에 따라서 progesterone치는 갑자기 떨어지게 된다. 이는 prolactin의 방출을 억제시키는 시상하부에 작용하여 뇌하수체 전엽으로부터 prolactin의 방출을 촉진한다. Prolactin, 성장호르몬 및 부신피질호르몬은 비유 개시에 가장 필수적인 호르몬이다.

3. 비유의 유지

뇌하수체는 유즙 분비가 개시되는 데 필요한 것처럼 비유의 유지에도 필요하며, 이에 관여되는 호르몬의 기전도 매우 유사하다. 비유기간 전반에 걸쳐 성장호르몬,

ACTH 및 TSH의 분비는 물론이거니와 prolactin이 지속적으로 생산되는 것이 필요하다.

포유자극의 규칙적인 적용은 뇌하수체로부터 유즙생산의 호르몬 분비와 일치해서 높은 수준의 prolactin 분비가 유지되며, 이러한 사항들은 비유의 유지에 관계되는 것이다.유즙생산은 다음과 같은 선(腺), 즉 뇌하수체, 부신, 난소, 갑상선 중의 하나나 그 이상을 제거하게 되면 감소되거나 혹은 중지된다. 뇌하수체는 비유에 대해 필요하지만, 소에 있어서 ACTH를 주사하게 되면 유즙생산은 일시적으로 감소하게 된다.

반면에 STH의 주입은 젖소에 있어서 유즙생산을 증가시킬 것이다. 갑상선을 제거하게 되면 유즙생산은 감소되며, 갑상선을 제거한 동물에 있어서 thyroxine을 투여하면 유즙생산은 정상적으로 환원된다. 갑상선의 활동을 일으키는 iodocasein은 인공적으로 유즙증가를 촉진시키는 데 이용되고 있다. 그러나 iodocasein은 생리적 표준의 욕구보다 많은 양의 iodine이 함유되어 있고, 그리고 어떤 소는 기호에 맞지 않는 등 여러 가지 불리한 점을 지니고 있다. L-thyroxine은 iodine의 함량이 비교적 적어서 반추동물의 구강으로 투여할 때 유즙생산을 증가시킨다.

Estradiol-testosterone의 injection을 소・산양・면양에 응용하면 유즙의 생산능력을 크게 감소시킬 것이고, 또한 소에서 첫 송아지가 생산되기 전 계속해서 고칼로리성 사료로 사양하면 일반적으로 유량이 감소될 것이다. 더구나 일찍부터 고칼로리성 사료로서 사육하면 동물의 생산성이 감퇴되고, 유방 주변에 많은 양의 지방이 침착하게 되며, 유선조직의 형성이 미약해져 유량감소가 일어난다. 반대로, 만일 송아지 때부터 저영양사육을 시키면 성성숙이 지연되고, 첫 송아지 출산연령도 늦어진다.

그러나 만일 소가 첫 송아지를 출산한 다음 잘 사육된다면 유즙생산은 첫 송아지 출산전의 능력과 거의 비슷한 수준으로 올라갈 것이다. 이와 같은 현상은 양과 돼지의 유량과도 똑같이 적용된다.

4. 유즙의 배출

착유(milking)나 포유(nursing)만으로 유방의 유조와 가장 큰 유선관을 비울 수 있다. 실제로 음압(negative pressure)은 유조와 보다 작은 유선관의 공동을 막고 유선관을 공허하게 할 것이다. 그러므로 모축은 유선포에서 유조로 우유를 밀어내는 착유과정에 있어서 무의식적으로 행하지만 능동적이어야 한다.

이는 유즙배출[milk ejection(비유, milklet-down)]을 하는 유선포와 소유선관을 둘러싸고 있는 근상피세포(myoepithelial cells)의 적극적인 수축에 의해서 이루어진다.

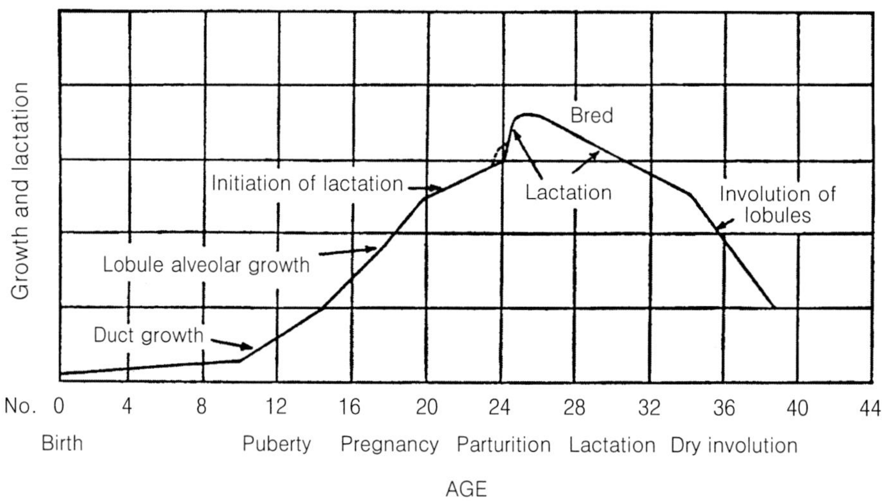

그림 25-1. 소의 유선의 성장, 비유 및 퇴축

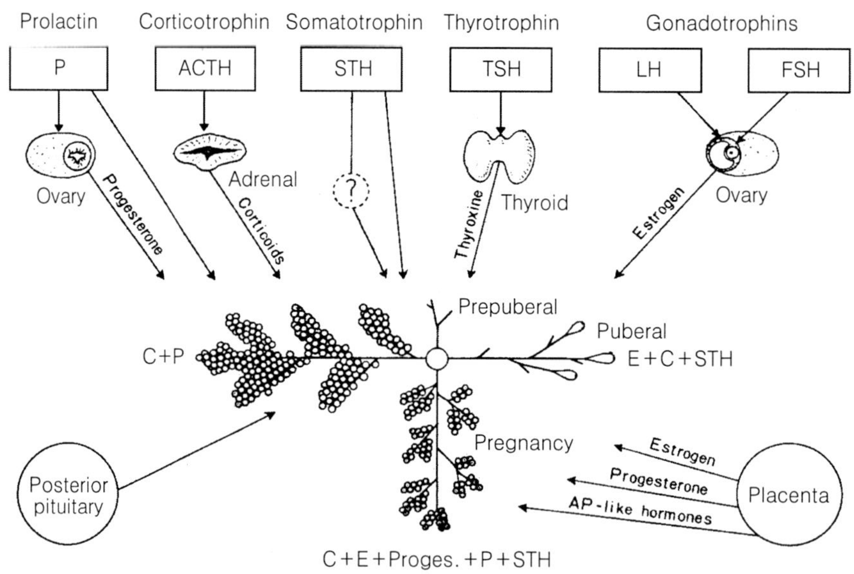

그림 25-2. 유선의 성장과 비유에 있어서 호르몬의 작용

이들 근상피세포는 뇌하수체 후엽에서 분비하는 호르몬인 oxytocin에 의하여 자극할 때 수축한다. 비유는 유선, 특히 유두로부터 감각신경을 이루는 구심신경(求心神經)의 전신반사(systemic reflex)이다.

이들 신경은 자극(impulse)을 시상하부에 전하여 시상하부 뇌하수체로를 통해서 뇌하수체 후엽호르몬의 방출을 유도한다. 자축(仔畜)에 의한 유두의 흡유(吸乳, suckling)도 비유반사의 일반적인 자극이다. 이 반응은 혈류에 의해서 뇌하수체 후엽으로부터 유선으로 호르몬을 운반하는 데 시간이 걸리기 때문에 일반 신경반사와 비교해서 비교적 느리다. 유즙이 유두에서 배출되는 여부에 관계없이 유즙배출의 반사는 유조(乳槽)에서 유압을 상당히 증가시킨다.

유즙 배출반사(ejection reflex)가 전신적이라는 사실은 쥐의 복부유선에 분포되어 있는 반사의 구심성 신경을 파괴하여 신경지배를 제거한 실험에서 증명되었다. 어린 쥐에게 만일 복부유선만으로 포유를 시킨다면 죽을 것이다. 그러나 만일 비유가 모든 유선(乳腺)에 나타나게 하면 복부유선은 충분한 양의 유즙을 공급하여 살아남게 된다.

뇌하수체 후엽의 추출물을 주입하면 흡유반사를 촉진하여 유즙이 배출된다는 것은 오래 전에 알려졌으며, oxytocin은 이러한 작용을 일으키는 주요한 인자이다. 착유가 끝난 후 곧 뇌하수체 후엽의 추출물이나 oxytocin을 주사하게 되면 유선포와 소유선관에서 유즙이 추가적으로 방출되며, 원유보다 지방이 풍부한 유즙이 방출되었다.

비유하고 있는 소의 유두에 canula(유두관 삽입)를 삽입하여 oxytocin을 주입하게 되면 유즙은 혈류로 나오게 된다. 개에 있어서 ether마취는 흡수반사를 억제하고, 뇌하수체 후엽의 추출물을 마취한 개에게 주사하면 유즙이 배출되게 된다.

Oxytocin을 매일 투여하게 되면 신경성 하수체를 절제(뇌하수체 후엽을 제거함)한

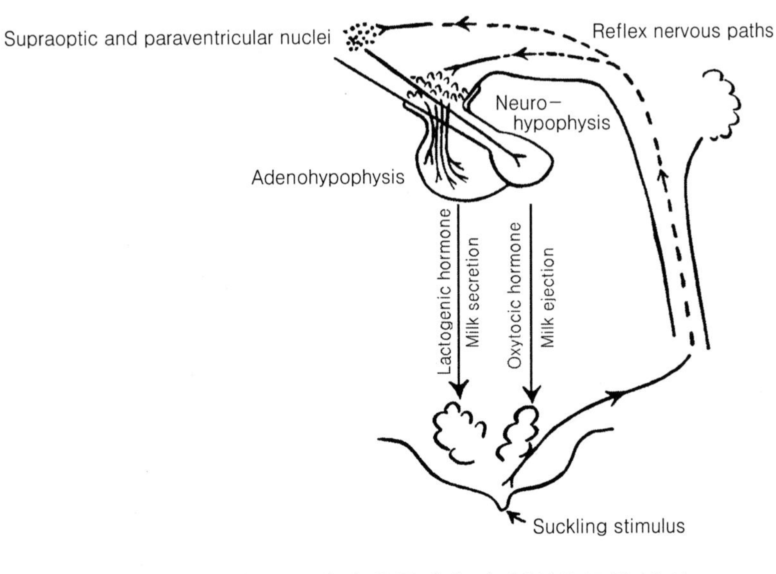

그림 25-3. 유즙분비와 유즙배출의 신경호르몬 반사

모축은 정상적인 자축을 생산할 수 있다. 시상하부와 시상상핵하수체로(視床上核下垂體路, supraoptic-hypophysical tract)의 전기자극을 가하여 병소(病巢)가 존재하지 않는 한 유즙은 배출되고, 시상하부와 뇌하수체 후엽의 경로에 병소를 가지고 있는 동물에서는 흡유를 하여도 유즙이 배출되지 않는다. 흡유의 자극은 뇌하수체 후엽(신경성 하수체)에서 oxytocin을 방출하지만, 그러나 얼마간의 ADH(antidiuretic hormone, vasoprossin)도 방출하는데, 이 ADH는 유즙 배출과 수분 보존에 영향을 미치는 것으로 인식되고 있다.

흡유반사는 뇌하수체 전엽에 영향을 미쳐서 protactin과 증유(增乳)에 관여하는 다른 호르몬을 방출한다. 유즙 배출반사는 사양, 축사 소음, 송아지의 존재, 유방의 세척과 같은 착유준비에 관련되는 자극들은 배출반사 조건이 될 수 있고, 만일 개의 짖음, 다른 큰 소음, 과도한 근육의 활동 등과 같이 정상적으로 장해를 주는 자극이면 유즙 배출반사는 억제되기도 한다.

교감신경계(sympathetic nervous system)가 이러한 사항을 억제시킬 수 있다는 것은 epinephrine이 정상적인 유즙 배출반사를 차단한다는 것과, 또한 실험적으로 시상하부에 전기자극으로서 일어나는 유즙 배출반사를 차단할 수 있다는 사실로 입증되었다. 이 예에서 epinephrine이 작용하는 부위는 어떤 연구자는 감정적 자극이 직접 뇌하수체 후엽으로부터 oxytocin의 방출을 방해한다고 믿고 있을지라도 유선 내에 소동맥초라고 믿고 있다. 비유에 대해서 적당한 자극을 주지 못하고, 착유 전에 충분한 준비를 하지 못한 것이 습관화된다면 유방에 유즙이 과도하게 정체되어 비유기간은 정체된다.

5. 초 유

초유(初乳, colostrum)는 신생아의 분만시 생산되는 것으로 신생아에게 매우 중요한 것이다. 감염이 일어날 때 보호역할을 하는 림프구와 단핵구 외에 많은 양의 albumin 및 globulin과 같은 단백질, 특히 높은 수준의 비타민 A, E, carotene과 riboflavin 등을 함유하고 있다. 그러나 lactose, 비타민 D, 그리고 철분 등은 정상 우유에 비하여 모두 낮은 수준으로 함유되어 있다.

만일 분만시 모체내에 유방염이 존재한다면 초유에는 특히 감염원과 싸울 호중성 백혈구(neutrophils)와 망상내피계의 대식세포(macrophages) 등을 함유하고 있을 것이다. 초유에는 모체에 있었던 병에 대한 항체를 지니고 있기 때문에 신생축에게 초유를 포유하는 것이 대단히 중요하며, 이러한 점에서 자축(仔畜)이 자신의 항체가 발생할 때까지 수동면역(受動免疫, passive inmunity)을 얻게 된다.

초유에는 혈중에 있는 gamma-globulin fraction의 높은 역가를 가지고 있는 immunoglobulins을 지니고 있으나 신생자(新生仔)에게는 아직 지니고 있지는 못한다.

소·면양·산양·돼지 및 말 등의 신생자들은 이들 항체를 획득하기 위해서는 모두 초유에 의존한다. 전유나 혹은 대용유는 어린 동물이 건사료를 먹을 수 있을 때까지 충분히 급여시키는 것이 바람직하나, 너무 오랜 기간동안 우유만으로 제한 급여하면 혈중 magnesium level이 떨어져 hypomagnesium을 유발시킬지도 모른다. 또 다른 특수한 형의 초유 분비는 자웅(雌雄)의 신생축이 가끔 분비하는 처녀유(마유, witch's milk)로서, 출산되기 바로 전에 태아에 있어서 유선(乳腺) 활동에 자극이 되는 어미로부터 생성된 호르몬 때문일 것이라 한다.

6. 정상비유

정상비유(normal lactation)는 유선의 선세포(腺細胞)에 대한 신경하수체(neurohypophyseal) 호르몬의 작용과 유선포(乳腺胞)와 유선관(乳腺管)을 둘러싸고 있는 근상피세포에 대한 뇌하수체 후엽(posterior pituitary) 호르몬 등의 합동작용에 의해서 이루어진다.

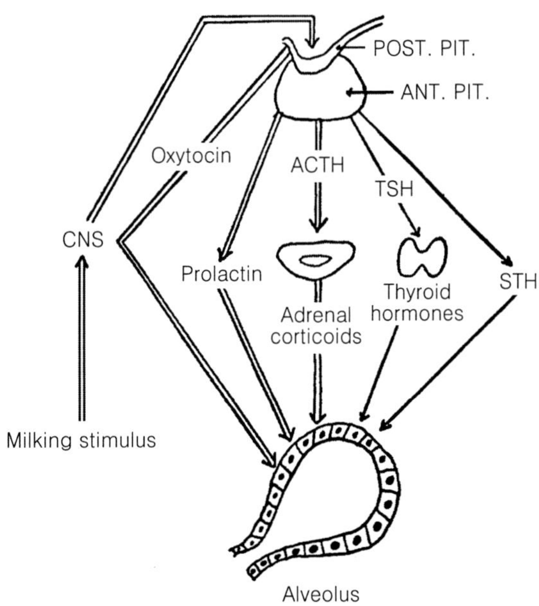

그림 25-4. 분만후 비유유지에 대한 신경과 호르몬과의 관계

유선포의 분비주기에는 휴지기, 분비기 및 배출기 등으로 구분하고 있으며, 분비주기(secretory cycle)는 처음에 부분분비(merocrine), 그리고 다음에 적어도 부분적으로 전분비(holocrine) 상태로 된다.

휴지기(休止期, resting phase)에는 유선포의 세포는 비어 있고 핵은 검으며, 염색질은 분산되어 있다. 그리고 세포 주입물은 비교적 많지 않다.

분비기(分泌期, secretory phase)의 핵은 세포의 첨단 쪽으로 이동하고 더욱 공포화(空胞化)된다. 지방과 단백질은 세포의 첨단부에 축적되는데, 이 때까지 세포는 긴 형태이다.

배출기(排出期, excretory phase)는 아직도 논의 대상이 되고 있다. 의문이 되고 있는 사항은 특히 지방과 단백질 같은 봉입물이 세포막의 파열없이 어떻게 세포로부터 유선포강 내로 들어갈 수 있느냐이다. 그러나 이러한 형태의 배출은 merocrine이라고 부른다. 그리고 세포막의 일부분이 강(腔) 내로 배출되는 형태의 배출을 holocrine이라고 부른다.

Turner(1952)는 유선내압이 높아지는 비유 사이의 기간 동안에 분비산물이 세포로부터 건전한 세포막을 통과해 강(腔) 내로 들어가는 것은 이 기간 동안 만들어진 유즙이 비교적 희석되어졌기 때문이라 암시하였다. 그러나 비유말기가 되면 유선내압이 낮아지고 근상피세포가 활발하게 수축되어 유선포세포가 파열되어 세포들이 강(腔) 내로 배출되게 된다.

정상적인 비유를 하는 동안 유출되는 마지막 부분의 유즙 중에 보다 많은 지방과 단백질이 함유되어 있다고 할 수 있다. 또한 정상적인 착유 후 oxytocin을 주입하면 지방과 단백질함량이 풍부한 추가적인 유즙이 방출된다고 한다. 전자현미경을 이용해서 유선을 연구한 바 decapitation에 의한 세포 내용물의 배출설은 인정하지 못하였다. 이 연구에서 지방과 단백질은 세포막의 많은 파열없이 추출된다고 암시하였다. 그러나 이들 산물의 방출방법은 아직 논의 대상이 되고 있다.

7. 유즙성분의 합성

1) 유지방의 합성

송아지를 출산한 후 처음 몇 주 동안에 우유 중에 지방의 %는 높다. 다음 3개월 내지 4개월을 지나면서 지방함량은 점차적으로 감소되었다가 다음에 다시 차차 증가한다.

분만시에 지방함량은 사육이 잘 된 건강한 소와 돼지는 사육이 잘 안된 여윈 소와 돼지보다 대개 높다. 그러나 사료 중에 지방함량이 유즙의 지방함량에는 별로 영향을 미치지는 못한다.

초식동물, 특히 반추류의 유지방은 4 내지 14 탄소원자의 길이에 많은 단쇄지방산(short-chain fatty acids)을 함유하고 있으며, 이들 단쇄지방산은 동물의 지방조직에 저축된 지방 내에서는 찾아볼 수 없다. 유지방은 순환혈액 중에 있는 장쇄지방산이 분해되거나 혹은 전구물질로부터 합성되어 형성될 수 있다. 유선(乳腺) 내에서 대부분 합성되는 지방산, butyric 내지는 palmitic 등은 aceticacid or β-hydroxybutyric acid로서 시작된다.

다음에 acetyl-CoA로부터 two-carbon fragments의 추가에 의해서 보다 길고 긴 chains을 가진 지방산을 형성한다. 그러나 대부분의 C-18 acids는 유선 내에서 합성되는 외에 sources로부터 유도된다. 유즙 내의 대부분의 lipids는 triglycerides의 형태로 존재한다. 비반추동물의 유선은 glucose를 energy와 지방합성을 위한 carbon의 source로 이용되나, 반면에 반추류는 지방산 합성을 위하여 acetate(a salt of acetic acid)가 더욱 널리 이용되고 있다. Triglycerides는 3개의 지방산과 glycerol로 구성된다.

Glycerol은 대부분 glycolysis 과정 중에 glucose 이화작용으로부터 발생된다. 반추동물에 있어서 acetate는 다른 휘발성 지방산(volatile fatty acid)과 같이 제1위내에 polysaccharide 대사의 산물로서 미생물에 의해서 이루어진다.

다음, 휘발성 지방산은 반추동물의 혈류로 흡수되어 유선에서 유지방을 합성하는데 이용된다. 반추동물과 비반추동물에 있어서 지방생성에 이용된 기질(substrate precursors)의 차이는 유방조직 절편, 유방조직 분쇄부유액, 그리고 방사선처리가 된 carbon으로 결합된 glucose 등을 이용한 실험에서 증명되었다.

(1) 지방생성의 호르몬 조절

비반추동물에 있어서 insulin은 지방이 생성되는 세포로 들어가는 것을 가속화시켜 간접적으로 탄수화물로부터 유지방의 형성을 촉진한다. Insulin은 유선에서 보다 많은 상피세포의 증식을 촉진시킨다. Cortisone, corticosterone과 deoxycorti-costerone 등은 insulin의 자극효과를 억제하여 지방생성을 방해할지 모른다. 반추동물의 유선에 있어서 insulin이나 cortisone은 지방생성에 그다지 많은 영향을 주지 못한다.

Insulin의 작용은 지방을 합성한다기 보다는 glucose를 세포내로 섭취하여 분해하는데 관여하고 있다. 이러한 경우로서 비반추동물은 지방을 해당작용을 통하여 glucose를 이용하고, 반추동물은 이용하지 않기 때문에 동물종에 따라서 작용이 다르다고 설명할 수 있다.

2) 유 당

유당(乳糖, lactose), 즉 disaccharides(glucose 4-β-galactoside)은 약간의 유당이 착유가 끝난 후 혹은 착유하는 동안 혈류로 흡수되지 않는 한 정상적으로 유선이나 유즙에서만 존재한다. Lactose는 유즙의 주탄수화물로서 유선에서 합성되어지며, glucose와 galactose로 구성되어 있다. 혈액의 glucose는 유선에 의해 lactose를 형성하는 데 이용되는 기본 물질이다. 그래서 유방을 나가는 정맥혈은 유방으로 들어오는 동맥혈보다 glucose를 덜 함유하고 있다.

Galactose 합성은 유선 이외에 동물체의 다른 조직에서 이루어질 수 있다. 그리고 galactose는 또한 galactolipids, galactoproteins, 그리고 cerebrosides의 성분이다. 그러므로 lactose의 galactose 성분은 혈액으로부터 얻거나 또한 유방 내에 glucose 전구물질로부터 합성되어진다. 혈액 내에 glucose의 농도가 떨어지거나 감소되는 것은 유즙 내의 lactose 함량을 감소시키게 되는 것이다. 반대로 hyperglycemia 상태(혈중에 glucose level의 증가)는 유즙의 lactose 함량을 증가시키게 된다.

3) 유단백질의 합성

우유 내에는 비교적 많은 양의 다음과 같은 단백질이 함유되어 있다. 4개의 다른 형태의 casein을 포함해서 αs-casein, β-casein, γ-casein, K-casein, β-lactoglo-

표 25-1. Species differences in milk composition(%)

종 류	Fat	Protein	Lactose
Cattle			
Ayrshire	4.1	3.6	4.7
Brown Swiss	4.0	3.6	5.0
Guernsey	5.0	3.8	4.9
Holstein	3.5	3.1	4.9
Jersey	5.5	3.9	4.9
Shorthorn	3.6	3.3	4.5
Goat	3.5	3.1	4.6
Horse	1.6	2.4	6.1
Human	4.3	1.4	6.9
Mule	1.8	2.0	5.5
Sheep	10.4	6.8	3.7
Swine	7.9	5.9	4.9

bulin, blood plasma albumin, immunoglobulins, 그리고 proteose-peptone fraction 등이 있다.

주요 유즙단백질은 casein이고, 그 중에서도 αs-casein이 가장 우세하다. Amino acids는 유선세포 내에서 casein(γ-casein은 제외), α-lactoalbumin, 그리고 β-lactoglobulins을 직접 합성하는 전구물질이다. 다른 단백질은 유방세포 이외에 다른 세포내에서 주로 합성되어진다.

유즙내에 또 함유되어 있는 것은 비단백태질소화합물[nonprotein nitrogen(NPN) compounds ; urea, uric acid, creatine, creatinine, ammonia, 그리고 orotic acid (notably in cow's milk) 등]이다. 이들 물질들은 유선 내에서 세포 신진대사로부터 생긴 노폐물로 혈액순환에 의해 처리된다. 유즙의 성분은 가축의 종류에 따라서 차이가 있음은 물론 같은 동물종 간에 있어서도 품종에 따라서 다르다.

4) 비유 중지

비유가 진전됨에 따라서 활동적인 유선포 수의 점차적인 감소, 상피조직의 퇴축(크기의 감소), 분비활동의 감소, 결합조직 기질의 증가 등이 나타난다. 비유의 정상적인 감소는 흡유와 관계가 있어 neurohumoral 자극으로 변화를 일으키는 호르몬의 변화 때문이다.

뇌하수체 전엽호르몬이나 갑상선호르몬이 첨가되면 비유기간은 연장될 것이다. 착유가 갑자기 정지될 때에는 유방에서는 여러 가지 변화가 나타나는데, 24시간 말경에는 유선포가 최대로 확장되고, 모세혈관은 혈액으로 가득 차며, 36시간 내지 48시간에는 모세혈관의 수가 감소되고, 유선포는 oxytocin을 정맥내로 주입하여도 반응을 하지 않는다.

조기에 이유(離乳, weaning)를 하게 되면 유선포는 일찍 퇴축되고, 분비산물이 정체되며, 림프구가 침윤된다. 얼마간의 유선포는 확장되어 파열되고, 또 다른 것은 내용물이 흡수됨에 따라서 더욱 작아지고 유선포강은 소실된다. 퇴축이 완성될 때 소엽들은 주로 맥관성 결합조직 내에 관을 형성한다. 그러나 유선은 첫 임신전 상태로 복귀되지는 못한다.

제 26 장

내분비선과 호르몬

내분비선(endocrine, internal secretion gland)은 도관이 없는 선조직(腺組織)으로 동물이 출생하여 죽을 때까지 여러 가지 생리기능을 통제한다. 수태, 임신 및 분만은 소화, 대사, 성장, 성성숙 및 모든 생리작용과 같이 내분비에 의하여 통제된다. 항상성(homeokinesis, homeostasis)은 주로 내분비선에서 분비되는 호르몬에 의하여 조절된다.

이들 내분비물들은 관을 통하지 않고 직접 혈관계로 들어가 여러 가지 기본적인 대사를 조절할 수 있다. 이들 기능에 있어서는 생체 촉매물로 생각되며, 세포 수준에서의 작용기전은 호르몬과 효소 간에 뚜렷한 차이가 없다. 내분비선에는 뇌하수체, 갑상선, 부갑상선, 췌장, 부신, 성선(gonads ; ovaries and testes) 및 태반이 있다. 때로는 송과선(松果腺, pineal gland)과 흉선(胸腺, thymus)을 포함시킨다.

내분비학(endocrinology)의 대상을 정의에 맞게 선정하기는 대단히 어렵다. 내분비선은 혈관을 통하여 멀리 떨어진 목표기관(target organ)에 운반되는 화학물질(hormone)을 생산하는 것으로 그 개념이 알려져 있다. 이러한 개념에서 분류하기 어려운 한 예를 들면 부신수질(副腎髓質, adrenal medulla)은 epinephrine과 norepinephrine을 생산하며, 이들은 혈액을 통하여 멀리 떨어진 목표기관으로 운반된다. 교감신경(交感神經, sympathetic nerves)은 norepinephrine을 생산하며, 신경말단에 가까운 부위에서 작용한다. 분류 개념에 맞는 것과 맞지 않는 것이 있지만, 이들은 너무나도 비슷하기 때문에 호르몬인지 아닌지를 구별하기 어려운 경우가 있다. 한편, 개념은 화학적으로 통합되는 모든 산물로 넓히면 일반적으로 호르몬이라고 생각되지 않는 이산화탄소로 된 산물도 이 개념에 부합되게 된다.

내분비기능의 개념은 호르몬에 관한 연구가 전 동물을 고려한 임상적인 접근으로부터 준세포와 세포적인 곳으로 전환함에 따라 변하는 것은 의심의 여지가 없다.

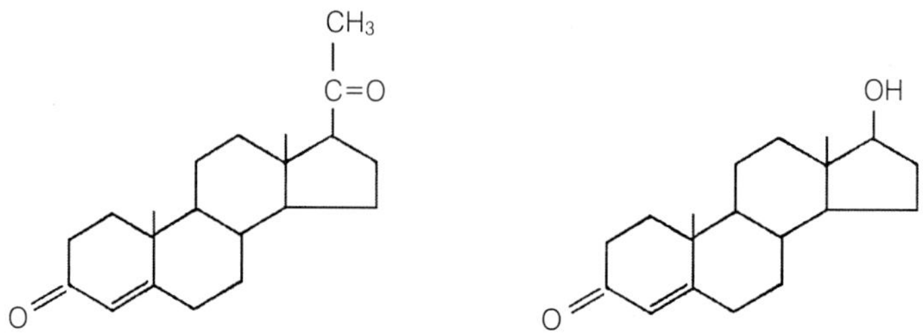

Progesterone(from ovary) Testosterone(from testis)

그림 26-1. 자연적으로 생성된 steroid hormone

호르몬은 화학적 구조나 작용의 성격에 따라 분류할 수 있다. 호르몬은 화학적으로 단백질, polypeptide와 이들의 유도체인 steroid 등 두 그룹으로 분류한다.

Steroid를 생산하는 주된 기관은 생식선, 부신피질과 태아의 어떤 막이다. 단백질의 유도체인 호르몬은 부신수질, 갑상선, 뇌하수체, 부갑상선, 췌장, 태아의 막 또는 자궁 내막에서 분비된다. 이들은 모두 polypeptide를 정교하게 만들 수 있다.

예외의 호르몬으로서 대부분 난소에서 분비되는 단백질성 호르몬인 relaxin을 들 수 있다. 호르몬은 작용에 따라 정확한 구조상의 배열을 갖는다. 만일 분자상의 작용 부위에 변화나 변형이 있는 등 구조나 화학적 조성에 약간의 변화가 생길 경우 호르몬의 기능은 큰 변화가 있거나 전혀 작용을 하지 않는다. 그러나 어떤 호르몬은 분자의 일부분이 변화되었거나 제거되었는데도 아직 명백한 활동을 하고 있는데, 기능을 기준으로 할 때 작용부위가 건전하다는 것을 암시할 수 있다.

어떤 호르몬은 체내의 모든 조직에 작용을 하나, 또 다른 호르몬들은 한 기관이나 특별한 선(腺)에만 작용을 하는데, 후자의 경우 작용을 받는 기관을 목표기관(target organ)이라 하고, 특별한 기능을 발휘하는 호르몬을 자극호르몬(tropic hormone)이라 한다. 자극호르몬을 생산하는 주된 기관은 뇌하수체 전엽과 태아의 어떤 막인 반면, 체내의 주된 목표기관은 성선, 갑상선과 부신이다. 특별한 호르몬에 대하여 어떤 세포는 반응하는데 다른 세포는 왜 반응하지 않는지는 잘 모르지만, 그 이유는 특별한 산소계의 작용과 관계하거나 어떤 호르몬이 특별한 단백질과 결합하는 것과 관련이 있는 것으로 생각되고 있다.

1. 호르몬의 작용기전

목표기관에 작용하는 호르몬의 기전은 두 과정으로 구분할 수 있는데, 하나는 염색체로부터 세포내 핵으로 전이(transcription)하는 직접적인 세포자극(direct intracullular stimulation)과, 다른 하나는 제2의 전달자(second messenger) 개념이다.

핵전이의 직접적인 세포내 자극의 예로서 혈액내에 운반된 steroid hormone에서 볼 수 있다. 호르몬이 혈액을 떠나 적당한 세포가 있는 곳에서 세포의 형질막을 통과해서 세포내로 들어간다. 호르몬은 세포 내에서 고도로 분화된 cytosol receptor와 결합하여 복잡한 형태로 된 다음 핵으로 이동되는 것으로 믿고 있다.

이 호르몬 결합복합체(hormone receptor complex)는 핵내로 들어가서 염색체상의 유전에 작용하여 전이과정을 활성화시키거나 억제시킨다. 그 결과 messenger RNA의 합성이 이루어지며, 다음 핵을 떠나 ribosome의 상호작용(interaction)을 통하여 세포질내에 단백질과 효소의 합성을 촉진한다.

제 2의 전달자 개념은 제 1의 전달자로서 혈액내 호르몬으로 시작된다. 제1의 전달자인 호르몬(예를 들면, 대부분의 peptide hormone)은 목표 세포의 형질막에서 specific receptor protein과 결합된다. 이 결합물질은 막성효소(膜性酵素)인 adenyl cyclase를 활성화시켜 세포의 원형질에서 ATP로부터 생성되는 cyclic 3^1, 5^1-AMP의 형성을 증가시킨다고 믿고 있다. 이 cyclic AMP(cAMP)는 제 2의 전달자로 알려지고 있다. 이 cAMP는 세포내의 Ca^{2+}의 농도를 변화시켜 효소의 활성화, 단백키나제의 인산화(proteinkinase phosphorylation), 단백질 합성률 및 호르몬 분비에 영향을 미친다.

ACTH, LH, ADH, 상피소체호르몬(parathormone), glucogen 및 catecolamine 등의 호르몬은 이 기전에 의하여 작용하는 것으로 생각된다. 대부분의 경우에 있어서

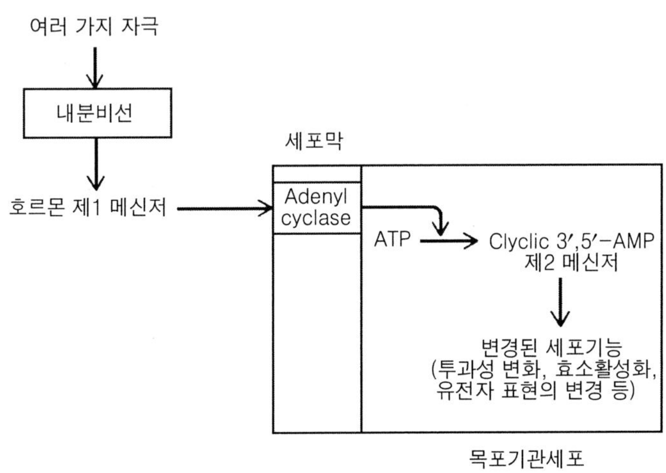

그림 26-2. 호르몬작용에 있어서 제 2의 메신저 또는 순환 AMP 기저

직접적으로 효과를 나타내는 분자가 peptide hormones에 대해서인지, 혹은 steroid hormones에 관한 것인지 아직 잘 알려져 있지 않다. 이미 기술된 두 기전은 대부분 알려진 호르몬과 관계가 있는 것이다. 그러나 몇 가지 예외적인 호르몬이 있는데, 예를 들면 갑상선호르몬은 cytoplasmic receptor의 요구없이 nuclear receptors와 직접 접촉함으로서 거의 steroid hormons과 같은 행동을 한다. 반대로 catecholamines의 B 단위는 세포막에서 adenyl cyclase의 활성화에 의해서 효과를 나타낸다. Insulin, 성장호르몬, plolaction을 위시해서 어떤 주요 호르몬의 작용기전은 특수하게 정의되어 있지 않다.

조직학적으로 호르몬을 분비하는 선(腺)을 제거함으로써 그 내분비호르몬의 존재를 입증할 수 있다. 이 절제에 의하여 항상 같은 징후가 나타나고, 이들 징후가 이 선(腺)의 추출물의 투여에 의하여 재현되면 이 선에 의하여 생산되는 호르몬의 존재가 확인된다. 이 기술은 쉽게 재현할 수 있는 눈부신 결과를 가져다 주었으나, 한편으로는 호르몬의 작용양식과 호르몬 간의 상호관계에 있어서 많은 의문점을 남겼다.

호르몬과 호르몬의 작용이 내분비선에 있는 경우 이미 알고 있는 호르몬을 사용하여 치료하거나 추적물질로 방사선 동위원소를 사용함으로써 밝혀진다. 자율신경은 말초신경에 비하여 오랜 기간에 걸쳐 작용하지만 내분비호르몬의 작용은 신경계에 비하여 속도가 느리며 지속적이다.

어떤 반사는 반사궁(反射弓)의 구심측에 관계하는 신경과 원심측에 관계하는 호르몬에 지배를 받는다. 따라서 이런 경우에 내분비조직은 신경조직의 종말기라고 말할 수 있다. 토끼의 교미자극에 의한 배란, 포유자극에 의한 젖내림 및 일조시간에 의한 계절번식 등과 여러 가지 신경내분비 반사는 신경과 호르몬의 복합작용의 예라고 할 수 있다.

호르몬의 활성을 나타내는 표와 그림들은 호르몬의 작용을 나타내는 많은 요인들을 너무 간결하게 설명하고 있다. 순환하고 있는 호르몬의 양과 다른 호르몬들 간의 상호관계, 그리고 목표기관의 결합능은 모든 호르몬의 작용에 영향을 미친다.

어떤 호르몬은 다른 호르몬의 작용을 증가시키는데, 이를 협동작용(協同作用, synergistic action)이라 한다. 어떤 호르몬이 다른 호르몬의 작용을 억제하는 경우도 있는데, 이를 길항작용(拮抗作用, antogonistin action)이라 한다. 또 다른 기초적인 개념은 서로 다른 내분비선강의 상호작용인데, 가장 좋은 예는 자극호르몬과 목표기관의 상호작용이다. 자극호르몬은 목표기관을 자극하여 호르몬의 방출을 증가시킨다. 목표기관에서 생산된 호르몬은 일반적으로 체세포에서 작용할 뿐만 아니라 자극호르몬을 생산하는 기관에 운반되어 자극호르몬의 생산이 억제하여 적절한 균형을 유지하게 한다. 자극호르몬의 생산이 증가하면 이로 인하여 다른 호르몬의 생산도 증가하여 자극호르몬의 생산이 억제된다.

반대로 어떤 호르몬의 분비가 감소되면 성선자극호르몬의 분비가 증가한다. 따라서 성선자극호르몬이 생산되면 상위기관의 자극에 의하여 억제되었던 호르몬의 혈중농도가 높아진다. 이 기전을 feedback 조절이라 한다. 이 기본적 개념을 염두에 두고 여러 가지 내분비선에 대하여 설명하고자 한다.

2. 뇌하수체

뇌하수체(pituitary gland, hypophysis cerebri)는 터키안(sella turcia, Turkish saddle)내에 뇌의 기저부, 즉 뇌강의 밑 접형골(蝶形骨, sphenoid bone) 내의 함몰부에 위치하고 있다. 뇌하수체는 전엽, 중엽, 후엽으로 구성되어 있다. 전엽과 중엽은 배인두(胚咽頭, embryonic pharynx)의 점막에서 유래한 구조인 Rathke's pocket (pouch)로부터 형성된다. 이들 엽(葉)의 상피구조가 이를 설명해 주고 있다.

후엽[posterior lobe, 신경엽(pars nervosa)]은 태아의 뇌에서 기원되며, 성축에서는 뇌하수체병(腦下垂體柄, pituitary stalk)에 의하여 뇌에 연결되어 있다. 병(柄, stalk)의 누두부(漏斗部, infundibulum)는 시신경교(optic chiasm)와 유두체(mammary body) 사이에 뇌의 기저에 위치하고 있는 뇌로부터 원추상(coneshaped)으로 돌출한 회백융기(tuber cinereum)에 붙어 있다.

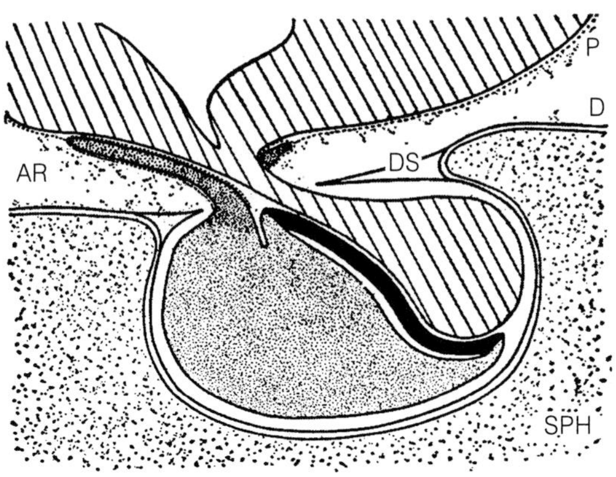

그림 26-3. 뇌하수체의 시상단면

PT: 뇌하수체 융기부(pars tuberalis) PI: 뇌하수체 중간부(pars intermedia) AR: 지망막강(蜘網膜腔, arachnoid spaces) D: 경막(硬膜, dura) DS: 안부격벽(鞍部隔壁, diaphragama sellae) P: 연막(軟膜, pia mater) SPH: 접형골(蝶形骨, sphenoid bone)

뇌하수체 전엽은 융기부라고 하는 돌기를 이루어 뇌하수체병의 앞부분을 따라 뇌쪽으로 뻗고 있다. 현미경적으로 전엽은 상피세포의 삭(索)과 결합조직으로 되어 있으며, 혈관동에 의해서 분리되어 있다.

뇌하수체 전엽에는 6종의 세포가 있다. 혐색소성 세포(chromophobes)라고 하는 세포는 뇌하수체 전엽의 호르몬을 분비하는 세포로서 불활성의 전구물질이라고도 믿고 있다.

호색소성 세포(chromophils)의 전자현미경 소견과 세포 자체에서 형성된다고 할 수 있는 호르몬과 관계가 있는 염색반응을 기초로 해서 분류할 수 있다. 호산성 세포(acidophils)에는 prolactin(PRL)를 생성하는 lactotrophs와 STH를 생성하는 somatotrophs 등이 있다. 호염성 세포(basophils)에는 FSH를 생성하는 FSH gonadotrophs, LH를 생성하는 LH gonadotrophs, TSH를 생성하는 thyrotrophs, ACTH를 생성하는 corticotrophs 등이 있다. MSH(melanocyte stimulating hormone)는 뇌하수체의 중엽(intermediate lobe)의 세포내에 있는 ACTH로부터 형성됨이 인정되었다.

융기부(隆起部, pars tuberalis)는 현미경으로 보면 나머지 전엽과는 상당히 다르며, 중간엽과도 다르다. 융기부는 어떠한 명확한 내분비기능을 가지고 있다고는 알려지지 않았다. 그러나 중엽은 대부분의 척추동물에 존재하며, MSH(melanocyte 혹은 melanophores-stimulating hormone)을 생성하는 기능이 있으며, 피부의 색소침착을

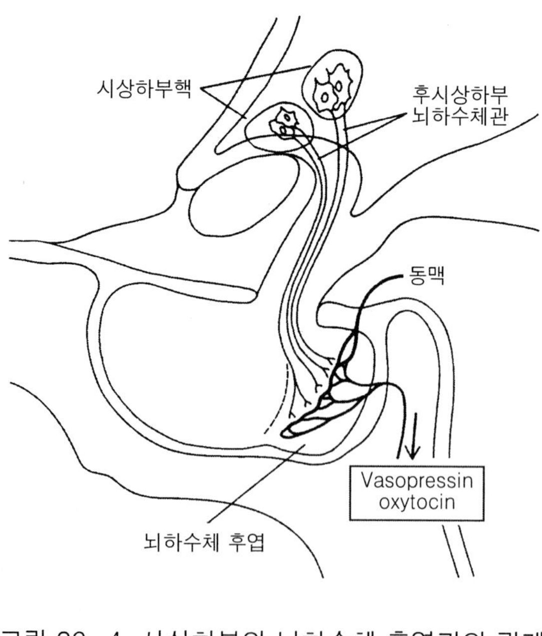

그림 26-4. 시상하부와 뇌하수체 후엽과의 관계

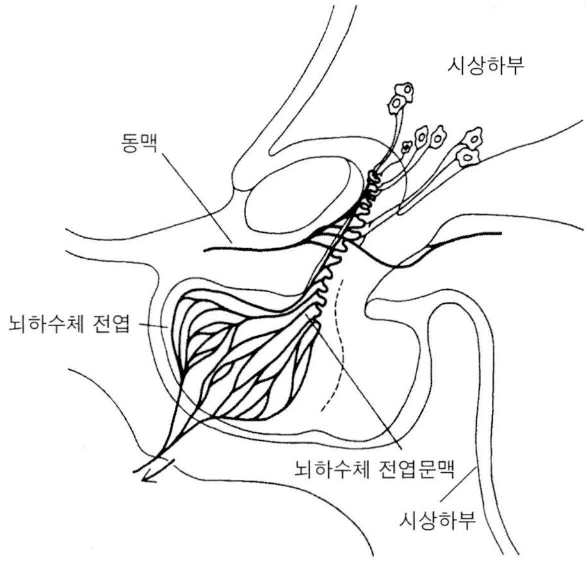

그림 26-5. 시상하부와 뇌하수체의 혈관분포

방출인자를 분비하는 시상하부의 신경원은 시상하부로부터 뇌하수체 전엽까지 혈액을 운반하는 문맥계를 시발점으로 하는 혈관망에 이른다.

조절한다. 그러나 성인을 위시해서 몇 종의 동물에서는 엽(葉)으로 인정하기에는 불명료한 데가 있다.

뇌하수체 후엽(neurohypophysis)은 시상하부핵(hypothalamic nuclei), 특히 시상핵(視床核, supraoptic nuclei)과 방실핵(旁室核, paraventricular nuclei)에 있어서 신경세포로부터 유래한 특이한 신경교세포(pituicytes)와 신경섬유로 구성되어 있다.

수년 전만 하더라도 이 신경세포가 후엽호르몬을 생산하는 것으로 믿어졌으나, 이들 호르몬은 시상하부 핵내 신경분비세포로부터 생산되어 신경섬유를 거쳐 후엽으로 내려가는 것으로 증명하고 있다.

뇌하수체 전엽에 들어가는 약간의 신경은 직접선의 분비를 조절하기보다는 혈관의 크기를 조절하는 것으로 생각된다. 분비의 실제적인 조절은 뇌하수체병과 뇌의 정중융기로부터 뇌하수체 전엽까지 혈액을 운반하는 정맥에 의하여 이루어진다. 이들 혈관들은 뇌하수체 전엽의 실질내에서 모세혈관으로 확산되어 시상하부-하수체문맥계통(hypothalamic-hypophysial portal system)을 형성한다. 시상하부로부터의 조절경로는 잘 알려져 있으나 뇌하수체 전엽의 조절기전은 연구되어 있지 않다. 뇌하수체의 모든 부분은 동맥혈을 입접동맥으로부터 받는다(대부분의 동물에서 위리스 환(the circle of willis).

1) 전엽호르몬

뇌하수체 전엽에서 분비되는 호르몬은 성장호르몬[somatotropin(STH), growth hormone(GH)], 부신자극호르몬[adrenocorticotropin(ACTH), corticotropin], 갑상선자극호르몬[thyroid-stimulating hormone(TSH), thyrotropin], 난포자극호르몬(follicle-stimulating hormone, FSH), 황체형성호르몬(luteinizing hormone, LH) 혹은 간질세포자극호르몬(interstitial-cell-stimulating hormone, ICSH), 황체자극호르몬[luteotropic hormone(LTH), luteotropin, prolacton], 최유호르몬(lactation hormone) 등이다. 이들 호르몬은 모두 polypeptide이며, TSH, FSH 및 LH는 탄수화물을 함유하는 점성단백질(mucoprotein)이다.

(1) 성장호르몬

성장호르몬(somatotropic hormone, STH)은 성장할 수 있는 모든 체세포의 성장을 자극하며, 특히 뼈와 근육조직에 효과가 있다. 싱장호르몬의 작용은 존새하는 호르몬의 과다나 혹은 부족시 특히 주목할 만하다. 미성숙한 동물에 있어서 STH가 과대하게 분비되면 지나친 성장으로 손발이 길어지면서 거구가 된다. 성숙동물에서는 장골의 골단이 폐쇄한 후에는 사지는 직경이 증대되나 길이는 커지지 않으며, 다른 부위와 조직은 STH가 과대하게 분비되므로 확대되어 말단거대증(末端巨大症, acromegaly)이 된다.

STH의 결핍은 뇌하수체를 제거한 어린 동물에서 현저하게 볼 수 있다. 이런 동물은 왜소하게 되는 것은 물론 STH뿐만 아니라 뇌하수체의 다른 호르몬도 결핍하게 된다. 성숙동물에 있어서 STH의 부족은 모든 전엽호르몬의 낮은 분비와 관련이 있으며, 이러한 상태를 범뇌하수체 전엽기능항진증(panhypopituitarism) 또는 simmonds disease이라고 한다.

STH는 단백질의 합성과 체내 단백질을 축적시키고, 체단백질의 분해를 억제한다. 이 현상을 단백질의 동화효과라 하고, 아미노산이 세포막을 통과하여 이전을 증가시키는 호르몬과 아미노산이 단백질로 융합하는 것을 증가시키는 호르몬에 기인한 것으로 알려지고 있다. STH는 진성당뇨병(diabetes mellitus)을 더욱 악화시키며, 체지방을 감소시킨다. STH는 근육과 지방조직에서 insulin과 길항작용을 하기 때문에 당뇨병을 악화시키며, 지방분해를 증가시키기 때문에 혈액내에 keton체를 증가시킨다. STH의 과대분비는 췌장에 insulin분비 세포에 장해를 주어 ketone체의 생산조건을 나쁘게 한다.

STH는 체세포에 또 다른 작용을 부여하고, glycogen의 분해를 촉진시키며, pyruvate, lactate 및 glycerol과 같은 비아미노산 전구물질로부터 포도당 신생(gluconeogenesis)을 촉진시킨다. 이 작용은 fructose-1, 6-diphosphatase와 glucose-6-phosphate와 같은 효소에 의하여 이루어진다. 한편, STH는 transaminase의 효소활성을 떨어뜨려 아미노산으로부터의 포도당 신생을 감소시킨다.

STH는 호르몬 감수성이 높은 lipase의 활성을 증가시켜 지방분해(lipolysis)를 촉진시킨다. 뇌하수체로부터의 STH의 분비는 여러 가지 요인에 의하여 지배된다. STH의 분비는 단식, 운동 및 수면에 의하여 증가한다. 스트레스는 ACTH나 glucocorticoids의 증가와 함께 STH의 방출을 증가시킨다.

동물이 저혈당증에 있거나 만성 단백질 결핍증에 처하면 ADH가 증가하면서 STH가 증가한다. 이것은 어떻게 호르몬이 모든 기관과 조직의 항상성 균형을 유지하려고 하는 여러 가지 체내에 조건과 상태에 영향을 미치는가를 보여주는 좋은 예가 된다. 이미 언급한 바와 같이 대부분의 예에서 STH의 궁극적인 효과는 단백질을 소모하지 않고 혈당수준을 증가시키는 것이다.

STH는 또한 간장에 의해서 분비되는 somatomedins라고 하는 일종의 단백질에 영향을 미치어 미성숙 동물에서는 장골의 성장을 촉진하며, 몸의 크기가 증가된다. 이 호르몬의 효과는 골질, 근육, 신장 및 간장의 성장에서 쉽사리 인정할 수 있다. STH는 갑상선, 성선(性腺), 부신(副腎) 및 중추신경조직의 성장과 발달에는 중요하지 않다.

(2) 부신피질자극호르몬

부신피질자극호르몬[adrenocorticotropic hormone(ACTH), corticotropin]은 이름에 함축되어 있듯이 부신피질을 자극하는 효과가 있다. Glucocorticoid를 생산하는 속상대(束狀帶, zona fasciculata)와 망상대(網狀帶, zona reticularis)는 mineral corticoid를 생산하는 사상대(絲狀帶, zona glomerulosa)보다 ACTH에 한층 더 민감하다.

ACTH의 주된 작용은 부신피질조직의 비대와 증생(增生)이고, 부신피질호르몬의 생산을 자극하며, 부신피질세포에 있어서 지질, cholesterol 및 ascorbin산(비타민 C)의 생산을 감소하는 것이다. 어떤 물질의 ACTH에 대한 활동성은 실험동물의 부신피질에서 감소되는 ascorbic acid의 양을 정량함으로써 측정할 수 있다.

뇌하수체와 부신피질의 상호관계는 동물체내의 항상성(homeostasis)을 유지하는 데 중요하다. 부신피질에 대한 작용 이외에 ACTH의 직접적 작용은 결정하기 어려우나 여러 가지 면에서 STH와 유사한 데가 있는 반면에 ACTH는 다른 기관에 간접적으로 작용하며, 주된 작용은 부신피질에 있다. 뇌하수체 전엽내에 신경종말이 별로 없다는 사실은 전엽의 작용이 특히 뇌하수체 문맥에 의하여 선(腺)으로 운반된 어떤 물질에 의하여 이루어진다는 것을 강화시켜 주고 있다.

부신피질호르몬의 순환이 감소하면 ACTH가 증가하고, 반대로 부신피질호르몬의 순환이 증가하면 ACTH가 감소하는 것은 feed back 기전에 의한다. 이와 같은 관계는 자극이 별로 없는 경우에 단순한 feed back 기전으로서 나타나는 기능이며, 스트레스가 있을 때는 단순한 feed back 기전으로서는 설명할 수 없을 만큼 ACTH의 방출속도가 빠르다.

한편, 뇌하수체 문맥순환을 통한 조절물질의 방출과, 특히 대뇌피질로부터 오는 시상하부에 대한 구심성 신경충격은 뇌하수체 조절과 관계가 있다.

※ CRH(corticotropin-releasing hormone, 부신피질자극호르몬-방출호르몬)는 뇌하수체 전엽으로부터 ACTH를 방출하도록 한다. 특히, CRH 추출물은 문맥혈에서 얻어지며, ACTH의 방출인자로 알려진 것은 α형이다. CRH는 α-MSH와 매우 흡사한 polypeptide이다. CRH는 시상하부의 신경분비세포에서 합성이 되어 스트레스에 반응하여 방출되고, 신경내분비 반사에 의하여 활성화된다. Epinephrine, norepinephrine, histamine 그리고 후엽호르몬(vasopressin과 oxytocin)들은 간접 또는 직접으로 ACTH방출을 조절하는 중요한 역할을 한다고 암시하고 있으나, α-CRH가 현재는 조절인자로 등장되고 있다.

(3) 갑상선자극호르몬

갑상선자극호르몬[thyroid-stimulating hormone(TSH), thyrotropin] 고유 갑상선에 주로 작용한다. 갑상선 상피세포는 TSH의 작용으로 비대 및 증생(增生)을 일으켜 갑상선호르몬의 분비와 생성이 증가된다. 체내에서 TSH의 증감효과는 갑상선호르몬의 생성감소나 혹은 증가에 의하여 볼 수 있는 변화에 의하여서만이 뚜렷하게 된다. ACTH의 조절과 마찬가지로 목표기관으로부터 feed back 기전은 TSH 분비조절의 주된 방법인 듯하며, TSH는 TRF((thyroid releasing factor, 갑상선방출호르몬)를 방출하게 하기 위하여 직접적으로는 뇌하수체에 해당세포에 작용하거나 시상하부에 있는 신경분비세포에 작용하며, TRF는 뇌하수체 문맥계를 통하여 TSH를 방출하게 한다.

뇌하수체의 성선자극호르몬(pituitary gonadotropins)에는 난포자극호르몬(follicls-stimulating hormone, FSH), 황체형성호르몬(luteinizing hormone, LH) 및 황체자극호르몬[luteotropic hormone(LTH), luteotropin, prolactin] 등이 포함된다.

(4) 난포자극호르몬

난포자극호르몬(FSH)은 이름이 말해 주듯이 난소에서 난포를 발달 성숙케 하며, 난포로부터 estrogen을 생성케 한다. 순환되고 있는 estrogen 수준이 증가되면 FSH의 생산이 억제되는데, 다른 feed back 기전과 같은 것이다. FSH 생산이 감소됨에 따라 LH 생산이 증가되며, 그 결과 난포가 성숙하여 배란하게 된다.

FSH는 또한 웅성(雄性)의 정소(精巢)의 세정관내 정자형성을 자극하여 제2차 정모세포(精母細胞)를 발달하게 한다. 그러나 testosterone은 뇌하수체의 간질세포자극호르몬과 함께 정자의 발달과정을 완성시킨다.

(5) 황체형성호르몬

황체형성호르몬(LH)은 FSH가 감소할수록 증가한다. LH의 증가는 estrogen의 증가, 난자의 성숙, 배란 및 황체의 형성과 상관관계가 있다. 황체는 progesterone을 생

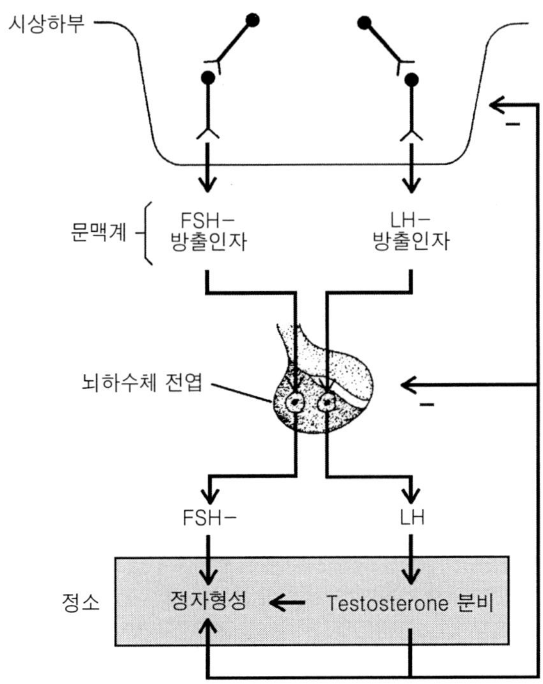

그림 26-6. 정소기능의 호르몬 조절

(-)는 testosterone이 시상하부와 뇌하수체에 있어서 LH분비 억제 표시, testosterone은 정소내 혈관과 순환계를 통하여 국부에 확산 또는 방출하여 세정관내에서 정자형성을 자극한다.

산하는데, 이 호르몬은 LH의 생산을 억제할 뿐만 아니라 난포의 성장과 배란을 저지하며, 황체기에는 발정을 억제한다.

교미배란하는 동물에 있어서 LH의 분비는 시상하부의 신경분비 반응에 의하여 자극된다. LH는 정소의 간질세포(間質細胞, leyding cells)를 자극하기 때문에 LH는 간질세포자극호르몬(interstitial-cell-stimulating hormone, ICSH)이라고도 한다. 정소의 간질세포는 웅성호르몬인 testerone을 생산한다.

(6) 황체자극호르몬

황체자극호르몬[luteotropic hormone(LTH), luteotropin, lactogenic hormone, prolactin]은 대부분의 포유동물에 있어서 비유의 개시 및 유지에 관여한다. 포유동물에 있어서 LTH의 방출은 포유에 의하여 반사적으로 자극된다. 흰쥐, 생쥐 및 쪽제비에 있어서 LTH는 임신중 황체의 유지를 돕는다. 이 황체자극 작용은 대동물에서는 아직 입증되지 않았으며, 웅축(雄畜)에서는 prolactin의 기능이 알려져 있지 않다.

2) 중엽호르몬

뇌하수체 중엽은 MSH(melanocyte-stimulating hormone, 혹은 intermedin)을 생산하며, 이 호르몬은 어류, 양서류 및 파충류의 하등동물에서 색소세포(melanocytes)를 조절한다. 이들 동물과 사람에게 MSH를 투여하게 되면 피부가 검게 된다.

피부에는 melanocytes가 있으며, 이 세포에는 검은 색소인 melanin을 함유하고 있다. MSH의 자극에 의하여 melanin의 합성이 증가하며, 세포질과 세포내로부터 색소가 주위 조직으로 확산된다. 임신기간이나 addison병(부신호르몬 결핍증) 중에 사람의 피부가 검게 되는 것은 MSH나 ACTH에 의한 것으로 추측하고 있다. 왜냐하면 ACTH를 구성하고 있는 아미노산 chain의 처음 셋은 MSH의 polypeptide와 같기 때문이다. 대부분의 동물에서 MSH의 작용이 불확실하여 이 기능을 충분히 이해하기 위해서는 더 많은 연구가 필요하다.

3) 후엽호르몬

뇌하수체 후엽호르몬(neurohypophyseal hormones)의 실제적인 근원은 시상하부의 시색상핵(視索上核)과 방실핵(旁室核)내 신경세포에 있다. 여기에 호르몬은 시상하부에서 뇌하수체 후엽(신경엽)을 지나는 축삭형질(軸索形質)을 통하여 후엽으로 운반되어 방출될 때까지 저장된다. 후엽호르몬에는 항이뇨호르몬(antidiuretic hormone, ADH)와 옥시토신(oxytocin)이 있다.

(1) 항이뇨호르몬

항이뇨호르몬(antidiuretic hormone, ADH)은 신단위의 원위세뇨관으로부터 수분의 재흡수를 용이하게 하여 신장으로부터 수분상실을 조절하는 중요한 기능을 가지고 있다. ADH의 결핍은 요붕성(尿崩性) 당뇨병(diabetes insipidus)이라고 하는 병을 일으키며, Na의 침착과 더불어 과도한 수분이 상실되는 것이 특징이다.

정상동물에 있어서 ADH의 방출은 시상하부의 삼투압수용기(osmoreceptors)에 도달한 혈액의 삼투압의 증가에 의하여 자극된다. ADH의 방출을 자극하는 수분유지의 요구조건은 탈수와 혈액농축이다. 반대로 저장액의 액체를 마시므로 생기는 낮은 삼투압의 혈액은 ADH의 방출을 억제하여 이뇨(利尿)가 일어나도록 한다.

수분의 손실은 결국 혈액내 삼투압을 정상으로 회복시킨다. Vasopressin은 단어가 의미하듯이 ADH는 혈압을 높이는 데 도움을 주지만, 이 기능은 출혈시를 제외하고는 의의있는 생리적 중요성이 입증되지 못했다.

(2) 옥시토신

옥시토신(oxytocin)은 역시 뇌하수체 후엽호르몬으로서 자궁근층과 유선의 근상피세포에 작용한다. 분만시 oxytocin은 자궁을 수축하여 태아의 만출을 도우며, 교미시 oxytocin은 자궁의 수축을 촉진하여 정자의 자궁내 수송을 돕는다.

포유는 oxytocin의 반사적인 방출을 일으키며, 유선의 유선포를 둘러싸고 있는 근상피세포를 수축되게 한다. 이러한 과정을 유즙배출(milk letdown)이라고 하며, 유선포 내의 우유를 유선의 유선관으로 나오게 한다. Oxytocin은 prolactin의 방출에도 관여한다.

3. 부 신

부신(副腎, adrenal gland)은 신장 근처에 위치해 있고, 모양, 크기 및 정확한 위치는 동물종에 따라 다르다. 부신은 피질(외층부)과 수질(내층부)로 되어 있으며, 선(腺) 자체는 결합조직으로 둘러싸여 있다. 피질과 수질의 실질 조직세포들은 혈관과 연관해서 군집배열을 이루고 있다.

1) 부신의 조직

현미경적으로 피질은 3층으로 나누어져 있으며, 표면으로부터 사상대(zona glomerulosa), 속상대(zona fasciculata)와 망상대(zona reticularis)의 순으로 되어 있다. 피막 바로 밑에 있는 사상대는 지방적(脂肪滴)을 지니고 있는 다소 염기호성의 원주세포들이 존재하고 있다.

가장 두터운 층인 속상대의 세포는 불규칙한 형태를 하고 있고, 비교적 직선 삭(索)으로 배열되어 있으며, 표면에 직각으로 달려 직선으로 달리는 모세혈관 사이에 산재해 있다. 이들 세포의 세포질은 다소 호산성이며 표면세포(사상대)보다 많은 지질성 봉입물을 지니고 있다. 얇은 망상대는 여러 방향으로 달리는 삭(索) 내에 배열된 불규칙한 세포들을 지니고 있는 불규칙한 동양혈관(洞樣血管, sinusoids)에 의해 분리된다. 현미경적으로 부신피질에서 분비되는 여러 가지 호르몬을 생산하는 세포를 구별할 수 없다.

부신수질은 교감신경절 세포가 유래된 같은 형의 배세포로부터 유래되었다. 이들 세포는 난원형(卵圓形)에서 원주형(圓柱形)까지 여러 가지 형태이며, 잘 절편된 표본에서는 정맥과 동맥에 향해 있는 것처럼 보인다.

교감신경 앞 신경절의 신경섬유는 부신수질에 들어가 세포로 하여금 epinephrine (adrenalin)과 norepinephrine을 방출하도록 자극한다. 부신에 대한 혈액공급은 다양하지만, 일반적으로 작은 동맥이 피막에 분포하고 있다. 이들 동맥은 직접 대동맥이나 신장동맥, 늑간동맥과 요추동맥을 위시해서 대동맥의 가지로부터 유래한다. 부신동맥의 어떤 분지는 피막에, 어떤 것은 피질에, 어떤 분지는 수질에 직접 혈액을 공급한다. 수질정맥은 각 측의 부신의 피질과 수질에서 혈액을 배출한다.

2) 부신피질호르몬

많은 steroid 화합물이 부신의 피질에서 발견되었다. 이들은 글리코겐의 작용(당류피질호르몬, glucocorticoids)을 가지고 있는 부신피질호르몬, 전해질의 작용(염류피질호르몬, mineralocorticoids)을 지니고 있는 부신피질호르몬과 웅성호르몬(androgen)으로 구분할 수 있다. 호르몬은 합성하는 데 사용하거나 호르몬의 대사산물인 기능을 모르는 steroid가 부신피질에서 또한 발견된다.

Steroid 호르몬의 화학명은 복잡하지만, 여러 가지 기능적인 기(基)가 있을 때와 없을 때, 또는 구조상 특별한 위치가 대치될 뿐이지 cholesterol에 많이 닮았다. 그림 26-7은 전형적인 steroid(cholesterol)에 있어서 환(環)을 문자로, 탄소원자를 수자로 표시한 것이다.

탄소 11번 위치에 수산기(OH) 또는 산소의 존재 여부는 부신피질호르몬의 생물학적 작용에 있어 매우 중요한 요인이 된다. 탄소 11번 위치에 산소가 없는 corticoids는 탄수화물과 단백질 대사보다는 전해질과 수분조절 작용이 한층 크다. 이들 mine-

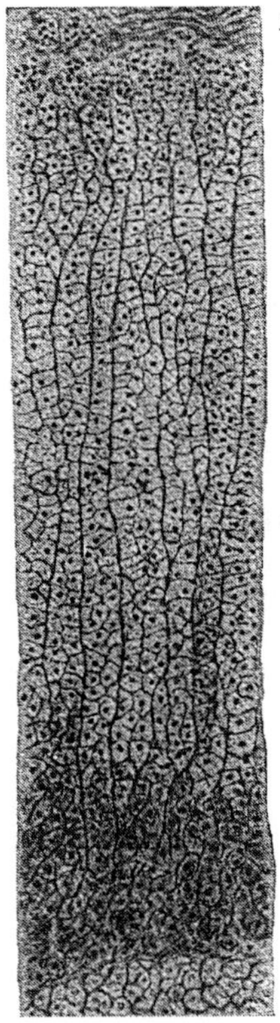

그림 26-7. 부신선의 단면

ralocorticoids는 DOC(11-deoxycorticosterone)과 17 α-hydroxy-11-deoxycorticosterone을 가지고 있다.

Aldosterone은 탄소 11위치에 산소를 가지고 있지만 전해질 조절에 있어서 가장 효과가 있는 부신피질 steroid이다. 탄소 11위치에 수산기(OH)와 ketone기(C=O)를 가진 steroid는 탄수화물과 단백질의 대사에 효과적이지만, 수분과 전해질 대사에는 효과가 없다. 이 group 중 활발한 steroid는 11-hydrocorticosterone, corticosterone, cortisone과 cortisol이다.

천연 steroid 이외에도 이들 호르몬이 인공적으로 만들어진다. 이들 인공적인 steroid의 어떤 것은 원래의 steroid보다 역가가 큰 것이 있다. 예를 들면, 불소(fluorine)를 첨가하면 어떤 steroid는 생물학적 역가가 크게 증가한다.

실험동물의 부신을 제거하면 호르몬이 결핍했을 때 나타나는 증후로서 부신피질호르몬의 기능을 잘 알 수 있게 된다. 부신피질 조직이 완전히 제거되고 아무 처리도 하지 않은 경우에는 부신피질을 제거한 동물은 2주 이상 생존하기 어렵다. 젊은 동물

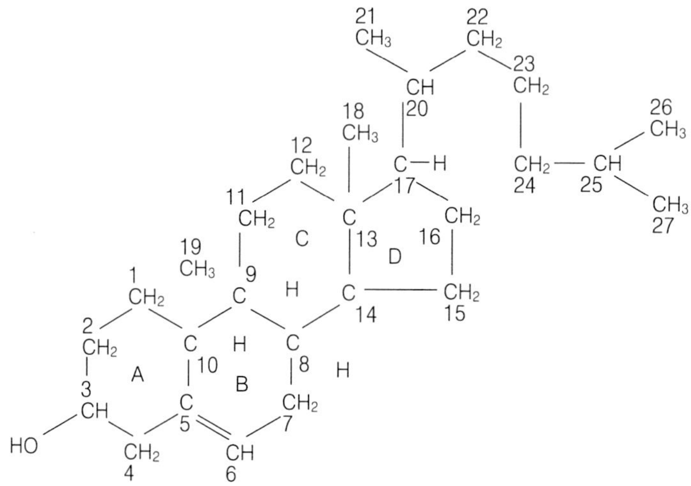

Cholesterol

그림 26-8. 환(環)과 탄소원자를 수로 표시한 cholesterol의 구조식

은 성장이 중지되고 혈당, 혈압과 체온이 떨어진다. 신장은 적절한 기능을 발휘할 수 없게 되며, 극단적인 온도, 사료의 부족, 과도한 운동, 전염 및 상처와 같은 스트레스에 대한 저항력을 상실한다. 흉선과 림프절은 증대되어 gluconeogenesis가 억제되며, 중탄산나트륨과 염소가 상실되며 가리(potassium)가 보유된다.

Addison병에서 볼 수 있는 이들 장애는 부신피질호르몬을 투여함으로써 치료된다. 호르몬치료를 하지 않고 소금을 먹이면 부신피질 제거 징후의 어느 부분은 치유되나 신세관(腎細管)은 사구체(絲球體) 여과부로부터 나트륨, 염소 및 수분을 흡수하지 못하며, 특히 aldosterone이 결핍한 경우는 potassium을 여과하지 못한다. 가장 효과적인 mineralocorticoid인 aldosterone과 deoxycorticosterone은 11-oxygenated steroids보다 sodium을 보유하고 potassium을 배설하는 효과가 한층 크다. 부신을 제거한 동물에 있어서 탄수화물대사의 장해는 낮은 혈장, 당 흡수의 감소, 간내 glycogen의 고갈, gluconeogenesis의 실패이다. 동시에 포도당 산화는 증가하고 탄수화물의 지방전환도 증가한다.

11-oxygenated corticoids는 전해질 조절에 약간 관여하고 이뇨(利尿)를 증가시키며, 특히 부신제거로 생기는 탄수화물 대사장해를 줄이는 데 효과가 있다. 이들은 또한 혈액내 호산성 백혈구와 림프구의 수를 줄인다. Oxygenated corticoid는 여러 가지 스트레스의 영향을 줄이고, 염증을 완화시키며, 상처가 빨리 낫도록 한다.

ACTH는 부신의 corticoid 생산의 주요인이 되며, 뇌하수체는 혈액내의 부신호르몬이 감소할 때는 ACTH의 분비를 증가시킨다. 뇌하수체를 제거한 동물과 정상적인 동물에 ACTH를 투여하면 혈액 중에 특히 부신에서 분비될 11-oxycorticosteroid가 증가한다. ACTH는 aldosterone 생산에는 별 영향을 주지 않으나 혈액내 Na와 K의 비율과 신빈혈-혈관계 발육이상 체계(reninangiotensin system)와 같은 요인에 영향을 미친다.

부신의 종양이나 평소보다 ACTH가 많이 분비되었을 경우 부신피질호르몬의 분비가 증가한다. 이 양자의 경우에 생기는 증세와 징후는 일부 부신피질에서 생산되는 androgen에 기인하며, 어떤 동물에서 성에 관계없이 근육의 웅성화(雄性化, masculinization)가 일어난다. 부신은 ACTH의 과대분비의 영향으로 부신의 피질성 증식을 일으켜 androgens을 과다 분비할 뿐만 아니라 cortisol을 과다 분비하여 체조직내 혈당과 단백질 변성을 증가시킨다.

3) 부신수질호르몬

부신수질(adrenal medulla)은 두 호르몬(catecholamines), 즉 epinephrine과 norepinephrine을 분비한다. Epinephrine은 norepinephrine에서 볼 수 없는 methyl기(CH_3)를 지니고 있다. 토끼와 guinea pig와 같은 정적인 동물보다는 고양이와 같은 공격적인 동물의 부신수질에서 보다 높은 비율의 norepinephrine을 볼 수 있다. 사람에 있어서 성인의 부신은 norepinephrine보다 4배의 epinephrine을 분비한다. 돼지는 수질분비의 50%가 norepinephrine이지만, 성숙한 고양이는 40%, 소는 30%, 말은 20% 및 양은 35%이다.

Catecholamine의 합성은 아미노산 tyrosine이 dihydroxyphenylalanine(DOPA)로 전환하므로 시작되어 decarboxylase 효소에 의하여 dopamine으로 전환된다.

Dopamine의 β-hydroxylation은 norepinephrine을 합성하며, 그후 methylation은 epinephrine을 형성한다. 부신수질로 들어간 preganglion의 교감신경 섬유에 방출된

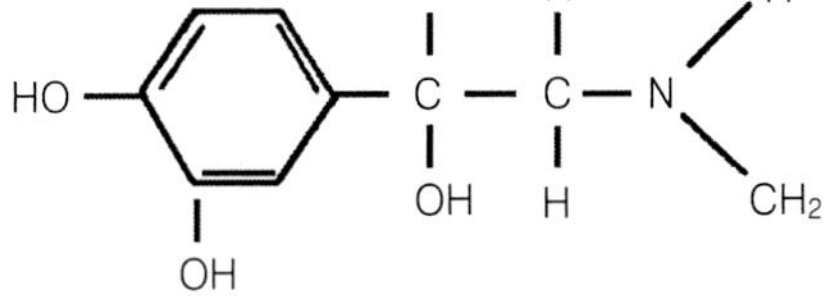

Epinephrine

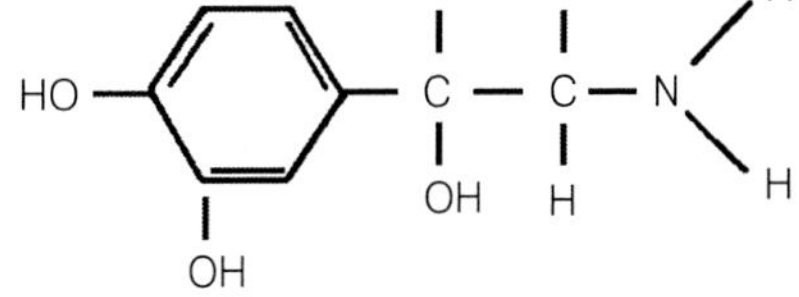

Norepinephrine

그림 26-9. 부신수질의 두 호르몬

acethylcholine은 수질호르몬의 방출을 위한 정상적인 자극을 일으킨다.

부신수질에서 다른 호르몬을 생산하는 세포형이 있다는 조직화학적 연구를 하였으나, 두 호르몬의 다른 방출의 정확한 기전은 아직 밝혀지지 않았다. 각 세포는 다른 조건과 자극에 의하여 부신수질에서 서로 다른 분비작용을 일으키는 고유의 신경경로를 가지고 있는 것으로 생각된다.

사람에 있어서 공격적인 행위는 norepinephrine의 증가와 관계가 있는 것 같으나, 수동적이고 정서적인 감정은 epinephrine의 증가와 더 관련이 있는 것 같다. 교감신경의 절후신경섬유 종말(postganglionic nerve endings)은 교감신경에서 내장기관까지의 전달물질인 norepirephrine을 정교하게 만든다. Norepinephrine은 부신수질이 없는 경우에도 맥관계의 조율을 유지하는 데 도움이 되고, 혈압을 유지하는 데 중요한 인자가 된다.

스트레스 상태에 있어서 조절, 특히 대사에 관계될 경우에는 norepinephrine 보다는 epinephrine에 더 의존한다. Epinephrine은 간과 근육에서 glycogen을 효소적으로 분해함으로써 혈당량에 작용하는 insulin의 억제작용을 조절하며, 혈액내 포도당의 수준을 증가시킨다. 또 epinephrine은 뇌하수체 전엽이 ACTH를 분비하여 단백질로부터 탄수화물의 합성(gluconeogenesis)을 증진시키는 부신피질호르몬의 생산을 자극한다. 근육 glycogen은 유산으로 분해되며, 이로부터 간은 glucose를 합성한다. 조직에 의한 glucose의 이용은 또한 제한된다.

갑상선호르몬의 증가는 체의 epinephrine에 대한 감수성을 증가시키며, 갑상선호르몬의 감소는 체의 epinephrine에 대한 감수성을 감소시킨다. 후자의 영향은 체세포의 대사작용의 억제와 epinephrine의 분포 지연, 그리고 epinephrine을 불활성화하는 monoamine oxidase에 대한 장기간 노출에 기인한 것으로 되어 있다. 스트레스를 최소한으로 한 실험실 조건하에서 교감신경계가 존재하는 한 수질이 없이도 동물은 살 수 있다. 그러나 보통 생활환경의 스트레스를 받은 동물이라 할지라도 양쪽 부신수질을 제거하면 환경에 적응을 하지 못한다.

4. 갑상선

갑상선(thyroid gland)은 후두(喉頭)의 갑상연골(甲狀軟骨) 가까이 위치하고 있으며, 2개의 엽(葉)으로 구성되어 있다. 1개의 엽은 기관의 한 쪽에 위치하며, 동물의 종류에 따라서 협부(isthmus)가 2엽을 연결하기도 하고, 연결되어 있지 않기도 한다. 결합조직성 피막이 선(腺)을 덮고 있으며, 갑상선 실질내에서 중격(中隔)을 이루고,

상피세포 주위에 분포된 혈관을 지지 유도한다. 현미경적으로 갑상선은 colloid라고 불리는 물질로 채워진 소포(小胞)로 구성되어 있는데, 이들의 대부분은 thyroglobulin이라고 불려지는 proteiniodine complex로 구성되어 있다. 소포를 형성하는 상피세포의 높이는 갑상선의 분비활동에 따라서 낮은 입방형으로부터 높은 원주형의 다양한 형태를 이루고 있다.

C세포(parafollicular cells)가 갑상선의 대부분의 선(腺)을 이루고 있는 정규적인 소포세포 이외에 존재한다. C세포들은 소포에 연해있지 않으나 결합조직 내나 혹은 상피세포(follicular) 중에 산재해 있다. C세포는 cacium의 혈액 수준을 떨어뜨리는 calcitonin을 생성한다.

1) 갑상선호르몬

갑상선호르몬은 대부분의 호르몬에서와 같이 특별한 목표기관을 갖기 보다는 오히려 몸 전체에 걸쳐 세포작용에 영향을 준다. 갑상선호르몬이나 이들의 전구물질은 생물학적으로 활성화하기 위하여 분자의 필수 부분으로서 옥도를 필요로 한다. 갑상선은 colloid내에 iodide를 포착하여 옥도로 산화시킨다. 다음에 iodine은 아미노산, tryosine과 결합하여 monoiodotyrosine(MIT)과 diiodotyrosine(DIT)을 형성한다. 이들 iodotyrosine은 계속 결합하여 iodotyrosine T_3와 T_4를 형성한다. T_3은 triiodothy-

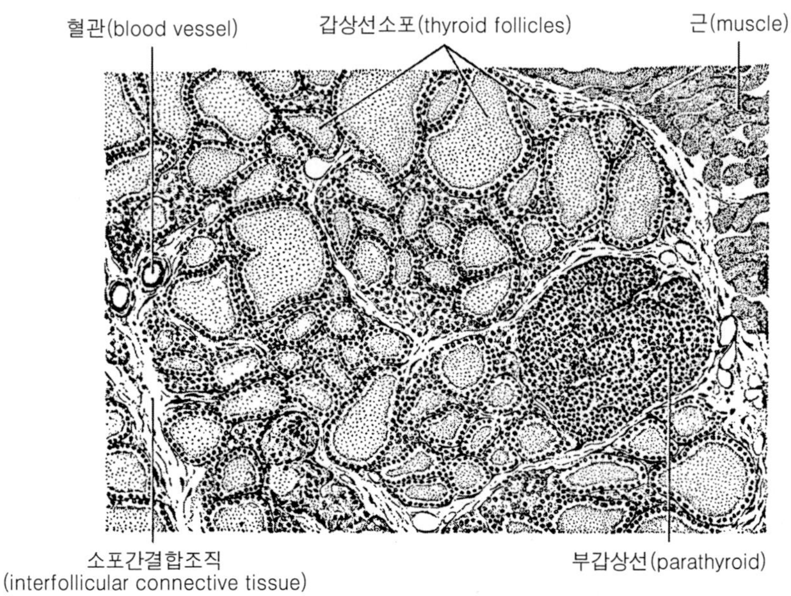

그림 26-10. 갑상선과 부갑상선의 단면

ronine이며, T_4는 tetraiodothyronine 또는 thyroxine이다.

이들(T_3과 T_4)은 혈액순환으로 분비되는 반면에 두 iodotyrosines은 갑상선 내에서 탈옥도화되며, iodine은 활성옥도 thyronine을 합성하는 데 다시 이용된다. T_3과 T_4는 체조직, 특히 간에서 결합되거나 탈옥도화 및 탈아민화 된다.

Thyroxine(T_4)는 가축에서 많이 볼 수 있으며, 갑상선 내에서는 T_3보다 약 3배 많이 존재한다. T_3과 T_4는 thyroid-binding globulin(TBG)이라고 하는 α-globulin과 결합하여 혈맥내로 운반된다.

말에서는 적은 양이 thyroid-binding prealbumin(TBPA)과 함께 혈액으로 운반되며, 어떤 동물에서는 carrier가 albumin이다. 혈액단백질과 결합하는 모든 옥도를 protein-bound iodine(PBI)라 하며, 이는 결합단백질 결합분석(competitive protein binding assay, CPB)라고 하는 분석법의 기초가 되며, 혈액내 결합호르몬과 유리호르몬의 양을 측정한다. T_4는 T_3보다 혈액결합 단백질에 대한 친화성이 크다.

T_3은 단순한 prothormone인데 반하여 T_3이 실제적인 호르몬일 것으로 추측된다. 그러나 이들 모두 활성이 있으며, 단지 작용속도에 있어 T_4가 T_3보다 높다. T_3과 T_4의 주저장소는 갑상선과 혈액외 체내의 근육에 대부분을 차지하고 있는 골격근이다. 그럼에도 불구하고 T_3과 T_4는 이들의 보편성 있는 효과에 상응하여 체내의 모든 조직과 세포에 존재한다.

T_3과 T_4는 세포의 대사작용을 촉진시키며, 그 결과 배설대사물로 전환된다. 이와 같은 작용은 골격근과 간에서 나타나는 것과 같이 대부분은 탈옥도화에 의하여 일어날 뿐만 아니라 간에서 일어나는 것과 같이 탈아민화 및 glucuronide 또는 황산염 결합에 의하여도 일어난다. Ester 산물은 대부분 담즙내에서 장으로 배설되어 분해되고, 대부분의 옥도는 순환계로 재흡수된다. 후자를 enterohepatic cycle이라 부른다.

세포 수준에서 갑상선호르몬(TH)은 포도당의 흡수와 이용을 증가시킨다. 또 TH는 당원분해(糖原分解, glycogenolysis)를 증가시킨다. 이 호르몬의 결핍은 cholesterol 수준이 증가함에 따라 혈액내에 나타나는데, 사실 TH가 cholesterol 합성을 증가시키기 때문이다. 그래서 cholesterol의 합성은 TH결핍에 감소되나 혈중 cholesterol 수준은 올라간다. 이 외에 TH는 핵과 ribosomal RNA의 작용을 강화시켜 세포에서 단백질의 합성을 증가시킨다. 갑상선호르몬의 열생산작용(calorigenic activity)은 정상동물에서는 1/2에 해당하며, 또한 이 호르몬 세포의 대사작용에 있어서 산소의 소비율을 증가시키고, 세포질내 단백질 합성을 촉진시킨다.

저온에 장기간 노출되면 갑상선호르몬의 분비가 증가하여 결과적으로 내부의 열생산을 위한 대사작용이 증가한다. 어떤 포유동물에서는 이 반응이 feed back 기전이 관여하기 어려울 정도로 빠르며, 적어도 처음에는 저온에 의하여 신경반사가 관여하는 것으로 추측된다. 저온에 장기간 노출되면 갑상선의 비대가 일어난다.

감정적이거나 물리적 스트레스는 갑상선의 분비를 심하게 억제하는 경향이 있다. 이 억제는 반사신경이 관여할 정도로 빨라서 교감신경계가 자극된다. 갑상선호르몬은 또한 norepinephrine의 효과를 활성화시킨다. 갑상선호르몬은 정상적인 성장과 조직 분화에 필요하다.

어린 동물에 있어서 갑상선호르몬의 부족(hypothyroidism)은 cretinism이라고 하는 왜소병을 일으킨다. 갑상선호르몬의 결핍은 전부는 아니지만 체내조직에 거의 영향을 미치며 탄수화물, 지방, 단백질 및 전해질의 대사를 저해한다. 또한 결핍은 성성숙을 지연시키고 불규칙한 발정을 일으키며, 자성(雌性)에 있어서는 수태율을 저하시킨다. 웅성(雄性)에서는 정자 형성, 정소 성장 및 정액의 질을 떨어뜨린다. 성인에서 TH결핍은 대사작용을 떨어뜨리고, 기면(嗜眠)을 일으키며, 머리카락이 빠지고, 체중이 늘어나는 경향이 있으며, 혈액량의 감소를 수반하는 Na, Cl 및 물의 보유현상을 특징으로 하는 점액수종(粘液水腫, myxedema)이 생긴다. 점액수종은 옥도가 부족하였던 모체에서 태어난 송아지나 돼지새끼에서 볼 수 있다. 성장중에 있는 새끼면양에 있어 TH결핍이 있을 때는 성축이 되었을 때 양털의 질이 크게 떨어진다. TH결핍증은 번식장해를 일으키며, 종종 유산이나 약한 새끼를 출산한다.

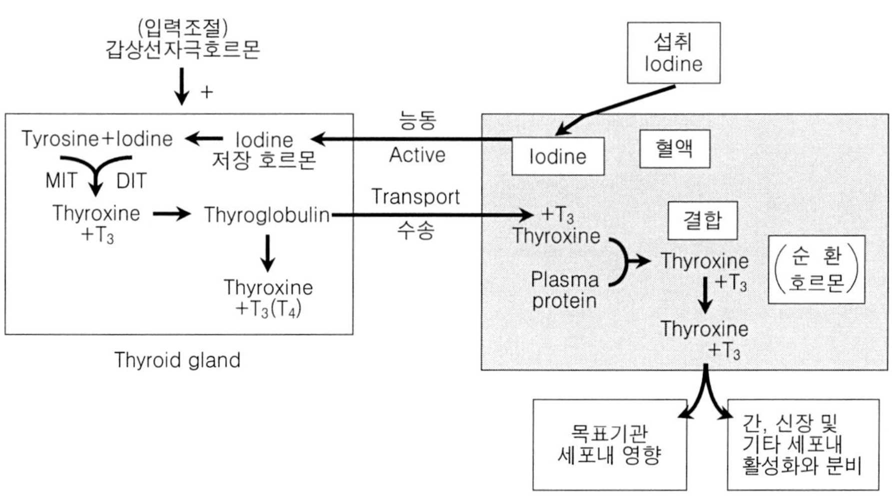

그림 26-11. Thyroxine 경로의 요약

Tyrosine, colloid globulin 및 혈장단백의 합성을 위하여 옥도 이외에도 아미노산이 음식으로 공급되어야 한다. 갑상선 자극호르몬이 뇌하수체에서 생산된다. 장관의 흡수과정에서 옥도가 옥도화합물로 전환된다.

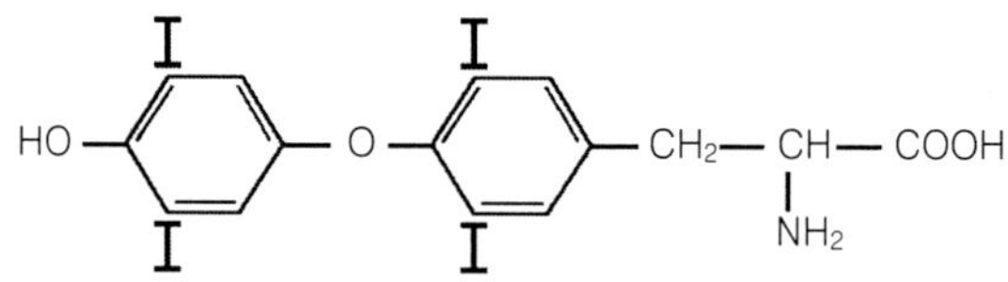

3,5,3′,5′-Tetraiodothyronine(thyroxine)

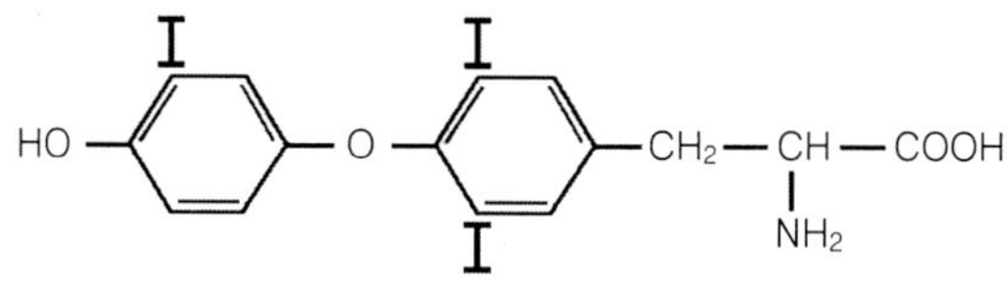

3,5,3′,-Triiodothyronine

그림 26-12. 갑상선의 옥도화 아미노산

갑상선기능항진증(hyperthyrodism)은 대사율의 증가, 정상적인 식욕이나 식욕감퇴를 수반하는 체중의 감퇴, 감응성 및 신경예민과 관계가 있다. 남자에 있어서 안구돌출증(exophthalmos)도 갑상선기능항진증에서 볼 수 있다.

TH의 분비는 뇌하수체 전엽에서 분비되는 TSH(thyroid-stimulating hormone)에 의하여 조절된다. 분비작용은 feed back 기전에 의하여 조절되는데, 순환계내 갑상선호르몬의 수준이 낮으면 TSH의 방출이 자주 되며, 높으면 억제되어서 갑상선에 의한 TH의 합성과 분비가 간접적으로 증가하거나 감소한다. TSH는 직접적인 feed back 이나 시상하부핵에 대한 feed back에 의하여 방출된다. 어떤 경우 갑상선호르몬의 수준의 변화는 순환 feed back 기전으로 설명하기에는 너무 빨라서 시상하부와 뇌하수체의 경로를 통한 신경계가 관여하는 것으로 생각된다.

정상적인 갑상선은 옥도화합물의 수준을 혈액의 25~50배까지 농축할 수 있다. 혈액내 대부분의 옥도는 옥도화합물의 형태로 존재하나, 갑상선 내에 있어서 옥도의 형태나 산화된 형태로 존재한다. 산화된 형태는 T_3과 T_4의 합성과정에서 아미노산인 tyrosine과 결합한다. 어떤 원인에 의한 순환계내의 불충분한 양의 TH는 뇌하수체 전엽으로부터의 TSH 생산을 증가시킨다. 갑상선이 TH의 증가에 대하여 반응하지 못하면 갑상선은 비대된다. 갑상선의 뚜렷한 비대를 갑상선종(甲狀腺腫, goiter)라고 한다. 상당기간 음식물 중에 옥도가 부족하면 goiter가 발생하는 것이 보통이다. 사람에서는 옥도염을 사용하여 goiter를 방지해 왔다.

옥도결핍 이외에도 양배추, 콩, 완두, 땅콩 및 제비콩과 같은 야채와 어떤 엽(葉)은

goitrogen이나 항갑상선 물질로 불리는 성분을 지니고 있는데, 이 성분은 갑상선호르몬의 형성을 저해하여 goiter를 일으킨다. 즉, TH의 아미노산 성분인 tyrosine의 옥도화를 방지함으로써 생긴다. Sulfonamide와 관련약품을 장기간 투여하면 goitrogen으로 작용한다. Thiocarbamids는 잠재성 goitrogen이다. 따라서 갑상선종은 갑상선기능항진증과 갑상선기능감퇴증을 관련지을 수 있다.

5. 부갑상선

부갑상선(副甲狀腺, parathyroid glands)은 제3 및 제4 인두낭(咽頭囊)으로부터 발생되며, 갑상선 내나 혹은 가까이에 위치한 작은 결절(nodule)이다. 대개 각 측에 2개의 부갑상선이 있는데 정확한 수와 위치는 동물의 종에 따라 다르다. 부부갑상선이 보통 부갑상선으로부터 상당히 떨어진 곳에서 발견되는 수도 있다. 이 부부갑상선은 부갑상선의 제거와 관련된 실험에서 일정치 않은 결과를 일으킨다. 부갑상선의 실질은 혈관과 산재해 있는 상피세포의 삭(索)과 집괴(集塊)로서, 실질세포는 주세포(chief cell)와 호산성 세포(oxyphil cell)로 구성되어 있다. 주세포는 검게 염색되는 핵과 과립 또는 맑은 세포질을 갖는 작은 세포이다. 핵들이 서로 밀착되어 있어 검게 보인다. 호산성 세포는 어떤 동물에서는 존재하지 않거나 사람에서는 4~7세 이전에는 보이지 않는다. 호산성 세포의 세포질은 산염색이다.

세포의 모양과 분비기능과의 관계가 잘 알려져 있지 않지만 주세포는 부갑상선호르몬의 대부분을 차지한다. 부갑상선은 갑상선과 조직적인 관계가 비슷하기 때문에 구별하기 어려우며, 부갑상선의 기능이 갑상선의 기능으로 믿어져 왔다. 그러나 현재는 부갑상선은 갑상선과 별개의 것으로 알려졌으며, 활동적인 부갑상선호르몬이 순수한 형태로 만들어진다.

1) 부갑상선호르몬

부갑상의 제거는 특히 육식동물에 장해가 많은데, 그 이유는 이들의 먹이 중에는 인의 함량이 높고 칼슘함량은 비교적 낮으며, 부갑상선호르몬(PTH)는 혈중 칼슘농도가 주요인이 되기 때문이다.

부갑상선 절제는 혈액과 오줌의 칼슘이온(Ca ion)의 수준을 떨어뜨리며, 동시에 혈액내 인을 증가시키나 오줌 중의 인을 감소시킨다. 혈중 Ca은 약 10 mg/100 정상으로부터 5 mg/100으로 떨어지는데, 혈중 칼슘이온의 저하는 신경근육계에 영향을 주어 심한 경우에는 근육의 경련, 전율 및 발작을 일으킨다.

부갑상선 절제에 의한 강직증(tetany)은 체온하강, 호흡촉진 및 혈액의 알칼리증을 일으킨다. 혈액의 알칼리증이 심화되면 이온화를 억제하여 발작이 일어나 결국 죽게 된다. 운동을 강요하거나 체온이 상승하면 상태가 더욱 나빠진다.

PTH가 과잉되면 칼슘의 동원이 증가되어 혈청 100 ml당 20 mg까지 칼슘이 상승한다. 또한 오줌 중에 칼슘과 인이 증가하면서 이뇨(利尿)를 동반한다. 뼈에서 칼슘이 계속 누출함에 따라 뼈는 연하고 약해져서 변형이 되어 섬유성골염(纖維性骨炎, osteitis fibrosa)이나 낭종성섬유성골염(囊腫性纖維性骨炎, Recklinghausen's disease of bone)을 유발한다. 높은 혈청 칼슘수준은 신장, 폐, 심장, 위, 소장 및 혈관과 같은 몸의 여러 가지 연조직에 있어서 칼슘 축적을 용이하게 한다. 과칼슘혈증(hypercalcemia)은 신경의 흥분성을 감소시키고 혈액의 응고를 증가시킨다.

PTH의 주요 기능은 뼈에서 칼슘을 동원하여 장(腸)에서 칼슘과 인의 흡수를 촉진하며, 재흡수에 의하여 Ca^{2+}를 확보하면서 신장으로 하여금 인을 배설하도록 한다. PTH의 작용기전으로서는 PTH가 골세포에 작용하여 흡수를 촉진하며, 골세포를 자극하여 기질조직을 빨아들이거나 파괴하며, 이로 인하여 기질 내에 들어온 칼슘은 혈액으로 방출될 수가 있다.

최근 연구는 상피소체호르몬(부갑상선호르몬)이 ① 골세포내 칼슘함량을 증가하고, ② ATP로부터 cyclic-AMP를 생산하기 위하여 세포막내 adenyl cyclase 효소를 활성화하므로 칼슘의 동원효과를 생산한다는 가설을 내세우고 있다. 즉, 골세포는 상기의 방법으로 골세포 주위의 기질을 재흡수한다. 상피소체호르몬(parathormone)은 또한 골의 구연산을 방출하게 하여 뼈의 pH를 저하시켜 칼슘의 용해도를 증가시킨다. 따라서 PTH는 뼈로부터 칼슘을 동원하는 과정에 있어서 첫 전달자가 되고, cyclic-AMP는 제2의 전달자가 된다.

Thyrocalcitonin(또한 calcitonin이라고 함)은 세포의 칼슘과 인의 수준을 조절하는데 기여한다. Calcitonin은 32개 아미노산의 single-chain polypeptide이며, 실험실에서 순수한 형태로 고립되고 완전히 합성된다. Calcitonin은 갑상선세포를 싸고 있는 세포외액의 칼슘농도가 증가될 때 갑상선의 parafollicular 'C'세포로부터 생성 방출된다. Clacitonin은 생산원과 혈액내 칼슘의 농도조절을 돕는 이유 때문에 thyrocalcium이라고 불린다. 일단 혈액으로 방출되면 상피소체호르몬과 반대로 뼈의 흡수를 억제하며, 칼슘이 뼈로부터 혈액으로 누출되는 것을 억제한다. 칼슘 분비는 혈중 칼슘수준이 올라감에 정비례하여 증가되지만, 위험수준으로 상승하는 것을 막는다.

Cyclic-AMP를 불활화하거나 상피소체호르몬으로 하여금 cyclic-AMP의 생산을 방해하지는 않는다. 대신 골세포로부터 세포외에로의 Ca ion의 능동수송을 자극하는 것 같다. 세포질부터의 Ca 수송누출은 상피소체호르몬의 작용을 무효로 하며, 뼈로부터

Ca을 동원하기 위한 상피소체호르몬의 전달이 취소되어 골세포와 파골세포(破骨細胞, osteoclasts)의 재흡수 작용을 감소시킨다.

혈액에 Ca 공급을 안정된 수준으로 유지하는 생리적 조절기전은 공급을 지속시키는 상피소체호르몬 작용과 혈액에서 칼슘이 일정 수준 이상 상승하지 않도록 하는 calcitonin 작용의 2가지 feed back 경로로 되어 있다. 따라서 과칼슘혈증은 상피소체호르몬 분비를 억제하면서 calcitonin을 방출하고, 저칼슘혈증은 이와 반대의 효과를 갖는다. 부갑상선에 의한 분비의 정상적인 조절은 순환하고 있는 혈청칼슘에 지배되며, 뇌하수체와는 별관계가 없다. 혈액 내에 높은 칼슘수준은 PTH의 생산을 억제하고, 낮은 수준은 PTH의 방출을 촉진시킨다.

6. 췌 장

췌장(膵臟, pancreas)은 췌장의 외분비부로부터 십이지장으로 들어가는 관이 있는 십이지장의 기시부분 근처나 혹은 인접한 곳에서 위치한다.

랑게르한스섬(islets of Langerhans)은 췌장의 선포(腺胞)와 관 사이에 산재해 있고, Hematoxylineosin 염색에 엷게 염색되는 세포의 덩어리이다. 췌장의 내분비부인 랑게르한스섬의 세포는 모세혈관에 의해 분리된 불규칙한 삭(索)으로 배열되어 있다. 특수염색을 하면 랑게르한스섬 내에 존재하는 세포의 형태를 구별할 수 있다. 여기에는 α 세포, β 세포, C 세포 및 D 세포가 있다. β 세포가 가장 많고, 진성 당뇨병(diabetes mellitus)을 예방하는 데 필요한 insulin이란 호르몬을 분비한다.

α 세포는 insulin에 대해 길항작용을 지니고 있는 glucagon이라는 호르몬을 생성한다. C와 D 세포는 거의 비슷하나 중요성에 대해서는 아직 밝혀져 있지 않다. 그러나 이들 세포는 분비과립을 가지고 있지 않는 것으로 보아 α 나 β 세포의 전구물질이거나 노화된 것으로 추측한다. 또한 이들을 별개의 것으로 보거나, 아니면 분비과립을 방출한 α 나 β 세포로 본다.

1) 췌장호르몬

췌장을 제거하거나 β 세포의 분비능력의 상실을 insulin의 결핍이나 insulin 이용능력 결여로 생기는 당뇨병을 유발한다. Insulin 부족의 가장 뚜렷한 효과는 신(腎)의 한계치(약 160∼180 mg/100ml)를 넘는 혈당수준의 급격한 상승(hyperglycemia)이며, glucose를 당뇨(glycosuria)로 흘려버리는 것이다. 수분과 전해질의 손실이 수반되어 탈수가 일어나며, 혈액의 양이 감소하면서 혈액의 삼투압이 증가한다.

Insulin이 없는 상태에서는 포도당을 에너지, 이산화탄소와 물로 대사시키는 능력과 포도당으로부터 지방을 합성하는 능력이 갑자기 떨어진다. Insulin은 포도당이 세포막을 통과하여 대사가 될 수 있는 세포로 수송하는 데 주된 역할을 한다. Insulin이 없으면 정상적인 포도당대사는 실질적으로 배제되며, 세포는 에너지 생산을 위하여 지방과 단백질을 감성하는 당질신생(gluconeogenesis)에 의존하게 된다. 간과 근육의 glycogen 저장은 당원분해(glycogenolysis)로 인하여 낮으며, insulin이 없는 상태에서 이루어질 경우는 재합성이 늦어진다.

또한 혈액내 많은 양의 포도당이 조직에 의하여 효과적으로 이용되지 못하기 때문에 당뇨병에 걸린 동물에서는 지방과 단백질이 에너지원으로 사용되어 체조직이 소모된다. 따라서 혈액은 많은 양의 지방과 단백질의 불완전 대사산물인 aceto-acetic acid, acetone 및 β-hydroxybutyric acid를 포함하는 ketone체를 갖게 된다.

혈액내에 ketone body가 존재하는 것을 ketone혈증이라고 하며, 산성증(acidosis)의 원인이 된다. ketone체가 오줌으로 나타날 때는 ketone뇨증이라고 한다. 당뇨에 걸린 동물은 다음다갈증(多飮多渴症, polydipsia), 다식증(多食症, polyphagia) 및 과콜레스테롤증(hypercholesterolemia)을 나타낸다.

췌장을 절제한 동물의 경우 당뇨병 증세는 insulin을 투여함으로써 거의 치유되며, 먹이가 적절한 경우는 비교적 양호한 건강상태를 유지할 수 있다. 정상적으로 뇌, 신장, 내장 및 적혈구는 insulin의 영향을 거의 받지 않는다.

Insulin은 과혈당증(hyperglycemia)과 당뇨(glycosuria)를 치유하며, 조직에 의한 포도당의 이용을 증가시킨다. 또한 포도당이 지방으로 전환하는 것을 돕고, 단백질 합성을 자극하며, ketone의 형성을 줄이고, 간과 근육에 의한 glycogen의 저장을 증가시킨다. Insulin, 갑상선, 부신피질 및 뇌하수체 전엽 사이에 복잡한 관계가 존재한다. 갑상선호르몬 과다증(hyperthyroidism)은 당뇨병을 더욱 악화시키고, 부신의 제거는 당뇨증의 여러 증상을 덜어준다. 뇌하수체는 직·간접으로 당뇨병을 심화시키는 데 영향을 미친다. 췌장과 뇌하수체를 제거한 동물(Houssay animal)은 혈당수준 조절에 어려움이 있다. 당뇨의 상태는 insulin 작용의 장해는 물론 insulin의 완전한 결여로 일어날 수 있다. Insulin의 합성과 분비의 조절은 거의 전적으로 혈당수준에 의존한다. 혈당의 증가는 insulin의 방출을 자극하며, 따라서 insulin은 혈당을 감소시키며, 혈당수준의 저하는 insulin의 분비를 더욱 억제한다. Amino acid 역시 insulin의 분비를 자극한다.

면양에 있어서 낙산염(butyrate)과 프로피온산염(proprionate)은 insulin의 분비를 자극하며, 따라서 이들 지방산은 면양에 대해 에너지원으로 중요하다. 위호르몬인 gastrin은 또한 insulin의 방출을 자극하고, CNS(central nervous system)도 또한

insulin의 방출에 관여한다. Glucagon은 췌장에서 분리된 물질인데, 랑게르한스섬의 α 세포로부터 생산된다. Glucagon은 간에서의 당원분해(糖原分解, glycogenolysis)를 자극함으로써 혈당수준을 향상시킨다. Glucagon의 기능과 insulin의 기능과의 관계는 길항적이어서 그 호르몬은 상반되는 작용을 가지고 있으나, 그 호르몬은 혈당조절 기전의 통합 성분으로 보아야 할 것이다.

Glucagon의 작용기전으로 볼 때 glucagon은 간에서 3^1, 5^1-cyclic AMP의 발생을 촉진하며, 이는 phosphorylase의 활성을 용이하게 하고, 이 효소는 혈당형성을 위한 간 glycogen의 분해에 있어서 첫 단계를 촉매한다.

Glucagon은 counter insulin 물질로 분류한다. 이 범주에 속하는 다른 물질은 부신피질로부터의 cortisol, 부신수질로부터의 epinephrine 및 뇌하수체 전엽으로부터의 체세포자극호르몬, STH(성장호르몬, GH) 등이다. 반면에 somatomedin은 insulin과 같이 작용한다. Glucagon은 돼지와 소의 체장에서 분리되었으며, 29개의 아미노산을 갖는 작은 polypeptide이다. Insulin의 분자량은 glucagon의 약 2배이다. Insulin은 이황산염(S-S)기에 의하여 연결되어 있는 A chain과 B chain으로 구성되어 있다. 말, 돼지, 개, 면양 및 소의 insulin은 아미노산의 A chain의 8, 9 및 10번째 만이 다르다.

7. 송과체

송과체(松果體, pineal body)도 때로는 내분비선에 포함시킨다. 송과체는 시상상부에 위치하고, 제3 뇌실의 기저에 부착되어 있다. 송과체에는 실질세포, 신경교세포 및 신경섬유가 있다. 송과체는 높은 수준의 serotonin과 melatonin으로 전환시키는 효소를 지니고 있다. Hydroxyindole-0-methyl transferase라는 효소는 송과체 이외의 다른 조직에서는 볼 수 없다. Melatonin의 합성과 분비가 매일 증가되는데, 이는 일조시간에 좌우되며, 혈액 중의 농도는 밤에 가장 높다. Melatonin은 N-acetyl-5-methoxy-tryptamine이다.

송과체가 일조주기에 의하여 기능함에 따라서 산물을 일정하게 방출하지 않는다는 사실은 일조시간이 몸을 통하여 동물에 영향을 미친다는 것을 생각하게 하며, 특히 송과체가 어떤 멸종된 양서류와 파충류의 정중안(正中眼)의 잔유물일 것이라는 생각을 갖게 한다.

송과체가 성선(性腺)의 발달을 억제하는 경향이 있다는 어느 정도의 증거가 있으나, 궁극적으로 송과체의 참된 기능은 아직 알려져 있지 않다.

8. 흉 선

췌장을 때로는 sweetbread로 분류하지만, 사실상의 sweetbread는 흉선(胸腺, thymus)이다. 흉선은 동물의 종류와 연령에 따라 경부에 일정치 않은 곳에 위치, 즉 전종격강(前縱隔腔) 내에 있는 기관 양측에서 볼 수 있는 림프양기관(淋巴樣氣管)이다. 정상적으로 이 선은 성성숙 후 바로 없어지는 것이 보통이나, 거세 및 부신을 제거하면 퇴화가 지연되거나 늦어진다.

흉선의 초기발달에 있어서 흉선의 실질세포의 배열이 색상(索狀)을 이루기 때문에 내분비선과 비슷하다. 그러나 이때 호르몬의 생산은 증명되고 있지 않다. 발달이 진전됨에 따라서 실질세포들은 림프세포와 같은 모양의 세포로 군집되는데, 이들을 흉선세포(thrombocytes)라 한다. Thymic corpuscles(Hassal's corpuscles)라는 변성된 이상한 세포군이 흉선 실질 전반에 걸쳐 산재된다.

현재 증명되고 있는 사항으로 흉선은 림프세포의 전구물질이거나 혹은 간세포(幹細胞, stem cells)의 분화를 유도하는 혈액운반 요인의 원천이 되며, 이들이 면역반응에 참여하고 있다는 것을 암시하고 있다. 흉선은 면역능의 유지와 정상적 발달에 필요하다.

1965년 이래 수년간에 걸쳐 흉선에서 분리된 단백질성 물질이 흉선호르몬으로서 제창된 것은 항상성 흉선호르몬(homeostatic thymic hormone, HTH), 흉선액체성 요인(thymic humoral factor, THF), thymosin과 림프세포자극호르몬(lymphocyte-stimulating hormone, LSH)이다.

HTH와 LSH는 림프세포가 다형핵백혈구(polymorphonuclear leukocytes, PMA)로 되는 비율을 증가시키는 것으로 알려져 있다. Thymosin과 THF는 세포 중의 면역성을 자극하는 것으로 알려져 있다. 1973년에 분리된 thymosterin이라고 부르는 흉선 스테로이드 물질은 림프구형성(lymphocytopoiesis)과 종양형성을 억제한다.

9. 성선호르몬

성호르몬으로 분류된 호르몬에는 androgens, estrogens, progestins 및 relaxin 등이 있다. 처음 3개는 steroid이며, 주요 androgen은 testosterone이다. Testosterone의 대사적 감성 생산물은 androsterone, epiandrosterone과 etiochol-andolone 등이고, 이들은 17-ketosteroid며, 오줌으로 배출된 것을 측정할 수 있다.

소, 돼지, 말 및 개의 난소로부터 생산되는 주된 estrogen은 estradiol-17β이다. 면양과 산양의 태반에 의하여 생산된 주 estrogen은 estradiol-17α인데 반하여 돼지의 태반에서 생산되는 주된 산물은 estrone이다. 오줌에 배설되는 setrogen의 가장 흔한 분해대사 산물은 종에 따라 다르지만 estraiol-17α 이다. 주된 progestin은 또 다른 2개의 progestin이 중요한 활동성을 가지고 있을지라도 progesterone이다. 암말에 있어서 pregnanediol이 progesterone의 주요 대사산물이다. 성스테로이드호르몬이 최종 배설산물로 이화작용 또는 분해가 되는 것은 대부분 간에서 이루어진다.

Relaxin은 polypeptide로서, 소와 면양에서는 선골결합(仙骨結合)을 이완시켜 분만시 산도를 확장시키고, 자궁경관도 확장시키는 작용이 있다. Testosterone은 뇌하수체 전엽의 간세포자극호르몬(ICSH) 방출의 영향하에서 정소의 간세포에 의하여 주로 합성된다. Progestins과 estrogens은 난소에 의해서 분비되며, 임신축에서 태반은 이들 호르몬의 중요한 원천이 된다. Relaxin은 동물종에 따라 다르지만, 난소와 태반에 의하여 분비된다.

10. 프로스타그란딘

프로스타그란딘(prostaglandin)은 체액성의 화합물로서 피부, 장, 신장, 뇌, 폐, 생식기관, 월경액 및 양수를 위시해서 동물체의 많은 조직에서 분리된다. Prostaglandin은 그들이 합성된 기관내 또는 근원기관으로부터 혈관에 의하여 운반되는 기관에서 기능을 발휘한다. Prostaglandin은 폐와 간에서 빠르게 그리고 전적으로 불활화된다. 천연 prostaglandin은 주로 4종이 있다. 모든 prostaglandin은 20개 탄소원자 구조를 가지고 2개의 지방족의 측쇄 중 하나는 탄산기를 갖는 오탄소환으로 구성된 불포화 지방산이다. A, B, E 및 F의 4종은 5탄소환의 차에 따라 명명된다.

각 그룹의 수는 지방족 측쇄내 2중 결합의 수를 나타내는 기술체계에 의하여 더 구체적으로 명명된다. 입체이성형(stereoisomericform), 예를 들어 PGF1α를 표시하기 위하여 희랍문자가 사용된다. 대부분의 prostaglandin은 동물 체내에서 음식의 불포화지방산으로부터 유래된다.

프로스타그란딘(prostaglandin)에 관한 많은 연구는 번식에 관련되어 이루어졌다. 이 연구에서 나타난 prostaglandin $F_{2\alpha}$($PGF_{2\alpha}$)는 천연황체 퇴행물질인데, 임신이 안된 자축(雌畜)에서 발정을 유기한다. 따라서 가축에서는 발정 동기화를 위한 효과적인 발정을 유기한다. $PGF_{2\alpha}$는 혈관 수축제인 반면 PGE_1 및 PGE_2는 혈관 확장제이다. PGA_2와 PGE_2는 신장피질에서 혈관을 확장시켜 이뇨를 유발하는 것으로 추측된다.

Prostaglandin은 모든 조직에 존재하기 때문에 기관지계에서는 근육을 이완시키고 교감신경 전달물질의 방출을 억제하며, 조직에서는 염증반응(炎症反應)을 증가시키는 것으로 추측하고 있다. Proateglandin은 전립선(prostate gland)에 의하여 합성 분비되는 것으로 처음 알려져 명명되었다. 물론 현재는 많은 기관과 조직 내에서 생산되는 것으로 알려져 있으며, 약제의 형태로 비교적 다량 합성된다. 훌륭한 외인성 자원은 카리브해의 산호를 들 수 있다.

동물 체내에서 prostaglandin의 합성은 인지질이 prostaglandin의 전구물질인 arachidonic acid을 방출하는 데 작용하는 효소 phospholipase의 활성을 자극함으로써 세포막에서 생기며, arachidonic acid는 조직 특유의 prostaglandin으로 전환된다. Prostaglandin의 효과는 작용하는 세포에 따라 다르지만, 목표기관에서 cyclic AMP를 생산하는 adenyl cyclase를 자극 또는 억제하므로 조정된다. Prostaglandin은 adenyl cyclase-CAMP '제 2의 전달자' 기전을 통하여 체내 주요 호르몬의 작용과 합성에 영향을 준다.

Prostaglandin의 또 다른 작용은 ① 혈압을 감소시키고, 전동률을 증가시키며(by PGE_1), ② 여자에서 분만과 월경을 유발하고, ③ 신장 혈류를 증가시키고, ④ 위액의 용적과 산도를 감소시키며, ⑤ 혈액의 응고를 방지하기 위하여 혈소판의 집합을 조절하는 것이다.

내피세포에서 만들어진 prostacyclin(PGI_2)은 응집을 방지한다. 혈소판에 의하여 만들어진 thromboxane(TXA_2)은 응집의 원인이 된다. Aspirin은 prostaglandin의 합성을 억제하며, 따라서 염증반응을 감소시키고, 흔히 염증과 관련해서 생긴 통증을 완화시킨다.

11. 기타 호르몬 또는 호르몬 유사물질

호르몬의 분류학적 정의에는 정확하게 들어맞지는 않지만 호르몬과 같은 작용을 가진 여러 가지 물질이 위장관과 신장의 세포에서 합성 분비된다. 위장호르몬으로는 gastrin, secretin 및 pancreozymin(cholecystokinin)을 들 수 있다.

1) Gastrin

가스트린(gastrin)은 heptadecapeptide로서 위의 동(洞, antrum) 내분비세포로부터 혈액으로 방출된다. Gastrin은 벽측으로 하여금 염산과 내재성 인자(intrinsic factor)를 분비하게 하며, 주세포로 하여금 pepsinogen을 분비하게 한다. 히스타민(histamine)은 같은 작용을 가졌으나 활성이 낮다. Gastrin은 또한 간에 작용하여 담즙의 분비량을 증가시킨다.

2) Secretin

Secretin은 호르몬이라고 불린 첫 물질이다. Secretin은 불활성 prosecretin으로서 십이지장의 점막세포로부터 합성된 작은 단백질인데, 산성의 미즙이 위(胃)로부터 십이지장으로 들어갈 때 혈액으로 방출된다. Secretin은 췌장에 작용하여 췌장의 외분비선세포로부터 고농도의 중탄산나트륨을 함유하는 수양성(水樣性) 분비물을 분비하도록 자극한다. Secretin의 방출을 위한 가장 강력한 자극은 십이지장내 산이다. Secretin은 또한 간에서 담즙 분비량을 증가시킨다.

3) Pancreozymin

Pancreozymin은 십이지장 점막세포에 의하여 혈액내로 분비되는 기타의 호르몬의 췌장에 다시 작용한다. 이 호르몬은 십이지장 내에서 peptide, 아미노산 및 지방산에 반응하여 방출된다. Pancreozymin은 acinar세포로부터 효소의 췌장분비를 일으킨다.

Secretin과 pancreozymin은 또한 위(胃)에 작용하여 장(腸)의 운동과 분비를 낮추거나 억제하며, 이로 인하여 십이지장으로 미즙의 이행이 지연되며, 동시에 췌장의 중탄산염과 효소분비를 야기하여 십이지장의 산을 중화하고 미즙을 소화한다.

4) Cholecystokinin

Cholecystokinin은 십이지장에 들어가는 미즙내 유리지방산의 존재에 반응하여 십이지장의 점막세포에서 분비는 기타 호르몬으로 오랜 기간 믿어져 왔다. 이것은 담낭의 방출을 위하여 담낭을 수축시키는 것으로 알려졌다. 그러나 cholecystokinin이나 pancreozymin은 하나의 같은 호르몬으로 알려져 있다.

Pancreozymin 또한 담낭을 수축시킨다. 담낭의 수축은 담낭의 제거나 담낭을 몸의 다른 부분에 이식했을 때 보여준 것과 같이 신경지배를 받지 않고 이 호르몬의 영향에 의하여 일어난다.

5) Renin

신장은 호르몬 유사물질인 renin을 생산하는데, 이 renin은 신장을 통과하는 동맥압과 혈류량이 감소할 때 또는 세포외액의 나트륨 농도가 감소할 때 사구체 부근 장치의 세포로부터 분비된다. 혈액내로 일단 분비되면 renin은 angiotensin을 형성하기 위하여 angiotensinogen을 활성화하며, angiotensin은 부신대사구체(副腎帶絲球體)에

표 26-1. 내분비선의 주요 기능

선	호르몬	주요 기능
갑상선	갑상선호르몬(TH) Calcitonin, thyrocalcitonin	대사율 촉진 칼슘대사 조절
부갑상선	부갑상선호르몬(PTH)	칼슘과 인의 대사조절
부신피질 부신피질	Glucocorticoids Mineralocorticoids Epinephrine과 Norepinephrine	에너지(포도당 신생)를 위한 단백질의 탄수화물 잔환자극 Na-K 대사조절, 전해질과 수분조절 교감신경계의 증식, 긴급시 준비, 에너지 동원
뇌하수체 전엽 중엽 후엽	체세포자극호르몬(STH 또는 GH) 갑상선자극호르몬(TSH) 부신피질자극호르몬(ACTH) 성선자극호르몬 난포자극호르몬(FSH) 황체형성호르몬(LH, ICSH) 황체자극호르몬(LTH, 최유, 프로락틴) Intermedin(MSH) Oxytocin 항이뇨호르몬(ADH, vasopresin)	성장자극 갑상선자극 부신피질자극 자성의 난소에서 난포발육, 웅성의 정자 형성 자극 자싱의 배란파 황체헝성 사극, 웅성의 간세포 자극 황체유지, 비유 자극 색소세포 조절 자궁수축과 젖내림 자극 이뇨억제와 동맥연근육 수축자극, 수분확보
췌장의 랑게르한스섬	Insulin Glucogen	탄수화물 대사조절 혈당 증가; 길항-insulin
난 소 난포 황체	 Estrogen Relaxin Progesterone	 자성의 2차 성징과 성행동 조절 자궁경관 이완 임신유지와 유선발육
정 소	Androgen(testosterone)	웅성의 2차 성징과 성행동 조절
태 반	Estrogen Progesterone 성선자극호르몬(융모성) Relaxin	임신유지 임신유지 임신유지 자궁경관 이완
12지장 점막	Secretin Pancreozymin(cholecystokinin)	췌장의 탄산나트륨액의 흐름조절 췌장분비의 효소증가와 담낭의 수축자극
위점막	Gastrin	염산, pepsinogen 및 IF의 분비자극

작용하여 aldosterone을 분비케 한다.

Aldosterone은 신장의 혈관에 작용하여 나트륨을 보존케 하며, 나트륨은 삼투적으로 세포의 액체에 용적을 증가하도록 돕는다. Angiotensin은 또한 일반적으로 동맥압을 증가시키기 위하여 세동맥을 체계적으로 수축시킨다.

신장은 또한 신적혈구조혈인자(腎赤血球造血因子, renalerythropoietic factor, REF)라고 불리는 효소를 분비하며, REF는 hemopoietin과 erythropoietic 자극인자로 알려진 호르몬 erythropoietin을 형성하기 위하여 혈액내에 있는 전구물질 globin에 작용한다.

Erythropoietin은 당단백질로서 조직의 산소압 저하가 생길 때 형성된다. REF의 어떤 것은 간장에 의하여 생산된다. 산소결핍(hypoxia)에 대한 이 호르몬의 반응은 주로 골수의 간세포(幹細胞, stem cells)에 작용하여 적혈구 세포의 형성을 한층 증가시켜 더 많은 산소가 조직에 운반되도록 한다.

조직의 산소요구량이 충족되었을 때 REF의 분비가 감소하거나 중지되는 것은 feed back 기전에 의한 것이다. 이의 feed back 조절로서 erythropoietin은 내분비와 신경계가 함께 작용하는 최종 목적인 항상성 균형을 위해 몸의 전 기능을 유지하는데 또 다른 중요한 요인이 되고 있다.

참고문헌

1. Adams, O.R.: Lameness in Horses. See Stashak, T.S.
2. Alexander, G. and D.G Alexander: *Biology*. 9th ed. New York, Barnes & Noble, 1969.
3. American Institute of Biological Sciences: *Biological Science: An Inquiry Into Life*. New York, Harcourt, Brace & World, Inc., 1963.
4. American Institute of Biological Sciences: *High School Biology* (Biological Sciences Curriculum Study). Chicago, Rand McNally & Co., 1963.
5. Anthony, C.P., and N.J. Kolthoff: *Textbook of Anatomy and Physiology*. 10th ed. St. Louis, C. V. Mosby Co., 1983.
6. Arey, L.B.: *Developmental Anatomy*. 7th ed. Philadelphia, W.B. Saunders Co., 1965.
7. Arey, L.B.: *Human Histology*. 4th ed. philadelphia, W.B. Saunders Co., 1974.
8. Asdell, S.A: *Patterns of Mammalian Reproduction*. 2nd ed. Ithaca, N.Y. Comstock Publishing Co., Inc. 1964.
9. Atkinson, Dickson, Harbaugh, Law, Lowe, Mohler, Murray, Pearson, Ransom and Trumbower: *Diseases of Cattle*. Rev. ed. Washington, D.C., United States Government Printing Office, 1964.
10. Banks, W.J.: *Applied Veterinary Histology*. Baltimore, Williams & Wilkins, 1981.
11. Barclay, A.E., K.J. Franklin, and M.M.L. Prichard: *The Foetal Circulation*. Springfield, Charles C Thomas, 1945.
12. Barcroft, H.: *Researches on Pre-Natal Life*. Vol. I, Springfield, Charles C Thomas, 1947.
13. Becker, R.B., S.P. Marshall, and P.T. Dix Arnold: Omasal function. J. Dairy Sci., 46:835, 1963.
14. Berne, R.M., and M Levy: *Cardiovascular Physiology*. 4th ed. St. Louis, C.V. Mosby Co., 1983.
15. Bell, G.H., D. Emslie-Smith, and C.R. Paterson: *Textbook of Physiology and Biochemistry*. 10th ed. Baltimore, Williams & Wilkins, 1980.
16. Belling, T.H., Jr.: Bovine ovarian palpation I: normal ovaries. Veterinary

Medicine, 59:161, 1964.

17. Belling, T.H., Hr.: Bovine ovarian palpation II: abnormals and therapy. Veterinary Medicine, 59:289, 1964.

18. Bloom, W., and D. Fawcett: *A Textbook of Histology*. 10th ed. Philadelphia, W.B. Saunders Co., 1975.

19. Booth, N.H., and L.E. McDonald, ed.: *Veterinary Pharmacology and Therapeutics*. 5th ed. Ames, The lowa State University Press, 1982.

20. Boyd, W.: *A Textbook of Pathology*. 8th ed. Philadelphia, Lea & Febiger, 1970.

21. Bradley, J.V.: *Elementary Microstudies of Human Tissue*. Springfield, Charles C Thomas, 1972.

22. Bradley, O.C., revised by T. Grahame: *The Topographical Anatomy of the Head and Neck of the Horse*. 2nd ed. Edinburgh, W. Green & Son, Ltd., 1947.

23. Bradley, O.C., revised by T. Grahame: *The Topographical Anatomy of the Limbs of the Horse*. Edinburgh, W. Green & Son Ltd., 1946.

24. Bradley, O.C., revised by T. Grahame: *The Topographical Anatomy of the Thorax and Adbomen of the Horse*. Edinburgh, W. Green & Son Ltd., 1946.

25. Cassida, L.E.: Fertilization failure and embryonic death in domestic animals. In E. Engle(ed.): *Pregnancy Wastage*. Springfield, Charles C Thomas, 1953, pp. 27～37.

26. Cole, H.H., and P.T. Cupps: *Reproduction in Domestic Animals*. 3rd ed. Vol. I. New York, Academic Press, 1977.

27. Copenhaver, W.M., D.E. Kelley, and R.L. Wood: *Bailey's Textbook of Histology*. 17th ed. Baltimore, Williams & Wilkins, 1978.

28. Crouch, J.E.: *Functional Human Anatomy*. 4th ed. Philadelphia, Lea & Febiger, 1985.

29. Davenport, H.W.: *Physiology of he Digestive Tract*. 5th ed. Chicago, Year Book Medical Publishers, 1982.

30. Davenport, H.W.: *The ABC of Acid-Base Chemistry*. 6th ed. Chicago, The University of Chicago Press, 1974.

31. DeCoursey, R.M.: *The Human Organism*. 5th ed. New York, McGraw-Hill Book Co., 1980.

32. De Lahunta, A.: *Veterinary Neuroanatomy and Clinical Neurology*. 2nd

ed. Philadelphia, W.B. Saunders Co., 1983.

33. Dellmann, Horst-Dieter, and E.M. Brown: *Textbook of Veterinary Histology*. 3rd ed. Philadelphia, Lea & Febiger, 1986.

34. DeRobertis, E.D.P., and E.M.F. DeRobertis Jr.: *Cell and Molecular Biology*. 8th ed. Philadelphia, Lea & Febiger, In Press.

35. DeRobertis, E.D.P., W.W. Nowinski, and F.A. Saez: *General Cytology*. 5th ed. Philadelphia, W.B. Saunders Co., 1970.

36. *Dukes's Physiology of Domestic Animals*. See Swenson, M.J.

37. Dyce, K.M., and G.J.G. Wensing: *Essentials of Bovine Anatomy*. Philadelphia, Lea & Febiger, 1971.

38. Elias, H., and J.E. Pauly: *Human Microanatomy*. 4th ed. Philadelphia, F.A. Davis, 1978.

39. Ellenberger, W., H. Baum, and H. Dittrich: *An Atlas of Animal Anatomy for Artists*. 2nd ed. New York, Dover Publications, Inc., 1957.

40. Ellenberger, W., and H. Baum: *Handbuch der vergleichenden Anatomie der Haustiere*. 18th ed. Berlin, Springer, 1943.

41. Ensminger, M.E., and C.G. Olentine, Jr.: *Feeds and Nutrition*. Clovis, CA, The Ensminger Publishing Co., 1978.

42. Evans, H.E., and G.C. Christensen: Miller's Anatomy of the Dog. 2nd ed. Philadelphia, W.B. Saunders Co., 1979.

43. Ganong, W.F.: *Review of medical Physiology*. 11th ed. Los Altos, Lange Medical Publications, 1983.

44. Getty, R.: *Sisson and Grossman's Anatomy of the Domestic Animals*. 5th ed. Philadelphia. W.B. Saunders Co., 1975.

45. Getty, R.: The sense organs and integument. In Miller, Christensen, and Evans: *Anatomy of the Dog*. Philadelphia, W.B. Saunders Co., 1964, pp. 837～863.

46. Gilmore, J.P.: *Renal Physiology*. Baltimore, The Williams and Wilkins Co., 1972.

47. Goss, C.M. (ed): *Anatomy of the Human Body* by Henry Gray. 29th American ed. Philadelphia, Lea & Febiger, 1973.

48. Gremmel, F: Coat colors in horses. H. Heredity, 30:437, 1939.

49. Grollman, S.: *The Human Body*. 4th ed. New York, The Macmillan Co., 1978.

50. Guyton, A.C.: *Physiology of the Human Body*. 5th ed. Philadelphia, W.B.

Saunders Co., 1979.

51. Guyton, A.C.: *Textbook of Medical Physiology*. 6th ed. Philadelphia, W.B. Saunders Co., 1981.

52. Haber, R.E.: *Guide to the Dissention of Domestic Ruminants*. 3rd ed. Ithaca, Habel. 1983.

53. Hafez, E.S.E. (ed.): *Reproduction in Farm Animals*. 5th ed. Philadelphia, Lea & Febiger. 1985.

54. Ham, A.W.: *Histology*. 7th ed. Philadelphia, J.B. Lippincott Co., 1974.

55. Jenkins, T.W.: *Functional Mammalian Neuroanatomy*. 2nd ed. Philadelphia, Lea & Febiger, 1978.

56. Jones, T.C., and R.D. Hunt: *Veterinary Pathology*. 5th ed. Philadelphia, Lea & Febiger, 1983.

57. Jubb, K.V.F., and P.C. Kennedy: *Pathology of Domestic Animals*. Vol. I and II. New York, Academic Press, 1970.

58. Kandel, E.R., and J.H. Schwartz: *Principles of Neural Science*. New York, Elsevier/North Holland, 1981.

59. Kitchell, R.L.: Introduction to the nervous system. In Miller, Christensen, and Evans: *Anatomy of the Dog*. Philadelphia, W.B. Saunders Co., 1964, pp. 464～479.

60. Kon, S.K., and A.T. Cowie: *Milk: The Mammary Gland and Its Secretions*. Vols. I, II. New York, Academic Press, 1961.

61. Landeau, L.J., D.J. Barrett, and S.C. Battelman: *Mechanical Properties of Equine Hooves*. American Journal of Veterinary Research, 44:1 pp. 100～102, 1983.

62. Langley, L.L.: *Ouline of Physiology*. New York, McGraw-Hill Book Co., 1961.

63. Leach, W.J.: *Functional Anatomy: Mammalian and Comparative*. 3rd ed. New York, McGraw-Hill Book Co., Inc., 1961.

64. Leaf, A., and R.S. Cotran: *Renal Pathophysiology*. 2nd ed. New York, Oxford University Press, 1980.

65. May, N.D.S.: *The Anatomy of the Sheep*. 3rd ed. Brisbane, University of Queensland Press, 1971.

66. Maynard, L.A., and J.K. Loosli: *Animal Nutrition*. 7th ed. New York, McGraw-Hill Book Co., Inc., 1979.

67. McDonald, L.E.: *Veterinary Endocrinology and Reproduction*. 3rd ed. Phi-

ladelphia, Lea & Febiger, 1980.

68. McGrath, J.T.: *Neurologic Examination of the Dog.* 2nd ed. Philadelphia, Lea & Febiger. 1960.

69. McNaugt, A.B., and R.C. Callander: *Illustrated Physiology.* 4th ed. Baltimore, Williams and Wilkins, 1983.

70. Meyer, H.: The brain. In Miller, Christensen and Evans: *Anatomy of the Dog.* 2nd ed. Philadelphia, W.B. Saunders Co., 1979, pp. 842～902.

71. Miller, M.E., G.C. Christensen, and H.E. Evans: *Anatomy of the Dog.* Philadelphia, W.B. Saunders Co., 1964.

72. Miller, O.L., Jr.: The visualization of genes in action. Scientific American, 228:34, 1973.

73. Mountcastle, V.B. (ed.): *Medical Physiology.* 2 vols. 14th ed. st. Louis, C.V. Mosby Co., 1980.

74. Nalbandov, A.V.: *Reproductive Physiology.* 3rd ed. San Francisco, W.H. Freeman & Co., 1976.

75. Netter, F.H.: *The CIBA Collection of Medical Illustrations.* Vol. I. Summit, New Jersey, CIBA-GELGY, 1985, 1969, 1983.

76. Nickel, R., A. Schummer, and E. Seiferle: *Lehrbuch der Anatomie der Hau-stiere.* 4th ed. Berlin, Paul Parey, 1979.

77. Nickle, R., A. Schummer, and E. Seiferle: *The Viscera of The Domestic Animal.* 2nd revised ed. by Schummer, A., R. Nickle, and W.O. Sack: New York, Springer-Verlag, 1979.

78. *Nomina Anatomica Veterinaria*, 3rd ed., and *Nomina Histologica*, 2nd ed. Ithica, N.Y., International Committee on Veterinary Gross Anatomical nomenclature. World Association of Veterinary Anatomists, 1983.

79. Oliver, J.E. Jr., and M.D. Lorenz: *Handbook of Veterinary Neurologic Diagnosis.* Philadelphia, W.B. Saunders Co., 1983.

80. Orter, J.M., and O.W. Neuhaus: *Human Biochemistry.* 10th ed. St. Louis, C.B. Mosby Co., 1982.

81. Patten, B.M.: *Embryology of the Pig.* 3rd ed. New York, McGraw-Hill Book Co., 1948.

82. Patten, B.M.: *Foundations of Embryology.* 2nd ed. New York, McGraw-Hill Book Co., 1964.

83. Patton, S.: Milk. Scientific American, 221:58, 1969.

84. Porter, K.R., and M.A. Bonneville: *Fine Structure of Cells and Tissues.* 4th

ed. Philadelphia, Lea & Febiger, 1973.

85. Prosser, C.L., and F.A. Brown: *Comparative Animal Physiology.* 3rd ed. Philadelphia, W.B. Saunders Co., 1973.

86. Rasch, P.J., and R.K. Burke: *Kinesiology and Applied Anatomy.* 6th ed. Philadelphia, Lea & Febiger, 1978.

87. Roberts, S.J.: *Veterinary Obstetrics and Gentital Diseases.* 2nd ed. Ann Arbor, Edwards Bors., 1971.

88. Romer, A.S.: *The Vertebrate Body.* 5th ed Philadelphia. W.B. Saunders Co., 1977.

89. Rooney, J.R. Ⅱ, W.O. Sack, and R.E. Habel: *Guide to the Dissection og the Horse.* Ann Arbor, Edwards Borthers, Inc., 1967.

90. Ruch, T.C., and H.D. Patton(eds.): *Physiology and Biophysics.* 2nd ed. Philadelphia, W.B. Saunders Co., 1982(4 vols).

91. Rushmer, R.F.: *Cardiovascular Dynamics.* 4th ed. Philadelphia, W.B. Saunders Co., 1976.

92. St. Claiur, L.E.: The nerve supply to the bovine mammary gland. American Journal of Veterinary Research, 3:10, 1942.

93. Salisbury, G.W., and N.L. VanDemark: *Physiology of Reproduction and Artificial Insemination of Cattle.* 2nd ed. San Francisco, W.H. Freeman & Co., 1978.

94. Sisson, S., and J.D. Grossman: *The Anatomy of the Domestic Animals.* 4th ed. Philadelphia, W.B. Saunders co., 1953.

95. Slonim, N.B., and L.H. Hamilton: *Respiratory Physiology.* 4th ed. St. Louis, C.V. Misby Co., 1981.

96. Smith, F: *A Manual of Veterinary Physiology.* 4th ed. London, Balliere, Tindall and Cox, 1912.

97. Smith, J.J., and J.P. Kamping: *Circulatory Physiology.* 2nd ed. Baltimore, Williams & Wilkins, 1983.

98. Solomon, E.P., and P.W. Davis: *Human Anatomy & Physiology*, Philadelphia, CBS College Publishing, Saunders College Publishing, Saunders College Publishing, 1983.

99. Somers, R.K.: *The Lymph Glands of Cattle, Hogs, and Sheep.* United States Department of Agriculture, Circular No. 866, Revised January, 1951, Washington, D.C.

100. Spector, W.S.: *Handbook of Biological Data.* Philadelphia, W.B. Saunders

Co., 1956.

101. Stashak, T.S.: Adam's Lameness in Horses, 4th ed. Philadelphia, Lea & Febiger, 1986.

102. Steen, E.B., and A. montague: *Anatomy and physiology*. Vols. I–II. 2nd ed. New York, Barnes & Noble, 1974.

103. Steindler, A.: *Kinesiology of the Human Body Under Normal and Pathological Conditions*. Springfield, Charles C Thomas, 1977.

104. Swenson, M.J. (ed.): *Dukes Physiology of Domestic Animals*. 10th ed. Ithaca, Cornell University Press, 1984.

105. Thomas, B.A. (ed.): *Cytology*. A scope monograph. The Upjohn Co., 1973.

106. Trautmann, A., and J, Fiebiger: *Fundamentals of the Histology of Domestic Animals*. 9th ed. Ithaca. Comstock Publishing Associates, 1957.

107. Turner, C.D., and J.T. Bagnara: *General Endocrinology*. 6th ed Philadelphia, W.B. Saunders Co., 1976.

108. Turner, C.W.: *The Comparative Anatomy of the Mammary Glands*. Columbia, Missouri, Univ. Cooperative Store, 1939.

109. Turner, C.W.: The Mammary Gland I: *The Anatomy of the Udder of Cattle and Domestic Animals*. Columbia, Missouri, Lucas Bros., 1952.

110. Upjohn Company: "On the biological significance of prostaglandins," 1973.

111. Vander, A.J.: *Renal Physiology*. 2nd ed. New York, McGraw-Hill Book Co., 1980.

112. Watson,: J.D., J. Tooze, and D.T. Kurtz: *Recombinant DNA*. New York, W.H. Freeman & Co., 1983.

113. West, J.B.: *Respiratory Physiology-The Essentials*. 2nd ed. Baltimore, Williams & Wilkins, 1979.

114. Willis, W.D. Jr., and R.G. Grossman: *Medical Neurobiology*. 2nd ed. St. Louis, C.V. Mosby Co., 1977.

115. Young, W.C. (ed): *Sex and Internal Secretions*. 3rd ed. Baltimore, Williams & Wilkins, 1961.

116. 加藤喜太郎: 家畜比較發生學, 養賢堂, 東京, 1969.

117. 加藤喜太郎: 家畜比較解剖圖說(上・下), 養賢堂, 東京, 1971

118. 加藤喜太郎: 家畜の解剖と生理, 養賢堂, 東京, 1976.

119. 梅津元昌: 家畜の生理學, 養賢堂, 東京, 1958.

120. 西川義正: 家畜・家禽繁殖學, 養賢堂, 東京, 1970.
121. 佐佐木清綱監修: 畜産學大事典, 養賢堂, 東京, 1964.
122. 增井 清: 家畜比較解剖學(上・下), 養賢堂, 東京, 1960.
123. 邊明大, 崔源弼, 李大永: 家畜生理衛生學, 선진문화사, 1976.
124. 孫濟英 외: 家畜生理學, 선진문화사, 1986.
125. 尹錫鳳: 家畜解剖生理衛生學, 향문사, 1978.
126. 尹和重 외: 動物組織學, 건국대학교출판부, 1985.
127. 李榮韶: 家畜生理學, 문운당, 1979.

찾 아 보 기

ㄷ

ㄹ

ㅁ

ㅂ

ㅇ

ㅈ

ㅊ

ㅋ

Index

B

C

F

G

H

I

N

O

P

Q

R

T

수의학박사 **김상균(金常均)**

최신 동물해부생리학

2011년 3월 1일 개정 1쇄 발행
2012년 2월 20일 개정 2쇄 발행
2020년 8월 25일 개정 3쇄 발행

편 자 : 김 상 균
펴낸이 : 천 승 배
펴낸곳 : 도서출판 유한문화사

주소 : 경기도 고양시 덕양구 지도로124번길 8-35
전화 : 2668-2055~6
팩스 : 2668-2565
http://www.yuhansa.com
E-mail : yuhansa@hanmail.net

등록 : 제 5-31호. 1979. 3. 6.

값 25,000 원

ISBN : 89-7722-627-9 93490